播放界面

在光盘目录中单击某个标题，即可进入播放界面，播放与之对应的视频演示。

1、"目录"按钮：单击该按钮将打开一个"目录"对话框，在其中可以重新选择要播放的影片章节。

2、"返回"按钮：单击该按钮将返回主界面。

3、进度条：显示当前影片的播放进度，在进度条上单击可以调整播放进度。

4、"上一节"按钮：单击该按钮将跳转到上一个影片。

5、"快退"按钮：单击该按钮将跳转到上一句话。

6、"暂停/播放"按钮：单击该按钮将暂停（继续）影片的播放。

7、"快进"按钮：单击该按钮将跳转到下一句话。

8、"下一节"按钮：单击该按钮将跳转到下一个影片。

9、配音音量：用于调整配音的音量大小。

10、背景音乐音量：用于调整背景音乐的音量大小。

11、文本：用于显示当前讲解的文本。

光盘配送

需特别说明的是，本书光盘除了为读者提供了上述多媒体教学演示内容外，还包括书中涉及的所有素材和效果文件，帮助读者更好地按照书中讲解进行上机操作。另外，光盘中还为读者收集整理了近百个美观实用的模板文件，根据实际情况稍加修改，即可快速制作出专业的办公文档来。

Word
案例欣赏

Word
案例欣赏

要及时反馈修改文件
件错误以及时反馈以
1.5 一线员工
文件及作业要求的
规定的一致性。
为准。现场工艺
2. 技术通知
2.1 职能
的正式文件，
行：
2.2 技
工生产操作
术通知规定
2.3
补充，对
通知等
妥善
以
失

XXXX 设备有限公司文件

XX 商字 [2008]043 号

工艺纪律管理及考核办法
（修订版）

第一章 总则

工艺纪律是公司在产品生产过程中，为维护产品质量
艺贯彻执行，确保产品的质量和安全文明生产而制
规定。工艺纪律是确保公司有秩序地进行生产活动

第二章 工艺纪律的主要内

第一条 现场作业管理的工艺纪律

1. 工艺文件的管理
   1.1 工艺文件是指作业指导书、装配流程
表、样板、设备操作规程等能够及时而有效地
化操作的正式文件；
   1.2 职能部门下发的工艺文件应达到"
并能有效地指导生产；
   1.3 总装车间班组成员负责工艺文件、
生产前，班组成员要把工艺文件按要求及
现场的指定位置；
   1.4 工艺人员在处理生产过程中发生
   （按设计图

竞业限制协议
（高级管理人员）

甲方：

乙方：　　　　　　身份证号：

鉴于乙方受聘于或服务于甲方，在职或服务期间乙方有从甲方获
得商业秘密的机会，有利用甲方物质技术资料进行创作的机会，有获
得及增进知识、经验、技能的机会；甲方给乙方的劳动支付了工资、
奖金、提成、奖励等报酬；乙方明白不与甲方竞业是获取以上回报的
必要条件。为切实保护甲方的商业秘密及其他合法权益，确保乙方不
与甲方竞业，根据劳动部、国家科委的有关规定及其相关法律，双
方协商一致签订以下竞业限制协议。

1. 乙方在甲方工作期间及乙方从甲方离职之日起 _____ 年内，乙
方不得在与甲方及甲方关联公司有竞争关系的单位内任职或
以任何方式为其服务，也不得自己生产、经营与甲方及甲方关
联公司有竞争关系的同类产品及业务。

2. 乙方在甲方工作期间及乙方从甲方离职后，乙方承担的其他义
务包括但不限于：不泄漏、不使用、不使他人获得或使用甲方
的商业秘密；不传播、不扩散不利于甲方的消息或报道；不直
接或间接的劝诱或帮助他人劝诱甲方员工或客户离开甲方。乙
方履行本条义务，甲方无需给予任何补偿。

3. 第1条所指的"有竞争关系"是指与该员工离职前甲方及其关

争关系的单位包括与甲
间接或间接参股或控股

是否开始离职后的竞
必要，应发给《竞业
后竞业限制义务开
后竞业限制终止
竞业限制期内该
确认乙方有竞业
方可以开始履
视为乙方主
业限制终止
乙方履行
义务，甲方
如按照本
付补偿
以工资

XX 小区业主

时间：2008 年 12
地点：社区服务

议

1 宣布开会
2 点名
3 上次会议内
4 主持人发言
5 关于对地
6 关于在小
7 关于宽带
8 关于小
9 主持人
10 散会

公司名称
街道地址
地址 2
市・县・
电话
Web 地址

公司

传真

收件人：
传真：
电话：
回复：
注释：

个人简历

个人概况

求职意向：[描述您的理想职业或职业目标。]

姓名：			
性别：		出生日期：	
民族：		户口所在地：	
联系电话：		专业和学历：	照片
通讯地址：			
电子邮件地址：			

工作经验

[_年_月至_年_月]

[职位]		
• [工作描述和业绩] • [工作描述和业绩]	[公司名称]	
		[省份，城市]

[_年_月至_年_月]

[职位]		
• [工作描述和业绩] • [工作描述和业绩]	[公司名称]	
		[省份，城市]

[_年_月至_年_月]

[职位]		
• [工作描述和业绩] • [工作描述和业绩]	[公司名称]	
		[省份，城市]

[_年_月至_年_月]

[职位]		
• [工作描述和业绩] • [工作描述和业绩]	[公司名称]	
		[省份，城市]

Office商务办公大师

Excel 案例欣赏

员工档案表

员工编号	姓名	性别	部门	职务	学历	入职时间	户口原籍	身份证号码	联系方式	电子邮件
0001	尹光明	男	销售部	经理	本科	2001年4月8日	绵阳	51112919770212****	1314456****	guangming@kangjian.com
0002	刘凯	男	后勤部	主管	专科	2000年8月20日	佛山	10112519781222****	1384451****	kaige@kangjian.com
0003	卢燕	女	销售部	销售代表	专科	2003年4月8日	太远	12348619810918****	1391324****	yanzi@kangjian.com
0004	张小红	女	财务部	经理	本科	2003年8月20日	西安	41019790125674****	1324465****	xiaohong@kangjian.com
0005	周燕	女	行政部	主管	本科	2001年8月20日	泸州	41244619820326****	1581512****	yanz@kangjian.com
0006	蓝天民	男	销售部	销售代表	专科	2003年3月20日	贵阳	51386119810521****	1591212****	tianming@kangjian.com
0007	李红	女	技术部	主管	硕士	2003年8月20日	昆明	67011319810722****	1531121****	hongli@kangjian.com
0008	王志	男	销售部	销售代表	本科	2003年11月10日	洛阳	21045619821120****	1361212****	zhi@kangjian.com
0009	王毅	男	后勤部	送货员	专科	2004年11月10日	郑州	33025319841023****	1371512****	yi@kangjian.com
0010	李恒	男	销售部	技术代表	专科	2004年4月8日	唐山	51178519831213****	1398066****	heng@kangjian.com
0011	张敏	男	销售部	销售代表	本科	2004年4月8日	天津	61010119810317****	1324578****	min@kangjian.com
0012	王成	男	销售部	销售代表	专科	2004年8月20日	咸阳	41515319840422****	1334678****	cheng@kangjian.com
0013	孟江	男	销售部	销售代表	专科	2004年4月8日	沈阳	21325419850623****	1342674****	jiang@kangjian.com
0014	卢超	男	技术部	技术员	硕士	2004年11月10日	大连	41066219850915****	1359641****	chao@kangjian.com
0015	张博	男	销售部	销售代表	本科	2003年11月10日	青岛	51015819820915****	1369458****	bo@kangjian.com
0016	余健	男	技术部	技术员	本科	2004年4月8日	无锡	10154719831126****	1369787****	jiang@kangjian.com
0017	陈兰	女	行政部	文员	本科	2003年8月20日	杭州	31048419830307****	1304453****	lan@kangjian.com
0018	任华	女	财务部	会计	专科	2004年4月8日	兰州	21141119850511****	1514545****	hua@kangjian.com

欣业科技有限公司员工销售业绩表

分公司	员工姓名	第一季度	第二季度	第三季度	第四季度	总计
江苏	尹光明	34465	36119	49180	35756	155520
江苏	刘凯	34186	37081	48567	44536	164370
江苏	卢燕	33638	38675	33251	44567	150131
浙江	张小红	48541	37837	42767	31752	160897
浙江	周燕	33185	42318	48455	49496	173454
浙江	蓝天民	49662	43471	48748	49927	191808
浙江	李红	45034	33095	48265	44440	170834
山西	王志	48186	39641	36313	49983	174123
山西	王毅	32289	42215	45161	32881	152546
山西	李恒	38829	35980	48288	37600	160697
河北	张敏	36051	37128	31920	32029	137128
河北	王成	45255	42433	34648	34209	156545
河北	孟江	35253	41295	43792	30334	150674

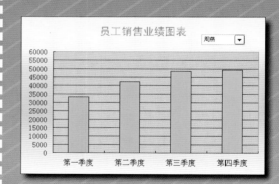

员工销售业绩图表

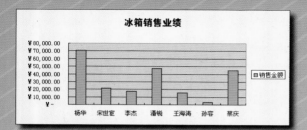

冰箱销售业绩

宝丽茨化妆品系列销售

编号	名称	规格	单价	销售量	销售额
BLC-1	微细纤维睫毛膏（黑）	2×5ml	￥139.00	5098	￥708,622.00
BLC-10	全天候两用粉饼	9g	￥69.00	5902	￥407,238.00
BLC-11	水润啫喱粉底	9.5g	￥45.00	3636	￥163,620.00
BLC-12	轻盈粉扑夜	30ml	￥49.00	3891	￥190,659.00
BLC-13	娇颜胭脂玫瑰红	2.3g	￥39.00	4021	￥156,819.00
BLC-14	水晶淡彩护甲油	12ml	￥25.00	1380	￥34,500.00
BLC-15	去屑洗发露	400ml	￥52.50	87	￥4,567.50
BLC-2	超长卷翘睫毛膏（黑）	4.7ml	￥59.00	7828	￥461,852.00
BLC-3	炫黑纤长睫毛膏	6.5ml	￥50.00	5003	￥250,150.00
BLC-4	立体睫毛膏防水型（蓝）	5.5ml	￥39.00	4139	￥161,421.00
BLC-5	炫色立体三色眼影	-	￥20.00	4200	￥84,000.00
BLC-6	水晶贝彩唇膏	1g	￥45.00	6398	￥287,910.00
BLC-7	星光璀璨液体唇膏	55ml	￥39.00	4653	￥181,467.00
BLC-8	彩护滋养润唇膏	2g	￥19.90	8207	￥163,319.30
BLC-9	防晒两用粉饼	9.2g	￥65.00	7874	￥511,810.00

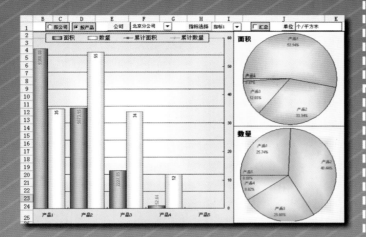

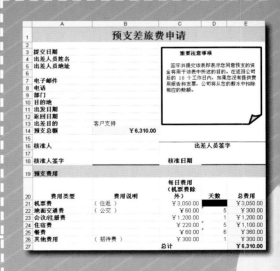

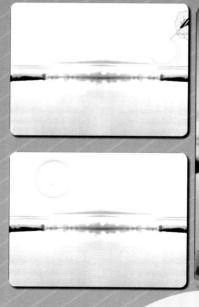

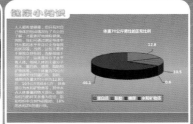

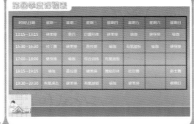
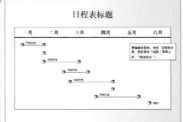

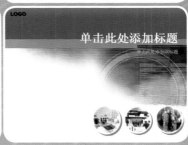

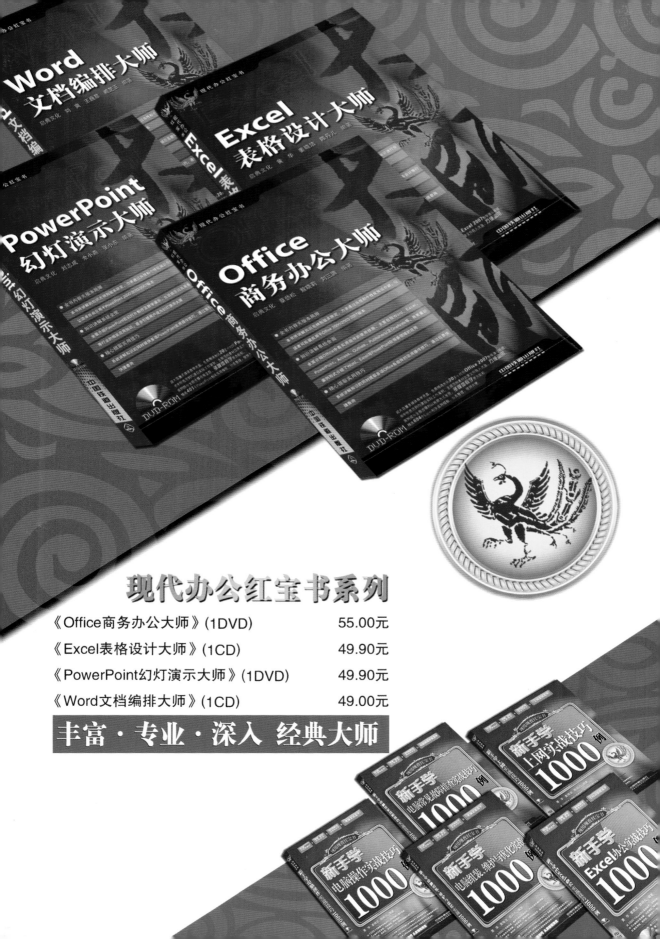

现代办公红宝书

Office
商务办公大师

蔡劲松　敖晓莉　刘三满　编著

中国铁道出版社
CHINA RAILWAY PUBLISHING HOUSE

内 容 简 介

本书是"现代办公红宝书"系列丛书之一，全书从一个电脑商务办公人员需要了解和掌握的 Office 基础知识和基本操作出发，详细介绍了使用 Office 中各常用组件进行办公工作、制作各类办公文档所需要具备的知识和技巧。主要内容包括：全面介绍 Office 各种软件的特点、Office 各组件的共性操作，使用 Word 进行文档编排、字符与段落格式的设置、页面格式设置、图文混排、表格与图表的应用、Word 高级排版与打印输出，使用 Excel 进行电子表格的制作与美化、表格中公式、函数与图表的应用、数据的分析与处理，使用 PowerPoint 制作精彩的演示文稿、幻灯片中多媒体元素的应用、动画与交互的设置以及放映的控制等。另外，还介绍了 Office 中的其他组件，如 Access、Outlook、Publisher 以及 OneNote 等的常规应用，最后通过多个实用案例帮助读者更好地理解书中介绍的知识，并最终达到学以致用的目的。

本书主要定位于 Office 系列软件的初、中级用户，适合不同年龄段的公司人员、行政人员、文秘、企业员工、教师、国家公务员、各类社会培训学员使用，也可作为各大中专院校及各类电脑培训班的 Office 教材使用。

图书在版编目（CIP）数据

Office 商务办公大师/蔡劲松，敖晓莉，刘三满编著.
北京：中国铁道出版社，2009.3
ISBN 978-7-113-09808-7

Ⅰ.O… Ⅱ.①蔡…②敖…③刘…Ⅲ.办公室—自动化—应用软件，Office Ⅳ.TP317.1

中国版本图书馆 CIP 数据核字（2009）第 036487 号

书　　名：Office 商务办公大师	
作　　者：蔡劲松　敖晓莉　刘三满　编著	

策划编辑：严晓舟　苏　茜	
责任编辑：苏　茜	编辑部电话：（010）63583215
编辑助理：王　彬	
封面设计：付　巍	封面制作：白　雪
责任印制：李　佳	

出版发行：中国铁道出版社（北京市宣武区右安门西街 8 号　　邮政编码：100054）
印　　刷：北京鑫正大印刷有限公司
版　　次：2009 年 6 月第 1 版　　　　　2009 年 6 月第 1 次印刷
开　　本：787mm×1092mm　1/16　印张：30.25　插页：4　字数：702 千
印　　数：4 000 册
书　　号：ISBN 978-7-113-09808-7/TP·3174
定　　价：55.00 元（附赠光盘）

在经过长时间的资料收集、整理与创作后，终于完成了现代办公红宝书编写工作，并最终得以与广大读者见面。本套丛书凝聚了编者太多的心血，这些在读者细读后就能体会到。而在这之前，如果您已经下定决心提高自己的Office应用能力，则请耐心读完下面几段文字，它将帮助您大致了解本丛书的特点以及学习方法。

现代办公红宝书具有以下特点：

☑ 讲解知识全面，操作详尽细致

丛书立足于初级读者，目标是使读者达到高级水平。为此，我们采用了较大篇幅对Office的各个常用组件进行了全面的讲解。丛书在讲解过程中引用了大量案例，通过详尽的操作步骤，带领读者一步步掌握各项知识的运用。丛书最后部分还安排了数十个大型案例，帮助读者更全面地理解软件在各行业中的应用。

☑ 安排内容合理，学习方法科学

丛书按四层次学习法安排内容。第一层次为结构检视，通过目录展示一本书的重点和框架，使读者了解全书的大致内容；第二层次为基础认知，介绍各软件的初步信息或基本技巧，并加以分析和归纳；第三层次为分析学习，即宏观、完整地学习主体知识；第四层次为主题学习，包括有一定难度的专题学习和应用学习两部分，以提升读者的自主拓展能力，使读者将学到的知识灵活运用。

☑ 提取各种技巧，及时答疑解惑

在讲解知识和进行案例制作的过程中，丛书中有很多需要读者注意的地方，我们会在这些地方及时提醒，并向读者介绍各种技巧和举一反三的方法，在读者容易出错或产生疑惑之处给予解答。另外，为方便读者查询，附录中将所有技巧提取成索引目录。

☑ 涉及内容广泛，素材模板丰富

在讲解软件主体知识时本丛书并不限定某个特别的版本，而且对软件各版本的异同进行了比较和总结，书中知识可拓展应用到所有常用版本。丛书最后的案例不仅涉及办公方向，也涉及其他常用领域。另外，每本图书光盘中都提供了大量的精美素材和模板，各行业读者可以各取所需。

在计算机图书编写的过程中我们了解到，作者将知识以文字的形式呈现在图书中，却在另一个时空被读者读到，此过程往往只是单向的，作者在卖力地"给予"，而读者只是被动地"接收"。但实际上，读者 "接收"知识应该像是棒球赛中的捕手那样在接球时发挥自己的主动作用。只有当捕手与投手密切合作时，才会成功。

因此，我们希望读者在学习本丛书的过程中能尽量发挥自己的主观能动性，从书中总结出适合自己的经验与方法，通过书中的案例举一反三，勇于提出问题并利用各种途径获取解决方法。在以后的图书编写过程中我们也会不断与读者进行交流和互动，直到读者掌握自主学习的方法。相信在今后的共同学习过程中，我们定能一道成长，达成大家美好的愿望。

编　者

2009年1月

在现代信息社会中，电脑已经进入到了千家万户，成为了大家工作、学习、生活的"最佳拍档"，其功能也越来越丰富，可以说电脑在我们的身边无时无刻不在发挥作用。而本套图书针对的是在现代商务办公领域中最为常用的 Office 系列软件，该系列的软件在我们的日常工作中扮演着非常重要的角色，甚至成为了必备的工作技能。现在市面上出现了非常多的相关书籍，我们通过对读者的调查了解发现，有些教程类图书缺乏实例，人们学习起来比较枯燥，应用也比较困难；而一些实例类图书又没有知识体系，实例过于呆板和脱离实际，很难让读者系统地从基础学起。读者需要的不仅仅是能系统地掌握 Office 中各个组件的功能，而且要能利用这些功能完成一个个在工作中遇到的任务，这样全面系统又具有实例的图书才能更好地让人既学到知识又不断增强实作技能，为此我们编写了这本《Office 商务办公大师》。

本书内容

本书分为五篇，共 26 章，各篇所介绍的内容如下：

第一篇（第 1~6 章）：主要讲解使用 Word 进行文档编排的相关知识，包括 Word 文档的基本操作，文档字符与段落格式的设置，页面格式设置与特殊版式制作，各类图形对象在文档中的使用，表格的制作以及文档的打印输出等。

第二篇（第 7~12 章）：主要讲解使用 Excel 进行电子表格制作的相关知识，包括表格中数据的输入与编辑，表格的各项美化设置，公式、函数与图表的应用，数据的分析与处理手段以及表格的打印输出等。

第三篇（第 13~18 章）：主要讲解使用 PowerPoint 进行演示文稿制作的相关知识，包括幻灯片中内容的制作，幻灯片的外观美化设置，多媒体元素的使用，交互与动画设置以及演示文稿的放映等。

第四篇（第 19~23 章）：主要讲解 Office 中其他组件的使用，包括使用 Access 进行数据库管理，使用 Outlook 进行邮件收发，使用 Publisher 进行出版物制作以及使用 OneNote 进行事务记录和安排等，最后还介绍了 Office 各常用组件的协同办公知识等。

第五篇（第 24~26 章）：主要讲解 Word、Excel 与 PowerPoint 3 个常用组件在商务办公领域中的一些典型案例，包括员工手册、产品说明书、员工档案表、销售业绩表、产品宣传片、公司介绍以及课件等。

读者对象

本书主要定位于 Office 系列软件的初、中级用户，适合不同年龄段的公司人员、行政人员、文秘、企业员工、教师、国家公务员、各类社会培训学员及使用，也可作为各大中专院校及各类电脑培训班的 Office 教材使用。

本书特点

灵活的版式：本书结合了基础书版式的轻松和专业书版式的规范等优点，采用了比较灵活的单双栏混合以及表格和图示等的应用，力求为读者营造一个最轻松的阅读环境。

专业全面的内容：本书力求在内容安排上，做到既系统全面，又包括各项技巧、疑难解答等提高知识。一切内容的选择，都是以实用为前提，对一些目前在实际工作或生活中使用率不高、过深的内容将坚决抛弃，一切为读者着想。

不受任何版本限制：以前的办公类图书主要是针对某一个版本（如 Office 2007 或 Office 2003）进行讲解，但不同读者的使用习惯不同，有的甚至还习惯用 Office 2000 系列。因此，本书在写作时将重心放在了知识而非版本上，主体知识虽然以 Office 2003 进行讲解，但在全书的前面部分会先分析各版本之间的异同以及实质上的联系等，从而能帮助读者今后自主拓展学习需要的软件版本，因此可以说本书所讲解的内容，将适合于 Office 的任何版本。

丰富的素材模板：本书将书中涉及的所有素材和效果文件均收集到了光盘中，使读者在学习的同时能更方便地动手操作。另外，在光盘中还为读者提供了大量实用漂亮的模板文件，对于这些文件读者可利用学到的知识对其稍加修改，制作出适合自己需要的专业办公文件。

广泛的读者受众：不管你使用的是 Office 的什么版本，不管你对 Office 掌握到什么程度，只要能静下心来认真学习，就可达到 Office 商务办公行家里手的高度。

编　者

2009 年 1 月

目 录

强大的Word文字处理

第一篇 使用Word不仅可进行文字输入、编辑、排版和打印等，还可制作出图文并茂的各种办公文档和表格，包括宣传单、个人简历、求职信、招标书、公司简介和各种传真等。

Chapter 1

Word文档基本操作

Chapter 2

字符与段落格式

Chapter 3 页面格式与特殊版式

Chapter 4　制作图文并茂的文档

Chapter 5　制作电子表格

Chapter 6　保护与打印文档

精明的 Excel 电子表格

第二篇

使用Excel可非常方便地录入各类数据，利用其中的公式与函数可对数据进行准确的计算和处理，另外也可将数据转换为图表或使用分类汇总等手段数据的分析。

Chapter 7　Excel基本操作

Chapter

8 在Excel中输入与编辑数据

Chapter 11 数据的处理与分析

Chapter 12 工作表的打印与输出

第三篇　精彩的 PowerPoint 幻灯片演示

使用PowerPoint制作的幻灯片可以按动态的方式将各种内容呈现在观众眼前，它能使演讲者的演说词演绎得更为生动，或者让展示变得更为直观，并能与观众进行有效的互动。

Chapter 13　演示文稿与幻灯片基本操作

Chapter 14　在幻灯片中添加内容

Chapter 15 美化幻灯片外观

Chapter 16 制作多媒体幻灯片

Chapter 17　幻灯片交互与动画设置

Chapter 18　幻灯片的放映与输出

与 Office 其他组件协同工作

第四篇 分别介绍Office中其他常用组件的功能，包括进行数据库管理、收发商业信件、制作各类出版物以及记录或安排重要事件等，并介绍各组件是如何进行资源共享和协作办公的。

Chapter 19 Access数据库管理

Chapter 20 Outlook邮件收发

Chapter 21 Publisher出版物制作

Chapter
22 | OneNote笔记本使用

Chapter
23 | Office组件间的协作

Office 各组件的典型应用案例

第五篇

针对Word、Excel以及PowerPoint组件在商务办公领域中的多个实用案例进行分析和指导制作，以帮助读者达到学以致用的目标。

Chapter 24

Word典型商务应用案例

Chapter 25

Excel典型商务应用案例

Chapter
26 PowerPoint典型商务应用案例

Appendix
附录 技巧目录

Chapter 0

Office商务办公基础认知

微软公司出品的 Office 系列，是商务办公领域中使用最为广泛的软件组，利用其中的各组件可进行包括文档、表格、幻灯片以及数据库等多项内容的制作与管理。下面先来了解 Office 软件组的一些基础知识和共性操作。

本章要点：

Office版本发展与特性介绍
Office家族成员的功能展示
Office常用组件界面的对比分析
Office常用组件的共性操作

知识等级：

Office初学者

建议学时：

140分钟

参考图例：

技巧
特别方法，特别介绍
提示
专家提醒注意
问答
读者品评提问，作者实时解答

0.1 | Office 电脑办公时代
进入到电脑办公的时代，您是否需要 Office 的帮助

自从 20 世纪电脑问世以来，人们的生活就发生着翻天覆地的变化。尤其是在工商业领域，大规模、大范围应用电脑已经成为提高企业生产效率、提升企业利润率的不二法门。

而正如人类的发展史要历经各个阶段一样，办公同样随科技的进步在不断发展着。在最早期，人们进行的办公工作主要通过手工配合一些辅助计算工具完成，遇到大量复杂或重复的工作就需要耗费办公人员非常多的时间，还常要进行后期检查以避免错误。后来，随着电脑的出现让办公产生了革命性的改变，通过电脑可以非常方便地进行各种数据的计算以及一些简单文稿的处理，这极大地提高了工作的正确率。而到了如今这样一个信息时代，办公室一族必须面对飞速而来、瞬息万变的各种信息，并对信息进行有效的分析和决断。这时，就更需要借助各种强大办公软件的帮助，才能更有效地提高工作效率和准确度。

而在众多的办公软件中，Office 软件系列绝对是当之无愧的佼佼者，现在它已经是电脑办公行业中最为普及和实用的软件组，该软件组中包括了各种面向办公实际需要的软件程序。

- ◆ 如果常常要进行大量文字内容的输入与编辑，并希望制作出美观实用的文档。
- ◆ 如果需要制作各类表格，并对其中数据进行各种计算和分析。
- ◆ 如果需要进行极具感染力的动态幻灯片的展示。
- ◆ 如果需要进行复杂数据库的管理。
- ◆ 如果需要进行邮件的收发与管理，或者制作计划并为任务分配资源、跟踪进度、管理预算和分析工作量，或者想轻松进行出版物的制作，以及进行流程图的绘制等。

那么在 Office 组件中，您都可以找到专属于自己的强大成熟的软件。只要通过认真的学习和不断的实践应用，定能让它们成为您办公时最得力的助手。

0.2 | Office 版本发展及特性介绍
了解 Office 版本发展史及各自特性，为学习 Office 打下基础

Office 家族在无数次更新换代后才达到现在的水平，从早期初现端倪的 Office 95 到现在功能强大且完善的 Office 2007 共经历了 6 个发展阶段，其中包括 Office 97、Office 2000、Office XP 和 Office 2003。从 Office 发展历程来看，每次它都有较大的改进之处，而最典型的几次改进则是 Office 2000、Office 2003 和 Office 2007 3 个版本。

下面就先对 Office 各个主要版本的界面和功能特点做相关介绍。

0.2.1　小巧经典的 Office 2000

1999年初，在Office 97的基础上，微软发布了Office 2000，在同年的8月，中文版也

正式发布，其功能特性在 Office 97 的基础上进行了全面的更新和增强，另外在 Internet 和网络上功能的加强，使网络信息创建、共享和发布变得更加简单方便。该版本 Office 在功能上已经成形，基本能应付当时大多数日常办公工作，由于其界面简洁、操作方便且对电脑配置要求很低，使得其从发布一开始就逐渐成为了办公领域中的主导软件，甚至到现在还有人在使用该版本。右图所示即为 Office 2000 成员中 Word 软件的界面效果。

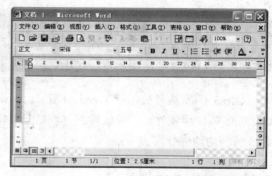

Word 2000 的界面■

0.2.2 实用全面的 Office 2003

2003 年 11 月，微软的 Office 2003 中文版正式发布，该版本提出了 Microsoft Office System（微软办公系统）的新概念，其中新增了多个办公组件。Word、Excel、PowerPoint 等常用组件仍是其中的核心部分，另外还包括 FrontPage、Visio、Publisher 和 Project，以及 OneNote 和 InfoPath 等产品。在 Office 2003 版本中，软件的操作得到了进一步优化，任务窗格的出现使得软件的使用更加方便，各个组件中也都增加了扩展功能，使得软件整体变得

Word 2003 的界面■

和实用。从该版本开始 Office 已经成为了一个非常成熟的办公系统，2003 版本也是目前使用最为广泛的 Office 系列。右上图所示为 Office 2003 成员中 Word 的界面效果。

0.2.3 丰富多彩的 Office 2007

在 2006 年底，微软发布了最新一代的 Office 2007，该版本在用户界面上有了全新的特性，是至今为止最大的一次改变，包括 Ribbons 的使用、上下文标签、即时预览等效果，其中菜单已经弱化，更强调图形界面的提示功能。Office 2007 确实是一次飞跃，操作界面十分有质感，功能更是丰富多彩，但由于其操作方式与以前所有版本有较大的不同，因此刚开始使用起来还有些不太习惯，但其核心功能与 2003 版本基本相同。右图所示为 Office 2007 成员中 Word 的界面效果。

Word 2007 的界面■

0.3 | Office 家族成员的功能展示
Office 家族成员众多，各个功能都不同

Office 的家族成员包括 Word、Excel、PowerPoint、Access、Outlook、Publisher、InfoPath、OneNote 等应用软件，各种软件都有着自己独特的功能。下面以 Office 2003 为例对 Office 家族各成员的功能进行简要介绍。

0.3.1 Word 文档处理

Word 是 Office 家族成员中应用最广泛的软件之一，它主要用于创建和编辑各种类型的文档。

1. 编辑排版各类文档

Word 的功能非常强大，使用它可以制作出各种图文并茂的宣传单、登记表、求职信、招标书、公司简介以及投标书等办公类文档，另外还可对各类文档进行排版制作。

Word 进行文档处理的主要功能与特点包括如下几点：

◆ 应用 Word 软件可以随心所欲地编辑各类文字，制作出各种文字效果，还可以插入其他软件制作的信息，也可以用 Word 软件提供的工具进行图形制作、艺术字编辑、表格与图表制作以及数学公式的编辑等，能够满足用户对各种文档处理的要求。

◆ Word 软件提供了拼写和语法检查功能，提高了英文文章编辑的正确性，如果发现语法错误或拼写错误，Word 软件还提供了修正的建议。

◆ Word 软件提供了强大的制表功能，不仅可以自动制表，也可以手动制表。Word 的表格线自动保护，表格中的数据可以自动计算，表格还可以进行各种修饰。另外，在Word 软件中，还可以直接插入其他软件制作的电子表格。

■创建并编辑文档

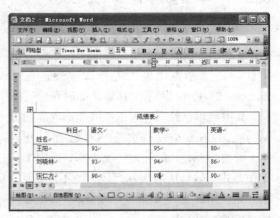

创建并编辑表格■

而对于不同的用户而言，Word 又可具有不同的应用方向。

◆　如果您是销售人员，那么您可以用 Word 制作各种记录公司业务或销售经验的文档。

◆　如果您是公司的行政人员，那么您可以用 Word 制作研讨项目、会议资料等文档。

◆　如果您从事策划方面的工作，那么您可以用 Word 制作公益或商业的宣传海报、推广
　　计划等。

◆　如果您从事人力资源方面的工作，那您可以用 Word 制作招聘资料和人员培训计划、
　　员工考核报告等文档。

可以说在商务办公领域中，各种工种对 Word 都有使用需求，而 Word 都能出色地完成任务。

2．快速应用模板

Word 软件提供了大量丰富实用的模板，使用户在编辑某一类文档时，能很快建立相应的格式或内容，而且 Word 的用户可以自己定义模板，为建立特殊的文档提供了高效快捷的方法。

例如，对于忙碌的现代人而言，很容易忘日子，如果把日历做成文档并打印出来，这样就可以很方便地看见日历。制作日历的软件很多，使用 Word 提供的"日历向导"模板就能够轻松搞定。

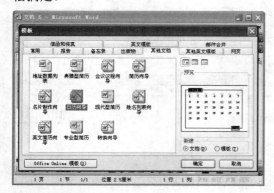

■"日历向导"模板

在 Word 中制作日历■

3．邮件合并

Word 和 Excel 都是 Office 中应用十分广泛的软件。为了减少不必要的重复工作，提高办公效率，可以使用 Word 中的邮件合并功能来与 Excel 交换数据。

Word 的邮件合并由两个部分组成：一部分为主文档，包括要重复出现在资料调查表、报表、套用信函信封等中的通用信息；另外一部分称为数据源，数据源中包括了在各个合并文档中各不相同的数据，如调取成绩单中的考生号码和成绩分数、信函中的收件人的姓名和地址等，这些数据便可以来自于 Excel 等软件。

进行邮件合并时，首先要创建一个主文档，然后打开数据源或创建新的数据源，在主文档中插入要合并的域，最后将数据源中的数据合并到主文档中即可。

■Excel 中的数据源　　　　　　　　　　　　在 Word 中进行邮件合并■

4．制作书籍

提到制作书籍，许多人都以为这是离自己很遥远的事情。其实在我们的工作与生活中也会经常需要制作书籍之类的文档。例如，在大学里需要制作毕业论文，单位开发了新产品要编写用户使用手册等。

制作书籍的过程并不复杂，只要利用 Word 强大的编辑、排版功能就可以很好地完成这样的工作。例如，通过 Word 中的大纲功能可以清晰地查看文档的结构，而使用插入目录的功能，就可以轻松制作出文章的目录。

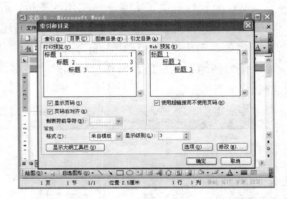

制作目录■

0.3.2　Excel 电子表格制作

同 Word 一样，Excel 也是 Office 家族成员中应用最广泛的软件之一。它主要用于创建编辑表格、公式与函数应用以及分析与管理数据等。

1．创建编辑表格

由于 Excel 存在默认的表格形式，因此在 Excel 中进行表格的创建与编辑就显得十分容易，在很多时候需要填写各种各样的调查表、工资表、成绩表、通讯录等，这些资料往往需要在 Excel 中进行编辑。

在 Excel 中创建好表格内容后，同样可以对文字进行字体、样式等设置。另外，为了让表格更为美观，还可以对表格的边框、底纹等进行格式设置，以及插入一些图形对象进行美化。

另外，在 Excel 中可以将数据转换为各种形式的图表显示或打印出来，这样有利于数据的统计和分析，而且增强了数据的可视性。

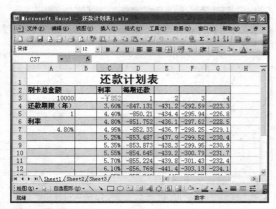

■创建表格

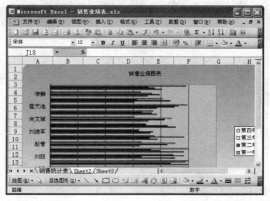

制作图表■

2. 公式与函数编辑

　　Excel 除了具有最基本的创建与编辑表格的功能外，还可进行公式与函数的编辑，这使得一些需要经常运用到数据计算的工作人员更能得心应手地工作。

　　Excel 包括了各种常用的公式，例如加、减、乘、除等。另外，还包括了常用函数、财务、统计、逻辑等多种函数功能，例如常用函数中包括了求平均值、求个数、求最大值和最小值等，统计函数包括乘方、立方、开方等。

■创建公式

运用函数■

3. 分析管理数据

　　分析与管理数据是 Excel 非常重要的一项功能。运用管理数据功能，可以使表格中的数据以用户指定的方式进行排列。

　　例如，使用"数据排序"功能，可以使表格中的数据通过比较某个或某几个关键字进行从高到低或从低到高的次序排列；使用"分类汇总"功能，可以将所有记录根据要求条件进行分类，然后对指定项目进行汇总，从而帮助用户对数据进行整理和分析。

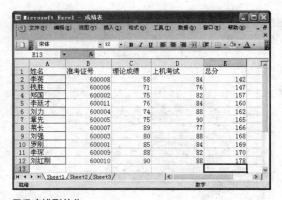

■升序排列总分   按地址分类汇总■

0.3.3　PowerPoint 幻灯片演示

　　PowerPoint 是目前非常流行的幻灯片演示软件。由 PowerPoint 创作出的文稿可以集文字、图形、图像、声音以及视频剪辑等多媒体元素于一体，在一组图文并茂的画面中表达出用户的想法。

　　由 PowerPoint 制作的演示文稿可以广泛地应用在会议、教学、产品演示等场合。另外，网络冲击使得该软件还具有面向 Internet 的诸多功能，如在网上发布演示文稿，与其他用户一起举行联机会议等。

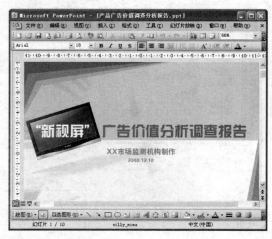

■调查报告演示文稿

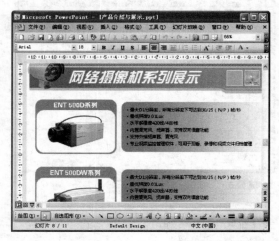

产品展示演示文稿■

0.3.4　Access 数据库管理

　　Access是用于管理数据库系统的软件，不管是专业人员还是非专业人员，都可以很方便地在其中实现数据的添加、删除、查询、统计和保存，还可以进行输入界面的设计以及报表的生成等工作，可节省大量的工作时间和精力，但使用的人却相对少些，不像 Word 和 Excel 那样应用广泛。

　　Access 数据库管理系统适用于小型商务活动，用以存储和管理商务活动所需要的数据。它不仅能创建数据库，而且具有强大的数据管理功能，它可以方便地利用各种数据源生成窗体（表单）、查询、报表和应用程序等。

　　Access 数据库由 6 种对象组成，分别是表、查询、窗体、报表、宏和模块，各种对象具有的意义和功能如下：

- ◆ 表（Table）是数据库的基本对象，也是创建其他 5 种对象的基础。表由记录组成，记录由字段组成，表用来存储数据库的数据，故又称数据表。

- ◆ 查询（Query）可以按索引快速查找到需要的记录，按要求筛选记录并能连接若干个表的字段组成新表。

- ◆ 窗体（Form）也称表单，提供了一个方便浏览、输入以及更改数据的窗口，还可以创建子窗体显示相关联的表的内容。

Access 数据库管理■

- ◆ 报表（Report）的功能是将数据库中的数据分类汇总，以便分析。

- ◆ 宏（Macro）用来自动执行一系列操作，Access 列出了一些常用的操作供用户选择。

- ◆ 模块（Module）的功能与宏类似，但其定义的操作比宏更精细和复杂，用户可以根据自己的需要编写程序。

提示
Attention

　　Excel 和 Access 都可以用于创建表格和数据管理，但是在具体的功能上，两者却有着很大的区别。其中，Excel 是电子表格软件，主要用于制作电子表格和进行数学计算及数据统计；而 Access 则是专门用于数据库创建和管理的软件，是一款小型的数据库软件。

0.3.5　Publisher 出版物制作

　　Publisher 是 Office 2003 中新增的一个组件，主要用于创建和发布各种出版物的软件，可将这些出版物用于桌面打印、商业打印、电子邮件分发或在 Web 中进行查看。

　　Publisher 为用户提供了获得专业效果所需的所有帮助。用户可以从使用"配色方案"、"字体方案"，以及各种版式选项或自己的设计灵感定制专业设计的模板入手，或从使用复杂的排版样式和页面布局工具创建空白出版物入手。

　　运用 Publisher 软件可以进行如下工作：

- ◆ 通过使用新的 Web 站点向导和电子邮件向导创建各种不同的企业出版物，或创建打印出版物，包括小册子、新闻稿、明信片、CD/DVD 标签以及其他出版物。

- ◆ 通过使用扩展的模板集合创建个人出版物，包括"个人信纸集"及专业设计的贺卡和请帖。

◆ 通过使用"目录合并"合并数据源中的图片和文字来自动创建出版物，以便创建数据表及复杂的目录等。

◆ 由于 Publisher 提供对 CMYK Composite Postscript 的支持，因此它能够更灵活地与商用打印机配合使用，从而进行更高质量和更多数量的打印作业。

■Publisher 出版物制作

0.3.6 InfoPath 表单应用

InfoPath 主要用于创建和填写表单。在 InfoPath 中，用户主要可以进行设计表单和填写表单两项主要的工作。

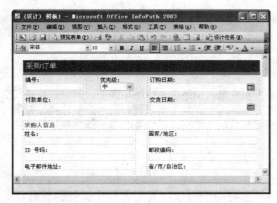 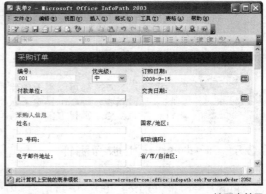

■设计表单   填写表单■

1. 设计表单

用户可以在设计模式中设计和发布用户友好的交互式表单。除了向表单中插入标准控件外，InfoPath 还允许插入为用户提供更大灵活性的控件，以添加、删除或隐藏表单的节。用户所设计表单的范围包括从收集数据的简单表单到作为大型业务流程一部分的复杂表单。不需要具有编程或脚本的专门知识就可以设计高效的表单。

2. 填写表单

用户可以使用熟悉的类似于文档的功能来填写表单。根据表单的设计，用户可以将多个表单中的数据合并到一个表单中，或者将数据导出到其他程序中。用户还可以将表单保存在自己的计算机上以便在脱机时进行处理，然后在重新连接到公司网络时进行提交。

0.3.7　Outlook 邮件收发

Outlook 组件可以帮助用户对通信和信息进行访问、确定优先级以及进行处理，以便用户可以更有效地安排时间，并且更轻松地管理所接收到的越来越多的电子邮件。

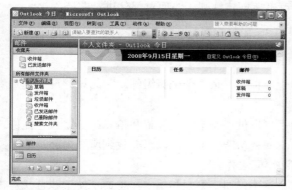

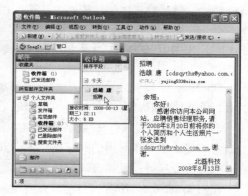

■Outlook 邮件收发　　　　　　　　　　　　　　　　　　　　　　　　　　　　查看邮件■

Outlook 有如下几个特点：

1．简化邮件流程

Outlook 帮助用户比以往更高效地读取、组织、跟踪和查找电子邮件。新的窗口版式可一次在屏幕上显示更多信息。重新设计的邮件列表可更加智能地利用空间，从而使用户减少滚动列表的时间，而将更多时间用于工作。

2．筛选垃圾邮件

"垃圾邮件筛选"功能可以帮助用户防止每天收到大量的不想接收的邮件。使用微软研究院开发的尖端技术，基于多种因素评估一封邮件是否应该被认为是垃圾邮件。

3．导航窗格

"导航窗格"不只是一个简单的文件夹列表，它将 Outlook 主要的导航和共享功能融合在一个易于使用的地方。在"邮件"中，用户可看到比以往更多的邮件文件夹，还可将收藏文件夹添加至列表顶端。

4．阅读窗格

"阅读窗格"是读取电子邮件的最佳位置，无须为每个邮件分别打开窗口。"阅读窗格"像一张纸一样垂直放置。该版式更适于阅读，并且具有多行邮件列表。

5. 快速标记

如果用户需要回复电子邮件，但是暂时又没有时间，那么可以单击邮件旁边的标记图标，以便用"快速标记"对其进行标记。

6. 规则和通知

当新邮件到达用户的邮箱时，Outlook 将会显示一个通知，以便用户第一时间得知。通过选择邮件，然后单击"创建规则"按钮，用户可迅速创建规则，以便对邮件进行归档。

0.3.8 OneNote 笔记本使用

OneNote 是微软办公系统中的笔记记录和管理程序，是一个全新组件。它的设计理念就是"随心所欲地获取、组织和再利用你的笔记"。

OneNote 实际上是一种数字笔记本，它为用户提供了一个收集笔记和信息的位置，并提供了强大的搜索功能和易用的共享笔记本。其中，搜索功能使用户可以迅速找到所需内容，共享笔记本则使用户可以更加有效地管理信息超载和协同工作。

使用 OneNote，所有信息都放在一个地方，这不仅便于组织和集中，也便于搜索和查找，甚至可以搜索图片和录音、录像中的任何词语。由于 OneNote 使用了我们熟悉的笔记本概念，将笔记本划分为包含页面的多个分区，因此很容易上手使用。

OneNote 的功能主要包括以下内容：

◆ 确保不会丢失任何您认为重要的信息。

◆ 对不太适合放到电子邮件、日历或正式文档中的零散信息进行组织。

◆ 收集会议或讲座笔记供以后参考。

◆ 收集来自网站或其他来源的调查内容，并为自己或他人添加批注。

◆ 跟踪下一步要做的事项，以免遗漏任何事情。

◆ 通过项目共享笔记和文件，与其他人紧密协作。

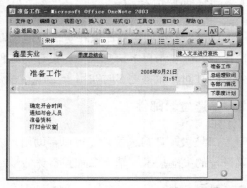

OneNote 笔记本■

读者提问
Q+A

Q：这里介绍了 Office 的这么多有用组件，是不是每个我都需要掌握？

A：Office 是一个庞大的软件组，各个软件的功能并不相同，这里之所以对各个软件进行了简要介绍，目的是帮助您根据自己的工作和生活需要选择需要学习的组件。其中 Word、Excel 和 PowerPoint 是办公领域中最常涉及的软件，建议认真掌握，其他组件本书也会有所介绍，读者也都可作了解，因为 Office 各组件间都可协同工作，所以多掌握一些知识没有坏处。

0.4 Office 常用组件界面的对比分析

尽管同是 Office 的组件，界面却是有着相同和不同的地方

在前面的学习中，我们已经了解了 Office 中有哪些组件。而 Word、Excel 和 PowerPoint 则是其中最常用的组件，也是本书主要讲解的内容，下面将以 Office 2003 为例对 Office 这 3 个常用组件的界面进行对比和分析。

0.4.1　Office 2003 各组件界面组成

先来分别认识一下 Word 2003、Excel 2003 和 PowerPoint 2003 这 3 个软件的界面组成，然后再对比分析它们之间的异同。

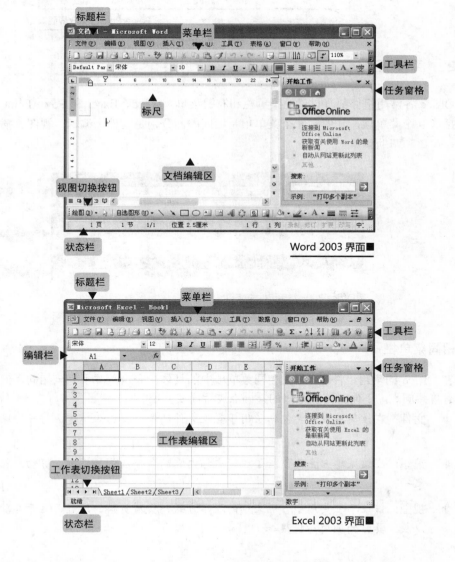

Word 2003 界面■

Excel 2003 界面■

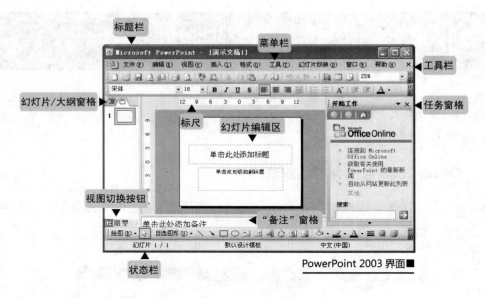

PowerPoint 2003 界面■

0.4.2 菜单区

Office 各常用组件都有自己的菜单栏和右键菜单。Word、Excel 和 PowerPoint 的菜单栏中都包括了 9 个菜单项,其中有 8 个菜单项是相同的,分别是文件、编辑、视图、插入、格式、工具、窗口和帮助菜单。

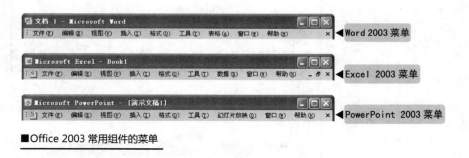

■Office 2003 常用组件的菜单

1. 相同菜单栏

在 Office 的常用组件中,8 项相同菜单项中的具体命令虽然并不完全相同,但是这些菜单项也有着共同点,下面对这些菜单的共同点进行简要介绍。

◆ **文件**:在该菜单中主要包括了用于管理文件的命令,例如新建、打开、保存和打印文档等。

◆ **编辑**:在该菜单中主要包括了编辑文档内容的命令,例如复制、剪切、粘贴、查找对象等。

◆ **视图**:该菜单主要用于管理文档的显示方式、页眉页脚的设置、显示与隐藏网格线,以及工具栏的调用与隐藏等。

- ◆ **插入**：该菜单主要用于插入图片、图示以及其他对象。
- ◆ **格式**：该菜单主要包括了用于设置文字和图片格式的命令。
- ◆ **工具**：该菜单主要用于拼写和语法、语言设置、文档选项设置、自定义文件等。
- ◆ **窗口**：该菜单主要用于选择排列多个窗口的方式。
- ◆ **帮助**：通过该菜单的帮助菜单命令，用户可以进行学习和查找解决问题的方法。

2. 不同菜单栏

虽然都是 Office 组件，但是由于各个组件所偏向的功能不同，因而每个软件都拥有着自己独特的菜单。

- ◆ Word 主要用于文档处理，为了能够让用户在 Word 中方便制作表格对象，微软公司特别在 Word 加了一项"表格"菜单。通过"表格"菜单，用户可以绘制、插入表格对象，并且可以对表格或其中的单元格进行删除、拆分、合并等各项编辑处理。
- ◆ Excel 主要用于创建表格与数据管理。因此，在 Excel 菜单栏中有一项独特的"数据"菜单，通过"数据"菜单，用户可对表格中的数据进行排序、筛选、分类汇总等处理。
- ◆ PowerPoint 主要用于制作幻灯片演示效果。于是在 PowerPoint 菜单栏中有一项独特的"幻灯片放映"菜单，通过"幻灯片放映"菜单，用户可以观看幻灯片演示效果，并且可以进行旁白录制、动作按钮设置、动画方案设置等。

■Word 中的"表格"菜单

■Excel 中的"数据"菜单

■PowerPoint 中的"幻灯片放映"菜单

技巧
Skill

调用菜单命令

各个软件的菜单命令使用方法都相同，单击相应的菜单，然后在弹出的菜单中选择需要的命令，即可调用该命令。

在菜单中还有一些菜单命令的右方有一个黑色的实心三角形图标，这表示该菜单命令还包括一些子菜单命令，将鼠标指针移到该命令上，将展开该命令的子菜单，供用户进行调用。

3．右键菜单

几乎在每个软件中都有右键菜单，使用右键菜单可以快速调用相应的命令，相对菜单栏中的命令更加快捷。

在各个软件中调用右键菜单的方法都相同，在文档空白处或在对象上右击，即可弹出与对象对应的右键菜单，然后选择需要的命令即可快速执行操作。

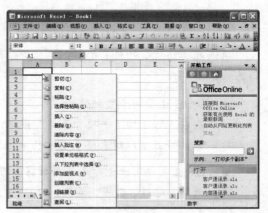

■Word 中文档编辑区中的右键菜单　　　　　　　　　　　　　Excel 中单元格上的右键菜单■

0.4.3　工具区

Office 各组件将一些常用的功能命令（如新建文件、保存文件等）以按钮或列表框的形式放在一起，以方便用户的使用，相同类型的工具集合在一起就形成了工具栏。在默认状态下，菜单栏的下方显示出了"常用"工具栏和"格式"工具栏。

1．相同工具栏

Office 的各个组件都包括了许多工具栏，且每个组件都会存在一些相同功能的工具栏，这些工具栏的作用如下：

◆　**常用：**在该工具栏中列举了最常用的工具按钮，如新建、打开、保存、复制、粘贴、撤销、恢复、打印等工具。

◆　**格式：**在该工具栏中列举了与"格式"菜单中主要菜单命令相对应的工具按钮，如字体的设置、段落的对齐方式等。

◆　**Visual Basic：**在该工具栏中列举了用于宏的录制、运行和编辑等工具按钮。

◆　**Web：**在该工具栏中列举了主页、搜索 Web 和收藏夹等工具按钮。

◆　**控件工具箱：**在该工具栏中列举了用于创建与设计表单的相应工具按钮。

◆　**绘图：**在该工具栏中列举了用于绘图各类图形的工具按钮。

◆ **审阅**：在该工具栏中列举了用于审阅文档的工具按钮，如插入批注、显示或隐藏批注、修订、接受或拒绝修订等。

◆ **图片**：在该工具栏中列举了用于设置图片的工具按钮，如插入图片、修改图片的明暗度、裁剪图片、缩放图片等。

◆ **艺术字**：在该工具栏中列举了用于设置艺术字的工具按钮，如插入艺术字、编辑艺术字、设置艺术字的格式、设置艺术字的环绕方式等。

◆ **符号栏**：在该工具栏中列举了一些常用的符号，以便用户快速选择所需要的符号。

注意
Attention

单击工具栏上的按钮即可执行该工具对应的功能，如果工具栏上的按钮呈灰色，则表示当前功能不能被执行。

2. 调出或隐藏工具栏

由于 Office 各个组件都包含了多个工具栏，如果要在操作界面中全部显示工具栏，用户就没办法进行工作了。因此，在默认状态下，许多工具栏都处于隐藏状态。在各个组件中，都可以使用如下两种方法调用需要的工具栏：

◆ 单击"视图"菜单，然后选择"工具栏"命令，此时会弹出相应的子菜单，在其中选择相应的命令，即可调出或隐藏相应的工具栏。

◆ 在工具栏空白处右击，即可弹出相应的右键菜单，然后选择相应的命令，即可调出或隐藏相应的工具栏。

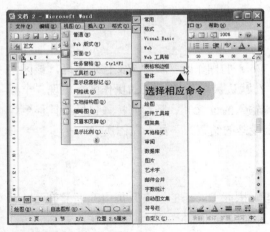

■使用菜单命令调用工具栏

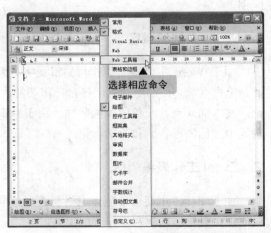

使用右键菜单调用工具栏■

提示
Attention

在调用工具栏时，如果在工具栏命令的左方有打勾的符号，表示该工具栏已经显示了出来，否则表示该工具栏处于隐藏的状态。当选择显示工具栏的命令时，将重新隐藏该工具栏；当选择隐藏工具栏的命令时，将调出该工具栏。

3. 移动工具栏

将工具栏显示出来后，一些工具栏将嵌入于菜单栏的下方或窗口底部，一些则悬浮在窗口中，对于这些工具栏用户都可改变其位置。方法是，将鼠标指标移动到工具栏的最左端，当光标出现 ✛ 状态时，按住鼠标左键并拖动，当工具栏移动到目标位置时松开鼠标，这样即可改变工具栏所处的位置。

移动鼠标指针到此

■移动工具栏

技巧
Skill

快速使悬浮工具栏嵌入窗口中

通过拖动可将悬浮在窗口中的工具栏移动并嵌入到窗口的任意一侧，而如果双击工具栏的顶部，则可快速将其嵌入到窗口中的默认位置。

0.4.4 操作区

操作区又称编辑区，它是 Office 各组件进行文件创建与编辑的地方，也是整个工作界面中最大的区域，位于窗口中央。由于 Office 各组件的功能不同，因而各软件的操作区有着很大的区别。

1. Word 文档编辑区

由于 Word 主要用于创建与编辑文字，因此 Word 的操作区又被称为文档编辑区，该区主要是空白区域，留给用户去创建自己需要的内容。在默认状态下，Word 的操作区会出现 3 个标记：文本插入点（一条闪烁的竖线，用于标识文本输入的位置）、竖形光标（鼠标指针移至编辑区中光标的形状）和段落标记" ↵ "（标识一个段落的结束），如下左图所示。

2. Excel 工作表编辑区

由于 Excel 主要用于创建表格与进行数据管理，因此 Excel 的操作区是由若干个单元格组成的工作表，所以也叫工作表编辑区。

在默认状态下，工作表编辑区包括了如下几个对象：

◆ **行号与列标**：用来表示单元格的位置，如 A1 表示该单元格位于第 1 行、A 列。每个工作表可分为 65 536 行、256 列。

◆ **单元格**：大量单元格组成了工作表，它是 Excel 中输入数据的最小单位。

◆ **拆分条**：是用来分割窗口的线条，又分为水平拆分条和垂直拆分条。在默认状态下拆分条是不存在的，需要通过"窗口"菜单中的"拆分"命令才能将其调出。

◆ **滚动条**：分为竖直滚动条和水平滚动条。单击滚动条上的上、下、左、右箭头按钮，可以使工作表内容上、下、左、右移动。如果想要快速移动工作表中的内容，将鼠标指针指向滚动条，按住鼠标左键拖动滚动条即可。

◆ **工作表标签**：工作表由不同的工作表标签来标识。工作表标签位于工作表编辑区底部，标签的默认名称为"Sheet1"、"Sheet2"和"Sheet3"，它也是工作表的名称。

■Word 操作区

Excel 操作区■

3. PowerPoint 幻灯片编辑区

　　PowerPoint 的操作区是创建幻灯片的区域，在默认状态下其中初步规划了幻灯片的分布结构，即存在着占位符。

　　在"视图"菜单中选择不同的母版样式将进入到母版视图，此时的 PowerPoint 操作区将发生变化，这主要包括"幻灯片母版"、"讲义母版"和"备注母版"3 种。

■PowerPoint 操作区

幻灯片母版编辑区■

0.4.5　任务窗格区

　　Office 2003 各组件都存在任务窗格，在默认状态下，任务窗格位于窗口的右侧，其作用是在恰当的时间为用户提供所需的相关命令，帮助用户快速完成工作。

Office 组件的任务窗格有着如下的共性：

◆ Office 中包括多个任务窗格，如新建工作簿、剪贴板、帮助、剪贴画等。单击任务窗格右上方的倒三角按钮▼会弹出下拉菜单，选择某个选项即可切换到相应的任务窗格。

◆ 当用户执行某些任务时（例如新建文档、寻求帮助或插入剪贴画），其对应的任务窗格会自动打开。用户也可手动打开，方法是选择"视图/任务窗格"命令。

◆ 按住鼠标左键拖动任务窗格标题栏可将其拖动到窗口中任意位置，而要关闭任务窗格，可单击其标题栏右侧的×按钮。

■新建文档时打开的任务窗格　　　　　　　　　　选择切换任务窗格■

0.4.6　状态栏

在 Office 各组件中，除了具备以上的区域外，同时还具备状态栏。它位于各组件窗口的底部，用来显示当前操作区的状态。在不同的组件中，状态栏的内容有所不同。

◆ Word 状态栏：在大多数情况下，状态栏显示了当前页的状态（所在的页数、节数、当前页数/总页数）、插入点状态（位置、第几行、第几页）、4 种 Word 编辑状态（录制、修订、扩展、改写）和语言状态等。

◆ Excel 状态栏：在大多数情况下，状态栏的左端显示"就绪"，表明工作表正在准备接收新的信息，如正在单元格中输入数据时，在状态栏的左端将显示"输入"字样。

◆ PowerPoint 状态栏：在大多数情况下，状态栏显示了当前演示文稿的幻灯片数量、模板类型和语言状态。

0.4.7　各自独立部分

在 Office 各组件中尽管拥有大多数相同的界面，但由于各组件的功能不同，因此肯定还会有不同的组成部分，例如在 Word 和 PowerPoint 组件中有标尺和视图切换按钮，Excel 中有编辑栏和工作表切换按钮，以及 PowerPoint 中有幻灯片/大纲窗格等。

◆ **Word/PowerPoint 标尺**：标尺上有数字、刻度和各种标记，单位通常是厘米，标尺在排版和制表、确定文本段落缩进位置以及定位上起着很重要的作用。

◆ **Word/PowerPoint 视图切换按钮**：在 Word 和 PowerPoint 中，用户可在不同的视图中切换，以满足不同编辑状态的需要，单击操作区左下角的按钮即可进行切换。

◆ **Excel 编辑栏**：用于输入和修改工作表数据。在工作表中的某个单元格输入数据时，编辑栏中会显示相应的属性选项。按【Enter】键或单击编辑栏上的"输入"按钮✔，输入的数据便插入到当前的单元格中；如果需要取消正在输入的数据，可以单击编辑栏上的"取消"按钮✖或按【Esc】键。

◆ **Excel 工作表切换按钮**：Excel 中新建的工作簿中通常包含 3 个工作表，单击这里的切换按钮即可在各个工作表间切换。

◆ **PowerPoint 幻灯片/大纲窗格**：它位于幻灯片编辑区的左侧，其中包括两个选项卡，选择即可在幻灯片和大纲窗格间切换，这两个窗格分别用于对演示文稿中的幻灯片和大纲结构进行相应的操作，单击其右上角的✖按钮可以关闭该窗格。

0.4.8　自定义工作环境和软件设置

在 Office 各组件中，用户除了可以控制显示与隐藏工具栏、更改工具栏和任务窗格的位置外，还可以根据自己的习惯自定义用户环境和软件的相关设置，这主要是通过选择"工具"→"选项"命令，在打开的"选项"对话框中各选项卡下进行设置的。

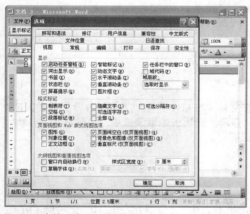

■Word 中的"选项"对话框

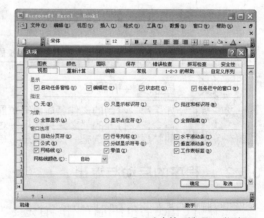

Excel 中的"选项"对话框■

在"选项"对话框中通常可进行的设置如下：

◆ 更改文件的常规编辑选项。

◆ 更改文件的保存选项。

◆ 更改视图的显示状态。

◆ 设置与解除文件密码等安全性设置。

◆ 拼写检查和样式的设置。

◆ 打印文件的属性设置。

上述这些虽然是各组件中共有的设置项，但因各组件功能的不同，其中具有的设置选项均有所不同，另外在"选项"对话框中还包括其组件特有的功能选项设置。例如，在 Word 中可设置中文版式的相关选项；在 Excel 中可设置数字处理等选项。

0.5 | Office 常用组件的共性操作
对于 Office 家族成员的共性，只需掌握一个软件的操作即可

通过前面的介绍，Office 各常用组件从操作界面来看有很多的共通点，另外它们之间还具有许多相通的操作。本节就将介绍这些共性操作，帮助用户在掌握一个软件的操作后，即可举一反三迅速熟悉其他组件的相同操作。

0.5.1 认识 Office 文件格式

Office 各组件的文件都有其专属的文件格式。默认情况下 Word 文件格式为.doc；Excel 文件格式为.xls；PowerPoint 文件格式为.ppt，可以通过这些文件的图标和扩展名来判断。

■Office 2003 常用组件图标及扩展名

显示文件扩展名

如果用户看到的文件名后没有扩展名，可在文件夹窗口中选择"工具"→"文件夹选项"命令，在打开的"文件夹选项"对话框的"查看"选项卡中取消选中"隐藏已知文件类型的扩展名"复选框，然后单击"确定"按钮即可。

0.5.2 程序的启动与退出

要使用 Office 各组件进行工作，首先要掌握这些组件程序启动与退出的操作。安装好 Office 的各组件后，启动与退出 Office 程序的操作都一样。下面以 Word 为例介绍 Office 各组件程序启动与退出的操作。

1. 启动程序

启动程序通常有如下两种方法：

◆ 单击任务栏左方的"开始"按钮，在弹出的菜单中选择"所有程序"命令，然后在弹

出的子菜单命令中选择"Microsoft Office"命令。此时，将展开 Office 各组件的启动命令，选择其中的命令，即可启动相应的组件程序。

◆　在通常情况下，安装好 Office 的各组件后，在桌面上都会出现相应的快捷方式图标。双击 Office 各组件的快捷方式图标，即可启动相应的程序。

■选择程序命令　　　　　　　　　　　　　　　　　　　　双击快捷图标■

2. 退出程序

在打开 Office 中的组件程序后，如果需要退出该程序，则可以通过如下两种方法：

◆　选择"文件"菜单中的"退出"命令。

◆　单击程序窗口右上角的"关闭"按钮。

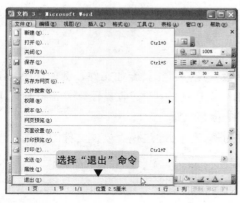
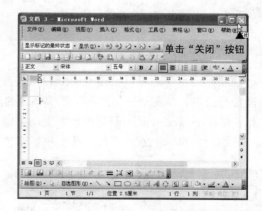

■选择"退出"命令　　　　　　　　　　　　　　　　　　单击"关闭"按钮■

0.5.3　Office 文件的基本操作与管理规范

在 Office 各组件中，文件的基本操作大多都相同。例如，创建一个新的空白文件、根据模板创建文件、保存和命名文件、打开和关闭文件等。下面以 Word 为例，介绍各组件文件的基本操作。

1. 创建一个新的空白文件

在 Office 常用组件中，创建新的空白文件通常有如下两种方法：

◆ 选择"文件"菜单中的"新建"命令，在打开的任务窗格中单击"空白文档"超链接，即可新建一个空白文件。

◆ 单击"常用"工具栏中的"新建"按钮，直接新建一个空白文件。

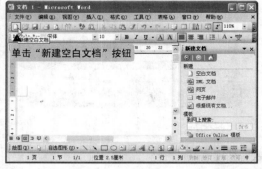

■选择命令后单击超链接   单击按钮■

技巧 Skill

快速创建一个新的空白文件

同其他常用软件一样，在 Office 常用组件中，都可以使用按【Ctrl+N】组合键的方法快速创建一个新的空白文件。

2. 根据模板创建文件

在实际应用中，可以根据 Office 提供的各类模板快速创建相关专业文件，例如在 Word 中新建带有报告、备忘录、信函和传真等格式的文档，在 Excel 中新建收支预算表、考勤记录等工作表，在 PowerPoint 中新建招标方案、主题演讲等演示文稿。

下面以在 Word 2003 中根据传真模板新建文档为例，介绍通过模板创建文件的方法。

01 启动 Word 2003，选择"文件"→"新建"命令，打开"新建文档"任务窗格。然后在"模板"栏中单击"本机上的模板"超链接。

02 在打开的"模板"对话框中各选项卡下提供了多类模板，这里选择"信函和传真"选项卡，选择"专业型传真"选项，然后单击"确定"按钮。

03 回到文档编辑区即可看到根据该模板创建的 Word 传真文档，用户只需要在该传真格式中根据实际需要补充或更改部分内容即可快速创建规范的传真文档。

3. 保存和命名文件

保存文件是办公工作中非常重要的操作，在第一次保存文件时，需要为创建的文件命名和选择保存位置。在工作过程中，养成随时进行保存操作的习惯，可以避免因死机或停电等意外情况造成的损失。保存文件的具体操作步骤如下：

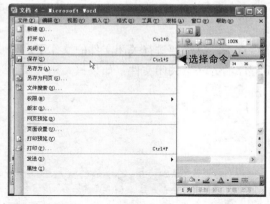

01 选择"文件"→"保存"命令，系统将打开"另存为"对话框。

02 在"另存为"对话框中选择保存文件的路径，然后在"文件名"文本框中输入文件的名字。最后单击"确定"按钮即可。

技巧
Skill

保存和命名文件

单击"常用"工具栏中的"保存"按钮□或按【Ctrl+S】组合键，可以快速执行文件保存操作。对于已经进行过一次保存的文件，执行保存操作时将不再打开对话框，而是直接以原位置和文件名进行覆盖保存。而如果这时需要该文件以其他名称或路径另外保存一份，则可选择"文件"→"另存为"命令，在打开的"另存为"对话框中重新定义文件名或位置即可。

4. 打开文件

在 Office 常用组件中，可以通过相同的方法打开各自的文件。下面以 Word 为例介绍打开文件的具体操作。

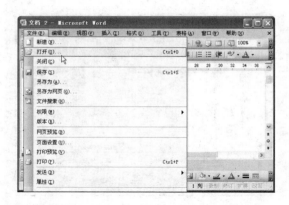

01 选择"文件"→"打开"命令，或单击"常用"工具栏中的"打开"按钮 。

02 打开"打开"对话框，在其中指定文件的路径，然后选择要打开的文件后单击"打开"按钮即可将文件打开。

打开文件的快捷操作

除了上面介绍的打开文件的常规操作外，在 Windows 文件夹中选择文件后按【Enter】键也可启动对应程序并将文件打开。另外在程序已经启动的情况下，直接将对应文件拖动到操作界面中编辑区以外的位置，释放鼠标即可将其打开。

5. 关闭文件

阅览完文件后，或在结束文件的编辑并进行了保存后，就需要进行关闭文件的操作了。如果暂时不再使用相应的程序，则可以通过直接退出程序的方法来关闭文件。如果只希望关闭其中的文件，而不退出程序，则可以通过如下两种方法执行操作：

◆ 选择"文件"→"关闭"命令。

◆ 单击当前文件窗口右上角的"关闭"按钮。

■选择"关闭"命令

单击"关闭"按钮■

0.5.4　Office 文档中文本操作

在 Office 各组件中，文档的文本操作大多都相同。其中包括文本的输入与选择、插入符号和特殊字母、文本的查找与替换、使用自动更正修正文本输入等，下面仅介绍最为基础的文本的输入与选择的操作，其他的操作在后面的相应章节中再进行具体介绍。

1．输入文本

通过单击将文本插入点定位到要输入文本的目标位置后，启动输入法直接输入相应的内容即可，如下图所示。

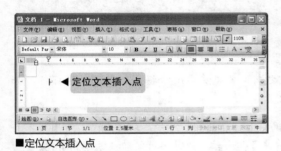

■定位文本插入点

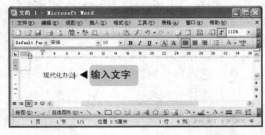

输入文本操作■

Word 中的即点即输

在默认情况下，在 Word 中新建一个文档后，光标将显示在该页面段首的第一个字节的位置。如果要在其他空白位置输入文字，可以在指定的位置双击，将文本插入点定位在这个位置，便可以在此输入文本内容。

2．选择文本

若要对文本进行编辑操作，那么首先就要先选择编辑对象，下面先介绍最为普通的文本选择方法。

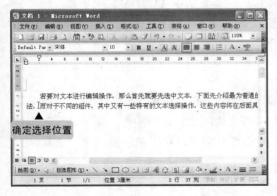

01 选择文本之前，首先确定选择的内容，然后将鼠标指针移动要选择内容的最前方。

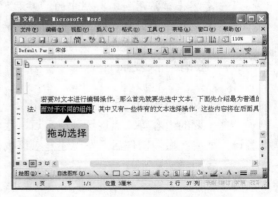

02 按住鼠标左键向后面拖动，鼠标移到的位置，文本底纹呈黑色，表示该内容已经被选择。

这里介绍文本选择方法适用于所有 Office 组件，除此之外在不同的组件中，还有一些其特有的文本选择方法，如选择一行的内容、选择一段的内容和选择整个文档的内容，这些内容的选择方式都不相同，在后面的学习中将有详细介绍。

0.5.5　复制与移动对象

复制与移动对象是 Office 甚至是操作系统中最常见的操作之一。在 Office 各组件中进行复制与移动对象的操作都基本相同，在这个过程中，大都会通过剪贴板这个中转存储区来完成，下面就依据操作的过程来依次进行介绍。

◆　**选择目标对象**：在进行复制与移动对象之前，首先需要选择将复制或移动的目标，如选择一段文字，或选择图片对象。

◆　**复制**：在选择要复制的对象后，选择"编辑"→"复制"命令，或者单击"常用"工具栏中的"复制" 按钮，或者直接按【Ctrl+C】组合键，此时该对象即被复制到剪贴板中。

◆　**剪切**：在选择要移动的对象后，选择"编辑"→"剪切"命令，或者单击"常用"工具栏中的"剪切" 按钮，或者直接按【Ctrl+X】组合键，此时该对象即被剪切到剪贴板中。

◆　**剪贴板**：它是从一个地方复制或移动并打算在其他地方使用的信息的临时存储区域。在选择文本或其他对象后，通过使用"复制"或"剪切"命令将所选内容复制或移动到剪贴板中，再使用"粘贴"命令将该内容插入到其他地方之前，它会一直存储在剪贴板中。

◆　**在目标位置粘贴**：在复制或移动对象的操作中，必须通过粘贴操作来完成最后一步。此时将光标定位到需要粘贴对象的目标位置，然后选择"编辑"→"粘贴"命令，或者单击"常用"工具栏中的"粘贴" 按钮，或者直接按【Ctrl+V】组合键，即可将剪贴板中的内容复制或剪切到指定的位置。

0.5.6　撤销与恢复操作

在进行文档编辑的过程中，难免会出现一些错误的操作，例如输入了错误的信息，或是误删了一些重要的内容等。出现这种情况后，我们就应该撤销刚才错误的操作，而不是重新再进行编辑。如果在撤销操作后，发现还是应该执行那些操作，则可以对撤销的操作进行恢复。

1. 撤销操作

撤销操作非常简单，通过以下 3 种方式之一即可回到上一步操作前的状态。

◆　选择"编辑"→"撤销...（这里的省略号指具体的操作）"命令。

◆　单击"常用"工具栏中的"撤销"按钮 。

◆　直接按【Ctrl+Z】组合键。

2. 恢复操作

恢复操作用于恢复被撤销的操作。因此，进行恢复操作前必须有过撤销的动作，否则就不能进行恢复操作。于是在进行撤销操作后，可以通过以下 3 种方式执行恢复操作：

◆　选择"编辑"→"恢复...（这里的省略号指具体的操作）"命令。

◆　单击"常用"工具栏中的"恢复"按钮 。

◆　直接按【Ctrl+Y】组合键。

直接撤销或恢复到某步操作

如果在编辑过程中，出现了很多步需要撤销或恢复的操作，如果一步一步地使用上述方法显得有些麻烦，这时可以在"常用"工具栏中单击"撤销"或"恢复"按钮右侧的三角形按钮，然后在弹出的下拉列表中直接选择要撤销或恢复到哪步操作。

0.5.7　复制格式操作

当对文件中的某段文本或某个图形对象设置了格式后，需要对另外一个对象设置相同的格式，这时不需要依次再设置一遍，而是使用"格式刷"按钮对格式进行复制操作。下面通过示例介绍具体操作步骤。

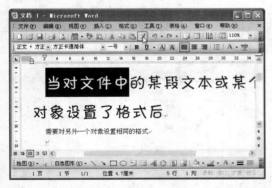 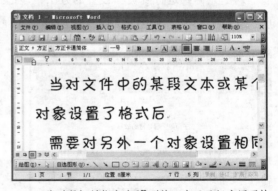

01 在文档中有两段不同格式的文本，现在希望将第二段文件的格式也设置为与第一段相同，于是可先选中第一段中部分源格式文本，然后单击"常用"工具栏中的"格式刷"按钮 。

02 此时鼠标针指变为 形状，表示已经启用了格式刷功能，这时按住鼠标左键拖动选中第二段目标文本，释放鼠标后可看到该文本的格式马上变为与第一段相同效果。

将一处格式刷到多个目标对象

使用上面介绍的方法，在复制一次格式后鼠标指针变为默认状态，表示格式刷功能被取消，这时如果还希望将同一源格式复制到其他文本上，则要再次进行上述操作。为了减少工作量，用户在选择第一处源格式文本后双击"格式刷"按钮，这样就可多次复制相同格式到不同的目标位置，最后按【Esc】键取消格式刷状态。

0.5.8　　Office 文件的打印

在 Office 各组件中进行了文件的编辑后，经常需要将文件打印到纸张上，实现这个目的通常需要进行预览打印效果、页面设置、快速打印和按需要进行打印设置等操作。

1．执行快速打印

执行快速打印是指在不进行任何打印设置，按软件默认的设置进行的打印，这种打印只需要单击"常用"工具栏中"打印"按钮，即可开始文件的打印。

2．预览打印作业

在通常的情况下，打印文件之前，都需要对打印效果进行预览，查看一下将要打印出来的效果是否满意，以避免因打印效果不符合需要而造成的损失。

进行文件打印预览的操作很简单，选择"文件"→"打印预览"命令，或者直接单击"常用"工具栏中的"打印预览"按钮即可进入打印预览视图，如下左图所示，这时在窗口中将显示打印时的真实效果，预览完成后单击"关闭"按钮即可退出。

3．了解页面设置

在预览时如果发觉打印效果不符合需要，就要进行页面设置，设置的内容包括文档的页边距、所用纸张方向和大小、页眉与页脚以及文档网格等，不同 Office 组件的具体设置项有所不同，这在后面再具体介绍。

这里只介绍进行到页面设置的方法，即选择"文件"→"页面设置"命令，打开"页面设置"对话框，在该对话框各选项卡中即可对文档的页面进行相应设置，如下右图所示。

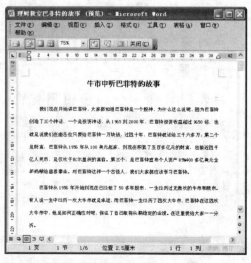

■Word 中文档打印预览效果

Word 中的页面设置■

4. 进行打印设置并执行打印

除了前面介绍的使用快速打印的方法打印文件外，若要按特殊需求打印内容，如选择打印页码和方式等，这时就要先进行打印设置。

选择"文件"→"打印"命令，即可打开"打印"对话框，在该对话框中可以选择执行操作的打印机、设置打印页面的范围、打印的份数等。单击对话框左下角的"选项"按钮，将再打开一个"打印"对话框，在该对话框中可以对打印选项、打印的附加信息等进行设置。其中具体的设置方式将在后面相应章节详细介绍。

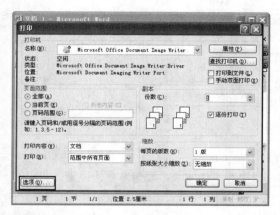

■打印设置

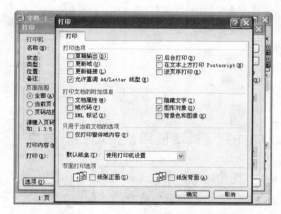

打印选项设置■

0.5.9　帮助系统的使用

在运用 Office 进行工作时如果遇到了什么问题，除了查阅书本外，还可通过 Office 自带的帮助系统来查找解决问题的方法。

单击"帮助"菜单，在该菜单中显示了"Microsoft Office Word（Excel/PowerPoint）帮助"命令和"显示 Office 助手"命令。

选择前者命令将打开"Word 帮助"任务窗格，在"搜索"文本框中可以输入要查找的问题，然后单击"开始搜索"按钮，即可在打开的"搜索结果"任务窗格中列出相关的问题，单击问题超链接，即可在打开的帮助窗口中查看到详细的信息。

■输入查找问题　　　■单击问题超链接　　　■阅读帮助信息

而选择"显示 Office 助手"命令将在屏幕中显示出一个卡通对象，单击该卡通将出现一个矩形框，在其中输入要查询的帮助问题，然后单击"搜索"按钮，同样会在屏幕中出现"搜索结果"任务窗格，在其中单击需要了解的信息超链接即可。

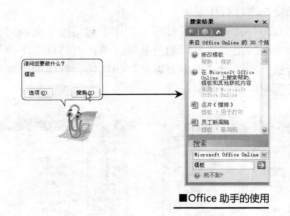

■Office 助手的使用

0.5.10　灵活使用快捷键提高效率

无论使用什么软件，掌握快捷键的运用，都可以提高工作效率。要想掌握快捷键，先得在菜单命令中去查看该命令的快捷键是什么。

例如，要查看"替换"命令的快捷键是什么，只需单击"编辑"菜单，即可在其弹出的菜单中查看到"替换"命令后面对应的快捷键是【Ctrl+H】，这样以后直接按【Ctrl+H】组合键，即相当于执行了选择"编辑"→"替换"命令的操作。

■查看快捷键

技巧
Skill

快捷键与快速执行键

有些命令后面并没有给出其快捷键，而是在名字后的括号内给出了快速执行键，如选择性粘贴(S)，这表示在显示出该命令后按下快速执行键即可执行该命令，而不需要单击，这在一定程度上也会提高工作效率。而要显示出这些命令，需要先展开其所在的菜单，对应的菜单项后也有快速执行键，如编辑(E)，但它们的快速执行方式有所不同，需要按【Alt+快速执行键】组合键，于是要想通过此方法执行"选择性粘贴"命令，则需要先按【Alt+E】组合键不放，然后再按【S】键。

0.5.11　程序的故障处理与修复

在使用 Office 程序进行工作时程序难免会出现一些故障，因此可能造成文件出错，这时用户可通过"帮助"菜单中的"检测并修复"命令进行修复。

　　方法是先打开出现故障的文件，在选择"帮助"→"检测并修复"命令后打开"检测并修复"对话框，然后单击"开始"按钮即可开始进行修复。

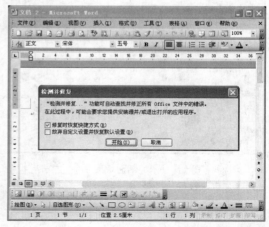

■选择命令　　　　　　　　　　　　　　　　　　　　　　　　　　　　单击"开始"按钮■

0.6 ┃ 认识字体
使用 Office 进行工作，掌握字体很重要

　　在进行编辑工作时，文档中的内容通常会用到多种文字字体效果，多种多样的字体方便用户在编辑文本和设计图像的时候使用。

0.6.1　什么是字体

　　在 Windows 操作系统中，字体指的是某种语言的字符样式，这些字符样式通常是从平常的书法样式中提炼而来的。

　　默认情况下，在 Windows 系统中安装有多种常用字体，例如：宋体、楷体、隶书、黑体等常见中文字体，在安装有这些字体的系统中再安装了 Office 组件，即可在其中使用这些字体对文本进行字体设置。但也有许多字体是 Windows 系统中默认没有安装的，例如：毛笔类字体、汉仪字体、文鼎字体以及方正字体等，这些字体也是经常在办公工作中会使用到的，因此在使用前需要先将这些字体安装到系统中。

0.6.2　获取与安装字体

　　对于系统中没有安装的字体，用户可去销售软件的地方购买字体安装光盘，或者直接在网上下载字体文件。

　　获取到所需要的字体文件后，用户可以通过如下步骤进行字体的安装操作。

01 选择"开始"→"控制面板"命令，打开"控制面板"窗口，找到"字体"文件夹并双击。

02 在打开的"字体"窗口中选择"文件"→"安装新字体"命令。

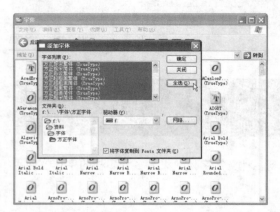

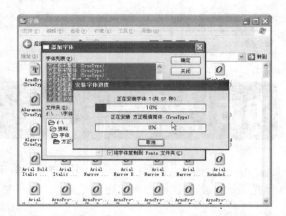

03 在打开对话框的"文件夹"列表框中选择字体所在的文件夹，此时在上面的"字体列表"列表框中会自动检查到其中的字体文件，然后选择需要安装的字体文件或单击"全选"按钮选中所有的要安装的字体。

04 单击"确定"按钮，将打开"安装字体进度"对话框，提示正在安装字体。完成字体的安装后再次启动Office组件，便可在"格式"工具栏中的"字体"列表框中看到新增的字体选项。

提示 Attention

打开"字体"窗口还可以通过如下方法来完成：
首先打开"我的电脑"窗口，然后打开 C 盘中的"Windows"文件夹，在其中再找到"Fonts"文件夹并将其打开即可。而安装字体还有一种快捷的方法就是直接将字体文件复制并粘贴到"字体"文件夹中。

　　至此，我们结束了本书第二层次预备知识的学习，这部分涉及的内容均为后面学习各软件的基础知识，通过对这些各软件相同或相异操作的对比分析，可帮助读者加深对这部分知识的印象，也让读者明白 Office 各组件间的共通性，这将在很大程度上帮助读者对 Office 整个办公系统的理解，以及提升学习后面内容的效率。

　　另外这里有些内容并没有介绍得过于深入，有些只是点到为止，在后面具体学习各软件并涉及这些知识时，会再次进行深入的讲解。这样从面到点，前后呼应的学习，将帮助读者得到更好的学习效果。

第一篇
强大的Word文字处理

文字与文档是商务办公领域中最常涉及的操作对象，而使用具有强大文字处理功能的Word，定能帮助用户大幅减少进行这些操作时的工作量，并能轻松制作出各类专业和美观的办公文档。在如今的电脑办公时代，Word已成为各行从业人员必备的工作技能。

Chapter **1**

Word文档基本操作

在使用 Word 进行文档编辑之前，必须掌握 Word 的最基本操作，例如管理文档、输入与选择文本等。这些操作是学习其他编辑操作的基础，也是学习 Word 的必经之路。

本章要点：

文档的新建
文本的输入
文本的选择
文档的浏览

知识等级：

Word初学者

建议学时：

60分钟

参考图例：

技巧
特别方法，特别介绍
提示
专家提醒注意
问答
读者品评提问，作者实时解答

1.1 什么是文档排版
文字排版直接影响版面的视觉传达效果

　　当用户在 Word 中完成了文本的输入后，通常都需要对文本进行排版。

　　文档排版包括对文字本身的处理和对版面布局的编排，对文字本身的处理如对文本内容的编辑，对文字字体、字号、颜色、字距、宽度等的设置；文档的版面主要包括段落间距、首行缩进、段落对齐、页面大小、页面边距、页面方向、页眉页脚、页码、目录等方面的设置。

　　文本的格式决定了文本在屏幕上和打印时的显示形式，文本的排列组合直接影响着版面的视觉传达效果，在 Word 中可以方便地进行文档排版，下图所示即为用 Word 编排的两页书稿。

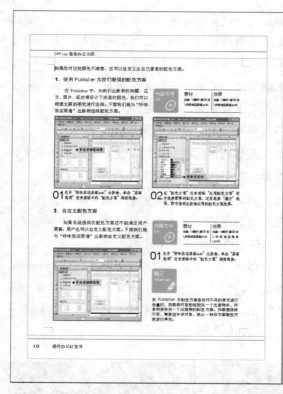
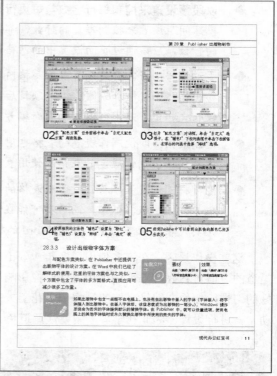

■用 Word 编排的书稿

1.2 学习 Word 前应养成的习惯
养成良好的学习习惯，避免错误的 Word 操作习惯

　　俗话说：习惯成自然。这就是说良好的习惯一旦形成，就会成为一种定型性的行为，就会变成人的一种自觉需要。它不需要别人的提醒和督促，也不需要自己意志力的支持，而是变成

了一种自动化的动作和行为。良好的学习习惯将影响着学生的学习过程、学习质量与学习效果，养成良好的学习习惯，不但能提高学习效率，保证学习任务的顺利完成，还能促进知识的获取、智力的发展与能力的提高。

在学习 Word 的过程中也有必须注意的细节，在初学者刚开始学习时应养成良好的习惯，以免为以后的文档排版工作带来不必要的麻烦。下面是许多 Word 用户经常会出现的操作误区，作为初学者一定要注意避免。

◆ **使用空格设置段落缩进和对齐**：许多用户在需要缩进段落时都使用空格来进行首行缩进，当需要进行居中、靠右对齐时，也用空格来作为距离的填充符，这是极不精确也是极不正确的方法，这会给段落缩进和对齐设置带来很大的麻烦。

◆ **使用空白段落**：使用空白段落来增加段落之间的间距或提升单元格的行高，这是极不规范的方法，尤其是在较长文档中更加不能随便使用空白段落。

◆ **以段落设置来控制每行字数与每页行数**：通过设置字符间距来控制每行的字数、通过段落间距设置来控制每页的行数，都是不正确的操作，如果要控制每行的字数和每页的行数，应该通过页面设置中的网格设置功能来实现。

◆ **手动编号**：当需要为段落或单元格内容编号时，采用手动输入方式编号，这样不但容易出错，而且增加或减少编号项目后，又需重新编号，大大增加了工作量。尤其是在较长文档中，采用可以自动重新编号的自动编号功能进行编号才是正确的手段。

◆ **绘制表格**：即使制作规范的表格也用绘制表格的方法进行绘制，这是初学者较常见的操作误区。制作规范的表格应使用表格插入功能进行，既规范又高效。

◆ **忽视样式**：设置字符、段落和表格的格式，即使进行多段设置也不使用样式，这样不仅工作效率极其低下，而且有可能在设置过程中产生误差，导致文档格式整体感差。尤其是在较长文档中，使用 Word 的样式功能进行规范设置才是正确的。

这些操作误区，在许多使用了多年 Word 的老用户中也或多或少存在，虽然这些看似微不足道的习惯对掌握 Word 的使用方法好像影响不大，但细节决定成败，有可能因为你的某个不好的习惯，使你在编排文档的过程中多花工夫来纠正，或者本可自动完成的任务，却不得不手动一一进行设置，因此初学者一定要注意避免，养成良好的操作习惯。

1.3 文档的管理
文档的新建、保存、打开和关闭等是使用 Word 的最基本操作

要使用 Word 输入文字并进行编辑排版等，首先必须掌握新建、保存、打开和关闭文档等方法。由于在第二层次中讲解 Office 组件的共性操作时，已经以 Word 2003 为例介绍了新建、保存、打开和关闭 Word 文档的方法，因此这里不再重复介绍。

这里需要补充一点的是，在新建文档时，还可以根据已有的文档新建，其方法是在"新建文档"任务窗格中单击"根据现有文档"超链接，打开如下图所示的"根据现有文档新建"对

话框，找到并选中要使用的 Word 文档，再单击"创建"按钮，这样创建的新文档中将包含源文档中的内容和文本样式。

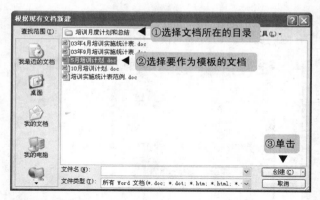

提示
Attention

根据已有的文档来创建新的文档，实际上就是将已经创建好的文档作为模板，创建基于该模板之上的文档，创建出的新文档与作为模板的源文档中包含的内容和格式完全相同，相当于将该文档复制一个再打开进行编辑，也相当于打开源文档后另存一份再进行编辑。

■选择已有的文档

1.4　文本的输入
在创建的 Word 文档中输入内容

为文档赋予实际内容，这就是文本输入的意义。创建 Word 文档后，即可在文档中输入文本内容了，这也是制作文档的第一步。输入文本的方法很简单，在第二层次中已有所介绍，但在 Word 中输入文本还包括一些术语和特别操作需要了解。

1.4.1　确定文本的输入位置

输入文本就是在文本区的光标插入点处输入文本内容，在新建的空白文档中有一个不停闪烁的"I"光标，我们称之为文本插入点，插入点所在位置就是文本的输入位置。输入的字符将出现在光标左侧，而光标将随着输入自动右移。

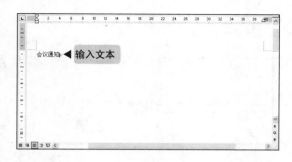

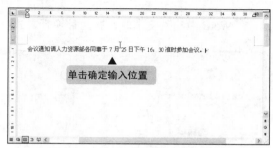

01 新建一个空白文档，直接输入文本。

02 将鼠标指针移到文本中任意位置，当指针变为"I"形状时单击，文本插入点的位置将移到单击的位置，于是可在该位置开始输入。

1.4.2　插入与改写

　　Word 有两种文本输入模式：插入和改写模式，默认为插入模式。改写模式主要用于修改文本，在该模式下输入的文本将代替光标"|"右侧的文本。切换输入模式的操作方式如下：

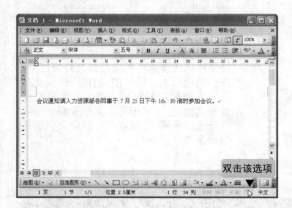

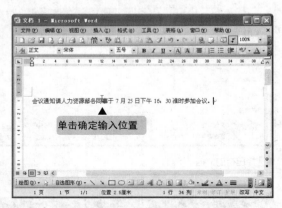

01 新建一个空白文档并输入文本，双击状态栏中的"改写"选项，切换为改写输入模式。

02 将光标移到文本中任意位置，当光标变为"I"形状时单击，文本的输入位置移到单击位置处。

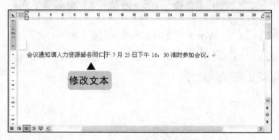

提示
Attention

如果要切换回插入模式，再次双击状态栏中的"改写"选项，使"改写"两字呈现灰色时即切换成了插入模式。按【Insert】键也可以在改写和插入模式间切换。通常情况下，在输入文本时使用插入模式即可，不要切换为改写模式，否则将会删除后面的文本。

03 输入文本，此时输入的文本将代替光标右侧原有的文本。

1.4.3　文本的换行

　　在 Word 中输入文本时，有两种换行方式：自动换行和手动换行。其方法如下：

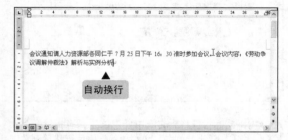

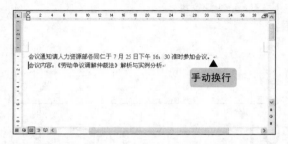

01 在输入文本时，当文本长度超过页面的右边距时，Word将自动换行至第二行。

02 将输入光标定位到文本中需要换行的位置，按【Enter】键换行，这时光标移动到新的行首，原行末尾出现段落标记，表示现在已经分段了。

1.5 文本的选择

选择文本，确定进行所需编辑的目标

输入文本后通常还需对文本进行各种编辑操作，这时应先确立编辑对象——选择需编辑的文本。虽然在第二层次中提到了选择文本的基本方法，但在 Word 中选择文本的方法很多，按操作方法可分为：使用鼠标选择文本，使用键盘配合鼠标选择文本以及使用键盘选择文本。

1.5.1 使用鼠标选择文本

使用鼠标选择文本时，按鼠标的使用方式又可分为使用鼠标拖动选择文本和使用鼠标点击（单击或双击）选择文本。

1. 使用鼠标拖动选择文本

拖动鼠标是选择文本最基本的方法，该方法可以灵活地选择小部分文本，当文本长度过长或者需选择文本长达多页时，这种方法就不太适用了。使用鼠标拖动选择的操作方法在第二层次已经介绍，这里不再重复。

2. 使用鼠标点击选择文本

在文档不同位置，通过单击、双击或连续单击，可以进行不同的选择。按位置可分为在选定区的操作和在文本内的操作。

素材
光盘：\素材\第 1 章\
激励格言精选.doc

◆ 在文档左侧的选定区的操作。

> .STEP·ONE:
>
> 1、每一个成功者都有一个开始。勇于开始，才能找到成功的路。
> 2、世界会向那些有目标和远见的人让路。
> 3、造物之前，必先造人。
> 4、若不给自己设限，则人生中就没有限制你发挥的藩篱。

■ 将鼠标光标移至文档左侧的选定区

① 单击可选择一行文本。
② 双击可选择一段文本。
③ 连续三次单击可选择整篇文档。

◆ 在文本内的操作。

> .STEP·ONE:
>
> 1、每一个成功者都有一个开始。勇于开始，才能找到成功的路。
> 2、世界会向那些有目标和远见的人让路。
> 3、造物之前，必先造人。
> 4、若不给自己设限，则人生中就没有限制你发挥的藩篱。

■ 将鼠标光标移至文本内

① 双击可选择光标位置的一个文字或词语。
② 连续三次单击可选择一段文本。

1.5.2 使用键盘配合鼠标选择文本

使用键盘上的特殊按键配合鼠标可以进行更多样的选择。这些特殊按键包括【Ctrl】键、【Shift】键和【Alt】键。其操作步骤如下：

光盘文件 CD

素材
光盘：\素材\第1章\
激励格言精选.doc

01 打开文档，拖动鼠标选择一段文本，然后将鼠标指针移到下一段需要选择的文本前。

02 按住【Ctrl】键并拖动鼠标，可以选择不相邻的多个文本。

03 将鼠标光标移到另一段文本前并单击，取消前面的选择状态并重新确定文本输入点。

04 按住【Shift】键单击结束位置，可以选择光标所在位置到单击位置间的所有连续文本。

05 用第3步的方法重新定位文本输入位置。

06 按住【Alt】键并向下拖动鼠标，可以纵向选择矩形文本区域。

提示 Attention

在文本选定区中按住鼠标左键并进行拖动可以选择多行文本。在选定区中通过单击选择文本时，配合键盘上的【Shift】键或【Ctrl】键可以选择连续的多行文本或不相邻的多行文本。在实际操作过程中应根据需要选择最快捷的操作方法，并尝试将多种方法搭配使用，这有助于提高编辑速度。

1.5.3 使用键盘选择文本

利用键盘选择文本可以在输入文本的同时，手不离开键盘就能进行简单的选择操作，熟练使用该方法可有效节省右手在鼠标与键盘间来回切换操作的时间，提高办公效率。下面的表格中列出了使用键盘选定文本时，可以从当前光标位置开始进行选择的快捷键。

快　捷　键	功　　能	快　捷　键	功　　能
Shift+→	选择光标右侧的一个字符	Shift+Page Down	选择至下一屏文本
Shift+←	选择光标左侧的一个字符	Shift+Page Up	选择至上一屏文本
Ctrl+Shift+→	选择至光标所在单词的结尾	Ctrl+Shift+Home	选择至文档首
Ctrl+Shift+←	选择至光标所在单词的开头	Ctrl+Shiftt+End	选择至文档尾
Shift+↓	选择至下一行	Alt+Ctrl+Shift+Page Down	选择至窗口最末处
Shift+↑	选择至上一行	Alt+Ctrl+Shift+Page Up	选择至窗口最开始
Shift+Home	选择至行首	Ctrl+A	选择整篇文档
Shift+End	选择至行尾		

1.6 ｜ 文档的浏览视图

Word 中提供的多种视图可方便编辑文档时的不同视觉需要

在完成一篇 Word 文档的编辑后，往往还需要审阅、查看是否需要斟酌修改，或者需要打开其他人的文档进行查看，此时需要了解并掌握各种浏览视图的用法。

1.6.1　视图模式的切换

Word 中提供了 5 种视图供用户选择：普通视图、Web 版式视图、页面视图、大纲视图和阅读版式。单击工作界面左下方的视图切换按钮≡、⊡、▤、⬓、⬚，可进行视图间的切换。

光盘文件
CD

素材
光盘：\素材\第1章\
Word 基本操作.doc

1．普通视图

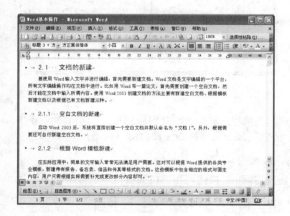

单击"普通视图"按钮≡可将文档切换至普通视图。这种视图中未显示页边距、页眉和页脚等内容，简化了页面结构，扩大了文档编辑区域，可方便用户对文档进行各种操作。

提示
Attention

选择"视图"→"普通"命令也可以切换到普通视图。同样，选择"视图"菜单下的"Web 版式"、"页面"、"阅读版式"和"大纲"命令也可进行相应视图的切换。

2．Web 版式视图

单击"Web 版式视图"按钮⊡可将文档切换至该视图模式，这种视图以网页形式显示文档，用于预览文档发布到网络中的效果。

3．页面视图

这是文档的默认视图模式，可反映文档中所有对象的位置和效果。单击"页面视图"按钮▤可将文档切换至页面视图模式。

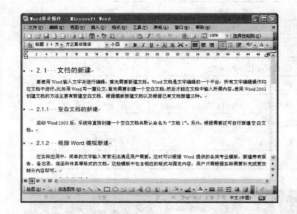
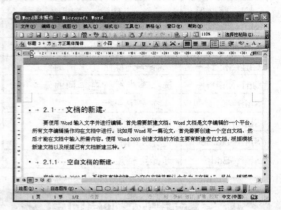

4. 大纲视图

单击"大纲视图"按钮可将文档切换至大纲视图模式。这种视图可以清晰明了地显示出文档的结构和层次，便于用户对文档进行整体查看和结构调整。

5. 阅读版式

单击"阅读版式"按钮可将文档切换至阅读版式模式。这种视图可根据需要调整文本显示区域的尺寸，加强了文档的阅读性，效果与打印预览相似。

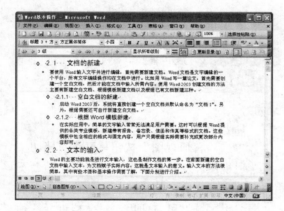
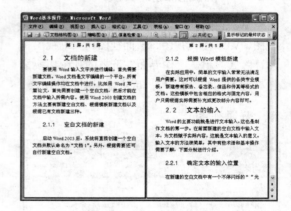

提示
Attention

切换为大纲视图时将同时显示出"大纲"工具栏。其中"提升到标题1"按钮可将标题设置为标题1的级别；"提升"按钮和"降低"按钮可将标题设置为上（或下）一级标题的级别。

"降低为'正文文本'"按钮可将标题设置为正文文本的级别。"3级"下拉列表框表示当前光标所在位置文本的大纲级别，单击其右侧的按钮可在下拉列表框中选择缩进级别。

1.6.2 文档结构图和缩略图的使用

在编辑文档的过程中，使用文档结构图和缩略图可以对文档整体结构和页面效果进行观察与把握，并可以快速切换到文档的某个结构或页面中。

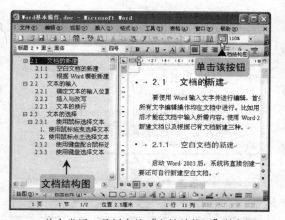
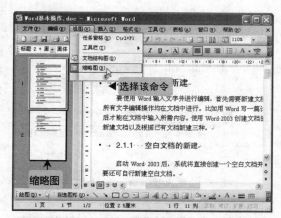

01 单击常用工具栏中的"文档结构图"按钮，在编辑区域左侧将显示出文档结构图，其中将按级别高低显示文档中的所有标题文本。其中呈反白显示的标题表示当前编辑位置位于该标题级别中，也就是光标当前所在位置。

02 选择"视图"→"缩略图"命令，文档结构图自动关闭，同时在编辑区左侧出现文档各页面的缩略图。其中呈选中状态的页面缩略图为当前编辑页面，也就是输入光标所在的页面。

在文档结构图中单击某个标题，在文档编辑区的内容中将自动切换到相应的位置；在缩略图中单击所需页面缩略图，在文档编辑区中将切换到相应的页面。再次单击"文档结构图"按钮或选择"视图"→"缩略图"命令，可关闭相应窗口。不过需说明的是，必须在文档中为不同的段落定义了不同的大纲级别（在以后的章节中将讲解大纲级别的设置），在文档结构图中才会显示出定义了大纲级别的段落，否则使用大纲级别无意义。

1.6.3　"缩放"文档显示

Word 提供了缩放显示文档的功能。在常用工具栏的"显示比例"下拉列表框中选择所需的显示比例选项即可缩放文档。

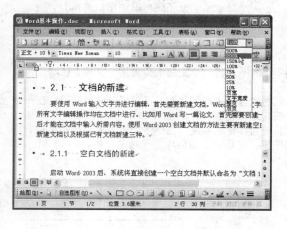

Q：放大文档进行打印，为何字体却没有变大呢？

A："缩放"文档只是视觉效果上的放大与缩小，不会对文本中的字体大小、页面尺寸等产生影响。因此，放大文档后，就像使用放大镜进行查看一样，只是视觉效果的改变，而实际并没对文本进行任何编辑操作。按住【Ctrl】键的同时滚动鼠标滑轮也可以改变文档的显示比例。

1.6.4　拆分文档窗口

当文档长度过长又需要对照前后的内容进行编辑时，可以将文档窗口拆分为两个部分。拆分窗口不会对文档本身造成影响，这只是一种特殊的文档浏览视图。其操作步骤如下：

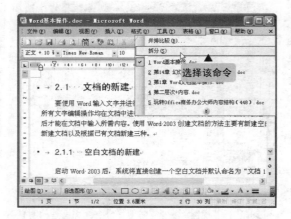

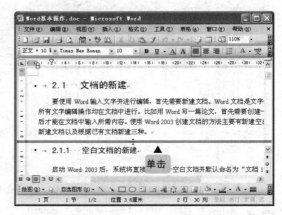

01 打开需要拆分窗口的文档，选择"窗口"→"拆分"命令。

02 此时鼠标指针变为"⬍"形状并在文档中出现一根拆分线，拖动鼠标时拆分线也将随之移动。将其移到文档中所需位置处单击，即可确定拆分位置。

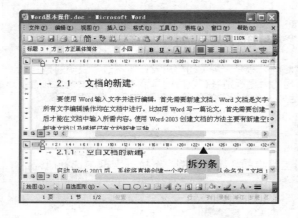

03 将其移到文档中所需位置处单击，即可确定拆分位置，将文档窗口拆分为两个部分，便于在两个窗口中对照文本内容。

 提示 Attention

拆分窗口后，拖动拆分条可以调整两部分窗口在整个文档窗口中所占的比例。对照编辑完毕，选择"窗口"→"取消拆分"命令或双击拆分条则可取消窗口的拆分。

技巧 Skill

拆分文档窗口的妙用

拆分窗口是将一个文档分成两部分显示，而不是将一个文档拆分为两个文档。在两个窗口中进行的编辑都将对文档产生影响。
- 如果文档长度过长，需要对比文档前后内容并进行编辑时，可以拆分文档窗口。在一个窗口中查看对比对象，在另一个窗口中编辑对象。
- 在编辑长文档时，如果需要将文档前段内容复制粘贴到相隔多个页面的某个页面中，可以在拆分开的一个窗口中显示复制位置，在另一个窗口中显示粘贴位置。

1.6.5　并排查看文档

使用拆分窗口可以对比查看同一个文档中不同位置的内容，如果要对比两个文档的内容，则可使用并排查看文档的功能来实现。

 光盘文件 CD

素材
光盘：\素材\第1章\
激励格言精选.doc

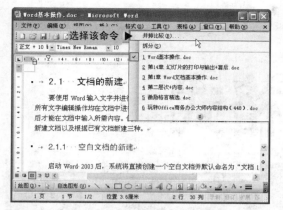

01 打开两个需要对比查看的文档，在其中一个文档中选择"窗口"→"并排比较"命令。

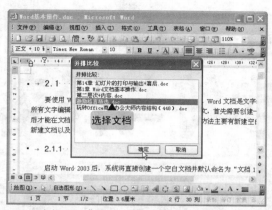

02 在打开的"并排比较"对话框中将列出当前打开的所有Word文档名称，选择需要进行要比较查看的文档，单击"确定"按钮。

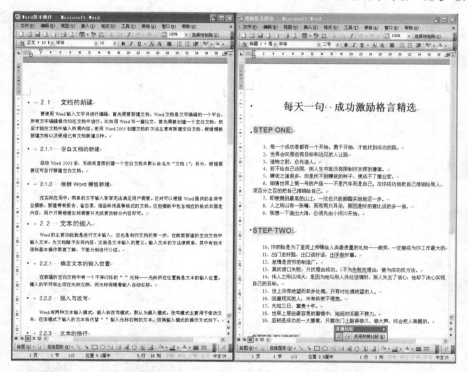

03 当前文档和选择的文档窗口将自动并列排列。

读者提问 Q+A

Q：并列查看跟直接将两个文档窗口并列有何区别呢？

A：通过并列查看排列的两个窗口，在任意文档窗口中滚动浏览文档，另一文档将同步滚动。

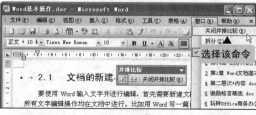

04 对比完毕，选择"窗口"→"关闭并排比较"命令或单击"并排比较"工具栏中的"关闭并排比较"按钮关闭并排比较状态。

提示 Attention

"并排比较"工具栏中的"同步滚动"按钮默认为按下状态，单击该按钮取消按下状态后，在一个文档窗口中进行滚动浏览时，另一窗口中的内容将不再同步滚动。改变窗口位置或大小后，单击"重新置位"按钮可使并排查看的两个窗口恢复为默认的并排状态。

Chapter **2**

字符与段落格式

在文档中输入文本后，你会发觉文档毫无美感和可读性可言，因此还需对字符和段落进行各种格式设置，使文章重点突出、外表美观，而定义样式和模板可大幅提高格式设置的效率。

本章要点:

字符格式的设置
段落格式的设置
样式的使用
定义模板

知识等级:

Word初学者

建议学时:

120分钟

参考图例:

技巧
特别方法，特别介绍
提示
专家提醒注意
问答
读者品评提问，作者实时解答

2.1 | 何谓格式
通过格式设置可以为文档增色不少，使其更加美观易读

在 Word 文档中，所有数据都保存在一个预留的层次里，其组成单位为节，包含一个或多个段落，每个段落都由一个或多个字符组成。而这些段落或字符都需要设置一个固定的外观效果，称为格式。文本的格式包括字符格式和段落格式两个方面。

2.1.1　字符格式

字符格式主要包括字体、字号、字形、颜色、字符边框和底纹等。在大多数文档中，中文一般用黑体、宋体和楷体等，英文一般默认使用 Times New Roman。为了突出和强调某些地方，通常需要在一个文档中使用多种字体。在默认情况下，如果将一些已经编辑过的文字从文档的一处复制到另一处，文字的格式也会跟着过去。

在设置字号时，中文字号分为十六级，分别为初号、小初、一号、小一等，最小字号为八号；英文的字号以"磅"为单位。字符还可以通过改变字形和添加颜色来起到突出、醒目的作用，改变字形包括给字符加粗、添加下画线、倾斜字符、加粗并倾斜几种。

2.1.2　段落格式

在输入文字时，按【Enter】键，Word 就会插入一个段落标识，并开始一个新的段落。一定数量的字符和后面的段落标记就组成了一个段落。段落标记是 Word 中非常重要的一个标识，因为它包含了所有的段落格式，记录了段落的格式信息。当对段落进行复制、移动或删除等操作时，段落格式也会跟着一起被复制、移动或删除。所以，在编辑文档时最好将段落标记显示出来，以方便操作，选择"视图"→"显示段落标记"命令就可以显示或隐藏段落标记。

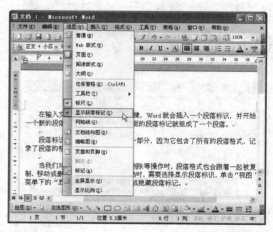

显示段落标记■

2.2 | 格式的常规设置
设置字符和段落格式是美化文档的基本方法

对文档进行排版时就需要对字符和段落格式进行规范的设置，在 Word 中可以对字符和段落格式进行多方面的设置，本节将介绍字符和段落格式的常规设置。

2.2.1　设置字符格式

　　字符格式可以通过"格式"工具栏进行设置，也可以通过"字体"对话框进行详细设置，下面详细介绍这两种设置方法。

1. 使用工具栏快速设置

　　选择一段文字后，在"格式"工具栏中选择"字体"、"字号"下拉列表框中的选项或单击相应的按钮就可以对文字进行格式设置。下面通过一个实际操作来介绍使用工具栏快速设置字符格式的方法。其操作步骤如下：

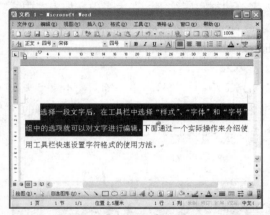

01 打开要编辑的文稿，选择需要进行设置的文本。

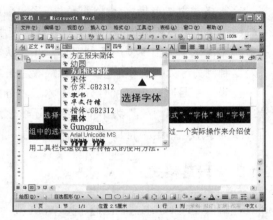

02 单击"字体"下拉列表框右侧的▾按钮，在弹出的下拉列表中选择"方正粗宋简体"选项。

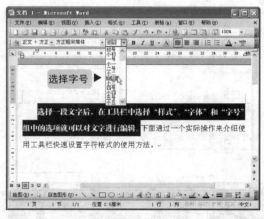

03 此时字体格式发生了变化，继续设置字符大小。在"格式"工具栏中的"字号"下拉列表框中选择字号为"三号"。

04 再在"格式"工具栏中单击"字体颜色"下拉列表框右侧的▾按钮，在弹出的列表框中选择文字颜色为"红色"。

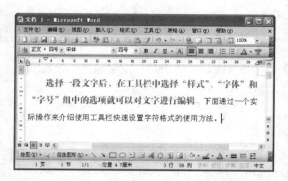

单击"格式"工具栏中的"加粗"按钮 **B** 可将选取的字符设置为**加粗**字形；单击"倾斜"按钮 *I* 可将选取的字符设置为*倾斜*字形；单击"下划线"按钮 U 可为选取的字符添加下划线，单击其右侧的 ˇ 按钮，在弹出的下拉列表中还可以选择下划线的线型及颜色，如双下画线、虚下画线、波浪下画线等。

05 设置完毕，在文档空白处单击取消文本的选中状态，这时可看到设置字符格式后的效果。

2. 通过对话框详细设置

通过"格式"工具栏可以对文字进行简单的格式设置，但如果需要对文字进行详细的设置，则需要在"字体"对话框中来完成。

下面通过一个实际操作来介绍通过对话框设置字符格式的方法。其操作步骤如下：

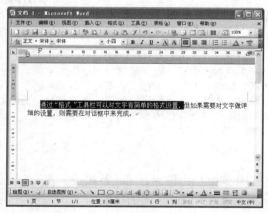

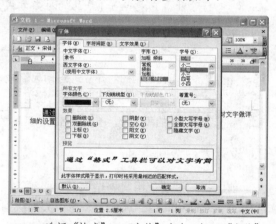

01 打开要编辑的文稿，选择需要进行格式设置的文本。

02 选择"格式"→"字体"命令，打开"字体"对话框。在其中可设置字体、字形、字号、颜色、下画线等，选择相应的选项即可。

在"字体"对话框的"字符间距"选项卡中可以在宽度上缩放字符、设置字符与字符之间的距离，以及调整字符相对于同行中其他字符在垂直方向上的位置；在"文字效果"选项卡中可以为字符设置动态效果，不过动态效果只能在屏幕上显示，不能被打印出来。

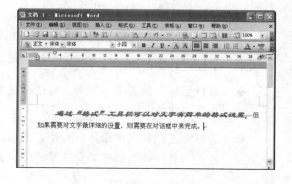

03 另外还可设置文字效果，在"效果"栏中选中所需的文字效果复选框，如选择"删除线"、"阴影"，得到的效果如右图所示。

2.2.2　设置段落格式

段落格式包含的方面非常多，主要有调整文字对齐方式、大纲级别、段落缩进、段落与行间距、编号与项目符号、边框与底纹效果等方面设置。

1. 设置段落对齐方式

将光标插入需要设置的段落中，然后选择"格式"→"段落"命令，打开"段落"对话框，默认显示"缩进和间距"选项卡，在其中的"对齐方式"下拉列表框中选择所需的段落对齐方式，段落对齐有如下 5 种对齐方式。

设置段落对齐方式■

- ◆ **左对齐**：将段落左边对齐，右边不齐。
- ◆ **居中**：使段落居中对齐。
- ◆ **右对齐**：将段落右边对齐，左边不齐。
- ◆ **两端对齐**：将所选段落的左、右两边同时对齐，但末行除外。它是 Word 默认的对齐方式。
- ◆ **分散对齐**：通过调整字符间距，使段落的各行等宽。

上面提到的对齐方式是指段落中水平方向上的对齐方式，在"段落"对话框的"中文版式"选项卡中还可以设置段落在垂直方向上的对齐方式，不过一般不需设置段落的垂直对齐方式。段落的水平对齐方式也可以通过"格式"工具栏进行设置，方法是选中要设置的段落后，单击"格式"工具栏中所需的水平对齐按钮 ▤▤▤▤▤。

2. 设置大纲级别

前面提到过要使用文档结构图，必须为段落设置大纲级别，设置方法就是打开"段落"对话框的"缩进和间距"选项卡，在"大纲级别"下拉列表框中选择所需的级别。

3. 设置段落缩进

缩进是表示一个段落的首行、左边和右边距离页面左侧和右侧以及相互之间的距离关系。段落缩进有以下 4 种方式：

- ◆ **左缩进**：段落的左边与页面左边距保持一定距离。
- ◆ **右缩进**：段落的右边与页面右边距保持一定距离。
- ◆ **首行缩进**：段落第一行由左缩进位置再向内缩进的距离，中文习惯首行缩进一般为两个汉字宽度。
- ◆ **悬挂缩进**：段落中除第一行外，其余各行的第一个文字由左缩进位置向内侧缩进的距离。悬挂缩进多用于带有项目符号或编号的段落。

下面通过一个实际操作来介绍段落缩进的使用方法。其操作步骤如下：

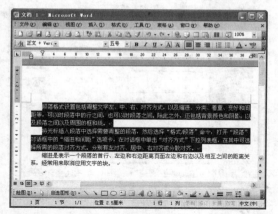

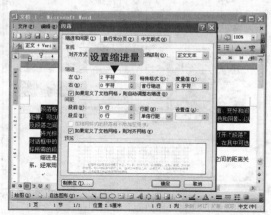

01 打开要设置段落格式的Word文档，选择要改变缩进量的段落。

02 选择"格式"→"段落"命令，打开"段落"对话框，选择"缩进和间距"选项卡，在"缩进"栏设置段落左缩进量为2字符。

03 设置完毕，在文档空白处单击取消文本的选中状态，这时可看到设置段落缩进后的效果。

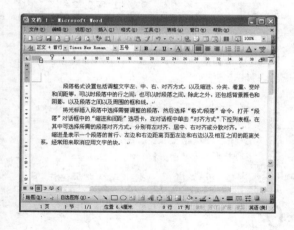

提示
Attention

在设置缩进量时，可以直接输入数值，也可以单击旁边的三角形按钮来进行数值的设置，单位可以是磅值、厘米或字符。

4. 调整段落和行的间距

在"段落"对话框中可以调整段落间距和行间距的设置。段间距是指文档中相邻两段文字之间的距离；行间距是指段落中相邻两行文字之间的距离。

段落和行距设置选项■

Word 可以对段落 3 个方面的间距进行控制：段落首行与前一段的间距、段落中各行的间距、段落末行与后一段的间距。

Word 中默认的行间距为一个行高，当字体发生变化或行中出现图形时，Word 会自动调整行高。在通常情况下，如果段落中使用了两种或者更多的字体时，就需要选择固定行距；通过固定值来设置行之间的距离。

下面通过一个实际操作来介绍调整段落和行间距的方法，其操作步骤如下：

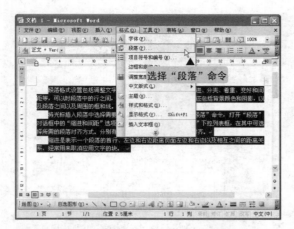

01 选择需要改变段间距和行间距的段落或多个段落，选择"格式"→"段落"命令。

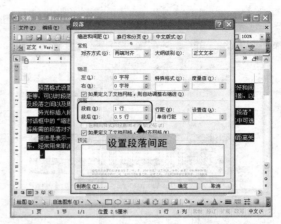

02 打开"段落"对话框，选择"缩进和间距"选项卡，分别设置段前间距和段后间距。

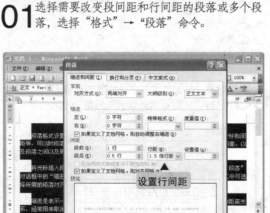

03 在"行距"下拉列表框中选择行距为1.5倍行距，设置后单击"确定"按钮。

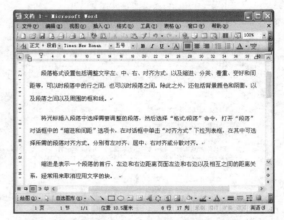

04 设置段落和行间距后的效果如上图所示。

5．分页的控制

在"段落"对话框的"换行和分页"选项卡中可以设置当需要分页时的分页规则，主要有如下几个方面：

◆ **孤行控制**：当段落最后一行正好位于下一页顶端或段落第一行正好位于某页底端时，选中该复选框可避免页面顶端或底端出现孤行。

◆ **与下段同页**：将本段与下一段放在同一页面。

◆ **段中不分页**：保证段落中的所有行位于同一页。

◆ **段前分页**：需要在某段中分页时，将该段放至新页上。

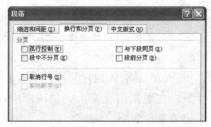

设置段落分页方式■

6. 使用制表符对齐文字

Word 中的制表符由制表符号和制表位两个部分组成，制表符号是字表符的标识，按【Tab】键就可插入一个制表符；制表位则是指制表符被放置的位置。默认情况下，Word 中按页面宽度 0.75 厘米为间隔设置制表位的停驻点，用户可以修改制表位停驻点位置和控制正文在制表位停驻点对齐的方法。

选择"格式"→"制表位"命令，打开"制表位"对话框，可以看到制表位有左对齐、右对齐、居中和小数点对齐等对齐方式，在"制表位位置"文本框中输入第一个制表的位置，再选择制表符的对齐方式和前导符，单击"确定"按钮，之后在该段落中插入的制表符便会采用设置的位置及对齐方式。

"制表位"对话框■

7. 设置编号与项目符号

如果文档中有一组并列关系的段落，可以在各个段落前面添加项目符号；如果一组同类型段落有先后关系，或者并列关系的段落需要进行数量统计，则可以对这组段落进行编号。

下面通过一个实际操作来介绍设置项目符号的方法，其操作步骤如下：

 选择要添加项目符号的段落，选择"格式"→"项目符号和编号"命令，打开"项目符号和编号"对话框。

02 选择"项目符号"选项卡，选择所需的项目符号样式，这里选择菱形样式。

03 单击"确定"按钮后，在选中的段落前面就添加了菱形样式的项目符号，同时段落被设为悬挂缩进。

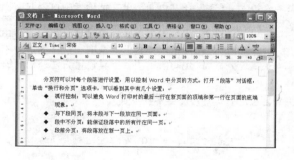

提示
Attention

设置编号与设置项目符号的方法相似，在"项目符号和编号"对话框中选择"编号"选项卡，然后选择所需的编号样式即可。

8. 设置边框与底纹

　　Word 允许用户对选中的文字、段落、表格或整个页面添加边框和底纹，起到强调和突出的作用。设置边框和底纹需在"边框和底纹"对话框中进行。下面以为段落添加边框和底纹为例，介绍添加边框和底纹的操作步骤。

01 选择需要添加边框的段落，选择"格式"→"边框和底纹"命令，打开"边框和底纹"对话框。

02 选择"边框"选项卡，在"设置"栏选择"方框"类型，然后分别设置线型、颜色和宽度。

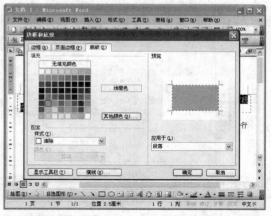

03 选择"底纹"选项卡，选择"填充"颜色为橘黄色。

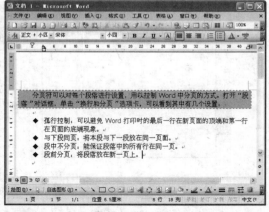

04 单击"确定"按钮，得到设置边框与底纹后的段落效果。

提示
Attention

在"页面边框"选项卡中可以对文档的整个页面设置边框。设置边框时，在"预览"栏中单击相应的按钮可以在相应的位置添加或取消边框。边框和底纹（页面边框除外）除了可以应用于文字、段落外，还可以应用于表格、图片、自选图形等多种对象，应用于文字和段落以外其他对象时，选择的对象不同，在"边框和底纹"对话框的"设置"栏中的选项也有所不同，但其设置方法是相同的。

2.2.3　显示文档格式

　　一篇较长的 Word 文档经过排版后，通常会存在多种格式，在 Word 中可以通过"显示格式"任务窗格来查看某部分文字或段落的格式，如右图所示。选择"格式"→"显示格式"命令或按【Shift+F1】组合键打开"显示格式"任务窗格后，可以看到 Word 将当前光标所在的段落的字符和段落格式都列了出来，在其中可以方便地查看该段文本的格式。

通过"显示格式"任务窗格查找格式错误时非常有用。下面是 3 种通过"显示格式"任务窗格进行的常见操作。

◆ 在"显示格式"任务窗格底部选中"区分样式源"复选框，这时 Word 文档中会显示出所选内容中每一个格式设置的源。

◆ 将光标放置到"所选文字"示例框上，单击右侧出现的 ✓ 按钮，在弹出的列表中可以选择文档中所有格式类似的文本。

◆ 选择一部分文本后，选中"与其他选定内容比较"复选框，这时可以在文档的另一处选择一部分文字，"显示格式"任务窗格将显示这两部分文字格式之间的不同之处。

"显示格式"任务窗格■

2.2.4 消除文本格式

在 Word 文档中，有时候使用的格式太多反而会显得非常复杂，或者对某部分文本设置了多方面的格式后又感觉不满意，想取消所有的格式设置，这时可以消除文本格式。其方法是：将光标置于要取消格式的段落中或选择要取消格式的段落，然后选择"格式"→"样式和格式"命令，打开"样式和格式"任务窗格，单击"所选文字的格式"下拉列表框右侧出现的 ✓ 按钮，在弹出的菜单中选择"清除格式"命令。

清除格式■

2.3 使用样式和模板快速设置格式
使用样式和模板将大幅提高工作效率

如果文档中的多处文本需要使用同样的格式设置，可以将这些格式定义成一种样式，在使用时选择定义的样式即可快速完成多方面的格式设置；如果要制作的多个文档中各部分的格式相同或相近，则可通过自定义模板来提高工作效率。

2.3.1 使用样式定义格式

一段文本的格式通常包含多种属性，如字体、字号、行间距、段间距等，通常需要逐一进行设置才能完成最终效果，如果文档中有多处不相邻的文本需要使用同一格式，就可以将这些格式定义成一种样式，在需要时应用样式就可快速设置多方面的格式，从而提高工作效率。

1. 新建样式

要使用自定义的样式，首先需要新建样式，新建样式可以利用已设定好格式的段落或文字来新建，也可以通过"新建样式"对话框来新建样式。下面通过一个实际操作来介绍新建样式的方法，其操作步骤如下：

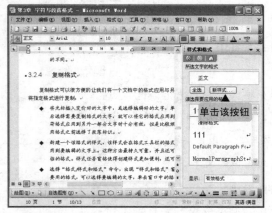

01 选择"格式"→"样式和格式"命令，打开"样式和格式"任务窗格，单击"新样式"按钮。

02 打开"新建样式"对话框，在其中设置样式名称、类型，以及字体、字号等。

03 单击"格式"按钮，在弹出的菜单中可以选择不同的命令对相应方面的格式进行设置，如选择"字体"命令。

04 在打开的"字体"对话框中设置字符格式。设置好后，单击"确定"按钮返回"新建样式"对话框，再用同样的方法对其他方面的格式进行设置，完成后单击"确定"按钮。

技巧
Skill

通过快捷键应用样式

为了以后使用样式的方便，可以为创建的样式定义一个快捷键，以后使用时只需按定义的快捷键便可应用该样式。方法是单击"格式"按钮，在弹出菜单中选择"快捷键"命令，打开"自定义键盘"对话框，将光标插入"请按新快捷键"文本框中，按下要为该命令设置的快捷键，如这里同时按下【Ctrl+3】组合键，该快捷键出现在该文本框中（如右图所示），再单击"指定"按钮即可为该样式定义快捷键，定义后单击"关闭"按钮关闭对话框。

定义快捷键■

2. 应用样式

创建样式后，当要应用样式时，先选择要应用样式的文本或将光标定位于要应用样式的段落中，然后打开"样式和格式"任务窗格，在"请选择要就应用的格式"列表框中选择要应用的样式或按为该样式设置的快捷键即可快速将选中的文本或段落设置为样式中设置的格式。

3. 修改样式

对于已经创建好的样式，也可对其进行修改。修改样式后，当前文档中使用过该样式的文本的格式都会随之改变。利用这一特性，可以方便地管理文档中的文字与段落格式。

在"样式和格式"任务窗格中选择需修改的样式选项并右击，在弹出的快捷菜单中选择"修改"命令，打开"修改样式"对话框即可对样式的格式和快捷键等进行修改，设置方法与新建样式相同，修改完毕后单击"确定"按钮即可。

技巧 Skill 用格式刷复制格式

在内容较少的文档中，当要为多处文本设置相同的格式时，可以利用第二层次中提到的格式刷功能将已有的格式快速地复制到其他文字或段落中，使用格式刷功能除了单击常用工具栏中的"格式刷"按钮 外，还可以按【Ctrl+Shift+C】组合键快速执行格式刷功能。

2.3.2　使用模板定义格式

在第二层次中提到过通过 Word 中的内置模板可以快速创建出各种专业的文档，然后再进行相应修改就可达到自己的需要，从而大大提高工作效率。

那么对于 Word 内置模板中没有包含、却又是自己经常要制作的文档，也可在首次制作完成后，将其保存为模板，之后再通过该模板创建相似的文档，用户还可在使用过程中修改这些常用模板中的内容或格式，逐渐将其完善，使其更加适合自己的使用。

1. 保存文档为模板

文档被保存为模板文件后，其扩展名变为.dot，要将某个自己常用的文档制作为模板，其方法与保存文档的方法相似，其操作步骤如下：

01 打开要保存为模板的文档，选择"文件"→"另存为"命令，打开"另存为"对话框，在"保存类型"下拉列表框中选择"文档模板"选项，此时保存位置会自动切换到Word默认的自定义模板保存文件夹（为了以后使用方便，通常直接保存在该文件夹中），设置模板名称后单击"保存"按钮。

02 以后当需要使用Word创建会议邀请函时，选择"文件"→"新建"命令，在打开的"新建文档"任务窗格中单击"本机上的模板"超链接，在打开的"模板"对话框的"常用"选项卡下就会出现前面创建的模板，选择该模板选项，单击"确定"按钮即可快速创建已有相关内容和格式的会议邀请函文档，在其中稍作修改即可。

2. 向公用模板中复制样式

　　前面介绍了通过 Word 中的模板可快速创建专业文档，而实际上任何 Word 文档都是以模板为基础创建的，包括新建的空白文档，只是前面提到的模板实际上称为文档模板，而通常我们新建空白文档时使用的模板称为共用模板，即 Normal 模板。文档模板中所含样式仅适用于以该模板为基础创建的文档，而共用模板中所含的样式可应用于所有文档。

　　有时在以 Normal 模板创建的文档中又希望使用某个文档模板中的样式，可以先将该样式复制到公用模板中。下面以将聘用合同文档中的样式复制到 Normal 模板中为例进行介绍。

素材
光盘：\素材\第 2 章\
聘用合同 3.doc

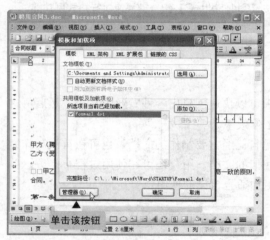

01 打开以某个文档模板创建的文档，选择"工具"→"模板和加载项"命令，打开"模板和加载项"对话框，单击"管理器"按钮。

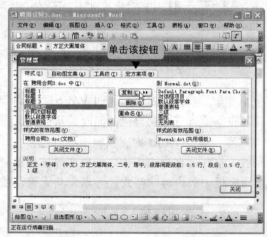

02 在打开的"管理器"对话框左侧列表框中显示了文档中所包含的样式选项，而右侧列表框中则显示了 Normal 模板中包含的样式。这里先选择左侧文档中的样式，然后单击"复制"按钮。

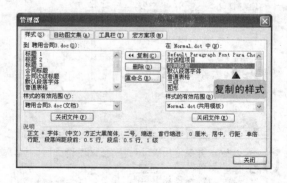

03 这时可看到右侧公用模板样式列表框中出现了复制的样式，表示当前文档中的某个样式被复制到了共用模板中。

04 关闭"管理器"对话框，新建一个空白文档，该文档即是由 Normal 模板创建的，显示出"样式和格式"任务窗格，在其列表框中即可看到刚才复制的样式。

3. 修改模板

　　在使用模板的过程中,如果发觉某个模板中的部分内容或格式需要进行修改,则先将该模板文件用 Word 打开,编辑完成后再保存即可,这样以后使用该模板创建的文档将应用新的格式。

素材
光盘:\素材\第2章\
会议邀请函.dot

01 打开Word,选择"文件"→"打开"命令,在"打开"对话框的"文件类型"下拉列表框中选择"文档模板"选项。

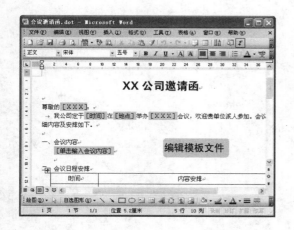

02 然后在"查找范围"下拉列表框中选择切换到保存模板文件的文件夹,这里为"Templates"文件夹,选择要进行修改的模板文件,然后单击"打开"按钮。

提示
Attention

打开模板文件一定要用选择"文件"→"打开"命令或通过单击工具栏上的"打开"按钮的方式将其打开,修改的才是该模板文件,如果直接双击模板文件,将自动新建基于该模板的文档,而非打开该模板本身。

03 模板文件被打开,与编辑普遍文档一样,修改其中的内容、格式等,完成后直接保存即可修改该模板文件。

Chapter 3

页面格式与特殊版式

除了设置文本的字符和段落格式外，通常还需对文档整个页面的整体布局进行设置，如页面大小、页边距、页面版式、页脚与页眉等；而排版一些特殊文档时，还需使用特殊版式功能。

本章要点：

页面设置
页眉和页脚的设计
分栏功能
设置特殊中文版式

知识等级：

Word初学者

建议学时：

90分钟

参考图例：

技巧
特别方法，特别介绍
提示
专家提醒注意
问答
读者品评提问，作者实时解答

3.1 页面设置

定义文档页面大小和边距等属性，设置页面边框

页面设置是指对文档页面布局的设置，页面设置包括页边距、纸张大小、页面方向、版式和文档网格几个方面的设置，一般情况下不需要对文档网格进行设置。本节将对除文档网格之外的其他几方面的设置进行讲解，并介绍为页面设置边框的方法。

3.1.1　设置页面大小

设置页面大小实际上就是选择要使用的纸型，Word 中的默认页面大小为 A4（21cm×19.7cm），用户可根据实际的需要选择 Word 文档页面的纸型，如果没有自己所需的纸型，还可以自定义纸张的大小，其操作步骤如下：

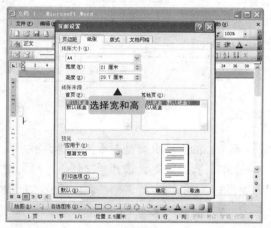

01 新建一个Word文档，选择"文件"→"页面大小"命令，打开"页面设置"对话框，选择"纸张"选项卡，在此设置页面的"宽度"和"高度"。

02 在"纸张大小"下拉列表框中还可以选择Word中自带的页面设置，如A3、A4、A5等。选择或设置后单击"确定"按钮即可完成页面大小的设置。

3.1.2　设置页边距

纸张的页边距是指页面的正文区域与纸张边缘之间的空白距离，设置页边距的目的是根据打印排版要求，增大或减小可输入文本的区域，在页边距空白区域中通常包括页眉、页脚和页码等。在对文档进行排版时，建议先设置好页边距，因为若在文档中已有内容的情况后再修改页边距常会造成内容版式的变化。

选择"文件"→"页面大小"命令，打开"页面设置"对话框，选择"页边距"选项卡，在"上"、"下"、"左"、"右"数值框中分别输入所需的数值即可设置页边距。

除了设置各个方向上的页边距之外，还可以在该选项卡的"方向"栏选择页面方向（横向或纵向），如左下图所示。

用鼠标拖动法设置页边距

在页面视图中可以通过拖动水平或垂直标尺上的页边距边界（标尺的蓝色部分与白色部分交界处）来改变页边距，方法是将鼠标指针移至标尺上蓝色刻度与白色刻度分界的位置处，当鼠标指针变成"↔"或"↕"形状时，按住鼠标左键左右或上下拖动即可调整页边距的大小。在拖动时按住【Alt】键还会显示出正文区域和页边距的度量值，如右下图所示。

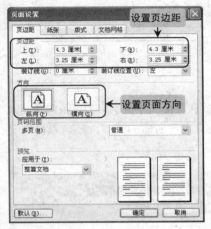

■ "页边距"选项

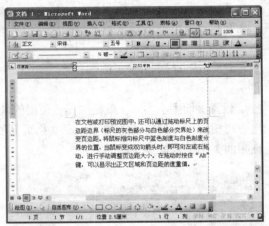

用鼠标拖动法设置页边距■

3.1.3 设置页面版式

页面版式主要包括设置页眉、页脚区的大小、整篇文档的页眉页脚是否设为奇偶页不同或首页不同、节的起始位置，以及文本内容在垂直方向上的对齐方式等。选择"文件"→"页面大小"命令，打开"页面设置"对话框，选择"版式"选项卡即可设置文档的页面版式。一般情况下只需对页眉和页脚及垂直对齐方式进行设置，这两方面的意义如下：

◆ **页眉和页脚**：选中"奇偶页不同"复选框，可以为奇数页和偶数页设置不同的页眉与页脚；选中"首页不同"复选框，可以为文档的首页设置与其他页不同的页眉与页脚。这两项常用于书籍的排版，如本书各章；在"页眉"、"页脚"数值框中设置页眉和页脚区距页边距的距离。

◆ **垂直对齐方式**：设置页面中的内容在垂直方向上的对齐方式，有"顶端对齐"、"底端对齐"、"居中"、"两端对齐"4个选项，通常保持默认的"顶端对齐"方式，即无论页面中有多少内容，都靠页面顶端对齐。

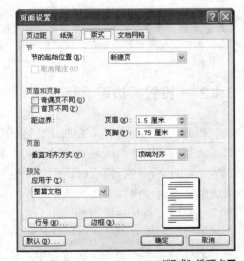

"版式"选项卡■

单击"版式"选项卡中的"行号"按钮将打开"行号"对话框,在该对话框中可以设置是否为文档添加行号,如果添加行号,还可以设置行号的编号样式等。

在"页面设置"对话框的每个选项卡中都有一个"应用于"下拉列表框,用于选择将所做的设置应用于整篇文档还是仅用于当前光标插入点之后,如果在分了节的文档中,还可选择只应用于当前节。

3.1.4　设置页面边框

第 2 章中讲解过为文字和段落添加边框的方法,整个页面也可以添加边框,以增加文档的美观性,下面通过实际操作介绍在 Word 中设置页面边框的方法,其操作方式步骤如下:

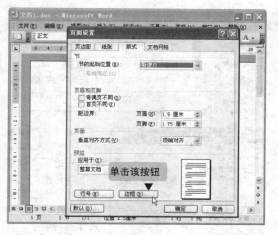

01 打开要添加页面边框的文档,选择"文件"→"页面大小"命令,打开"页面设置"对话框,选择"版式"选项卡,单击"边框"按钮,打开"边框和底纹"对话框。

02 选择"页面边框"选项卡,在"设置"栏中选择边框样式,这里选择"方框"样式,然后在右边的线型、颜色、宽度等下拉列表框中详细地设置边框效果。

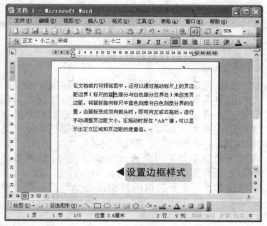

03 单击"确定"按钮返回文档中,可以看到文档页面的四周已经添加了设置的边框效果。

设置页面边框也可以选择"格式"→"边框和底纹"命令,打开"边框和底纹"对话框,但需选择"页面边框"选项卡,在该选项卡中进行设置,而通过"页面设置"对话框打开的"边框和底纹"对话框直接就会切换到"页面边框"选项卡中。

在"边框和底纹"对话框的"页面边框"选项卡中,可以在"艺术型"下拉列表框中选择具有艺术效果的页面边框,选择艺术边框后,其线型和颜色都已固定,只能对其宽度和要应用到的页边进行设置。

3.2 页眉和页脚的设计
页眉和页脚中的内容将出现在文档中的每页中

在现实生活中，我们会看到许多书籍的每一页上面都有书名和章名，每页的两侧或底端都有页码，这就是页眉和页脚，这样可以使页面更加美观且便于阅读。页眉和页脚不必每页各添加一次，但需要在页眉和页脚视图中进行。

3.2.1 添加页码

多页文档通常都需要为文档编排页码，如果只需编排页码，可以不通过页眉和页脚视图进行，只需在"页码"对话框中进行设置。

选择"插入"→"页码"命令即可打开"页码"对话框。下面以一个实例，介绍在文档中插入页码并设置页码格式的方法。

光盘文件 CD	素材	效果
	光盘:\素材\第3章\ 名人名言1.doc	光盘:\效果\第3章\ 名人名言1.doc

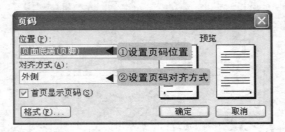

01 选择"插入"→"页码"命令，打开"页码"对话框，在"位置"下拉列表框中选择页码的位置为"页面底端（页脚）"，在"对齐方式"下拉列表框中选择页码的对齐方式，单击"格式"按钮。

02 在打开的"页码格式"对话框的"数字格式"下拉列表框中选择页码的格式为罗马数字，选中"起始页码"单选按钮，并在后面的数值框中设置起始页码为1。

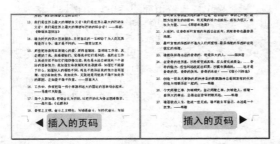

◀ 插入的页码　　　　插入的页码 ▶

03 单击"确定"按钮返回前一个对话框，再次单击"确定"按钮应用设置，即可在奇数页的右下角和偶数页的左下角插入页码。

提示 Attention

插入到文档中的页码可以自动更新，当增加或删除文档的某些页面后，页码将始终从设置的起始页码开始插入连续页码。如果文档的首页是封面之类不显示页码的页面，可以在"页码"对话框中取消选择"首页显示页码"复选框；如果文档包括多个节，在每一章节中都可以重新开始编排页码，这需要进行与上面步骤2相同的设置；如果选中"续前节"单选按钮，则该节的页码将承接上一节的页码继续编制。

3.2.2 设置页眉和页脚

用上一节的方法插入的页码只能设置数字格式，那能不能设置其字体格式呢？这就需要进入页眉和页脚区域进行设置了。在页眉和页脚区域插入对象的操作与在普通文档中的操作完全相同，如为文档添加公司徽标、公司名称、联系方式、作者姓名等。

选择"视图"→"页眉和页脚"命令即可进入页眉和页脚视图，进入该视图后，文档主编辑区的文字将显示为灰色的不可编辑状态，同时在窗口中出现如下图所示的"页眉和页脚"工具栏，编辑完毕，单击该工具栏上的"关闭"按钮即可退出页眉和页脚视图。

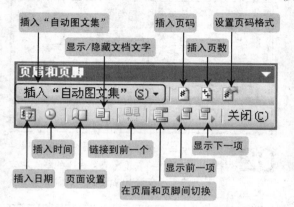

提示 Attention

在页眉和页脚视图中编辑文本的方法与在文档主编辑区中的编辑方法相同，同样可以输入并设置文本内容的格式，还可插入图形等其他对象（其方法在以后的章节中介绍）。

技巧 Skill

快速切换到页眉和页脚视图

如果已经在页眉和页脚区域添加了内容，在页面视图中双击页眉或页脚区域即可进入页眉和页脚视图，在页眉和页脚视图中双击文档的主编辑区又可退出页眉和页脚视图。

"页眉和页脚"工具栏中主要按钮的作用分别如下：

◆ **插入"自动图文集"**：单击该按钮，在弹出的下拉列表框中可以选择常用的页眉和页脚信息，如"创建日期"、"上次保存者"、"第 X 页 共 Y 页"等。

◆ **插入页码**：单击该按钮将在"页眉和页脚"中当前光标位置处插入可以自动更新的页码。

◆ **插入页数**：单击该按钮将在光标位置处插入当前文档的总页数。

◆ **设置页码格式**：单击该按钮将打开"页码格式"对话框，用于设置页码的数字格式。

◆ **插入日期**：单击该按钮将在光标位置处插入可以自动更新的系统日期，打印文档或下次打开文档时，该日期将自动更新为当前日期。

◆ **插入时间**：单击该按钮将在光标位置处插入可自动更新的当前时间，打印文档或切换文档视图模式时，该时间将自动更新为当前时间。

◆ **页面设置**：单击该按钮将打开"页面设置"对话框的"版式"选项卡，用于重新设置页眉和页脚区或其他页面选项。

◆ **显示/隐藏文档文字**：有时候为了操作方便，在设置页眉和页脚内容时，可以单击"显示/隐藏文档文字"按钮隐藏正文内容。

◆ **链接到前一个**：如果文档中使用了分节符，当光标插入点位于第 1 节之后的节的页眉或页脚中时，该按钮将被激活，单击该按钮可以设置当前节的页眉和页脚与前一节是否相同，当该按钮呈橙黄色的凹陷状态时，表示应用前一节的页眉和页脚，当呈淡蓝色的凸起状态时，则可为当前节重新设置不同于前一节的页眉和页脚内容。

◆ **在页眉和页脚间切换**：单击该按钮可使光标插入点在页眉和页脚区之间来回切换。

◆ **显示前一项**：当为同一篇文档设置了不同的页眉和页脚时，单击该按钮可以将光标插入点移到前一个与当前页眉或页脚不同的页眉或页脚处。

◆ **显示下一项**：与"前一项"的作用相反。

页眉区中的对齐方式默认为居中对齐，页脚区为左对齐。下面在已插入了页码的文档中为各页面插入页眉，并设置页眉文字以及页码的字体格式，以下介绍设置页眉和页脚的方法。

光盘文件 CD	素材	效果
	光盘：\素材\第3章\ 名人名言2.doc	光盘：\效果\第3章\ 名人名言2.doc

01 打开素材文件，选择"视图"→"页眉和页脚"命令，进入页眉和页脚视图，将光标插入奇数页页眉区，输入"名人名言"。

02 在文字与文字之间各添加两个空格，然后通过"格式"工具栏将其设为三号大小的华文中宋体，其方法与主文档中的设置方法相同。

03 在页脚区中单击页码，将光标插入页码框中，选中页码，通过"格式"工具栏将其设为五号大小的加粗字形。

Q：为什么在页眉中输入文字后，会自动出现一根横线，而页脚区中却没有呢？

A：这是系统为页眉样式设置了段落边框，而在页眉中输入的文字会自动应用页眉样式的缘故。如果不需要横线，可以选择其他样式，如正文样式或者取消段落的下边框。

由于本例的文档设置成了页眉和页脚奇偶页不同，所以这里需分别为奇偶页设置一次页眉和页脚，否则只需设置一次。如果设置了首页不同，还需为首页的页眉和页脚进行单独的设置。页码框也可以移出页脚区，如放在页面两侧边的中间位置处。

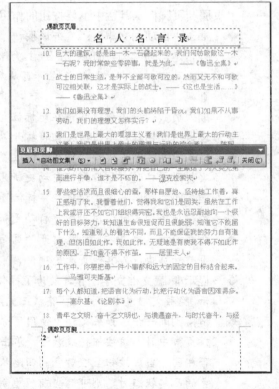

04 将奇数页页眉中的文字复制到偶数页页眉区中，再对偶数页的页码做相同的设置。完成后单击"页眉和页脚"工具栏中的"关闭"按钮退出页眉和页脚视图。

3.3 | 分栏功能
为文档内容设置分栏版式

在杂志、宣传手册等出版物中，经常可以看到同一页面上的内容被划分为几栏，使整个页面更具观赏性，在 Word 中可以使用分栏功能达到该效果。设置分栏版式可以通过工具栏按钮和通过"分栏"对话框两种方式进行设置。

3.3.1　通过工具栏设置分栏

选中要进行分栏排版的段落后，单击"常用"工具栏中的"分栏"按钮▦，在弹出的下拉列表中选择分栏数（最多为 8 栏）即可分栏，下面以一个案例进行演示。

光盘文件 CD	素材	效果
	光盘：\素材\第3章\ 喝茶有益.doc	光盘：\效果\第3章\ 喝茶有益1.doc

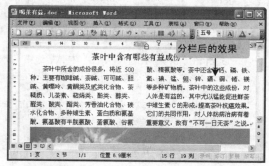

01 选中要分栏的段落，单击"常用"工具栏中的"分栏"按钮▦，在弹出的下拉列表中选择2栏。

02 所选段落立即被分为两栏显示。

3.3.2　通过对话框设置分栏

通过工具栏中的"分栏"按钮▦设置分栏时，栏与栏之间的间距值只能采用系统的默认值，而且各栏只能被均分，而通过"分栏"对话框不但可以设置分栏间距，还可以设置出不等宽的分栏效果。选择"格式"→"分栏"命令，打开如下图所示的"分栏"对话框。

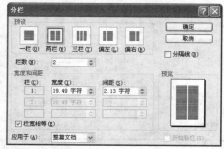

■ "分栏"对话框

■**预设**：选择系统预设的常用分栏样式。

■**栏数**：设置分栏数，当超过 3 栏时，只能在该数值框中设置分栏数，最多可以设为 12 栏。

■**宽度和间距**：设置栏间距与栏宽，默认情况下栏宽均等，选择了分栏数和间距即确定了栏宽。

■**栏宽相等**：取消选择该复选框后，可以在"宽度和间距"栏中设置不均等的栏宽。

■**应用于**：选择分栏版式是应用于选中的部分还是应用于整篇文档。

在"分栏"对话框中设置好分栏后，选中"分隔线"复选框还可以在分栏之间添加分隔线。下面以设置不等宽且有分隔线的两栏版式为例演示设置分栏排版的方法。

光盘文件 CD

素材
光盘：\素材\第3章\
插花艺术.doc

效果
光盘：\效果\第3章\
插花艺术.doc

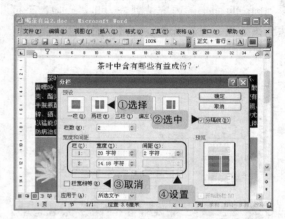

01 打开素材文件，选择除标题行之外的文本，然后选择"格式"→"分栏"命令，打开"分栏"对话框，在"预设"栏选择"两栏"样式，选中"分隔线"复选框，取消选择"栏宽相等"复选框，然后在"宽度和间距"栏将"间距"设为"2字符"，将栏1的宽度设为"20字符"，栏2的间距会根据栏1的设置自动变化。

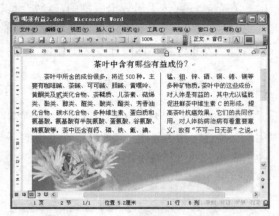

02 设置完毕，单击"确定"按钮，除标题外的所有段落便被分为两栏。

提示 Attention

在进行分栏操作时，如果选择部分段落后设置分栏，则只对选中的段落进行分栏，如果不选中任何对象，只将光标插入文档中任意位置进行分栏，则整篇文档都将被分栏。

3.3.3 使用分栏符

分栏后，Word 会从第一栏开始依次向后排列内容，如果希望从某一段内容开始出现在下一栏的顶部，则可用插入分栏符的方法实现，其操作步骤如下：

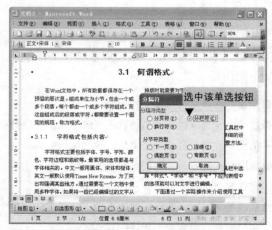

01 将光标插入到第一段的末尾处，然后选择"插入"→"分隔符"命令，打开"分隔符"对话框，选中"分栏符"单选按钮。

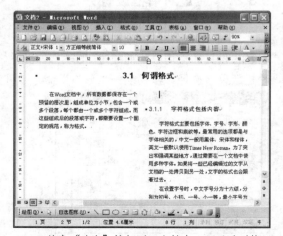

02 单击"确定"按钮返回文档中，可以看到第一段之后的内容已经被放到了第二栏中，第一栏下面显示为空白。

使分栏中的行数均等

默认情况下，分栏后的内容会先将第一栏排满再从第二栏开始排，这样到达最后一页时，有可能出现左右两栏行数极不均等的情况，影响页面美观，如左下图所示。如果要使两栏中的行数大致相等，可以将光标插入到最后一行的段落标记前面，选择"插入"→"分隔符"命令，打开"分隔符"对话框，选中"连续"单选按钮，单击"确定"按钮，如右下图所示。

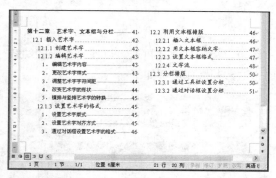

■两栏的行数不均等

平均两栏的行数■

3.4　设置特殊中文版式
使用中文版式能排版特殊效果的文档

　　针对一些特殊场合的需要，Word还提供了许多具有中文特色的排版功能，如设置首字下沉、为汉字添加拼音、设置带圈字符、在文档中纵横混排、合并字符，双行合一等。

3.4.1　首字下沉

　　在报刊杂志中，经常会看到一段文章正文开始的第一个字比其他字大许多，并且沉于首行下方，这就是首字下沉效果。下面通过实际操作介绍首字下沉的设置方法，其操作步骤如下：

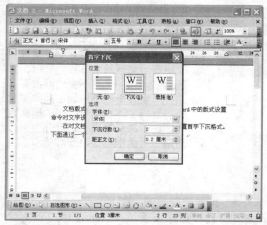

01 选择要用下沉的首字开头的段落，选择"格式"→"首字下沉"命令，打开"首字下沉"对话框。

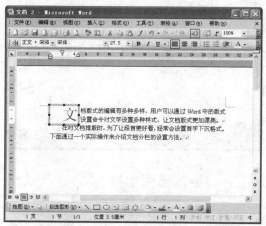

02 选择"下沉"样式，并在"选项"栏中设置字体后，单击"确定"按钮即可。

在设置首字下沉时，除了选择"下沉"样式外，还可以在"首字下沉"对话框选择"悬挂"样式，该样式的其他文字并不围绕首字排列，首字将处于悬空在首位的状态。

 Q：前面多次提到节，如何分节？

A：默认情况下文档只包含一节，打开"分隔符"对话框，插入了"分节符类型"栏中的任意一项后，文档就会增加节数。

3.4.2　为汉字添加拼音

在 Word 文档中不仅能输入中文字、英文字，还可以为中文添加拼音，以便制作一些幼教类文档。下面通过实际操作介绍为汉字添加拼音的方法，其操作步骤如下：

01 在Word文档中选中需要添加拼音的汉字。

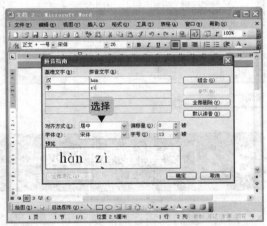

02 选择"格式"→"中文版式"→"拼音指南"命令，打开"拼音指南"对话框，设置"对齐方式"为"居中"，其余为默认设置。

03 单击"确定"按钮回到文档中，可看到选中的文字已经被标注了拼音。

 在"拼音指南"对话框中还可以设置拼音的字体和字号等。为汉字标注拼音后，选择汉字时将连同拼音一同被选中，如果用直接设置标注了拼音的文字的字体和字号时，拼音的字体和字号将不会随同改变，这样就会显得极不协调，如果要改变拼音的字体和字号，必须再次选中标注了拼音的文字，打开"拼音指南"对话框进行设置。

3.4.3　插入带圈字符

带圈字符是中文字符的一种形式，常用于表示强调或具有特殊用途，在 Word 中可以方便地制作带圈字符。

　　设置带圈字符可以选中已有的字符，也可以在设置时输入所需的文字，但一次只能设置单个字符，而不能像标注拼音那样一次对多个文字设置，因此要制作多个带圈字符需一一设置。

　　插入带圈字符的方法是：选择要制作为带圈字符的字符，选择"格式"→"中文版式"→"带圈字符"命令，打开如下图所示的"带圈字符"对话框进行设置，设置完毕单击"确定"按钮。

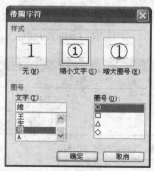

"带圈字符"对话框■

■**样式**：选择带圈字符的样式，可以缩小选取的字符，也可以增大圈号。

■**文字**：如果选择字符后再打开"带圈字符"对话框，所选的字符会自动出现在文本框中，如果未选取字符，可以在此输入所需的字符或在下面选择近期使用过的字符。

■**圈号**：选择圈的样式，有圆圈、正方形、三角形和菱形 4 种圈号。

　　字符原来的大小不同，加圈后的效果也不同，如果字符过小，可能加圈后的效果极不理想，而且在选择不同的圈号时，Word 会根据情况自动调整加圈后字符的大小，如为二号大小的"艺"字选择不同圈号后的效果如下图所示。

提示
Attention

单击"格式"工具栏中的"带圈字符"按钮⊕也可以打开"带圈字符"对话框。设置了带圈字符后，如果又不需要加圈，可以选中该带圈字符，打开"带圈字符"对话框，选择"无"样式将其恢复。实际上，删除该字符后重新输入字符的效率更高。

■为"艺"字加不同圈号后的效果

3.4.4　纵横混排

　　使用纵横混排功能则可以在横排的段落中插入竖排的文本，从而制作出特殊的效果。其设置方法为：选取要纵向排列的文本，然后选择"格式"→"中文版式"→"纵横混排"命令，打开如左下图所示的"纵横混排"对话框，设置是否适应行宽后，单击"确定"按钮。

　　设置纵横混排时，如果保持默认选中的"适应行宽"复选框，则被设为纵向排列的所有文字的总高度不会超过该行的行高；若取消选择该复选框，则纵向排列的每个文字将在垂直方向上占距一行行高的空间，如选中诗句"黄河入海流"中的"黄河"两字后设为纵横混排，适应行宽和不适应行宽的效果分别如右下图所示。

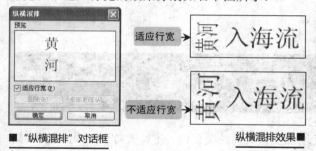

■"纵横混排"对话框　　　　　　　　纵横混排效果■

提示
Attention

选择的文本对象不同，纵横混排的结果也有所差别，如选择两个段落后设置纵横混排，第一段将设为纵向排列，第二段将保持横向排列。同样，如果选中"适应行宽"复选框，则第一段纵向排列的文字的高度将为一行行高，否则将占据多行。

3.4.5　合并字符

　　合并字符功能可使多个字符只占一个字符的宽度，但最多只能合并 6 个文字，其方法是：选取要进行合并的字符，然后选择"格式"→"中文版式"→"合并字符"命令，打开如左下图所示的"合并字符"对话框，设置合并字符的字体和字号后，单击"确定"按钮即可合并选取的文字，如选中诗句"白日依山尽"中的"白日依山" 4 字后进行合并，其效果如右下图所示。

■ "合并字符"对话框

合并字符效果■

3.4.6　双行合一

　　双行合一功能可以将两行文字显示在一行文字的空间中，在对文本进行注释时比较常用。其设置方法为：选取要进行设置的文本，选择"格式"→"中文版式"→"双行合一"命令，打开如下图所示的"双行合一"对话框，单击"确定"按钮。

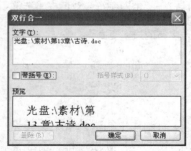

提示 Attention　在"双行合一"对话框中如果选中"带括号"复选框，则会为双行合一后的文字添加括号，并可以在后面的"括号样式"下拉列表框中选择括号的样式（圆括号、方括号、尖括号等）。

提示 Attention　设置纵横混排、合并字符或双行合一效果后，如果要取消该中文版式，只需选中设置后的文本，选择相应的命令，然后在打开的对话框中单击"删除"按钮即可取消该中文版式。

■ "双行合一"对话框

　　如将左下图所示的句子"打开素材文件（光盘:\素材\第 13 章\古诗.doc）"的括号中的内容设置为双行合一，效果如右下图所示。

打开素材文件（光盘:\素材\第 13 章\古诗.doc）

■双行合一前效果

双行合一后效果■

3.5 │ 设置文档背景
为文档设置纯色、填充效果或水印效果的背景，增加页面的美观性

　　在 Word 中可以为文档添加背景，从而增加文档页面的美观性，使其更易于阅读。选择"格

式"→"背景"命令，在弹出的子菜单中可以选择某种颜色作为文档页面的背景，也可以设置填充效果，还可以为文档添加文字水印或图片水印效果。

3.5.1 纯色背景

如果是一篇纯文字内容的文档，阅读起来比较枯燥，此时可以为文档添加某种颜色的背景，不但可以增加美观性，还可以增加阅读者眼球的抗疲劳性。设置纯色背景的方法非常简单，只需选择"格式"→"背景"命令，在弹出的子菜单中选择所需的颜色即可为文档填充纯色背景。

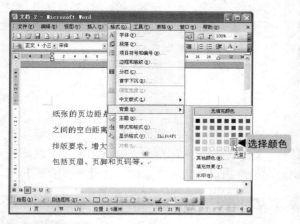

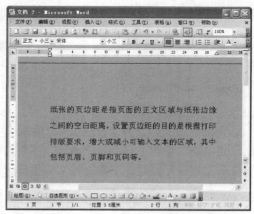

■选择背景颜色　　　　　　　　　　　　　　　　　　　　纯色背景效果■

3.5.2 填充背景

除了为文档填充纯色背景外，还可以填充渐变色背景，这样的文档背景更加美观，下面通过实际操作来介绍为文档中文字纵横混排的方法，其操作步骤如下：

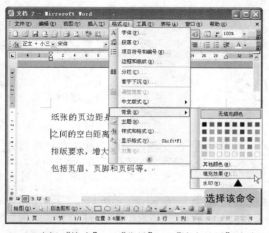

01 选择"格式"→"背景"→"填充效果"命令，打开"填充效果"对话框的"渐变"选项卡。

02 在"颜色"栏中选中"双色"单选按钮，然后在右边设置两种颜色，再在"底纹样式"栏选中"斜上"单选按钮，在"变形"栏选择所需的效果。

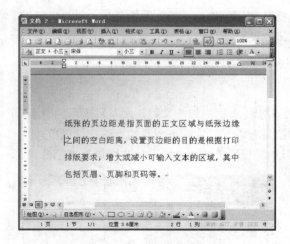

03 设置完成后，单击"确定"按钮回到文档中，将得到渐变效果的文档背景。

提示 Attention

在"填充效果"对话框中有多种渐变形式，用户可以根据自己的需要，为文档背景进行颜色上、渐变方式上的设置。如果选中"预设"单选按钮，还可以选择 Word 中自带的一些渐变样式。也可以选择其他选项卡为文档设置纹理、图案背景或选择一幅图片作为文档的背景。

3.5.3 水印背景

生活中，我们会看到有些公司的便笺每页中间都有一个倾斜放置的公司名称文字，但其颜色较淡，不会影响书写到便笺上的文字的阅读性，这就是文字水印。为文档添加水印可以降低纯文本文档的枯燥性。下面通过实际操作介绍为文档添加水印背景的方法，其操作步骤如下：

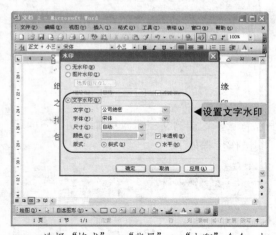

设置文字水印

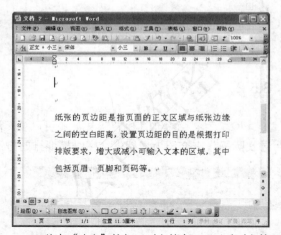

选择"格式"→"背景"→"水印"命令，打开"水印"对话框，选中"文字水印"单选按钮，然后设置水印内容和字体属性。

单击"确定"按钮回到文档中，可以看到文档页面中出现了半透明的文字水印效果。

提示 Attention

添加文字水印实际上是系统自动将文字制作成了艺术字，并将其放到了页眉和页脚视图中。如果要为文档添加图片水印，则需在"水印"对话框中选中"图片水印"单选按钮，然后单击"选择图片"按钮，在打开的对话框中选择一幅图片，Word 会自动将选择的图片设为冲蚀效果并放入到页眉和页脚视图中。

提示 Attention

为文档设置纯色或填充效果的背景后，只能在页面视图、Web 版式视图和阅读视图模式下才能显示。水印效果只以页面视图和阅读视图模式在 Web 版式视图中显示，但水印可以被打印出来，而其他几种文档背景效果不能被打印出来。

Chapter 4

制作图文并茂的文档

在 Word 文档中插入适当的图片和绘制图形，不但可以更加直观、形象地表达文档旨意，还可以增加文档的美观性，制作出图文并茂的文档，而使用艺术字可以让文档更具艺术感。

本章要点：

在文档中插入图片
绘制自选图形
插入艺术字和文本框
排版浮动对象

知识等级：

Word进阶者

建议学时：

120分钟

参考图例：

技巧
特别方法，特别介绍
提示
专家提醒注意
问答
读者品评提问，作者实时解答

4.1 在文档中插入图片

插入适合的图片能增添文档的生动性与美观性

在Word文档中可以插入精美的图片，并可对图片进行一些简单的编辑和设置，将其更好地与文本编排在一起，制作出图文并茂的文档。在 Excel 和 PowerPoint 中也可以用本节所讲的方法在工作表或演示文稿中插入、编辑和设置图片。

4.1.1 插入图片

在 Word 文档中可以插入存储在电脑中的图片，也可以从 Office 自带的剪辑库中插入剪贴画。

1. 插入外部图片

插入图片需通过"插入图片"对话框来选择图像文件，存储在本地磁盘中的图片都可以方便地插入到 Word 文档中。下面以一个实例操作来讲解插入外部图片的方法。

光盘文件 CD	素材	效果
	光盘:\素材\第4章\ 喝茶有益.doc、1.jpg	光盘:\效果\第4章\ 喝茶有益.doc

01 打开素材文件,将光标插入到文本下面的空白段落中,选择"插入"→"图片"→"来自文件"命令或单击"图片"工具栏中的 ▣ 按钮,打开"插入图片"对话框,找到并选中要插入的图片"1.jpg"。

02 单击"插入"按钮即可将该图片插入到光标位置处。

 提示 Attention

如果插入图片时不指定图片的类型,可以在"插入图片"对话框的"文件"类型下拉列表框中选择"所有图片"选项,这样可将所有 Word 支持的图片文件均显示出来,以方便选择。如果插入的图片本身尺寸大于文档的页面尺寸,则插入的图片会自动缩小至页面范围内;如果插入的图片本身尺寸小于文档的页面尺寸,则插入的图片将保持原始大小。

2. 插入剪贴画

剪贴画是Office系统提供的图片,这些图片大多是.wmf、.eps或.gif格式的图片。Office将剪贴画存放在剪辑库中,由于剪辑的类型较多,因此在插入剪贴画之前最好根据需要缩小搜索范围。搜索并插入剪辑可以通过输入关键字搜索和指定剪辑类型两种方法来达到。

1）输入关键字查找剪贴画

插入剪贴画需要通过"剪贴画"任务窗格进行，选择"插入"→"图片"→"剪贴画"命令或单击"绘图"工具栏中的"插入剪贴画"按钮，就会在窗口右侧出现"剪贴画"任务窗格。下面以插入一幅花朵的剪贴画为例，讲解通过输入关键字搜索并插入剪贴画的方法，其操作步骤如下：

01 将光标定位到要插入剪贴画的位置处，打开"剪贴画"任务窗格，在"搜索文字"文本框中输入要搜索的图片的关键字，此处输入"花"。

02 单击"搜索"按钮，在"结果类型"下拉列表框中显示出相关剪贴画的缩略图，单击需要插入的剪贴画即可将其插入到文档中光标位置处。

2）指定剪辑类型查找剪贴画

如果不知道 Word 提供了哪些类型的剪辑，可以通过指定类型的方式来缩小搜索范围。其操作步骤如下：

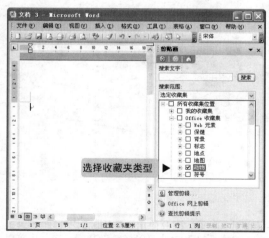
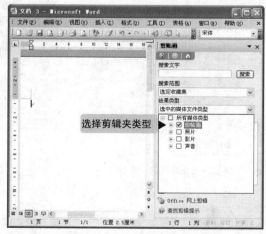

01 在"剪贴画"任务窗格中单击"搜索范围"下拉列表框右侧的 ∨ 按钮，在弹出的下拉列表中单击各种类型前面的田符号将其展开，当找到要插入剪辑所属的类型时，在其前面的□中单击，使其变成☑状态，表示选中该类型的收藏集。

02 单击"结果类型"下拉列表框右侧的 ∨ 按钮，在弹出的下拉列表中选择要搜索的剪辑类型，这里选择剪贴画类型。

03 单击"搜索"按钮，在"结果类型"下拉列表框中显示出相关剪贴画的缩略图，单击需要插入的剪贴画即可将其插入到文档中光标位置处。

将鼠标指针移到搜索结果中的某张剪贴画上停留片刻，剪贴画将右侧出现 ∨ 按钮，单击该按钮，在弹出的下拉菜单中可以选择复制或删除该剪贴画等。

剪辑是指媒体文件，包括图片、声音、动画或影视文件等，其中的图片就是剪贴画，声音、动画或影视等其他剪辑也可以用插入剪贴画的方法插入到文档中。

4.1.2　编辑图片

将图片插入到 Word 文档中后，其位置、大小等不一定合适，此时对其位置、版式、大小、色调、亮度和对比度等进行调整，还可以将图片中不需要的部分剪裁掉。

1．调整图片大小

如果插入到文档中的图片大小不适合，可以单击该图片将其选中，此时图片的 4 角和各边的中点会出现 8 个黑色的控点，通过拖动控点就可以改变图片的大小，主要有如下几种情况：

◆　将鼠标指针移到图片左、右两边的控点上，当鼠标指针变为"↔"形状时，按住鼠标左键左右拖动即可改变图片的宽度，其过程如下图所示。

①将指针移至此处　②拖动控点　③释放鼠标

■调整图片宽度

◆　将鼠标指针移到图片上、下两边的控点上，当鼠标指针变为"↕"形状时，按住鼠标左键上下拖动即可改变图片的高度，其过程如下图所示。

在默认情况下 Word 采用绘图网格来定位图片等对象，因此使用鼠标拖动时不能精确地改变图片的大小和位置等，如果在拖动鼠标时按住【Alt】键就可以任意调节图片了。也可以将绘图网格设置得更小或取消对象对齐网格的功能，方法是：单击"绘图"工具栏上的"绘图"按钮，在弹出的菜单中选择"绘图网格"命令，打开"绘图网格"对话框，取消选择"对象与网格对齐"复选框，然后将"水平间距"设为"0.01 字符"；将"垂直间距"设为"0.01 行"，单击"确定"按钮应用设置，之后就可随意拖动控点和移动图片了。

①将指针移至此处

■调整图片高度

◆ 将鼠标指针移到图片 4 角的控点上，当鼠标指针变为"↗"或"↘"形状时，按住鼠标左键进行拖动可同时调整图片的宽度和高度，且保持图片比例不变，其过程如下图所示。

①将指针移至此处　②拖动控点　③释放鼠标

■同时改变图片的高度和宽度

　　有些文档中的图片需要设置为相同大小的比例，如果采用鼠标拖动法则无法精确设置其缩放比例了，此时就需通过"设置图片格式"对话框来精确设置图片的大小，选中图片后，选择"格式"→"图片"命令，单击"图片"工具栏中的 ❞ 按钮，双击图片或在图片上右击，在弹出的快捷菜单中选择"设置图片格式"命令都可以打开"设置图片格式"对话框。

　　通过"设置图片格式"对话框设置图片大小的方法是：打开"设置图片格式"对话框后，选择"大小"选项卡，如下图所示，在"尺寸和旋转"栏的"高度"、"宽度"数值框中输入精确的数值来改变图片的大小；或者在"缩放"栏的"高度"、"宽度"数值框中通过指定缩放比例的方式改变图片的大小。

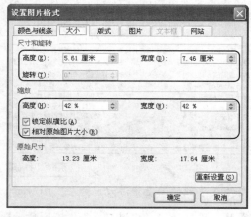

■改变图片大小

提示
Attention

默认情况下通过"设置图片格式"对话框改变图片大小是按等比例调整的，所以在"尺寸和旋转"或"缩放"栏的任意一处改变该高度或宽度值时，所有数值框中的值都会发生相应的改变。如果取消选择"缩放"栏中的"锁定纵横比"复选框，则可以只改变图片的高度或宽度。

提示
Attention

"缩放"栏的"相以原始图片大小"复选框默认呈选中状态，表示以比例方式调整图片大小时，始终以图片原始大小进行缩放，若取消选择该复选框，则按当前图片的大小缩放。

2. 设置图片版式

图片的版式是指图片的文字绕排方式，分为嵌入式与浮动式两大类，浮动式又分多种类型，这两种版式的含义分别如下：

◆ **嵌入式**：指能够直接从光标插入点放置到文字中的图形或其他对象，在 Word 中插入图片的默认版式就是嵌入式。

◆ **浮动式**：指插入绘图层的图形或其他对象，可以在页面上对其精确定位或使其位于文字或其他对象的上方或下方。除嵌入式之外的版式都可以称为浮动式。

设置图片版式最常用的方法是通过"图片"工具栏进行设置，方法是：单击要改变版式的图片将其选中后，单击"图片"工具栏中的"文字环绕"按钮，在弹出的下拉列表中选择所需的版式，如右图所示。

选择图片版式■

各种版式的含义与效果分别如下：

◆ **嵌入型**：将对象置于文本行的插入点位置，嵌入版式的对象与文本位于相同的层上，如左下图所示。

◆ **四周型环绕**：将文字环绕在所选图片边界框的四周，如右下图所示。

■嵌入型

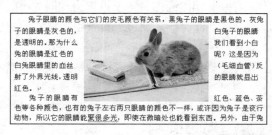

四周型环绕■

◆ **紧密型环绕**：将文字紧密环绕在图像的边缘。只有矢量图或透明背景的位图使用这种版式才能显示出与四周型环绕的区别，矢量图采用这两种版式的效果如下图所示。

■四周型环绕

紧密型环绕■

◆ **衬于文字下方**：将图片置于文本层的后面，图片在单独的图层中浮动，如左下图所示。

◆ **浮于文字上方**：将图片置于文本层的前方，图片在单独的图层中浮动，如右下图所示。

兔子眼睛的颜色与它们的皮毛颜色有关系，黑兔子的眼睛是黑色的，灰兔子的眼睛是灰色的，白兔子的眼睛是透明的。那为什么我们看到小白兔的眼睛是红色的呢？这是因为白兔眼睛里的血丝（毛细血管）反射了外界光线，透明的眼睛就显出红色。

兔子的眼睛有红色、蓝色、茶色等多种颜色，也有的兔子左右两只眼睛的颜色不一样，或许因为兔子是夜行动物，它们的眼睛都能聚集很多光，即使在微暗处也能看到东西。另外，由于兔子的眼睛长在脸的两侧，因此它的视野宽阔，对自己周围的东西看得很清楚，有人说兔子连自己的脊梁都能看到。不过，它不能辨别立体的东西，对近在眼前的东西也看不清楚。小兔是有各种颜色的，它们的眼睛也是有不一样颜色的，那是因为它们身体里有一种叫色素的东西。

■衬于文字下方

兔子眼睛的颜色与它们的皮毛颜色有关系，黑兔子的眼睛是黑色的，灰兔子的眼睛是灰色的，看到小白兔的眼睛了外界光线，透明的眼睛就显出红色。

兔子的眼睛有红色子左右两只眼睛的颜色不一样，或许因很多光，即使在微暗处也能看到东西。对自己周围的东西能看到。不过，它不能辨别立体的东西，对近在眼前的东西也看不清楚。小兔是有各种颜色的，它们的眼睛也是有不一样颜色的，那是因为它们身体里有一种叫色素的东西。

浮于文字上方■

◆ **上下型环绕**：只在图片的顶部和底部环绕文字，文本在图片的顶部中止，在图片下方的一行重新开始，如左下图所示。

◆ **穿越型环绕**：将文字紧密环绕于图像的边缘，与紧密型环绕不同的是，该方式在矢量图或透明背景的位图内部任何开放的部位均可环绕文字，而非只是外部边缘。

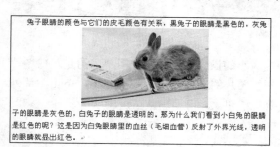

兔子眼睛的颜色与它们的皮毛颜色有关系，黑兔子的眼睛是黑色的，灰兔子的眼睛是灰色的，白兔子的眼睛是透明的。那为什么我们看到小白兔的眼睛是红色的呢？这是因为白兔眼睛里的血丝（毛细血管）反射了外界光线，透明的眼睛就显出红色。

■上下型环绕

提示
Attention

当图片设为紧密型环绕或穿越型环绕时，单击"图片"工具栏中的"文字环绕"按钮，在弹出的下拉列表中选择"编辑环绕顶点"选项，将在图像周围显示环绕边框，拖动环绕边框上的控点（黑色小方块）可以调节环绕边框的形状。

图片版式也可以通过"设置图片格式"对话框的"版式"选项卡（见左下图）进行设置。当选择了"嵌入型"以外的版式时，还可以在下面的"水平对齐方式"栏设置图片在水平方向上的对齐方式。

不过在选项卡中只有5种版式，如果要选择更多的版式，需单击"高级"按钮，打开"高级版式"对话框，切换到"文字环绕"选项卡中进行选择，如右下图所示。当选中不同的版式时，还可以在下面设置环绕文字的规则，以及图片四周距文本的间距。

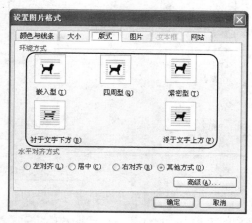

■"版式"选项卡

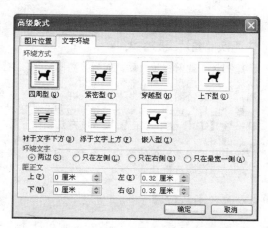

"文字环绕"选项卡■

3. 裁剪图片

如果图片中有不需要的边缘部分，可以用图片裁剪功能将其删除，方法是单击"图片"工具栏中的"裁剪"按钮，鼠标指针变成形状，将该形状的指针移到图片的控点上，按住鼠标左键向图片内部拖动控点，图片上将显示出一个虚线框，拖动到所需位置处时释放鼠标左键即可将虚线框以外的区域裁剪掉，其过程如下图所示。

■裁剪图片

裁剪图片的操作方法与用鼠标拖动法改变图片大小的操作方法相同，但不同的是裁剪图片后，被裁剪的部分将被删除，而调整大小只是改变了图片的显示比例。裁剪完毕，单击图片外的任意位置或再次单击"图片"工具栏中的"裁剪"按钮即可退出裁剪编辑状态。

默认情况下，单击插入到文档中的图片时，会自动显示出"图片"工具栏，如果没有显示该工具栏，可以在图片上右击，在弹出的快捷菜单中选择"显示'图片'工具栏"命令，或在任意工具栏上右击，在弹出的快捷菜单中选择"图片"命令将其显示出来。

打开"设置图片格式"对话框后，选择"图片"选项卡，如下图所示，在"裁剪"栏的 4 个数值框中输入要裁剪的尺寸，单击"确定"按钮可以精确裁剪图片。

快速恢复图片至原始大小

缩放图片与裁剪图片之后，如果要将图片恢复到原始状态，可以通过以下 3 种方法进行。

■打开"设置图片格式"对话框，在"大小"选项卡或"图片"选项卡中单击"重新设置"按钮。
■按住【Ctrl】键，双击图片（该方法仅限于嵌入版式的图片）。
■选中缩放或裁剪过的图片，单击"图片"工具栏中的"重设图片"按钮。

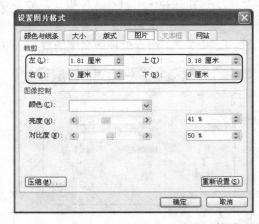

"图片"选项卡■

4. 改变图片位置

设置图片版式后，图片的位置可能不会出现在满意的位置上，此时需要改变图片的位置。

对于嵌入式的图片，可以用移动文本的方法改变其位置；对于浮动式的图片，需将鼠标指针移到图片上，当指针变成 ✛ 形状时，按住鼠标左键将其拖动到所需的位置处释放。

5. 旋转与翻转图片

从 Word 2002 开始，设为浮动版式的图片可以根据需要被旋转或翻转，方法是：单击"绘图"工具栏中的"绘图"按钮，在弹出的菜单中选择"旋转或翻转"→"向左旋转 90°"（"向右旋转 90°"、"水平翻转"、"垂直翻转"）命令进行相应方向的旋转或翻转。

选中浮动版式的图片后，图片上方将出现一个绿色的控制柄，将鼠标指针移到该控制柄上，鼠标指针变为 ↺ 形状，此时按住鼠标左键移动则可对图片进行任意角度的旋转，如下图所示。选择"旋转或翻转"→"自由旋转"命令也可以对图片进行任意角度的旋转。

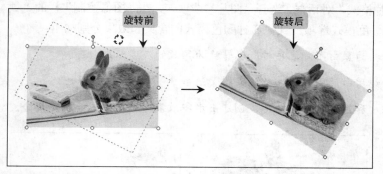

旋转前　　　　　旋转后

■任意角度的旋转

提示
Attention

选中浮动版式的图片后，单击"图片"工具栏中的"向左旋转 90°"按钮 ◿ 也可以使图片向左旋转 90°。

6. 调整图片的亮度和对比度

有时某些图片不够明亮或有些灰暗，这使打印出来的效果不理想。这时用户可以设置图片的亮度和对比度来改善图片的显示效果。

下面通过实际操作来介绍在 Word 中调整图片亮度和对比度的方法。其操作步骤如下：

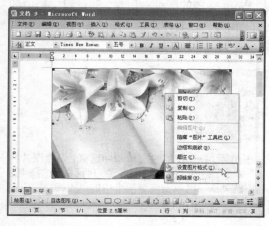

01 选中需要调整的图片并右击，在弹出的快捷菜单中选择"设置图片格式"命令，打开"设置图片格式"对话框。

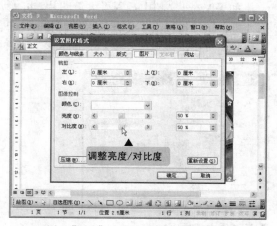

调整亮度/对比度

02 选择"图片"选项卡，拖动"亮度"和"对比度"下方的滑块，或直接在后面的数值框中输入数值进行调整，完成后单击"确定"按钮。

调整图片亮度和对比度也可以通过"图片"工具栏调整，方法是选中图片后，单击该工具栏中的"增加对比度 ◑I、降低对比度 ◑I、增加亮度 ☀I、降低亮度" ☀I 4 个按钮进行调整。

设置透明色

单击"图片"工具栏中的"设置透明色"按钮 ☑，然后在图片中的某个颜色上单击，可将该图片中的该颜色设为透明色。

7. 改变图片的颜色模式

在 Word 中可以将图片转换为自动、灰度、黑白和冲蚀 4 种颜色模式，默认为自动，即插入图片的原始颜色模式，如果要将图片更改为其他几种颜色模式，只需选中要改变颜色模式的图片，单击"图片"工具栏中的"颜色"按钮 ▦，在弹出的下拉列表中选择所需的颜色模式选项即可，也可以打开"设置图片格式"对话框，选择"图片"选项卡，在"图像控制"栏的"颜色"下拉列表框中选择所需的颜色模式选项。其他 3 种颜色模式的含义和效果分别如下：

◆ **灰度**：将彩色图片转换为黑白图片，每种颜色转换为等效的灰度级别。

◆ **黑白**：将图片转换为纯黑白的图片（也称线条图）。

◆ **冲蚀**：使用预设的亮度和对比度设置图片，创建出水印效果，适用于一些特殊场合。

■改变图片的颜色模式

8. 压缩图片

如果 Word 文档中插入了大量图片，将大大增加 Word 文档的磁盘占用量，通过对文档中的图片进行压缩可以减小文档的大小。其方法是：单击"图片"工具栏中的"压缩图片"按钮 ▣，在打开的"压缩图片"对话框（见下图）进行设置，该对话框中各参数项的含义如下：

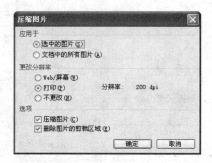

■"压缩图片"对话框

右击图片，在弹出的快捷菜单中选择"设置图片格式"命令，打开"设置图片格式"对话框，选择"图片"选项卡，再单击该选项卡中的"压缩"按钮也可打开"压缩图片"对话框。

◆ **应用于**：选择要压缩选中的图片还是文档中的所有图片。

◆ **更改分辨率**：选择此文档将来是用于屏幕显示还是打印，如果选中"打印"单选按钮，则输出分辨率将为 200 dpi；如果选中"Web/屏幕"单选按钮，则输出分辨率将为 96 dpi；如果选中"不更改"单选按钮，则保持图片原有的分辨率。

◆ **压缩图片**：选中该复选框后，Word 会将.bmp、.tiff 等格式的图片压缩为.jpg 格式的图片，以减小文件的大小。该方式会降低其他格式图像的质量。

◆ **删除图片的剪裁区域**：如果文档中有被裁剪过的图片，选中该复选框进行压缩将删除图片上的裁剪区域，以减小图像文件的大小。用该方式压缩图片后，被裁剪的区域将无法恢复。

4.2 绘制自选图形
绘制、编辑并设置自选图形

在 Word 中可以方便地绘制自选图形，并可对自选图形本身的形状等进行编辑和设置。Word中的自选图形包括直线、矩形、圆等基本形状，以及各种线条、连接符、箭头、流程图符号、星与旗帜、标注等。

4.2.1 绘制自选图形

绘制自选图形可以通过"自选图形"工具栏和"绘图"工具栏两种方式进行。

1. 通过"绘图"工具栏绘制

通过"绘图"工具栏绘制自选图形的方法是，单击"绘图"工具栏上的"自选图形"按钮，在弹出的下拉列表中将鼠标指针指向所需的自选图形类型，再在弹出的下级选项中单击所需的自选图形，如左下图所示，光标位置处自动出现绘图画布框，用变成十形状的鼠标指针在画布上适当位置处按住鼠标左键拖动即可绘制出相应形状的自选图形，如右下图所示。

■选择自选图形

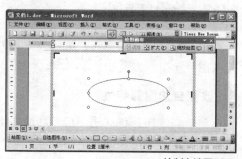

绘制自选图形■

另外，在"绘图"工具栏中直接提供了直线、箭头、矩形和圆等 4 种常用图形的按钮图标，单击、、□或○按钮即可绘制相应的图形。

从 Word 2002 开始，在默认状态下绘制自选图形时，系统会自动在光标位置处创建一个绘图画布框，而在实际应用中，通常情况下画布框反而会给操作带来不便，因此可以取消 Word 的自动创建绘图画布框功能，方法是：选择"工具"→"选项"命令，打开"选项"对话框，选择"常规"选项卡，取消选择"插入'自选图形'时自动创建绘图画布"复选框，再单击"确定"按钮。

快速取消绘图画布框

如果有时需要绘图画布框，有时不需要绘图画布框，每次在绘制前进行设置太过麻烦，此时不需取消 Word 的自动创建绘图画布功能，只需在绘图画布刚刚出现时按【Ctrl+Z】组合键或单击"常用"工具栏上的"撤销"按钮将其撤销，然后再绘制自选图形；当出现绘图画布框后，在画布框以外的区域中绘制自选图形，画布也会自动消失。

2. 通过"自选图形"工具栏绘制

选择"插入"→"图片"→"自选图形"命令，显示出"自选图形"工具栏后，单击所需的自选图形类型按钮，然后在弹出的下拉列表中选择所需的自选图形，再用上一小节中介绍的方法即可在文档中绘制出自选图形。

选择自选图形类型时，如果选择"其他自选图形"选项或单击"自选图形"工具栏上的按钮，将在窗口右侧显示出"剪贴画"任务窗格，并在"结果类型"下拉列表框中显示其他自选图形的缩略图，用插入剪贴画的方法可将这些图形插入到文档中，如右图所示。与绘制出的自选图形不同的是，其他自选图形实际上是剪贴画的一种，不能对其形状等进行修改。

插入其他自选图形■

4.2.2 编辑自选图形

对于绘制的自选图形，可以改变其大小、外观和位置等特性，可以转换自选图形类型，还可以在自选图形中添加文本内容。

1. 改变自选图形特性

单击自选图形将其选中后，其周围将显示出不同类型的控点，包括调节控点、旋转控点和尺寸控点 3 种类型，如左下图所示。通过不同类型的控点便可改变自选图形的大小、位置和形状等特性，各种控点的作用分别如下：

◆ 尺寸控点：选中自选图形后，出现在自选图形各边和各个角上的小圆点或小方点就是尺寸控点，用鼠标指针按住这些尺寸控点进行拖动可以更改自选图形的宽度或高度，其方法与 4.1.2 节中更改图片大小的方法相同，唯一不同之处是拖动自选图形角点上的控点时也不会按原有的高宽比缩放自选图形，如果要按比例缩放自选图形，需在拖动角点上的尺寸控点时按住【Shift】键。

◆ **旋转控点**：选中自选图形后，显示为绿色小圆点就是旋转控点，将鼠标指针移到该控点上时，指针将变成 🔄 形状，此时按住鼠标左键进行拖动可以旋转该自选图形。直线类自选图形没有这类控点。

◆ **调节控点**：选中自选图形后，显示为黄色菱形的控点就是调节控点，在该控点上按住鼠标左键进行拖动可以调整自选图形的外观形状，如更改箭头的箭尖大小、圆角矩形的圆角大小等，如右下图所示。但并非所有自选图形都有这类控点。

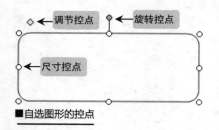

■自选图形的控点

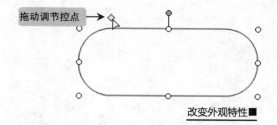

改变外观特性■

2. 转换自选图形类型

绘制好自选图形后，如果觉得所选的类型不太适合而换成其他的自选图形，可以对其类型进行转换，但并非所有类型的自选图形都可以相互转换，有些自选图形只能在同种类型之间进行转换，这分为线条型、连接线型和其他类型3种情况，下面分别讲解。

1）转换线条类型的自选图形

线条类型的自选图形只能在线条类型之间转换，其中直线型自选图形可以转换为折线型自选图形，曲线型自选图形可以在开放与闭合图形之间转换。这几种情况的转变方法分别如下：

◆ 在直线型自选图形对象上右击，在弹出的快捷菜单中选择"编辑顶点"命令，然后将鼠标指针移自选图形上任意位置处，按住鼠标左键进行拖动即可将其改变为折线型自选图形，同时在拖动位置处添加一个顶点，如下图所示。

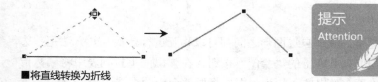

■将直线转换为折线

提示 Attention 对于曲线型的自选图形也可以用该方法编辑顶点。在转换线型后的自选图形上右击，在弹出的快捷菜单中选择不同的命令还可以对其进行其他方面的编辑。

◆ 在非封闭的曲线型自选图形对象上右击，在弹出的快捷菜单中选择"关闭路径"命令可将其转换为封闭的曲线型自选图形，如下图所示。

提示 Attention 在 Word 中绘制的自选图形默认版式为浮于文字上方，直接单击某个自选图形便可将其选中；如果要同时选中多个绘制的自选图形，可以先选中一个，然后按住【Shift】键，再单击其他需同时选中的自选图形；单击"绘图"工具栏中的"选择对象"按钮 后，可以在文档中按住鼠标左键并拖动进行框选，释放鼠标后，被虚线框框住的自选图形都将被选中。在 Word 中，浮动版式对象的选择和移动方法都相同。

■闭合前   闭合后■

◆ 在封闭的曲线型自选图形对象上右击，在弹出的快捷菜单中选择"开放路径"命令可从最后一个顶点位置处将其转换为非封闭的曲线型自选图，如下图所示。

■开放前   开放后■

2）转换连接线类型的自选图形

连接线类型的自选图形按线型分为直接连接符、肘形连接符和曲线连接符 3 类；按有无箭头又分为无箭头、单箭头和双箭头 3 种样式，如下图所示。

连接线类型的自选图形只能在连接线类型之间进行转换，即转换方法为：在要转换的自选图形上右击，在弹出的快捷菜单中选择所需的转换命令将其转为相应的连接线类型。

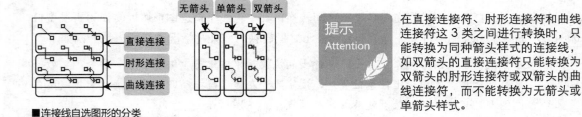

■连接线自选图形的分类

提示 Attention

在直接连接符、肘形连接符和曲线连接符这 3 类之间进行转换时，只能转换为同种箭头样式的连接线，如双箭头的直接连接符只能转换为双箭头的肘形连接符或双箭头的曲线连接符，而不能转换为无箭头或单箭头样式。

3）转换其他类型的自选图形

除了线条与连接线两种类型之外的其他自选图形之间都可以相互进行转换，其方法是：选中要转换的自选图形，单击"绘图"工具栏上的"绘图"按钮，在弹出的下拉列表中将鼠标指针指向要改变成的自选图形类型，再在弹出的下拉列表中选择要改变为的自选图形。

如要将正方形转换为太阳形，选中正方形标注，单击"绘图"工具栏上的"绘图"按钮，在弹出的下拉列表中选择"改变自选图形"→"基本形状"→"将形状改为太阳形"选项，正方形标注便被转换为太阳形了。

3．在自选图形中添加文本

除了线条与连接线两种类型的自选图形外，其他自选图形中都可以添加文本内容，其方法是：在要添加文本内容的自选图形上右击，在弹出的快捷菜单中选择"添加文字"命令，如左

下图所示，自选图形之上将出现一个可以容纳文本内容的文本框，在文本框中便可输入或粘贴
文本内容，并可设置文本内容的字体与段落格式了，如右下图所示。

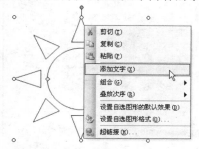

■选择"添加文字"命令

在自选图形中添加文字■

4.2.3　设置自选图形

　　设置自选图形的大小和版式可以通过"设置自选图形格式"对话框进行，方法是选中要设
置格式的自选图形，选择"格式"→"自选图形"命令，双击要设置格式的自选图形或在自选
图形上右击，在弹出的快捷菜单中选择"设置自选图形格式"命令，打开"设置自选图形格式"
对话框，在"大小"、"版式"选项卡中进行设置。

　　自选图形的大小、位置和版式的设置方法与前面讲解的设置图片大小、位置和版式的方法
基本相同，这里不再赘述，本节主要讲解通过"设置自选图形格式"对话框设置自选图形线条
和填充效果，以及为自选图形设置阴影和三维效果的方法。

1．设置线条效果

　　自选图形的线条包括线条颜色、线型、线条的虚实和粗细等方面的设置，但只有为自选图

形设置了线条的颜色之后，才能对线型、虚实和
粗细等其他边框特性进行设置。

　　自选图形的线条颜色默认为黑色，双击要设
置线条颜色的自选图形，打开"设置自选图形格
式"对话框，选择"颜色与线条"选项卡，在"线
条"栏的"颜色"下拉列表框中选择所需的颜色，
设置了自选图形的边框颜色之后，"线条"栏的
"线型"、"虚实"下拉列表框和"粗细"数值框
将被激活，如右图所示。在相应的下拉列表框中
选择所需的线型和虚实，设置好线条粗细后，单
击"确定"按钮即可应用设置。

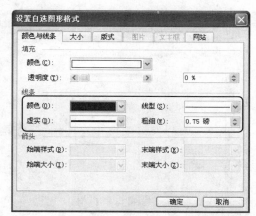

选择边框颜色■

提示
Attention

实际上，Word 中的图片、自选图形以及以后将要讲解的文本框等，都可以对其线条进行
设置，且设置方法都相同。设置图片和文本框的线条效果相当于为其设置边框，但必须是
浮动版式的图片才能通过"设置自选图形格式"对话框设置，嵌入版式的图片可采用为段
落添加边框与底纹的方法设置。

在设置自选图形的边框颜色时可以在"线条"栏的"颜色"下拉列表框中选择 Word 预置的某种颜色，如果选择"其他颜色"选项则可在打开的对话框中自定义颜色；如果选择"带图案的线条"选项，将打开如右图所示的"带图案线条"对话框，在"图案"列表框中选择所需的图案后，在下面的"前景"、"背景"下拉列表框中分别为图案设置前景色和背景色，这样可以配置带图案的线条。

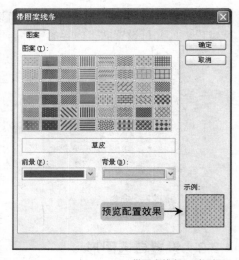

"带图案线条"对话框■

如果所选的自选图形是线条或连接符类型的自选图形，还将激活"箭头"栏，在该栏中可以选择线条或连接符两端的样式及大小。

单击"绘图"工具栏中的"线条颜色"按钮 可以将自选图形的线条设为当前选择的颜色，单击该按钮右侧的 按钮，在弹出的下拉列表中可以进行线条颜色的设置；单击"线型"按钮 ，在弹出的下拉列表中可以设置线型，但部分自选图形不能设置线型；单击"虚线线型"按钮 ，在弹出的下拉列表中也可以设置线条的虚实；单击"箭头样式"按钮 ，在弹出的下拉列表中也可以设置线条或连接符类自选图形两端的箭头样式。

下面绘制一幅旗帜，并设置旗帜的旗杆和旗帜的边框，以此为例演示设置自选图形线条效果的方法。

光盘文件
CD

效果
光盘:\效果\第4章\
旗帜1.doc

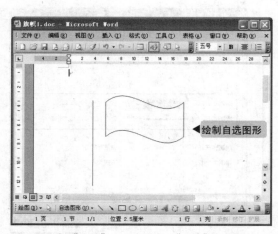

◀ 绘制自选图形

01 单击"绘图"工具栏中的"直线"按钮 ，绘制一条垂直线段，再单击"自选图形"按钮，在弹出的下拉列表中选择"星与旗帜"类型下的"波形"图形，绘制一个旗帜状的自选图形。

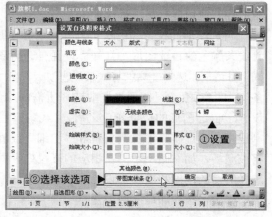

①设置
②选择该选项

02 双击旗状的自选图形，打开"设置自选图形格式"对话框，选择"颜色与线条"选项卡，在"粗细"数值框中将值设为4磅，然后在"颜色"下拉列表框中选择"带图案线条"选项。

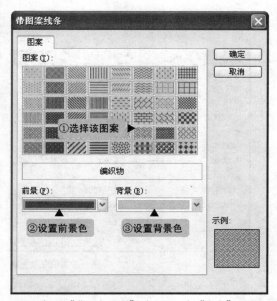

03 打开"带图案线条"对话框，在"图案"列表框中选择"编织物"图案，在下面的"前景"、"背景"下拉列表框中分别选择红色和金色，单击"确定"按钮。

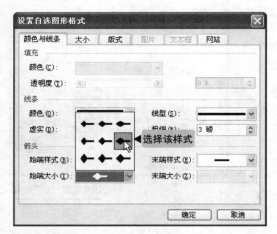

05 选择箭头始端样式后，下面的"始端大小"下拉列表框被激活，在该下拉列表框中选择"左箭头6"选项。

技巧
Skill

精确绘制水平或垂直直线

想要绘制水平或垂直方向上的直线时，在指定直线的起始点后，按住【Shift】键的同时拖动鼠标，可以在 15°的增量角上绘制直线（ Word 2003 之前的版本只能在45°增量角方向上绘制）。

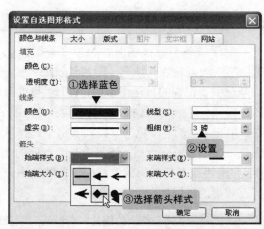

04 双击直线打开"设置自选图形格式"对话框，选择"颜色与线条"选项卡，在"线条"栏的"颜色"下拉列表框中选择蓝色，将"粗细"数值框中将值设为3磅，在"箭头"栏的"始端样式"下拉列表框中选择"钻石形箭头"选项。

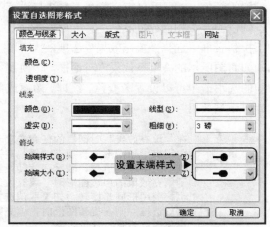

06 用同样的方法设置直线末端样式为圆形箭头，末端大小为"右箭头3"，设置完毕后单击"确定"按钮应用设置。

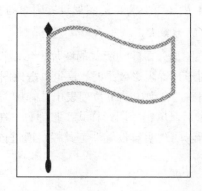

07

将旗帜移到直线上适当的位置处，完成旗帜的线条设置。

2．设置填充效果

对于线条与连接线两种类型之外的其他自选图形，均可设置其填充（即背景效果）色，方法是选中要设置的自选图形后，打开"设置自选图形格式"对话框，选择"颜色与线条"选项卡，在"填充"栏的"颜色"下拉列表框中选择填充颜色，选择了填充色后，还可以拖动下面的"透明度"滑块或在后面的数值框中输入数值来设置所设效果的透明度，如右图所示。

提示
Attention

从外部插入的图片、剪贴画，以及后面要讲解到的文本框都可以设置其背景效果，但对于背景不透明的图片和剪贴画，即使设置了填充效果也体现不出来，因此通常不需设置。

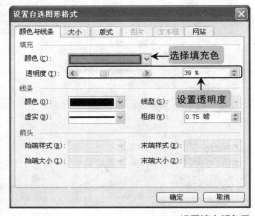

设置填充颜色■

设置自选图形的填充颜色时可以选择 Word 预置的颜色，也可以自定义颜色，方法与设置线条颜色的方法相同，如果在"填充"栏的"颜色"下拉列表框中选择"填充效果"选项，就可以打开如右图所示的"填充效果"对话框，切换到不同的选项卡中可以设置渐变色、纹理、图案或图片等填充效果。

提示
Attention

在"填充效果"对话框的任意选项卡中都有"随图形旋转填充效果"复选框，选中该复选框，表示在旋转设置了填充效果的自选图形时，填充效果也将随图形同步旋转；如果取消选择该复选框，则在旋转图形时，填充效果将保持原来的方向不变。

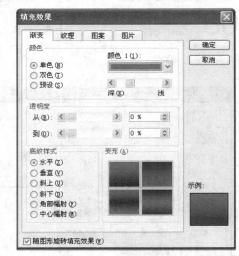

"填充效果"对话框■

3．设置阴影与三维效果

在 Word 中还可以为自选图形设置阴影与三维效果，从而增加自选图形的立体感。

1）设置阴影效果

除了自选图形外，浮动版式的图片也可以设置阴影效果，它们的设置方法相同。要为某幅图片或自选图形设置阴影效果时，首先单击该图片将其选中，然后单击"绘图"工具栏中的"阴影样式"按钮■，在弹出的下拉列表中选择所需的阴影样式，如左下图所示。

设置阴影后，单击"阴影样式"按钮■，在弹出的下拉列表中选择"阴影设置"选项，将显示右下图所示的"阴影设置"工具栏，通过该工具栏中的按钮可以设置阴影的偏移量和阴影颜色。

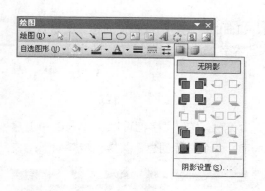

"阴影设置"工具栏■

- ◆ **取消或应用设置**：单击 按钮可以取消或应用所做的阴影设置。
- ◆ **阴影方向与偏移量**：单击 、 、 或 按钮可以调整相应方向的阴影偏移量。
- ◆ **阴影颜色**：单击 按钮右侧的 ▼ 按钮，在弹出的下拉列表中可以选择阴影颜色。

■设置阴影样式

2）设置三维效果

部分自选图形还可通过设置三维效果将其转变为逼真的立体图形，其方法为：选中要设置三维效果的自选图形，单击"绘图"工具栏中的"三维效果样式"按钮 ，然后在弹出的下拉列表中选择所需的三维效果样式，如右图所示。对于后面将要讲解的文本框和艺术字也可以设置三维效果。

选择三维效果■

设置三维效果后，单击"三维效果样式"按钮 ，在弹出的下拉列表中选择"三维设置"选项将显示如下图所示的"三维设置"工具栏，通过该工具栏可以设置三维效果的深度、方向和光照方向，可以选择三维图形的表面效果和颜色，还可以旋转三维图形。

- ◆ **取消或应用三维效果**：单击 按钮可以取消或应用所做的阴影设置。
- ◆ **三维旋转**：单击 、 、 或 按钮可以将三维图形向相应的方向旋转。
- ◆ **三维深度**：单击该按钮，在弹出的下拉列表中选择三维效果的深度。
- ◆ **三维方向**：单击该按钮，在弹出的下拉列表中可以设置三维效果的方向。
- ◆ **照明角度**：单击该按钮，在弹出的下拉列表中可以设置灯光的照射方向及强度。

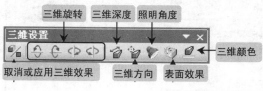

"三维设置"工具栏■

- ◆ **表面效果**：单击该按钮，在弹出的下拉列表中选择三维图形的材料，如塑料、金属等。
- ◆ **三维颜色**：单击 按钮右侧的 ▼ 按钮，在弹出的下拉列表中选择三维效果的颜色。

4.3 | 制作艺术字
使用艺术字可以突出重点，并增加文档的美观性和艺术感

在一些广告、海报、贺卡中，常常会看到一些形状奇特、色彩绚丽、颇具艺术色彩的文字，

不过不用羡慕，在 Word 中也可以制作出带阴影的、扭曲的、旋转的或拉伸的特殊文字效果，这在 Word 中称为艺术字。在 Word 中也可以插入艺术字，并可对其进行编辑与设置。

4.3.1 创建艺术字

在文档中使用艺术字能让重点更加突出，版面更加美观。任何文字都可以在 Word 中创建成艺术字，方法是选择"插入"→"图片"→"艺术字"命令进行创建，其操作步骤如下：

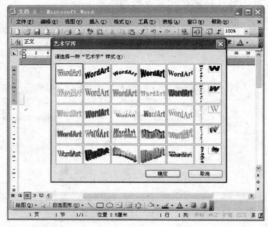

01 选择"插入"→"图片"→"艺术字"命令，打开"艺术字库"对话框，选择一种艺术字样式，单击"确定"按钮。

02 打开"编辑'艺术字'文字"对话框，在"文字"文本框中输入艺术字的内容，并可对其字体、字号和字形进行设置。

03 设置好后单击"确定"按钮回到文档中，在光标位置处便会出现艺术字。

技巧
Skill

将文字转换为艺术字

如果用户要将文档中已经存在的文字转换为艺术字，可以选择该文字，然后选择"插入"→"图片"→"艺术字"命令，打开"艺术字库"对话框，选择其中一种艺术字样式，单击"确定"按钮，在打开的"编辑'艺术字'文字"对话框的"文字"文本框就会自动出现所选的文字。

4.3.2 更改艺术字内容与样式

如果要对插入的艺术字进行修改，先选中艺术字，然后单击"艺术字"工具栏中的"编辑文字"按钮，打开"编辑'艺术字'文字"对话框并对文字内容或格式进行更改；单击该工具栏中的"艺术字库"按钮，在打开的"艺术字库"对话框则可重新选择要使用的艺术字样式。

4.3.3   更改艺术字形状

这里所说的艺术字形状是指整个艺术字的形状，在 Word 中可以对整个艺术字的形状应用变形效果，如槽形效果、波形效果等。其改变方法为：选中要改变字形的艺术字，单击"艺术字"工具栏中的"艺术字形状"按钮，在弹出的下拉列表框中选择所需的形状，如下图所示。

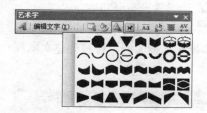

■改变艺术字形状

提示
Attention

选中要转换的艺术字，单击"艺术字"工具栏中的 按钮，使其变为淡蓝色的选中状态可以将横排艺术字转换为竖排艺术字；再次单击该按钮又可恢复为横排艺术字。

4.3.4   设置艺术字对齐方式

嵌入式的艺术字在段落中的对齐方式与设置嵌入式图片对齐方式的方法相同，这里所说的艺术字对齐方式是指当艺术字对象中不止一行文字时艺术字内部的对齐方式。

艺术字有左对齐、居中对齐和右对齐 3 种对齐方式，默认为居中对齐。设置艺术字对齐方式的方法是：选中要设置对齐方式的艺术字，单击"艺术字"工具栏中的"文字环绕"按钮，在弹出的下拉列表中选择所需的对齐方式。3 种不同对齐方式的效果如下图所示。

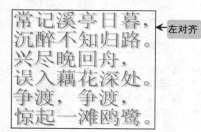
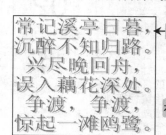

艺术字的对齐方式■

提示
Attention

同自选图形一样，艺术字也可以设置版式、线条与填充颜色等，方法是选中要设置格式的艺术字，在艺术字上右击，在弹出的快捷菜单中选择"设置艺术字格式"命令或选择"格式" → "艺术字"命令，或单击"艺术字"工具栏中的"设置艺术字格式"按钮，打开"设置艺术字格式"对话框，切换到各选项卡中对其填充颜色、线条、大小和版式等进行设置，其设置方法与通过"设置自选图形格式"对话框设置自选图形格式的方法相同。

4.4 用文本框编排文档内容
使用文本框编排特殊版面的文档

文本框是一种比较特殊的对象，它可以被置于页面中的任何位置，而且可以在文本框中输入文本、插入图片、艺术字等其他对象，而其本身的格式也可以进行设置。

4.4.1　插入文本框

文本框有横排和竖排两种，在横排文本框中可以按平常习惯一样从左到右输入文本内容，在竖排文本框中则可以按中国古代的书写顺序以从上到下、从右至左的方式输入文本内容。

默认情况下，在文档中插入文本框时，Word 也会自动创建一个画布框，如果经常要创建文本框，为了避免文档中出现不必要的对象，最好关闭 Word 的自动创建画布框功能。

选择"插入"→"文本框"→"横排"命令便可插入横排文本框，选择"插入"→"文本框"→"竖排"命令便可插入竖排文本框。下面以创建一个横排文本框为例，讲解创建文本框的方法。

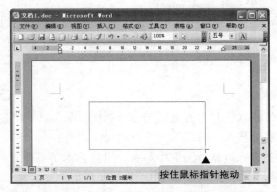

01 选择"插入"→"文本框"→"横排"命令，用变成十形状的鼠标指针在要创建文本框的位置处按住鼠标左键进行拖动，就会出现一个方框。

02 当方框到达所需大小之后，释放鼠标左键即可绘制出文本框，同时光标自动插入文本框中。

提示
Attention

插入的文本框的默认版式是浮于文字上方，可以用鼠标指针按住其边框不放拖动到文档中的任意位置，文本框的大小也可以用鼠标拖动法改变，方法与用鼠标拖动法改变自选图形大小的方法完全相同。

技巧
Skill

快速插入文本框

■单击"绘图"工具栏中的按钮可以快速插入横排文本框。

■单击"绘图"工具栏中的按钮可以快速插入竖排文本框。

创建文本框后，光标自动插入文本框中，便于输入文字等内容，输入后，在文本框外的文档中单击，就可将光标移出文本框。以后又需在文本框中输入或编辑文本内容时，在文本框中单击便可将光标插入到文本框中。

在文本框中不但可以输入文字，还可以插入图片和艺术字，以及创建表格等，可以将文本框看做是一个独立的文档页面，能够在文档页面中进行绝大多数操作均可在文本框中进行。

如果创建好艺术字后又对其样式不满意，可以对其样式进行更改，方法是：选中要更改样式的艺术字，单击"艺术字"工具栏中的"艺术字库"按钮，打开"'艺术字'库"对话框重新选择要使用的艺术字样式，选择后单击"确定"按钮即可更改其样式。

■横排文本框

如果创建好艺术字后又对其样式不满意，可以对其样式进行更改，方法是：选中要更改样式的艺术字，单击"艺术字"工具栏中的"艺术字库"按钮，打开"'艺术字'库"对话框重新选择要使用的艺术字样式，选择后单击"确定"按钮即可更改其样式。

竖排文本框■

4.4.2　设置文本框格式

文本框可以看做是一种特殊的自选图形，文本框的版式、大小、填充颜色与线条均可进行设置，设置方法是双击文本框边框打开"设置文本框格式"对话框，切换到各个选项卡中进行设置即可，设置方法与设置自选图形格式的方法基本相同，不同的是在"设置文本框格式"对话框的"文本框"选项卡中可以设置文本框内部文字距文本框4边的距离，如右图所示。

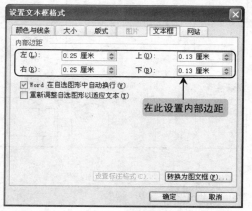

提示
Attention

在文本框边框上右击，在弹出的快捷菜单中选择"设置文本框格式"命令或选择"格式"→"文本框"命令也可打开"设置文本框格式"对话框。设置带文字的自选图形和图示框的格式时，其格式设置对话框中也有用于设置内部边距的"文本框"选项卡，设置方法与文本框的设置方法相同。

"设置文本框格式"对话框■

4.5 排版浮动对象
改变浮动对象的叠放次序、对齐与分布对象、组合或解散对象

当文档中有多个浮动版式的自选图形、图片、文本框等对象时，可以根据需要对它们进行排版，主要包括改变对象的叠放次序、对齐与分布对象、组合或解散对象等。

4.5.1　改变对象的叠放次序

当文档中有多个浮动版式的对象，且这些对象的位置相互重叠时，可以设置它们的叠放次序，或将其置于文本层的下方或上方。其方法为：在要设置叠放次序的浮动对象上右击，在弹出的快捷菜单中选择"叠放次序"命令下相应的子命令；单击"绘图"工具栏上的"绘图"按钮，在弹出的菜单中选择"叠放次序"命令下面的相应命令也可设置其叠放次序。

4.5.2　对齐与分布对象

当文档中有多个浮动版式的自选图形或图片等对象，需要将它们在某个位置上对齐时，可以利用对齐功能来快速对齐；当需要在某一范围内均匀分布多个浮动对象时，则可使用分布功能使它们在水平或垂直方向上均匀分布。

1．对齐对象

浮动对象的对齐有水平方向和垂直方向上的对齐，水平方向上有左对齐、水平居中和右对

齐 3 种对齐方式；垂直方向上有顶端对齐、垂直居中和底端对齐 3 种对齐方式。其方法是：先选择多个要对齐的浮动对象，单击"绘图"工具栏中"绘图"按钮，在弹出的列表中选择"对齐或分布"选项下的相应对齐选项，对几个自选图形进行各种对齐的效果如下图所示。

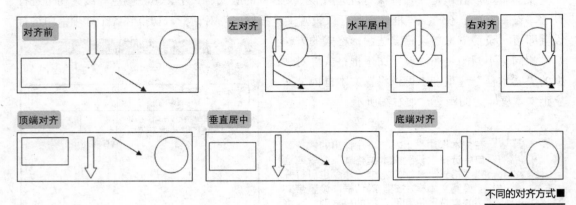

不同的对齐方式■

2．分布对象

分布对象可以使多浮动版式的对象均匀分布在水平或垂直方向上，即各对象之间的间距相等。其方法是：先选择多个要分布的浮动对象，单击"绘图"工具栏中"绘图"按钮，在弹出的列表中选择"对齐或分布"选项下的"横向分布"或"纵向分布"选项。对几个自选图形进行横向分布和纵向分布的效果如下图所示。

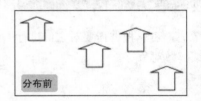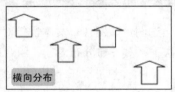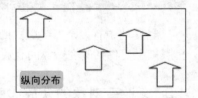

不同分布方式的效果■

读者提问
Q+A

Q：为何纵向分布后，对象不是从上到下依次排列呢？

A：纵向分布只是使所选对象的间距相同，所以执行命令后，所选对象最上端和最下端的对象位置将不变，位于这两个对象中间的其他对象位置按照间距相等的方式均匀分布，但会保持原来从上到下的顺序，改变的只是间距，而非顺序。

4.5.3　组合或解散对象

将多个需要保持相对位置关系的浮动对象移到所需的位置后，为了防止某个对象被不慎移动，可以将这些浮动对象组合起来，这样一来，这些对象就成为一个整体，移动任何一个时将同时被移动。其方法是：选中要组合的多个浮动对象，在选中的任意对象上右击，在弹出的快捷菜单中选择"组合"→"组合"命令。

当以后要单独调整其中某个浮动对象的位置时，又可解散组合，其方法是：在组合中的任意对象上右击，在弹出的快捷菜单中选择"组合"→"取消组合"命令。

Chapter 5

制作电子表格

如果要按类别统计数据时，使用电子表格不失为一种好的方法，因为表格比文字描述更加直观和清晰，虽然 Excel 才是专业的电子表格软件，但用 Word 制作普通表格还是绰绰有余。

本章要点：

创建与编辑表格
设置表格属性与美化表格
管理表格数据
创建斜线表头

知识等级：

Word进阶者

建议学时：

90分钟

参考图例：

技巧
特别方法，特别介绍
提示
专家提醒注意
问答
读者品评提问，作者实时解答

5.1 创建表格
通过菜单命令、工具栏按钮和手动绘制 3 种方法创建表格

在 Word 文档中可以方便地插入表格，表格是由多个单元格按行、列方式组合而成的，在单元格中不仅可以输入文字，还可以插入图片。在 Word 中创建表格的方法有很多种，常见的有通过菜单命令创建、通过工具栏按钮创建和手动绘制表格 3 种方法。

5.1.1 通过菜单命令插入表格

通过菜单命令插入表格是效率较高的创建方法。在插入表格时，首先将光标置于要插入表格的位置处，再进行相应的操作。下面用该方法创建一个11行、6列的表格，其操作步骤如下：

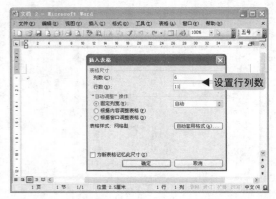

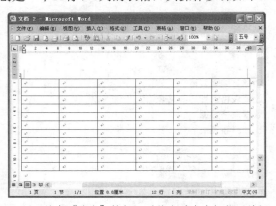

01 选择"表格"→"插入"→"表格"命令，打开"插入表格"对话框，在"表格尺寸"栏的"列数"数值框中输入"6"，在"行数"数值框中输入"11"。

02 单击"确定"按钮，系统自动在光标位置前插入设置行、列数的表格。

5.1.2 通过工具栏按钮插入表格

通过"常用"工具栏中"插入表格"按钮■可以快速插入表格，如插入一个 5 行、7 列的表格，其操作步骤如下：

01 将光标定位到要插入表格的位置处，单击"常用"工具栏上的■按钮，在弹出的制表选择框中按住鼠标左键向下右方拖动。

02 当在制表选择框中选中5行7列单元格时，释放鼠标左键，系统立即在光标位置处插入5行7列的表格。

拖动鼠标选择表格的行列数时，鼠标指针经过的方格变成蓝色，同时在选择框底部显示"m ×n 表格"字样，其中 m 是表示选定的行数，n 表示选定的列数。需注意的是，通过这种方式创建表格，拖动鼠标进行选择时最多只能达到屏幕的右下角，因此表格的行数和列数会受到限制，如果要创建的表格行数或列数比较多，则应通过菜单命令的方式进行。

5.1.3　手动绘制表格

用手动绘制表格的方法可以创建不规则的表格，如绘制包含不同高度的单元格或每行包含不同列数的表格。绘制表格需要通过"表格和边框"工具栏进行。选择"表格"→"绘制表格"命令或单击"常用"工具栏中的"表格和边框"按钮可以显示出"表格和边框"工具栏，如下图所示。

"表格与边框"工具栏■

"表格和边框"工具栏中用于绘制表格的按钮主要是"绘制表格"按钮（单击后可随意绘制表格线）和"擦除"按钮（单击后可以擦除表格线），其他按钮用于设置表格。

下面用手动绘制法创建一个不规则表格，其操作步骤如下：

01 选择"表格"→"绘制表格"命令，打开"表格和边框"工具栏，单击"绘制表格"按钮，然后用变成铅笔形状的鼠标指针在文档中用绘制自选图形的方法绘制出整个表格的外边

02 在表格外边框内的垂直方向上适当位置处进行拖动，绘制出表格的列线，在表格外边框内水平方向上的适当位置处进行拖动，绘制出行线。绘制完毕，按【Esc】键退出绘制状态。

单击一次"绘制表格"按钮或"擦除"按钮后，均可连续使用，直到再次单击该按钮或按【Esc】键退出该状态。擦除时，单击要擦除的表格线就可将其删除，但单击一次只能擦除一段表格线，拖动鼠标则可一次擦除多段表格线。在实际应用中，创建不规则表格通常是先创建一个规则表格，然后通过合并与拆分单元格、调整不同单元格的行高与列宽或将几个不同的表格组合到一起，较少使用绘制表格的方法来创建不规则表格。

5.2 编辑表格
通过改变行高与列宽、添加、删除、移动、复制、合并与拆分单元格等方法调整表格结构

创建表格后，便可以在表格的单元格中输入文本、插入图片等，如果表格的结构不符合需

要，还可以通过改变表格的行高与列宽、添加、删除、移动、复制、合并与拆分单格等方法来调整表格的结构，使其满足实际需要。

5.2.1　输入文本内容

在创建好表格后，表格中每个单元格中自动出现回车符，且光标自动位于左上角的第一个单元格中，要在表格中输入内容等操作必须先定位光标。在表格中定位光标有以下几种方法：

◆　在任意单元格中单击可以将光标定位在该单元格中。

◆　按【→】和【←】、【↑】或【↓】方向键可将光标分别移到相应方向的单元格中。

◆　按【Tab】键可以逐行由左向右依次切换单元格。

◆　按【Shift+Tab】组合键可由当前单元格逐行由右向左依次单元格。

将光标定位在需要输入内容的单元格中后，直接输入所需的文本或插入图片等对象即可，当输入的文本内容到达单元格的右边界时，将自动在单元格中换行，也可以在单元格中输入段落。输入到表格中的文本内容和图片等也可以进行格式设置和相应的编辑，其方法与直接在文档中编辑文本内容或图片的方法相同，在此不再赘述。

5.2.2　选择表格元素

要对表格的结构进行调整，首先必须掌握选择单元格、行、列或整个表格的操作方法。

1．选择单元格

选择表格中的单元格主要有以下一些方法：

◆　将光标定位到要选择的单元格中，选择"表格"→"选择"→"单元格"命令即可选中该单元格。

◆　将鼠标指针移到欲选择单元格的左边框上，当指针变成◢形状时，单击可以选中该单元格。

◆　在欲选择的单元格中任意位置 3 击鼠标左键可以选中该单元格。

◆　将光标插入欲选择的多个连续单元格的第一个单元格中，按住【Shift】键不放，再在连续单元格的最后一个单元格中单击即可选择这两个单元格及其之间的所有单元格。

◆　按住【Shift】键的同时按方向键可以向相应方向逐步扩大或缩小选定单元格的范围。

Q：我发现在单元格中输入了文本内容之后，按【Tab】键或【Shift+Tab】组合键也可以选择下一个或上一单元格，是吗？

A：不对，那样只是选择了上一个或下一个单元格中的所有文本内容，而非单元格本身。可以通过查看是否选中了单元格中的段落标记来判断选择的只是文本还是整个单元格。

◆　将光标插入欲选择的多个连续单元格的第一个单元格中，然后按住鼠标左键拖动至要选择单元格区域的最后一个单元格即可选择多个连续的单元格，如左下图所示。

◆ 拖动鼠标选择需要选定的部分单元格，然后按住【Ctrl】键，继续拖动鼠标选择其他需要选定的单元格，可以选定多个不连续的单元格，如右下图所示。

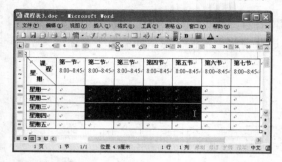

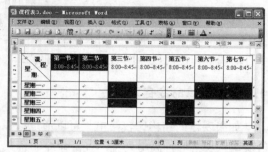

■选择连续的单元格区域 　　　　　　　　　　　　　　　　　　　　　　　　　选择不连续单元格■

2. 选择行或列

选择整行或整列单元格除了用鼠标拖动法或按【Shift】键来选择外，还有如下几种方法：

◆ 将光标定位到要选择的行的任意单元格中，选择"表格"→"选择"→"行"命令即可选择该行单元格；如果先选择不同行中的单元格后再选择"表格"→"选择"→"行"命令，将同时选择这几个单元格所在的行。

◆ 将鼠标指针移到欲选中的行的任意单元格左边框处，当指针变成形状时，双击即可选择该行单元格。

◆ 将鼠标指针移到欲选择的行的左侧，当指针变成形状时单击即可选择该行；单击后按住鼠标左键进行上、下拖动则可选择多行单元格。

◆ 将光标定位到要选择的列的任意单元格中，选择"表格"→"选择"→"列"命令即可选择该列单元格；如果先选择不同列中的单元格后再选择"表格"→"选择"→"列"命令，将同时选择这几个单元格所在的列。

◆ 将鼠标指针移到欲选中列的顶端，当指针变成形状时即可选择该列单元格；单击后按住鼠标左键进行左、右拖动则可选择多列单元格。

3. 选择表格

选择整个表格主要有如下几种方法：

◆ 将光标定位到表格的任意单元格中，选择"表格"→"选择"→"表格"命令即可选择整个表格。

◆ 单击表格的任意位置，再单击表格左上角出现的田标记或右下角出现的口标记均可选择整个表格。

◆ 按住【Alt】键的同时用鼠标在表格的任意单元格中双击即可快速选定整张表格

◆ 将光标置于表格的任意单元格中，按【Alt+5（数字键盘上的）】组合键即可选定整张表格。该方法的前提条件是【Num Lock】键处于关闭状态。

5.2.3　改变表格行高与列宽

在表格中输入内容后，由于不同单元格中的内容有多有少，这会使排列参差不齐，因此一般还需根据表格内容的多少对表格的行高与列宽进行调整，调整行高和列宽主要有通过菜单命令自动调整和使用鼠标拖动法调整两种方法。

1.　通过菜单命令自动调整

如果表格的结构比较简单，可以通过选择"表格"→"自动调整"命令下的子命令让系统自动调整表格的行高与列宽，各子命令的含义分别如下：

◆　**根据内容调整表格**：根据输入的文本内容自动调整表格的行高和列宽，默认创建的表格采用的就是这种方式，当输入的文本内容超过单元格宽度时，该列单元格将自动增加宽度，增加到一定宽度后则自动分行显示，这时行单元格就自动增加高度。

◆　**根据窗口调整表格**：采用该调整方式时，当以 Web 版式显示时，系统会自动调整表格的宽度，即更改窗口大小，表格也将自动调整。

◆　**固定列宽**：让表格中的每个列都具有固定宽度，采用该调整方式后，无论在单元格中输入多少文字，表格的列宽都固定不变，当文字超过列宽时，则在单元格中分行显示。

◆　**平均分布各行**：该调整方式将使选中的行或单元格具有相等的行高。

◆　**平均分布各列**：该调整方式将使选中的列或单元格具有相等的列宽。

通常情况下应采用"固定列宽"方式，这样可避免因单元格中文字数量的变化而引起表格列宽的变化，如果需对不同的列采用不同的宽度，则用下面将要讲解的鼠标拖动法进行调整。

2.　用鼠标拖动法调整

用鼠标拖动表格线来调整表格行高和列宽是最简便且最常用的方法，分别如下：

◆　将鼠标指针移到表格中任意相邻两列的分隔线上，当鼠标指针变为 ◄||► 形状时，向左或向右拖动即可改变列宽。

◆　将鼠标指针移到表格中任意相邻两行的分隔线上，当鼠标指针变为 ÷ 形状时，向上或向下拖动即可改变列宽。

也可以从标尺上调整表格的行高和列宽，方法是先将光标插入到表格的任意单元格中，在水平标尺和垂直标尺中将显示出制表标记，此时将鼠标指针移到水平标尺中要调整的列标记上，当鼠标指针变成 ↔ 形状时按住鼠标左键在水平方向上左右拖动即可调整该列的列宽；在垂直标尺中要调整的行标记上按住鼠标左键，在垂直方向上拖动即可调整该行的行高。

精确调整表格的列宽与行高

在拖动调整表格的行高与列宽时，会发觉制表位或表格线以一定的距离进行跳动，不能随心所欲地拖动到所需位置，此时按住【Alt】键再进行拖动，不但可以精确调整制表位或表格线的位置，同时还会在水平标尺和垂直标尺上显示精确的数值。

5.2.4　添加与删除行或列

创建表格后，常常会遇到需要添加行或列的情况，这时可以在表格中所需的位置处添加行或列。添加行或列的方法很简单，其方法如下：

◆ 将光标插入要添加行的位置，然后选择"表格"→"插入"→"行（在上方）"或"表格"→"插入"→"行（在下方）"命令即可在光标所在行的上方或下方添加一行空白单元格。

◆ 将光标插入要添加列的位置，然后选择"表格"→"插入"→"列（在左侧）"或"表格"→"插入"→"列（在右侧）"命令即可在光标所在列的左侧或右侧添加一列空白单元格。

当不需要表格中的某行或某列单元格时，也可以将其删除，删除行或列主要有如下两种方法：

◆ 将光标插入要删除的行或列中，选择"表格"→"删除"→"行"或"表格"→"删除"→"列"命令即可删除该行或列，如果选中多行或多列后执行该命令则可同时删除多行或多列。

◆ 选择要删除的行或列并右击，在弹出的快捷菜单中选择"删除行"或"删除列"命令即可删除选中的行或列。

快速插入空白行

■将光标定位到某行表格线最右侧的段落标记前面，然后按【Enter】键即可在该行的下面插入一行空白单元格。

■如果要在表格上方添加一个空白行以便输入表格标题，只需将光标定位到表格第一个单元格内容的最前面，再按【Enter】键即可。

5.2.5　添加与删除单元格

根据需要也可以只添加或删除单个单元格，但添加或删除单个单元格会使表格的结构发生较大的变化。

1. 添加单元格

添加单个单元格的方法是：将光标插入到目标单元格中，然后选择"表格"→"插入"→"单元格"命令，打开如右图所示的"插入单元格"对话框，根据需要选中该对话框中的不同单选按钮后单击"确定"按钮即可插入单元格。不同单选按钮的含义分别如下：

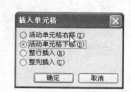

"插入单元格"对话框■

◆ **活动单元格右移**：在光标所在单元格的前面插入单元格，后面的单元格依次向右移动，如将光标定位到通讯录表格的第3列、第4行单元格中，使用该单选按钮插入单元格后的效果如左下图所示。

◆ **活动单元格下移**：将单元格插入到光标所在单元格的上面，该列下面的单元格依次向下移动。使用这种方式插入单元格将在表格最下面增加一行表格，同时光标所在的单元格及其下面的所有单元格将向下移动一行，如将光标定位到通讯录表格的第3列、第4行单元格中，使用该单选按钮插入单元格后的效果如右下图所示。

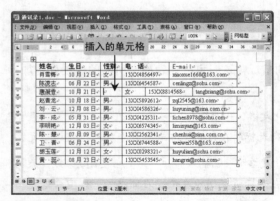

■活动单元格右移　　　　　　　　　　　　　　活动单元格下移■

- ◆ **整行插入**：在光标所在单元格的上方插入一整行单元格。
- ◆ **整列插入**：在光标所在单元格的前面插入一整列单元格。

2．删除单元格

删除单元格与插入单元格的操作相反。其方法是：选择要删除的单元格后，选择"表格"→"删除"→"单元格"命令，打开如右图所示的"删除单元格"对话框，根据需要选中相应的单选按钮后单击"确定"按钮即可在表格中删除选中的单元格。选中不同单选按钮的含义分别如下：

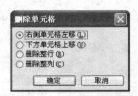

"删除单元格"对话框■

- ◆ **右侧单元格左移**：删除选中的单元格后，选中单元格右侧的单元格依次向左移动。如在通讯录表格中选择第 3 列第 3、4 行两个单元格后，使用该单选按钮删除单元格后的效果如左下图所示。
- ◆ **下方单元格上移**：删除选中的单元格后，该单元格下方的单元格依次向上移动，此时将在该列最下面增加与选中单元格数目相同的空白单元格，如在通讯录表格中选择第 3 列第 3、4 行两个单元格后，使用该单选按钮删除单元格后的效果如右下图所示。

■右侧单元格左移　　　　　　　　　　　　　　下方单元格上移■

- ◆ **删除整行**：删除选中单元格所在的整个行。
- ◆ **删除整列**：删除选中单元格所在的整个列。

5.2.6 移动与复制单元格内容

在 Word 中可以对单元格进行移动或复制的操作，方法是选择要移动或复制的单元格后，用第 2 章介绍的移动或复制对象的方法（剪切/复制与粘贴）进行即可。

移动或复制单元格将同时移动或复制单元格中的内容，移动和复制到目标位置后，目标单元格中的内容会被覆盖，如果只移动或复制单元格中的文本到目标单元格中，目标位置的文本并不会被覆盖，这一点需要分清。

移动或复制的单元格除了第 2 章介绍的方法外，还可以用鼠标拖动来快速完成，该方法更直观、简便。下面通过实际操作来介绍移动和复制单元格内容的方法，其操作步骤如下：

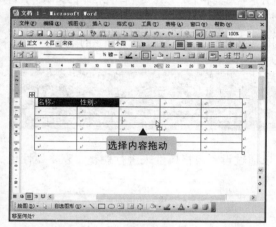

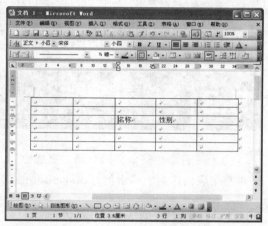

01 选择需移动或复制的单元格，将鼠标指针指向所选定的区域，按住鼠标左键将其拖动到目标位置处。

02 松开鼠标，选中的单元格及其中的内容便被移到了目标位置处（在拖动的同时按住【Ctrl】键则可复制选中的单元格）。

5.2.7 合并与拆分单元格

前面提到过，采用合并和拆分单元格的方法也可创建结构较复杂的不规则表格，下面就讲解合并和拆分单元格的方法。

1. 合并单元格

合并单元格是指将两个或两个以上的相邻单元格合并为一个单元格，其方法非常简单，先选择要合并的相邻单元格，再选择"表格"→"合并单元格"命令，或在选中的单元格中右击，在弹出的快捷菜单中选择"合并单元格"命令即可完成合并，如选择前 6 个单元格后进行合并，其效果如右图所示。

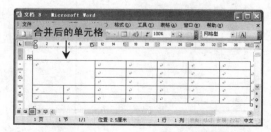

合并单元格■

2. 拆分单元格

拆分单元格是指将一个单元格划分为若干个大小相同的小单元格，方法是将光标插入要拆分的单元格中，然后选择"表格"→"拆分单元格"命令或在该单元格中右击，在弹出的快捷菜单中选择"拆分单元格"命令，打开"拆分单元格"对话框，如右图所示，指定要将该单元格拆分成的行列数后单击"确定"按钮。

"拆分单元格"对话框■

提示
Attention

如果合并前的单元格中没有文本内容，则合并后的单元格中只有 1 个段落标记；如果合并前的每个单元格中均有文本内容，则合并这些单元格后，原来每个单元格中的文本将各自为一个段落；拆分单元格时则相反，如果拆分前的单元格中只有一个段落，则拆分后的文本内容将出现在第一个拆分后的单元格中，如果有多个段落，则依次放置到其他单元格中，如果段落数超过拆分的单元格数量，则优先从第一个单元格开始放置多余的段落。

5.3 设置表格属性
通过设置表格、行列和单元格的属性可以使表格的布局更加合理

为了使表格在整个文档页面中更加协调，可以通过设置表格属性来进行调整。表格属性包括对整个表格，对表格中的行、列和单元格的设置。

5.3.1 设置整个表格的属性

将光标插入表格的任意单元格中，选择"表格"→"表格属性"命令或在表格中右击，在弹出的快捷菜单中选择"表格属性"命令，打开"表格属性"对话框，选择"表格"选项卡，如下图所示，选中"指定宽度"复选框，在后面的数值框中可以指定整个表格的宽度；在"对齐方式"栏选择表格在水平方向上的对齐方式；在"文字环绕"栏中选择是否绕排文字。

■ "表格属性"对话框

提示
Attention

指定表格宽度时，在"度量单位"下拉列表框中可以选择"厘米"和"百分比"两种单位，"厘米"即指定绝对宽度值；如果选择"百分比"作为单位，则在 Web 版式视图或 Web 浏览器中观看该文档时，将以占窗口百分比的方式来显示表格，即表格的宽度将随窗口宽度的变化而变化。

技巧
Skill

快速设置表格的对齐方式

选中整个表格后，单击"格式"工具栏中的"两端对齐"、"居中"或"右对齐"按钮也可将整个表格设置为左对齐、居中对齐或右对齐。

5.3.2　设置行、列属性

通过"表格属性"对话框设置表格高和宽的属性主要是设置行宽和列高，如要设置行宽，则将光标插入要设置的行或选择要设置的行后，打开"表格属性"对话框，选择"行"选项卡，选中"指定高度"复选框，然后在后面的数值框中设置精确行高值，如右图所示。

 设置行高值后可以单击"上一行"或"下一行"按钮来设置表格其他行的行高。设置列宽需切换到"列"选项卡中进行，其方法与设置行高的方法相似。

设置行高■

5.3.3　设置单元格属性

单元格属性包括单元格的宽度、单元格内容的对齐方式等方面的设置，设置方法是，选择要设置的单元格，打开"表格属性"对话框，选择"单元格"选项卡，选中"指定宽度"复选框，然后在后面的数值框中指定所选单元格的宽度，如下图所示；在"垂直对齐方式"栏中选择单元格中的内容在垂直方向上的对齐方式（单元格内容在水平方向上的对齐方式通过"格式"工具栏中的段落对齐按钮进行设置）。

■ "单元格"选项卡

 改变单元格的宽度后，该单元格所在的整列单元格的宽度都将被改变。因此，在实际应用中，一般很少使用这种方式设置单元格的宽度，因为用前面介绍的方法调节各列列宽后，单元格的宽度也就确定了，只有必须精确指定单元格的宽度时才使用这种方法。

 单击"单元格"选项卡的"选项"按钮，在打开"单元格选项"对话框中取消选择"与整张表格相同"复选框（该复选框默认呈选中状态，表示整张表格的单元格边距均相同）后，可以在下面的数值框中设置单元格的 4 个边距（单元格内的文本内容距单元格边框的距离）。

 为了方便用户操作，Word 提供了 9 种常用的单元格内容对齐方式，它们是水平方向上两端对齐、居中对齐、右对齐和垂直方向上顶端对齐、居中对齐、底端对齐不同形式的组合，设置时，先选择要设置对齐方式的单元格，再在选中的单元格中右击，然后将鼠标指针移到弹出的快捷菜单中的"单元格对齐方式"命令上，在弹出的下级子菜单命令中选择所需的对齐方式即可同时设置该单元格内容的水平对齐方式与垂直对齐方式。如果要改变整张表格的单元格边距，则在"表格属性"对话框的"表格"选项卡中单击"选项"按钮，在打开的"表格选项"对话框中进行设置。

5.4 美化表格

为表格设置边框与底纹效果可以让表格更加美观

调整表格结构和设置表格属性可以使表格的结构理加协调，增加其美观性，不过要美化表格通常还需为表格添加边框与底纹效果，也可以直接套用系统预设的表格样式。

5.4.1 设置表格的边框和底纹

设置表格边框和底纹的方法与为文字或段落添加边框和底纹的方法相同，不过将光标插入表格后右击，在弹出的快捷菜单中选择"边框和底纹"命令，打开"边框和底纹"对话框，其中可供选择的边框样式有所不同，减少了"阴影"、"三维"样式，增加了"全部"、"网格"样式，同时在"预览"栏中增加了代表内部表格线和斜线的按钮，如右图所示，单击相应的按钮或在预览图中的相应位置处单击，就可在表格的相应位置应用设置的线型、颜色和宽度。

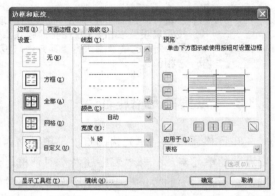

"边框和底纹"对话框■

为表格设置底纹的方法则与为文字或段落设置底纹的方法完全相同。下面通过一个实例操作演示为表格或所选单元格设置边框与底纹的方法。

光盘文件 CD	素材	效果
	光盘:\素材\第5章\通讯录.doc	光盘:\效果\第5章\通讯录1.doc

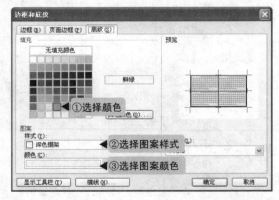

01 打开素材文件，将光标插入通讯录的任意一个单元格中，选择"格式"→"边框和底纹"命令，打开"边框和底纹"对话框的"边框"选项卡。在"宽度"下拉列表框中选择"1.5磅"选项，然后在"设置"栏选择"网格"选项，为表格的外边框应用设置的宽度。

02 选择"底纹"选项卡，在"填充"栏选择"绿色"选项，在"图案"栏的"样式"下拉列表框中选择"深色棚架"样式，此时下面的"颜色"下拉列表框被激活，在其中选择"浅黄"选项，单击"确定"按钮应用设置。

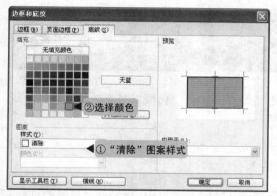

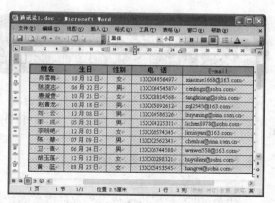

03 选择第一行表格,打开"边框和底纹"对话框,选择"底纹"选项卡,在"图案"栏的"样式"下拉列表框中选择"清除"选项,然后在"填充"栏中选择"天蓝"选项。

04 单击"确定"按钮应用设置,表头的底纹填充效果被改变。

提示 Attention

在"应用于"下拉列表框中可以选择将设置应用于表格还是单元格,如果选择应用于"单元格",则有两种情况,如果只将光标插入到某个单元格中,则在"设置"栏中可供选择的边框样式与为文字或段落添加边框的样式相同;如果选择了多个单元格,则"设置"栏中提供的样式与选中整个表格时的相同。

5.4.2　自动套用表格格式

Word 中内置了多种设置好的表格样式,这些样式包括字体格式、底纹和边框设置等多方面的格式设置,套用这些设置好的表格样式可以快速美化表格,套用表格样式后也可以根据需要对不满意的格式进行修改。

通过菜单命令创建表格时,单击"插入表格"对话框中的"自动套用格式"按钮就可以为新建的表格选择要套用的样式。如果已经创建好表格,也可以通过菜单命令为其套用表格样式。下面为通讯录套用"彩色型 2"样式。

光盘文件 CD

素材 光盘:\素材\第5章\通讯录.doc

效果 光盘:\效果\第5章\通讯录2.doc

01 将光标插入任意单元格中,选择"表格"→"表格自动套用格式"命令,打开"表格自动套用格式"对话框,在"表格样式"列表框中选择"彩色型2"样式,取消选择"首列"复选框。

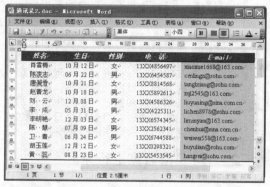

02 单击"确定"按钮,通讯录便被设置为所选表格样式的格式(由于取消了选择"首列"复选框,所以首列的字体格式没应用所选样式的格式)。

5.5 管理表格数据
对表格中的数据进行排序或求和统计

虽然 Word 在数据处理方面没有 Excel 那么强大，但在 Word 中仍可以对表格数据进行一些简单的处理，如排序数据、对数值进行求和计算等。

5.5.1 对表格数据排序

在 Word 表格中可以按某列为标准对表格数据列按升序（A～Z、0～9 或最早到最晚的日期）或降序（Z～A、9～0 或最晚到最早的日期）进行排序。

排序的方法非常简单，下面以对通讯录中的记录按员工姓氏笔划数从少到多进行排序为例，演示排序表格数据的方法。

光盘文件 CD	素材	效果
	光盘：\效果\第5章\通讯录2.doc	光盘：\效果\第5章\通讯录3.doc

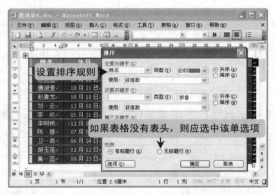

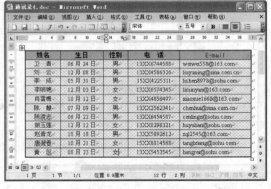

01 将光标插入任意单元格中，选择"格式"→"排序"命令，打开"排序"对话框，在"主要关键字"下拉列表框中选择"姓名"选项，在"类型"下拉列表框中选择"笔划"选项，并选中后面的"升序"单选按钮。

02 单击"确定"按钮，表格中除表头外的所有行便按照姓氏笔划数由少到多进行排序（姓氏相同时自动按姓名第二个字的拼音首写字母进行升序排序）。

提示 Attention
当选择的主要关键字有并列的项目时，也可以在"次要关键字"和"第三关键字"栏设置当出现并列项目时并列项目的排序规则，如两个员工的姓氏和第二个字的拼音首写字母均相同时，可以按生日为序对这两个员工的顺序进行排序。

技巧 Skill

快速排序
显示出"表格和边框"工具栏，将光标插入要排序的列中，单击"表格和边框"工具栏中的"升序"按钮可以快速以该列为依据进行升序排序；单击"降序"按钮可以快速以该列为依据进行降序排序。

5.5.2 对表格数据进行求和

如果 Word 表格中记录的是一组数据，如学生成绩或销售数据等，可以通过自动求和功能来对数据进行汇总统计。

要进行自动求和，需将"表格和边框"工具栏显示出来，通过单击该工具栏中的"自动求和"按钮Σ来进行求和。下面以一个实例操作来讲解自动求和的方法，其操作步骤如下：

光盘文件 CD	素材	效果
	光盘：\素材\第5章\ 销售数据表.doc	光盘：\效果\第5章\ 销售数据表.doc

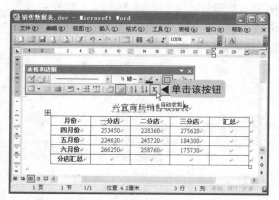

01 打开素材文件，将光标插入四月份销售数据所在行的最后一个空白单元格中，单击"表格和边框"工具栏中的"自动求和"按钮Σ。

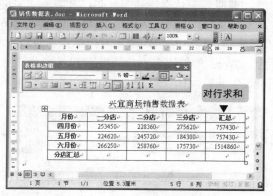

02 四月份各分店的销售数据之和便出现在了该单元格中，然后用同样的方法对其他月份的销售数据进行汇总。

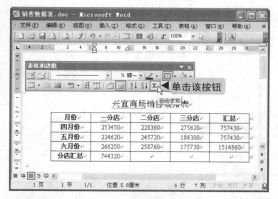

03 将光标插入一分店销售数据所在列的最后一个空白单元格中，单击"表格和边框"工具栏中的"自动求和"按钮Σ计算出一分店的销售数据。

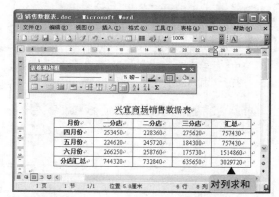

04 用同样的方法计算出其他分店的销售数据。再将光标插入最后一个单元格中，单击"自动求和"按钮Σ计算出所有销售数据的总和。

提示 Attention

使用自动求和功能时需注意，要进行求和的行和列中的数据必须是能够进行运标的数字，如果需要求和的行或列中有空白单元格存在，Word 将忽略该单元格前面的单元格中的数据，只计算该单元格后面的单元格中的数据之和，如果有空白单元格又要计算整行或整列数据之和，可以在空白单元格中输入 0 再进行求和。

技巧 Skill

更改求和优先方式

当插入光标的单元格的上方和左方单元格中均有数据时，上方求和优先，如果此时必须对左方单元格数据求和，则可选择"表格"→"公式"命令，打开如右图所示的"公式"对话框，在"公式"文本框中默认显示的是对上方求和公式，将其中的ABOVE 改为 LEFT，然后单击"确定"按钮即可对左方的数据进行求和。

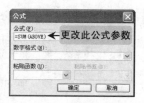

"公式"对话框■

5.6 创建斜线表头
创建具有斜线表头的表格

　　有时需要在表头（即标题行）的第一个单元格中添加斜线，并在斜线的上、下方分别输入文字，虽然可以用手动绘制表格线的方法绘制出斜线，但却无法分别在斜线的上、下方输入文字，此时可以使用 Word 中专门提供了斜线表头制作功能进行制作。

　　Word 的斜线表头功能提供了 5 种样式的斜线表头，在制作时根据需要选择所需的样式即可。下面以制作课程表的表头为例介绍斜线表头功能的使用。其操作步骤如下：

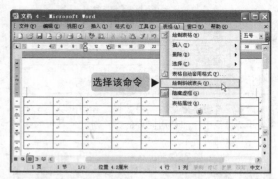

01 通过选择"表格"→"插入"命令在文档中创建一个6行8列的表格，将光标插入任意一个单元格中，然后选择"表格"→"绘制斜线表头"命令，打开"插入斜线表头"对话框。

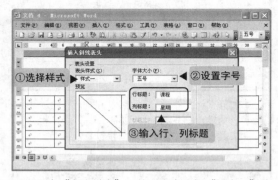

02 在"表头样式"下拉列表中选择"样式一"选项，在"字体大小"下拉列表框中选择"五号"选项，在"行标题"文本框中输入"课程"，在"列标题"文本框中输入"星期"。

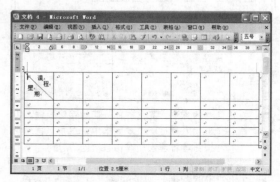

03 单击"确定"按钮，系统自动进行一系列操作，在表格的第一个单元格中生成斜线表头。

提示
Attention

如果斜线表格的文本框容纳不下输入的标题，Word 会提出警告，并且容纳不下的字符会被截掉。如果需输入的文字较多，需在创建表头之前将第一个单元格调整大一些，在"插入表头"对话框中将字体设置得小一些。斜线表头实际上是几个组合在一起的文本框与直线，由于系统自动根据不同的样式与表头字数设置了各个文本框的位置，因此也可以用文本框结合手动绘制法制作斜线表。

技巧
Skill

为跨页表格添加重复表头

有时表格的行数过多，会造成表格内容有多页的情况，当查看第一页之外的表格中的数据时，将无法看到标题行，为了方便阅读，需要在每页表格的第一行添加标题行，如果用复制标题行的方法未免太过麻烦，此时只需选中标题行，然后选择"表格"→"标题行重复"命令即可在表格的每一页顶端添加相同的标题行。

Chapter 6

保护与打印文档

在编辑文档的过程中有时会遇到意外情况，需要提前采取措施防止正在编辑的文档内容丢失；有些文档具有保密性或要保护其不被他人随意篡改，这需要对文档进行加密设置。而编排好的文档通常需要打印出来。因此，必须掌握打印文档的方法。

本章要点

防止文档内容的丢失
保护文档的安全
提取文档目录
打印文档

知识等级

Word初学者

建议学时

60分钟

参考图例

技巧
特别方法，特别介绍
提示
专家提醒注意
问答
读者品评提问，作者实时解答

6.1 防止文档内容的丢失

防止文档因意外情况造成工作内容的丢失

在使用电脑的过程中，有时会遇到电脑死机或突然断电等意外情况，如果正在进行 Word 文档的制作而尚未进行保存，所做的工作将付诸东流。为了避免这些意外情况造成文档内容的丢失，可以开启自动备份、自动保存等功能，还可以为文档保存不同的版本。

6.1.1 自动备份文档

Word 的自动备份功能可以在每次打开文档进行编辑时，自动将编辑前的原文档进行备份，并以.wbk 格式与原始文档保存在同一个文件夹中，如果对文档的编辑出现重大错误，打开备份文件就可以找回编辑前的内容。

开启自动备份功能的方法非常简单，只需选择"工具"→"选项"命令，打开"选项"对话框，选择"保存"选项卡，选中"保留备份"复选框，再单击"确定"按钮即可，如下图所示。

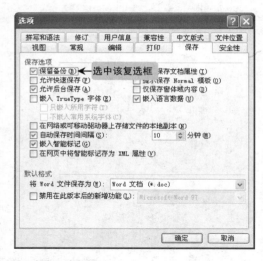

在该选项卡中选中"允许快速保存"复选框，则在保存时只保存进行过的编辑到当前文档中，以加快保存速度，但长期使用这种方法保存的文档体积会越来越大；而选中"保留备份"复选框进行保存时会完整地保存整个文件，完整保存可以减小文档的文件大小。这两个复选框只能选择其中之一，不能同时选中。

选中"允许后台保存"复选框可以在工作的同时在后台保存文档，当 Word 执行后台保存时，状态栏中会显示一个闪动的磁盘图标。建议选中该复选框，以便在保存的同时能够对文档进行编辑，提高工作效率，否则在保存时将无法对 Word 文档进行其他操作。

■ "保存"选项卡

6.1.2 让 Word 自动保存文档

Word 具有自动保存功能，开启该功能并合理设置自动保存的间隔时间，当达到设置的间隔时间时，系统就会自动保存对 Word 文档所做的编辑，这样即使遇到死机或断电等意外情况，下次再次打开电脑并启动 Word 程序时，也可以将自动保存的内容恢复回来，减少工作损失。

开启自动保存功能并设置自动保存的间隔时间的方法为：选择"工具"→"选项"命令，打开"选项"对话框，选择"保存"选项卡，选中"自动保存时间间隔"复选框，并在后面的数值框中输入自动保存的时间间隔（一般设为 5~15 分钟较为合适），再单击"确定"按钮。

开启自动保存功能之后，如果正在编辑文档时死机或意外断电，以后重启电脑打开 Word 时，系统就会提示是否恢复自动保存的文档，单击"是"按钮，启动 Word 后将在窗口左侧列出尚未保存的文件，单击其名称就可以再打开自动保存的该文档，如左下图所示。

Q：在编辑文档时死机了，重启电脑并打开 Word 时询问是否加载自动保存的文档，不慎单击了"否"按钮，再次启动 Word 就没有提示信息了，自动保存的内容还能找回来吗？

A：能。显示出系统的隐藏文件与文件夹，然后打开\Application Data\Microsoft\Word 文件夹（Windows 9x/Me 操作系统中该文件夹的位置为 C:\WINDOWS\Application Data\Microsoft\Word\；Windows 2000/XP 操作系统中为 C:\Documents and Settings\登录用户名\Application Data\Microsoft\Word\，如果操作系统安装在其他磁盘分区，则盘符为相应的盘符），其中命名方式为"'自动恢复'保存+文件名"的文件就是 Word 自动保存的文档，如右下图所示，双击所需的文件名将其打开即可，如果没有这样的文件，也可以按最近修改日期排列该文件夹中的文件，然后用 Word 打开修改日期最近的.tmp（临时文件）文件，看看是否为需要的文件。

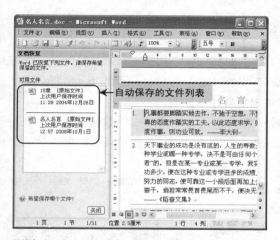

■恢复自动保存的文件

保存自动保存文件的文件夹■

6.1.3　为文档保存不同版本

在 Word 中直接为当前文件保存多个版本，如要对当前文档进行较大的编辑前，并不能确定编辑后的效果能否满意，就可以在编辑前为该文档保存一个版本，然后再进行编辑，如果编辑后感觉不妥，可以选择以前保存的版本恢复到编辑前的状态。其操作步骤如下：

01 在保存版本的文档中选择"文件"→"版本"命令，打开"**（文档名）中的版本"对话框，单击"现在保存"按钮。

选中该对话框中的"关闭时自动保存版本"复选框，每次编辑完文档并关闭文档时，系统都会自动为文档的当前状态保存一个版本。

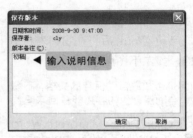

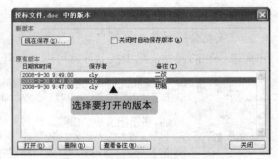

02 打开"保存版本"对话框，在"版本备注"文本框中输入说明信息，单击"确定"按钮保存。

提示
Attention
保存或另存文件时，在"另存为"对话框中单击"工具"按钮右侧的▼按钮，在弹出的下拉菜单中选择"保存版本"命令也可以打开"保存版本"对话框。

03 保存多个版本后，以后需要打开某个版本时，再次打开"**（文档名）中的版本"对话框，在"原有版本"列表框中选择要打开的版本，单击"打开"按钮即可打开该版本的文档。

6.1.4　改变文档的保存路径

在 Word 中保存和打开文档时，打开的"另存为"对话框和"打开"对话框的默认位置均为系统盘的"我的文档"文件夹，而实际中一般不将文件存储在系统盘，因为万一系统出现重大问题时重装系统需要格式化系统盘，这会将 C 盘的所有数据抹去。

为了减少每次保存和打开文档时都要另选路径的麻烦，可以将 Word 的默认存储路径更改为自己经常保存文档的文件夹，之后进行保存和打开文件操作时，打开的对话框的默认目录就为更改后的文件夹。

下面以将 Word 的默认存储路径更改为 F 盘下的"我的文件"文件夹（事先创建）为例，演示更改 Word 默认存储路径的方法。

01 选择"工具"→"选项"命令，打开"选项"对话框，选择"文件位置"选项卡，在"文件类型"列表框中选中"文档"选项，单击"修改"按钮。

02 在打开的"修改位置"对话框中选择要作为默认存储路径的文件夹，这里选择F盘下"我的文件"文件夹。单击"确定"按钮返回"选项"对话框，再次单击"确定"按钮关闭对话框。

提示
Attention
在"选项"对话框的"文件位置"选项卡中还可以更改自动恢复文件、剪贴画图片文件和用户模板的默认位置，其方法与更改默认存储路径的方法相似。

6.2 保护文档的安全

保护文档不被未经许可的用户随意修改或不被他人擅自打开

对于比较重要或机密的文档，如果不想让他人查看或修改，可以通过 Word 的加密功能将其保护起来，以防他人未经许可就查看或对文档进行修改。

6.2.1 防止他人擅自修改文档

如果允许他人查看文档，但不允许他人修改文档，可以为文档创建只读权限密码，创建密码后，不知道密码者只能打开阅读该文档，不能对文档内容进行任何修改。其操作步骤如下：

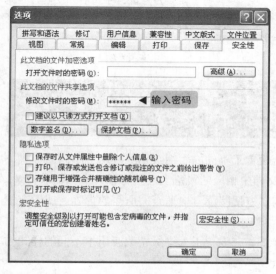

 选择"工具"→"选项"命令，打开"选项"对话框，选择"安全性"选项卡，在"修改文件时的密码"文本框中输入密码，单击"确定"按钮。

 在打开的"确认密码"对话框的文本框中再次输入设置的修改权限密码（设置密码通常都会要求确认，以免输错），单击"确定"按钮。

提示 Attention 密码可以是字母、数字或符号（通配符除外，如*、？等），实际应用时设置的密码不能过于简单，可以将字母、数字和符号组合起来使用，且位数不能过短，最好在 9 位以上，否则极易被破解。

提示 Attention 如果选中"建议以只读方式打开文档"复选框，则每次打开该文档时，系统将询问用户是否以只读方式打开。以只读方式打开和设置了修改权限的文档不能将编辑保存在当前文档中，只能以另存为的方式保存。

6.2.2 防止他人打开文档

如果文档需要极度机密，可以为文档设置打开权限密码，设置了打开权限密码后，在打开该文档时将出现一个对话框要求输入密码，只有输入正确的密码后才能打开该文档。设置打开权限密码的方法与设置修改权限密码的方法相似，只需在"安全性"选项卡的"打开文件时的密码"文本框中输入密码，单击"确定"按钮，在打开的对话框中再次输入密码即可。

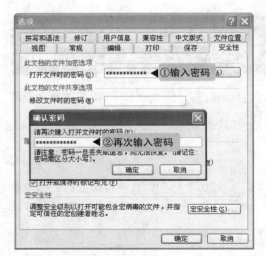

提示
Attention

单击"打开文件时的密码"文本框后面的"高级"按钮，打开"加密类型"对话框，在"选择加密类型"列表框中选择某些加密类型后，可以设置超长密码，最长的密码可达255个字符。

读者提问
Q+A

Q：为何给文档设置打开权限密码后，用该密码却打不开文档了呢？

A：如果确认密码正确的话，应该是在设置或输入密码的过程中按下了大/小写字母键，在输入密码时一定要注意区分字母的大/小写，否则因为大/小写不符也无法解除相关保护。

■设置打开权限密码

6.3 提取文档目录

通过提取目录可以对整篇文档的整体结构进行直观的了解

　　编排好文档后，如果在文档中为不同的段落设置了不同的大纲级别或应用了不同的样式，如将标题样式的"标题1"～"标题9"应用到文档中相应的段落上，就可以为文档提取目录，通过文档目录快速查看整篇文档的大致知识结构，方便阅读者快速查阅所需的内容，或者方便打印人员在打印时快速找到要打印的页面。

　　创建目录最简单的方法是使用内置的目录样式，在设置了大纲级别或应用了不同的样式的文档中提取目录的操作步骤如下：

01 打开设置了大纲级别的Word文档，将光标插入到要插入目录的位置处，然后选择"插入"→"引用/索引和目录"命令。

02 打开"索引和目录"对话框，选择"目录"选项卡，在"常规"栏的"格式"下拉菜单中选择"来自模板"选项，在"显示级别"栏中设定目录显示的级别范围，这里设为4级。

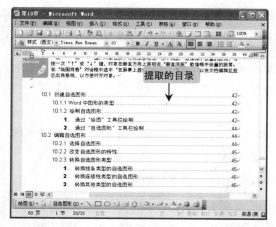

提取的目录具有超链接功能，按住【Ctrl】键单击某个目录即可跳转到文档中对应段落所在的位置处。在实际操作中，目录通常放在文档的开头或结尾，最好放在单独的页面中，或者提取目录后剪切到单独的文档中，但这样会失去超链接功能。

03 设置好后，单击"确定"按钮，Word会将大纲级别为1~4级的段落提取出来作为目录，并显示对应的页码。

在"目录"选项卡中单击"选项"按钮，在打开的对话框中可以设置提取目录来源于文档中的任意样式，而不一定根据大纲级别来提取目录；如果文档中添加了题注，则还可以在"索引和目录"对话框的"图表目录"选项卡中提取图片、表格或公式等对象的目录。

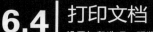

6.4 打印文档

设置打印选项、预览打印，并将文档打印到纸张上

实际工作中，经常需要将制作好的文档打印出来，在打印前还需设置打印选项，并可预览设置的效果，效果满意后再将其打印到纸张等介质上。

6.4.1 设置打印选项

首次打印时应根据自己所使用的打印机的出纸情况设置打印顺序、根据文档的内容设置要打印的信息等。选择"工具"→"选项"命令，打开"选项"对话框，选择"打印"选项卡，在如下图所示的选项卡中即可对打印选项进行设置，设置完毕，单击"确定"按钮应用设置。

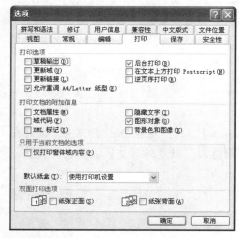

■设置打印选项

在"只用于当前文档的选项"栏所做的设置对当前文档生效，而在"打印选项"、"打印文档的附加信息"栏所做的设置将应用于要打印的其他Word文档。

"仅打印窗体域的内容"复选框用于特殊情况下的打印，用于设置打印包含联机窗体的文档时，是否只打印在联机窗体中输入的数据而不打印联机窗体本身，如只打印填写在账单中的金额。

在"选项"对话框的"打印"选项卡中，主要打印参数的含义如下：

◆ **草稿输出**：以最简单的格式快速打印出文档，但有些打印机不支持此选项。

◆ **后台打印**：选中该复选框，可以在打印文档的同时用 Word 编辑其他文档，但后台打印需要额外的系统内存。如果要加快打印速度，则可取消选择该复选框，但打印时不能同时编辑其他 Word 文档。

◆ **更新域**：如果文档中包括以域方式插入的时间、日期（即选择"插入"→"日期和时间"命令插入的日期和时间）等，选中该复选框可以在打印时自动更新。

◆ **更新链接**：如果文档中包括超链接，选中该复选框则会在打印时自动更新。

◆ **在文本上方打印 PostScript**：在以打印到文档的方式打印文档（将文档打印到文档的方法将在后面介绍），且文档中包含水印或其他 PostScript 代码时，设置将 PostScript 代码打印在文本上方还是下方。

◆ **逆页序打印**：按相反的次序打印页面。选中该复选框后，在打印时将最先打印文档的最后一页。是否选中该复选框应根据所使用的打印机的打印出纸方式而定。

◆ **允许重调 A4/Letter 纸型**：某些国家和地区以 Letter 纸型作为标准纸张；而有些国家和地区则以 A4 纸型作为标准纸张大小。如果你所在的国家或地区所采用的标准纸张大小不同于文档制作者所在地的标准纸张，可以选中该复选框，让 Word 自动进行调整，以便正确打印文档。

◆ **打印文档时的附加信息**：设置打印文档时的附加选项，如是否打印文档属性（选择"文件"→"属性"命令可以查看当前文档的属性信息）、域代码、文档中的隐藏文字以及用绘图功能绘制的自选图形等，一般情况下应设为打印自选图形，除非打印草稿，且只需查看与校对文档中的文本内容。

◆ **默认纸盒**：设置打印文档时要使用的纸张来源，一般设为"使用打印机设置"。

◆ **双面打印选项**：当采用双面打印时，设置纸张正面或背面的页序。取消选择"纸张正面"复选框，则在打印奇数页时按升序从第 1 页开始打印，选中该复选框则按降序方式打印奇数页；取消选择"纸张背面"复选框则在打印偶数页时按升序从第 2 页开始打印，选中该复选框则按降序方式打印偶数页。

6.4.2　打印前先预览

Word 提供了打印预览功能，该功能可以根据设置模拟文档被打印到纸张上的效果，因此在打印文档之前可以先进行打印预览，如果对打印效果不满意，可以及时对文档版面进行调整，直到对效果满意才进行打印，以免造成纸张的浪费。

选择"文件"→"打印预览"命令或单击"常用"工具栏上的"打印预览"按钮即可进入如下图所示的打印预览视图。

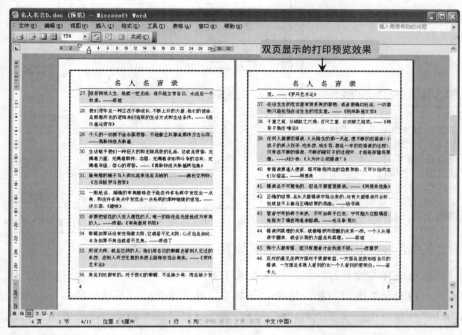

双页显示的打印预览效果

■打印预览视图

在打印预览视图中，"放大镜"按钮在默认情况下呈凹陷状态，在文档中任意位置处单击都可以使文档页在完整显示和100%显示之间切换，当以100%方式显示时，鼠标指针变成形状；以完整显示方式显示时，鼠标指针变成形状。

在打印预览视图中还可以通过"打印预览"工具栏中的其他按钮以不同的方式进行预览。

◆ **单页显示**：单击该按钮在窗口中完整显示一页。

◆ **多页显示**：单击该按钮，在弹出的下拉列表中选择在窗口中同时显示文档的页数。

◆ **显示比例**：选择文档的显示比例。

◆ **查看标尺**：单击该按钮可以隐藏或显示标尺。

◆ **缩小字体填充**：当文档最后一页只有少量文本内容时，可以单击该按钮让 Word 自动缩小每页的字体，从而将文档的最后一页缩减掉。

◆ **全屏显示**：单击该按钮全屏显示打印预览视图。

多页显示　　　　查看标尺　全屏显示

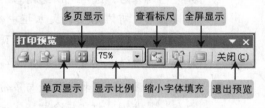

单页显示　显示比例　缩小字体填充　退出预览

"打印预览"工具栏■

◆ **关闭**：单击该按钮将退出打印预览视图，返回原来的视图模式。按【Esc】键也可以退出打印预览视图。

如果在预览时发现页面设置不合理或有其他需要对文档进行修改的地方时，可以单击"打印预览"工具栏中的"关闭"按钮或按【Esc】键返回页面视图对文档进行修改，也可以在打印预览视图中单击"放大镜"按钮取消其凹陷状态，然后直接在打印预览视图中修改文档，不过打印预览视图中不会显示段落标记等编辑标记，有时会给编辑带来不便。

6.4.3　打印输出

当对打印预览效果满意后，在打印预览视图中单击"打印预览"工具栏上的"打印"按钮即可将当前文档打印出来；在页面视图中直接单击"常用"工具栏上的"打印"按钮则可不进行预览直接打印；如果只需打印部分文档内容或要采用其他打印方式，则还需选择"文件"→"打印"命令，打开如下图所示的"打印"对话框进行相关的设置。

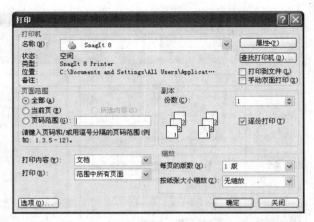

"打印"对话框■

在没有 Word 程序的电脑上打印文档

如果电脑中没有安装打印机，要将制作的 Word 文档用移动存储设备复制到安装了打印机的电脑上进行打印，而该电脑却没有安装 Word 程序时，可以在"打印机"栏中选中"打印到文件"复选框，这样可以将当前文档打印到文件，打印时将生成扩展名为.prn 的文件，该文件就可以被复制到没有安装 Word 的其他电脑上进行打印了。

在"打印"对话框中，各栏主要打印参数的含义如下：

◆ **打印机**：在该栏选择与设置打印机。如果安装了多个打印机，在"名称"下拉列表框中选择本次打印要使用的打印机；选择打印机后，单击后面的"属性"按钮可打开该打印机的属性对话框进行设置。打印机不同，其属性对话框中的参数项也有所不同。

◆ **页面范围**：设置要打印的文档范围。"全部"单选按钮默认呈选中状态，表示将打印当前文档的全部页面；选中"当前页"单选按钮只打印当前光标所在的页面；选择部分文档内容后，选中"所选内容"单选按钮只打印选择的内容；选中"页码范围"单选按钮后，可在后面的文本框中输入要打印的页面，如要打印连续的页，其格式为"4-10"（打印 4～10 页的所有页），要打印不连续的页，直接输入要打印的页码，页码之间用逗号隔开即可，如"2，8，13"。

◆ **副本**：在该栏设置打印份数与多份打印的方式，当打印份数大于 1 份时，选中"逐份打印"复选框，打印机会打印完一份后再从头开始打印第二份；取消选择该复选框，则首先打印第一页到设置的份数后，再用同样的方式依次打印第二页、第三页……

◆ **打印内容**：在该下拉列表框中选择打印主文档还是打印文档属性等。

◆ **打印**：在该下拉列表框中可以选择只打印奇数页或只打印偶数页，但必须是在"页面范围"栏中设置的页面。

◆ **缩放**：在该栏设置打印比例。在"每页的版数"下拉列表框中以每页打印的页面数量方式设置缩放打印，如在 A4 纸张上以 4 版的缩放方式进行打印，则在打印时会将文档页面缩小到原来的 25%；在"按纸张大小缩放"下拉列表框中可以选择按纸型缩放方式打印，如将 A4 页面的文档缩小打印到纸型为 B5 的纸张上，选择后，在打印时系统会自动采用最适合的缩放比例。

采用双面打印方式打印多页文档时，经常一不注意就打印完了一面，打印机继续进纸，将另一面打印在了别的纸张上，但纸张放少了打印机又吸不进纸，这时可以选中"打印机"栏中的"手动双面打印"复选框，这样打印完纸张的一面之后，打印机会停止打印，同时系统提示将纸张重新装回纸盒。也可先只打印奇数页，打印完所有奇数页后将这些纸张翻面，再用只打印偶数页的方法打印。

第二篇
精明的Excel电子表格

当面对着纷繁复杂的各类数据时，如何更科学规范地管理数据？如何更准确高效地处理数据？如何更简明直观地表达数据？使用Excel电子表格软件即可解决这些问题，通过它能很轻松制作各类数据表格，并针对数据进行各种计算、分析以及转换为多类可视性图表等，如今Excel已被广泛应用于商务办公的各个领域。

Chapter 7

Excel基本操作

工作薄、工作表和单元格都属于 Excel 中最基本的概念。用户对于电子表格的各项编辑操作，各种数据的输入与运算、预测与分析，都是在这三者的基础上进行的，因此它们的基本操作应首先进行掌握。

本章要点：

工作簿的操作
单元格的操作
工作表的操作

知识等级：

Excel初学者

建议学时：

80分钟

参考图例：

技巧
特别方法，特别介绍

提示
专家提醒注意

问答
读者品评提问，作者实时解答

7.1 | Excel 在商务办公领域中的应用

Excel 在公司管理和财务会计等商务领域发挥着巨大的作用

　　Excel 电子表格软件依仗其强大的计算功能和友善的界面，使其在办公软件领域中占据了重要角色。根据调查，95%以上的企业都会安装 Office 办公软件，而其中 80%的人会使用到 Excel 电子表格软件。其强大的数据计算、管理、分析功能，减轻了大量复杂重复的计算工作，非常有效地提高了工作效率。

　　前面在第二层次中我们对 Excel 的应用有过一个大致的介绍，而针对商务办公领域，其在公司管理和财务会计中的应用最为广泛，下面针对这两方面再次介绍 Excel 所能进行的工作。

1. Excel 在公司管理中的应用

　　现代化的公司管理包括行政、人事、营销、生产和库管等多个方向，在这些领域如果利用 Excel 建立起完善的数据表格系统，并进行分析和统筹安排，将会为公司的管理带来诸多便利，并帮助公司适应信息化社会的飞速发展。

◆ **办公室安排公司日常事务**：办公室日常事务繁杂，其担负着很重要的文件、会议、流通、出入和安全等管理工作，这时 Excel 表格能派上大用场，可帮助管理人员有效地管理各项事务。

◆ **人事部管理员工档案资料**：公司的人事部门掌握着职员的资料，并负责录取新员工、处理公司人事调动和绩效考核等重要事务。建立合理、清晰的档案数据管理系统非常重要，利用 Excel 就能够达到理想的效果。

◆ **营销部分析市场销售业绩**：营销部门进行市场分析后，制订营销策略，管理销售报表及员工业绩，并掌握重要客户资料。各管理人员利用 Excel 的图表与分析功能可直观地了解产品在市场中的销售情况以及员工的工作业绩，从而有针对性地制订营销和员工培训方案。

◆ **生产部掌握生产进度计划**：生产管理员需要时刻了解生产的进度，随时调整生产计划，并做好人员配备工作。生产部门处理的表格数据为公司分析投入产出提供了依据，而且能及时掌握供需关系，指导安排各阶段的生产计划。

◆ **库管部记录库房货品出入**：仓库管理部门应及时更新库存信息，并对生产材料和产品进行清点，全面掌握库存信息，利用 Excel 可轻松统计库房进出量，协同生产部门安排生产计划。

2. Excel 在财务会计中的应用

　　在财务会计领域会进行大量数据的计算和分析，使用 Excel 就能快速制作各类办公表格、会计报表，进行财会统计、资产管理、金融分析以及决策与预算等。

◆ **制作记账凭证**: 记账凭证是用于记录经济事务的单据, 使用 Excel 可制作出格式统一、美观大方、经济实用的凭证, 并可多次调用, 提高工作效率。

◆ **制作会计报表**: 会计报表是将记账凭证中的数据进行汇总, 使用 Excel 的公式计算和引用功能可轻松将记账凭证汇总为会计报表。

◆ **制作审计表格**: 使用 Excel 制作的审计表格可用于日常工作中对历史数据进行分析和管理。

◆ **进行财务分析**: 在 Excel 中可利用各种财务数据, 结合其他信息, 采用特定的方法对企业当前的财务状况作出综合评价。

◆ **进行财务预测**: 在 Excel 可利用科学的方法预测、推断某项财务数据的发展趋势, 以提前制订相应计划。

◆ **制作预算单据**: 使用 Excel 可对销售成本、销售收入、销售费用等数据进行分析, 它制作出的财务预算相关单据可为控制经营提供重要依据。

◆ **管理企业资产**: 使用 Excel 可制作固定资产管理的相关单据, 通过这些单据可轻松对固定资产进行累计折旧。另外也可制作管理流动资产的相关单据, 为企业对货币资金、短期投资、应收账款、预付款和存货等流动资产进行管理。

7.2 Excel 中的三大关键概念
介绍工作簿、工作表、单元格以及它们之间的关系

在 Excel 中使用最频繁的就是工作簿、工作表和单元格, 它们是构成 Excel 的支架, 也是 Excel 主要的操作对象。在学习 Excel 之前, 必须先弄清楚这三个概念的含义以及它们之间的关系。

◆ **工作簿**: 用于保存表格中的内容, 其扩展名为.xls, 通常所说的 Excel 文件就是指工作簿。启动 Excel 2003 后, 系统将自动新建的一个名为 Book1 的工作簿。

◆ **工作表**: 工作表是 Excel 的工作平台, 主要用于处理和存储数据, 常称为电子表格。一个工作簿中通常可包含多个工作表, 便于用户在单个工作簿中管理多种类型的数据。

◆ **单元格和单元格区域**: 一个工作表包含多个单元格, 它是 Excel 中最基本的存储数据单元, 任何数据都只能在单元格中输入, 而多个连续的单元格则称为单元格区域。它们都是通过对应的行标和列标进行命名和引用, 如 A5 就表示第 A 列与第 5 行交叉的单元格, 而 A5:B8 是指由单元格 A5 和 B8 连成对角线的矩形区域所包括的所有连续单元格。

◆ **三者之间的关系**: 工作簿、工作表和单元格之间的关系是包含与被包含的关系, 即工作表由多个单元格组成, 而工作簿中又包含一个或多个工作表, 其关系如下图所示。

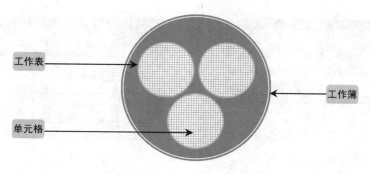

■工作簿、工作表和单元格之间的关系

7.3 | 工作簿的操作
工作簿是 Excel 最基本的文件，是制作表格数据的基础

通过前面的介绍我们知道，工作簿是Excel最基本的文件，类似于Word中的文档，因此对于工作簿同样可进行的基本操作包括新建、打开、保存与关闭，其操作方法与Word文档一样，这里不再进行详细介绍，读者可参照第二层次中的介绍进行掌握。

7.4 | 单元格的操作
单元格是存储数据的地方，需要进行必要的管理

在Excel中默认创建的空白工作簿中包括三张工作表，首先看到的就是第一张工作表，以及其中的多个单元格，下面先来介绍如何对这些单元格进行操作。以右侧提供的素材文件作为操作对象。

光盘文件
CD

素材
光盘:\素材\第7章\
化妆品销售1.ppt

7.4.1　选择表格中的行

单元格虽然是一个个小方格的形式，但是排列多了也就自然成了行或列。用户可以在表格中选择单个单元格也可以选择整行或整列，被选中的对象呈蓝底色显示。

选择表格中的行分为选择单行、多行和选择多个连续的行3种方式：

◆　**选择单行**：将鼠标指针移动到某一行最左侧的行号上单击，可以选择该行。

◆　**选择多行**：在需要选择的行号后按住鼠标左键进行拖动，可选择多个连续的行。

◆　**选择多个不连续行**：按住【Ctrl】键单击所要选择的行号，可选择多个不连续的行。

下图所示为选择单行或多行后的效果。

■选择单行

选择多行■

7.4.2 选择表格中的列

选择表格中的列与选择行一样，分为选择单列、选择多列和选择多个不连续的列3种方式：

◆ **选择单列**：将鼠标指针放到某列列标上进行单击，可以选择该列。

◆ **选择多个列**：在需要选择的列标上按住鼠标左键进行拖动，可选择多个连续的列。

◆ **选择多个不连续列**：按住【Ctrl】键单击所要选择的列标，可选择多个不连续的列。

下图所示为选择单列或多个不连续列后的效果。

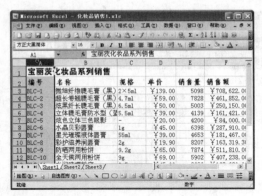

■选择单列

选择多个不连续列■

7.4.3 插入行和列

在工作表中编辑数据时可能会遇到要插入整行或整列单元格，这时可使用以下两种方法：

◆ 单击行号确定插入位置，选择"插入"→"行"命令，即可在当前行的上方插入空白行。

◆ 单击行标确定插入位置，选择"插入"→"列"命令，即可在当前列的左侧插入空白列。

插入行后，原位置所在行及下方的行自动向下移；插入列后，原位置所在列及右侧的列自动向右移。下面通过一个实际操作来介绍在 Excel 中插入行或列的方法，其操作步骤如下：

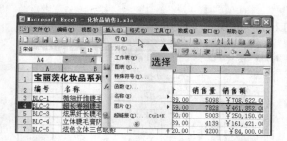 

01 选择某行确定插入位置，然后选择"插入"→"行"命令。

02 此时可看到在鼠标选定的位置已经插入一行空白单元格，原位置内容依次向下移。

技巧
Skill

删除行和列

Excel 中能插入行和列，也能对多余的行和列进行删除。选择需要删除的行或列，在其中右击，选择"删除"命令，即可将所选的行或列及其中的内容一并删除。

7.4.4　选择单元格

在 Excel 中选择单元格是更为常见的一种操作，选择单元格分为 3 种情况：选择一个单元格、选择多个单元格、选择所有单元格。

◆ **选择一个单元格**：单击某单元格即可将其选中，被选中的单元格将被一个黑色方框包围，与其所对应的行号和列表将突出显示。

◆ **选择多个单元格**：在工作表中选择第一个单元格作为起点，按住鼠标左键拖动至最后一个单元格，即可选择鼠标经过区域的所有单元格。如果要选择不连续的单元格，则需要按住【Ctrl】键再单击所要选择的单元格。

◆ **选择全部单元格**：将鼠标移至行号与列标交叉处单击，或按下【Ctrl+A】组合键即可选择当前工作表中的所有单元格。

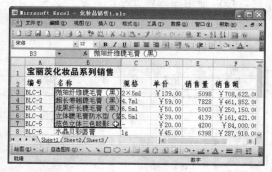 

■选择多个单元格　　　　　　　　　　　　　　　　　　选择全部单元格■

7.4.5　移动复制单元格

通常来说，Excel中的移动或复制操作以单元格为单位，用户可以将选择的单元格移动或复制到同一个工作表的不同位置中，也可以移动或复制到不同工作表，甚至不同工作簿中。

下面通过一个实际操作来介绍复制单元格的方法，其操作步骤如下：

01 选择要复制的单元格或单元格区域，选择"编辑"→"复制"命令或按【Ctrl+C】组合键复制单元格内容，被复制单元格的四周将出现闪烁的虚框。

02 在需要粘贴的位置单击单元格，选择"编辑"→"粘贴"命令或按下【Ctrl+V】组合键即可进行粘贴。

提示 Attention
在复制粘贴单元格的过程中，如果选择的是多个单元格，粘贴内容时只需要选择所要粘贴位置的第一个单元格，Excel 会自动将复制的内容放入其他单元格依次排列。
在每次粘贴后，Excel 中都会显示一个粘贴标记，单击此标记会弹出菜单，然后可以选择不同的粘贴方式。

技巧 Skill
用鼠标移动复制单元格
在 Excel 中还可以通过鼠标拖动来快速完成单元格的移动与复制。选择需移动的单元格内容，将鼠标指向选择区域的边缘，当鼠标指针变为 ✥ 状时，按下鼠标左键拖动到指定的位置即可；如果在拖动的过程中按住【Ctrl】键，则可以复制单元格。

7.4.6　插入单元格

用户在编辑数据的过程中，在遇到有遗漏数据时，可以使用插入单元格的方法将其补上，插入单元格与插入行和列类似，都是通过"插入"命令来完成的。

下面通过一个实际操作来介绍在 Excel 中插入单元格的方法，其操作步骤如下：

01 选择需要插入单元格的位置，然后选择"插入"→"单元格"命令，打开"插入"对话框。

02 在对话框中有两个选项，这里选中"活动单元格下移"单选按钮，然后单击"确定"按钮，即可插入单元格，原位置上的单元格依次下移。

7.4.7　删除单元格

删除单元格不只是删除文字内容，而是将整个单元格都进行删除。用户对多余的单元格进行适当的删除，能更有效地管理表格中的数据。

与插入单元格一样，用户在删除单元格时，首先选择要删除的单元格范围，然后选择"编辑"→"删除"命令，打开"删除"对话框，选中"右侧单元格左移"或"下方单元格上移"单选按钮，然后单击"确定"按钮，这时其他的单元格会按指定的方式移动。

"删除"对话框■

7.4.8　合并单元格

在编辑工作表时，有时一个单元格内容需要占用几个单元格的位置，此时就需要将几个单元格合并成一个单元格。下面通过一个实际操作来介绍在 Excel 中合并单元格的方法，其操作步骤如下：

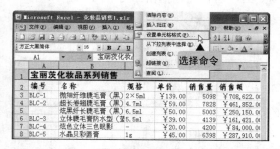

01 选择需要合并的单元格区域并右击，在弹出的快捷菜单中选择"设置单元格格式"命令。

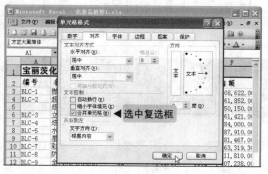

02 打开"单元格格式"对话框，选择"对齐"选项卡，在"文本对齐方式"栏下的两个下拉列表框中都选择"居中"选项，然后再选中"合并单元格"复选框。

03 单击"确定"按钮，得到合并且内容居中的单元格效果。

读者提问
Q+A

Q：除了这种合并单元格的方法外，还有其他更简单的方法吗？

A：当然有。选择要合并的单元格区域后单击"格式"工具栏上的"合并及居中"按钮　，即可得到合并且内容居中的单元格。

7.4.9　拆分单元格

对于已经合并的单元格，用户还可以进行拆分。拆分后的单元格将还原为默认的单元格大小和数量。拆分单元格与合并单元格的操作相反，选择已合并的单元格后，选择"格式"→"单元格"命令，打开"单元格格式"对话框，取消选中"合并单元格"复选框即可。另外也可直接单击"格式"工具栏上的"合并及居中"⬚按钮。

7.4.10　重命名单元格

为了使单元格的名称更易于理解，同时也为了用户在以后更好地进行引用单元格操作，以及方便公式与函数的计算，可以为单元格重命名。

选择要重命名的单元格或单元格区域，单击名称框并输入名称，如"产品数量"，然后按【Enter】键，就可以将单元格区域重命名。重命名后，单击窗口左上方"名称框"右侧的下三角按钮▼，在其下拉列表中可以选择定义好的名称，这样可快速选择相应的单元格区域。

■选择单元格区域并命名

选择定义好的名称■

7.5 | 工作表的操作

所有的数据操作都将在工作表中完成

当要在一个工作簿中编辑多张工作表时，就需要掌握工作表的相关操作，这主要包括选择工作表、插入工作表、移动或复制工作表、重命名与删除工作表和保护工作表等。

7.5.1　选择工作表

在对工作表进行操作之前，需要先选择工作表。在 Excel 中可按以下方法选择工作表：

◆ **选择单个工作表**：单击某个工作表标签可选择单张工作表。

◆ **选择不连续的工作表**：先单击第一张工作表标签，然后按住【Ctrl】键单击其他工作表标签，可选择两张以上不相邻的工作表。

◆ **选择连续的工作表**：先单击第一张工作表标签，然后按住【Shift】键单击其他的工作表标签，可选择两张以上相邻的工作表。

◆ **选择全部工作表**：右击工作表标签，然后选择快捷菜单中的"选择全部工作表"命令可选择工作簿中的所有工作表。

7.5.2　插入工作表

为了方便用户对于工作表的管理，可以在 Excel 中插入工作表，以便用户增加其他数据。

在 Excel 中插入工作表有以下两种方法：

◆ 打开工作簿，单击需要插入工作表的工作表标签，选择"插入"→"工作表"命令即可。

◆ 在需要插入工作表的工作表标签上右击，选择"插入"命令，打开"插入"对话框；在"常用"选项卡中选择"工作表"选项，然后单击"确定"按钮即可。

■ "插入"对话框

7.5.3　移动工作表

在 Excel 中用户可以在一个工作簿内移动工作表，或将一个工作簿中的工作表移动到另一个工作簿中。下面通过一个实际操作来介绍在 Excel 中移动工作表的方法，其操作步骤如下：

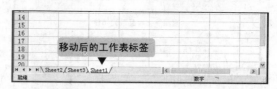

01 选择需要移动的工作表标签，如"Sheet1"，按住鼠标左键拖动标签，此时经过的区域上方会出现一个小三角形。

02 当拖动到所需的位置后松开鼠标，工作表将移动到指定的位置。

提示
Attention

移动工作表还有一种方法。在要移动的工作表标签上右击，选择"移动或复制工作表"命令，打开"移动或复制工作表"对话框，在其中选择需要移动的位置，甚至可选择移动到其他工作簿中的某个位置，然后单击"确定"按钮即可。

■选择移动的位置

7.5.4　复制工作表

多数情况下，要创建包含多个同类工作表的工作簿，可以先新建一张工作表，然后将其进行复制。复制工作表的方法很简单，与移动工作表类似。

下面通过一个实际操作来介绍在 Excel 中复制工作表的方法，其操作步骤如下：

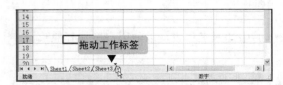

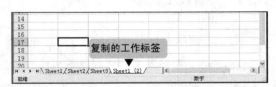

01 选择需要复制的工作表标签，如 "Sheet1"，按住【Ctrl】键拖动标签，此时经过的区域上方会出现一个有白色加号图形。

02 当拖动到所需的位置后，松开鼠标，工作表将被复制到指定的位置。

复制工作表也可以在 "移动或复制工作表" 对话框中完成。打开 "移动或复制工作表" 对话框，在其中选择需要复制的位置，再选中 "建立副本" 复选框，然后单击 "确定" 按钮即可。

7.5.5　重命名工作表

为了让用户更好地管理工作表，并且对于今后查找资料更方便，用户可以对工作表进行重命名。

下面通过一个实际操作来介绍在Excel中重命名工作表的方法，其操作步骤如下：

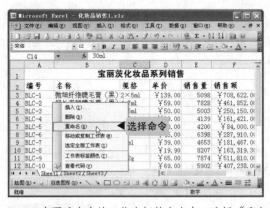

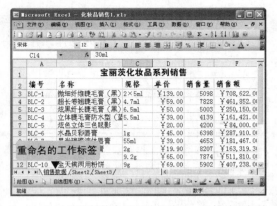

01 在要重命名的工作表标签上右击，选择 "重命名" 命令。

02 此时所选标签名呈可编辑状态，直接输入新的工作表名然后按【Enter】键即可。

还有一种更为快捷的重命名工作表的方法，即双击工作表标签，其名称即呈可编辑状态，然后输入新的工作表名即可。

7.5.6　删除工作表

对于多余的工作表用户可以进行删除，删除工作表有以下两种方法：

◆　在要删除工作表的标签上右击，在弹出的快捷菜单中选择"删除"命令，在打开的提示对话框中单击"删除"按钮，则该工作表被永久性删除，单击"取消"按钮，工作表将取消删除。

◆　选择要删除的工作表，选择"编辑"→"删除工作表"命令，同样会打开提示对话框，单击"删除"按钮即可。

■删除提示对话框

Chapter 8

在Excel中输入与编辑数据

在 Excel 中需要输入各种数据，并且需要进行各种编辑，本章将对 Excel 数据的多种输入方法以及各种编辑情况做详细介绍。

本章要点：

输入不同类型数据
自动填充数据序列
编辑单元格数据
查找和替换数据

知识等级：

Excel初学者

建议学时：

90分钟

参考图例：

技巧
特别方法，特别介绍
提示
专家提醒注意
问答
读者品评提问，作者实时解答

8.1 输入不同类型的数据

在表格中输入文本、数字以及多种类型的数据

在 Excel 中能输入不同类型的数据，包括文本、数字、日期和时间，以及一些特殊符号等。这些数据在输入的过程中有不同的操作方法，本节将进行详细的介绍。

8.1.1 输入文本和数字

在工作表中可以输入文本信息和数字信息，而且表格中的数据基本上都由这两部分所组成。Excel中输入的工作表标题、表头等都属于文本信息，而制作财务表、工资表这些都需要输入数字，所以下面先来了解在表格中输入普通文本和数字的方法。

◆ **选择单元格输入**：选择要输入文本或数字的单元格，然后输入文字或数字，按【Enter】键即可。

◆ **双击单元格输入**：双击需要输入文本或数字的单元格，当光标插入单元格后即可输入。

◆ **在编辑栏中输入**：选择要输入文本或数字的单元格，然后在编辑栏中输入内容即可。

8.1.2 输入符号

在输入工作表数据时，有时会需要输入一些特殊符号，如▽、●或数学符号∑、∫等，这时可以采取插入操作。

下面通过一个实际操作来介绍在 Excel 中输入符号的方法，其操作步骤如下：

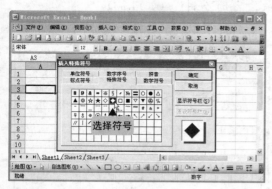

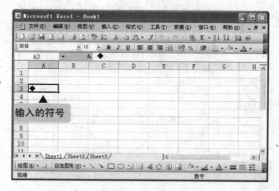

01 在工作表中选择要插入符号的单元格，然后选择"插入"→"特殊符号"命令，打开"插入特殊符号"对话框，选择"特殊符号"选项卡，在中间列表中选择要插入的符号，如◆。

02 单击"确定"按钮，就可以将符号插入到单元格中。

提示
Attention

在"插入特殊符号"对话框中,"单位符号"选项卡中包含了如 $ 、℃等符号;"数字序号"
选项卡中包含了如Ⅷ、⑤等常用序号;"拼音"选项卡中包含了如ā、í等拼音;"标点符号"
选项卡中包含了如‖、︵、﹀等标点。

8.1.3 输入日期型数据

在 Excel 中日期为一种特殊的数据格式,且具有默认的格式,当用户在单元格中输入日期
时 Excel 将其转换为默认的格式效果,如选择单元格输入"2008/6/15"后按【Enter】键,日期
将变为2008-6-15样式,如下图所示。

■输入日期

完成输入的日期■

当然这个默认的格式用户也可自行设置,下面在输入时间型数据时将会介绍。

8.1.4 输入时间型数据

输入时间与输入日期一样,可以直接在单元格中输入"小时:分钟:秒"的时间格式(如
14:20:15),Excel将自动将其转换为默认的时间格式"小时:分钟"(如14:20)。

另外也可先设置将要输入的时间数据的格式,然后再行输入,其操作步骤如下:

01 选择要输入时间的单元格或区域,选择"格式"
→"单元格"命令,打开"单元格格式"对话
框。选择"数字"选项卡,在"分类"列表框
中选择"时间"选项,然后在右侧的"类型"
列表框中选择所需类型,如代表"小时:分下午"
的"1:30 PM"选项。

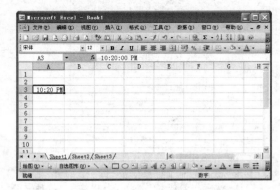

02 单击"确定"按钮。在表格中输入"22: 20",
按【Ctrl+Enter】组合键完成输入。此时可以
看到在单元格中显示了设置的格式"小时:
分下午"。

8.1.5　输入货币型数据

货币型数据在 Excel 中是一种较为特别的数据，它可以区别其他的数字并表示正规和专业，特别是在处理财务会计相关数据时一般需要在代表货币的数据前加上相应的货币符号。

选择要输入货币值的单元格，选择"格式"→"单元格"命令，打开"单元格格式"对话框（见右图）的"数字"选项卡，在"分类"列表框中选择"货币"选项，在右侧的"小数位数"数值框中输入小数的位数，默认为"2"；在"货币符号（国家/地区）"下拉列表框中选择货币类型，如选择"￥"；在"负数"列表框中选择负数形式，如选择最后一种；然后单击"确定"按钮即可。

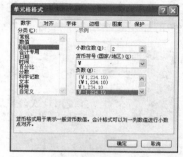

"单元格格式"对话框■

在该单元格中输入"2000"，然后按【Ctrl+Enter】组合键完成输入，此时在单元格中输入的数值将自动显示为货币样式，如右图所示。

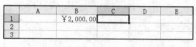

输入的货币■

8.1.6　特殊数据处理

选择"格式"→"单元格"命令，打开"单元格格式"对话框，在其中的"数字"选项卡中显示了Excel中所有能够处理的数据数据。前面我们介绍到，在输入这些数据时 Excel 都有自己默认的一套处理方式，例如输入纯分数时 Excel 会将其识别为日期，而输入位数多的数值则会用科学计数法来约束显示，当然用户也可自行设定对这些数据的处理方式。下面就来认识一下这些特殊数据的使用方法。

1．使用分数

在使用 Excel 制作数据表时可能会需要输入分数，在输入分数时需注意使用符号"/"来代替分数线"－"。输入分数时 Excel 会有以下3种情况来分别处理：

◆　**输入真分数**：用户必须在输入真分数时先输入"0"和"空格"，然后再输入分数如"2/5"，这样在单元格中即可显示"2/5"。如果直接按照普通顺序输入分子、反斜杠、分母，Excel 会默认其为日期，如输入"2/5"会显示为"2 月 5 日"。

◆　**输入假分数**：输入假分数与真分数一样，也是需要先输入"0"和"空格"，如输入"0 8/3"，Excel 会自动转换为带分数的形式，即"2　2/3"。

设置分数的格式■

◆ **输入带分数**：带分数可以按照顺序输入，如输入"1 1/2"，Excel 将在编辑栏中显示"1.5"，表明这是 Excel 处理的真正数据。

选择已经输入分数的单元格，然后选择"格式"→"单元格"命令，打开"单元格格式"对话框，在其中可以对分数进行更规范的设置。选择"分类"列表框中的"分数"选项，右侧即可显示更多分数能显示的格式，如选择"以4为分母（2/4）"选项，则"3/2"将显示为"1 2/4"。

提示
Attention

多使用几次分数后用户会发现，Excel 中的分数功能具备对输入数据自动约分的能力，如输入"0 6/12"后，Excel 将自动转换为"1/2"来显示。

2. 身份证号码的输入

在默认的情况下，Excel中每个单元格所能显示的数字为11位，超过11位的数字 Excel 就会用科学计数法显示。例如123456789012，就会显示为1.234567E＋11。而 Excel 能够处理的数字精度最大为15位，因此大于15位的数据它一律识别为0，这就为目前我们所使用的身份证号码的输入带来了不便。要解决这个问题，可以预先对要输入身份证号码的单元格区域的数据格式进行设置，将其设置为以文本形式存储的数据。

下面通过一个实际操作来介绍在 Excel 中输入身份证号码的方法，其操作步骤如下：

01 打开工作表，选择需要输入身份证号码的单元格区域B2:B4，然后选择"格式"→"单元格"命令打开"单元格格式"对话框，选择"数字"选项卡，在"分类"列表框中选择"文本"选项。

02 单击"确定"按钮后，在单元格中分别输入18位的身份证号码，按【Enter】键完成输入，这时将显示完整的身份证号码。

技巧
Skill

快速输入合格的身份证号码

有另一种方法不需要通过"单元格格式"对话框对文本进行强制转换，只要在输入身份证号码以前输入一个单引号"'"即可。这个符号是 Excel 对文本的标识符，不会显示出来。从本例的第 02 步骤中可以看到，文本格式的单元格左上角出现了绿色小三角形标志，这是一个提示，表示这是以文本形式存储的数据。

3. 自定义特殊数据

Excel中预设了很多有用的数据格式，基本能够满足使用的要求，但对一些特殊的要求，如强调显示某些重要数据或信息、设置显示条件等，就要使用自定义格式功能来完成。Excel中的自定义数据格式的功能可以使用内置的代码组成的规则，让用户得到想要的任何显示格式的数据。例如，在单元格中输入一些前面带有0的表格编号，如001、002、003等；或者确定一种个性的日期显示方式；或者在固定位置使用固定文本；或者让任何数据都以百分数来显示等。

选择"格式"→"单元格"命令，打开"单元格格式"对话框的"数字"选项卡，选择"分类"列表框中的"特殊"选项，右侧列表框中将显示3种特殊类型；而选择"自定义"选项将显示可自定义的数据格式。

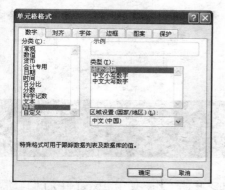
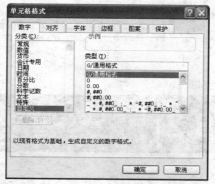

■3 种特殊数据格式　　　　　　　　　　　　　　　　　　　　　　可自定义的数据格式■

要想更好地掌握自定义特殊数据的方法，用户需要先来了解 Excel 对这些格式设置了怎样的规格。选择"自定义"选项后，在"类型"列表框中可以看到多种特殊符号，这些特殊符号就是数据设置的格式代码，它们可以对4种类型的数据指定不同的格式，分别是正数、负数、零值和文本。下面首先来认识一下完整的格式代码组成结构：

正数格式；负数格式；零值格式；文本格式　◀ 分号分隔了不同的区段

在 Excel 中不同类型的数值分为4个区段进行格式设置，各区段间用分号进行分隔。如果没有指定区段的格式值则默认为0，但在编写格式代码时，用户并不需要严格按照这4个区段来编写格式代码，如果是不完整的区段，它们的格式定义规则有一些变化。

若只有一区段代码表示格式代码将作用于所有类型的数值；若有两个区段代码表示第1区段代码定义正数和零值格式，第2区段代码定义负数格式；若有3个区段代码则每一区段作用依次对应于完整的4区段格式代码结构。

在"单元格格式"对话框的"分类"列表框中选择"自定义"选项后，在右侧的"类型"列表框中可以看到各种代码，如"_ * #,##0_;_ * -#,##0_;_ * "-"_;_ @_ "就是一个完整的4区段格式代码。下面列出常用的代码表示的意义：

■格式代码及效果

提示
Attention

自定义数据格式时，"类型"列表框中显示了内置的格式，选择某一项后在文本框中还可修改内容。

◆ #：数字占位符，表示只显示有效数字。

◆ 0：数字占位符，当数字比代码的数量少时，显示无意义的 0。

◆ _：留出与下一个字符等宽的空格。

◆ *：重复下一个字符来填充列宽。

◆ @：文本占位符，引用输入字符。

◆ ?：数字占位符，在小数点两侧增加空格。

◆ [红色]：颜色代码，选择代码格式后在文本框中可修改为其他颜色，如"[蓝色]"。

8.2 | 自动填充数据序列
使用自动填充数据序列可以大大提高工作效率

向工作表的行或列中输入众多数据是件相当枯燥和乏味的工作，使用 Excel 中的"自动填充"功能可以自动完成某些相同序列数据的输入。

8.2.1 使用自动填充

在 Excel 中可以使用填充柄来实现自动填充功能，这样可以节省大量输入数据的时间。在使用自动填充之前，必须先在单元格中输入数据，Excel才会根据数据的规律来考虑如何填充。当用户选择单元格或单元格区域后，只要将鼠标光标移动到其黑色边框的选区右下角，此时光标显示为＋形状，这就是填充柄，这时按住鼠标左键拖动填充柄就能自动填充数据。

通过填充柄自动填充数据通常有以下两种情况：

◆ 填充相同数据。

■在起始单元格中输入数据　　　■选中第一个单元格并按住鼠标左键拖动　　　到适当位置释放鼠标左键■

◆ 填充序列型数据。

■在起始两单元格中输入数据   ■选中两单元格并按住鼠标左键拖动   到适当位置释放左键■

8.2.2 自定义序列填充

"序列"对话框集中了全部的填充选项，通过它自定义填充序列将更准确。在起始单元格中输入起始数据后，选择"编辑"→"填充"→"序列"命令，打开"序列"对话框，在其中有许多选项，下面分别介绍：

◆ **序列产生在**：选择序列是产生在行还是列。

◆ **类型**：设置序列的类型，如等差序列、等比序列、日期等。

◆ **日期单位**：若选择日期类型序列，激活该栏内容，可选择是以哪种单位来计量。

◆ **预测趋势**：选中该复选框表示按照默认的步长为1的预测趋势进行自动填充。

◆ **步长值**：确定单元格前一项与后一项的差值。

"序列"对话框据■

◆ **终止值**：确定序列的最后一个数据。

下面通过一个实际操作来介绍使用自定义序列填充的方法，其操作步骤如下：

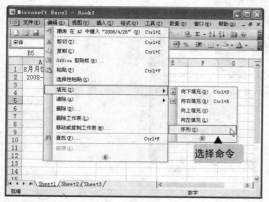

01 在A1单元格中输入"8月月饼优惠"，在A2单元格中输入起始日期，如"2008-8-1"。选择该单元格，选择"编辑"→"填充"→"序列"命令。

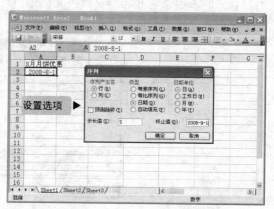

02 打开"序列"对话框，分别设置序列产生在"行"、"类型"为"日期"、"日期单位"为"日"，在"步长值"文本框中输入"5"，在"终止值"文本框中输入"2008-9-1"，单击"确定"按钮。

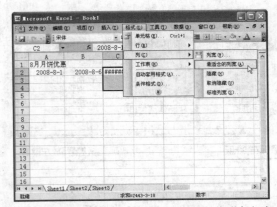

03 这时序列将根据设置的步长值和最终值来自动放置数据，填充到行中的6个单元格中。此时日期长度超过了单元格列宽，选择未显示的后面的列，可以再选择"格式"→"列"→"最适合的列宽"命令。

04 被隐藏的数据将以最适合的列宽显示出来。用户可以继续在其他单元格中输入具体内容。

8.3 编辑单元格数据
编辑操作发生在输入数据后需要进行调整修改时

对于输入的数据通常还需进行各种编辑操作，以满足实际的需要。单元格中数据的编辑操作通常包括最基础的修改数据、移动或复制数据、查找和替换数据等，下面分别介绍这些操作方法。

8.3.1 用不同方式修改数据

在介绍修改数据的方式之前我们可以先来了解一下 Excel 的编辑状态。当单元格进入数据编辑状态时，通常有几种特征：单元格中出现文本插入点；编辑栏中出现✕、✔符号；状态栏左下角出现"编辑"提示字样，如下图所示。

■单元格编辑状态

文本插入点若出现在单元格中，就表示此时可对单元格中的数据进行编辑操作，这是能对数据进行修改的特征之一。

下面总结3种修改单元格中数据的操作方法。

◆ **插入光标进行修改**：找到需要修改的单元格，双击插入光标，即可进入单元格的编辑状态，此时可选择其中的部分内容，将其删除后再修改；或者直接增加内容，按【Enter】键完成修改。当单元格中原内容不太多，且不必修改全部内容时，这种方式很方便。

◆ **选择单元格修改**：选择有数据的单元格后直接输入数据，新输入的数据将直接替换原数据。这种方式适合于修改数据不多，但要进行全部内容的修改时。

◆ **在编辑栏中修改**：选择需要修改的单元格后，单击编辑栏将光标插入编辑栏中，然后就可以按照常规方法在其中修改数据了。这种方法适用于单元格原内容比较多，但又只需要修改其中一部分内容时，这时直接选择相应的内容进行修改即可，非常方便。

8.3.2 移动或复制数据

通常在 Excel 中进行数据的移动或复制操作时，用户大多数是移动或复制单元格中的全部信息。下面介绍几种移动或复制数据的方法。

1. 使用鼠标右键

使用鼠标右键进行操作能快速移动或复制单元格数据，下面通过一个实际操作来介绍在 Excel 中使用鼠标右键移动或复制数据的方法，其操作步骤如下：

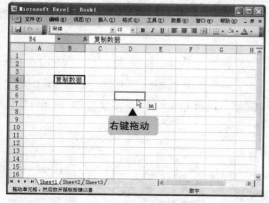
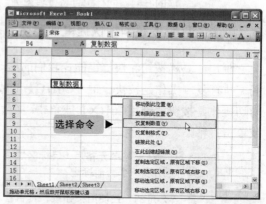

01 选择需要移动或复制数据的单元格，将鼠标指针指向选择区域边缘，按住鼠标右键拖动。

02 当拖动至需要的单元格时松开鼠标，将弹出快捷菜单，在其中选择各命令即可。

2. 使用"选择性粘贴"对话框

使用"选择性粘贴"对话框能更灵活多样地移动复制单元格数据，选择需要复制的单元格，按【Ctrl+C】组合键复制数据，然后将光标定位在指定位置。选择"编辑"→"选择性粘贴"命令，打开"选择性粘贴"对话框，在该对话框中选择粘贴方式，单击"确定"按钮即可。对话框中各选项的含义如下：

◆ **全部**：粘贴单元格中的全部信息。

◆ **公式**：只粘贴单元格中的公式。

◆ **数值**：只粘贴单元格中的数值及公式结果。

◆ **格式**：只粘贴单元格中格式信息。

◆ **批注**：只粘贴单元格中的批注。

◆ **有效性验证**：只粘贴单元格中的有效信息。

◆ **边框除外**：粘贴除边框外单元格中的所有信息。

◆ **列宽**：粘贴单元格中的列宽信息。

◆ **公式和数字格式**：粘贴公式和数字的格式，但不粘贴数据内容。

◆ **值和数字格式**：粘贴数值和数字格式，但不粘贴公式。

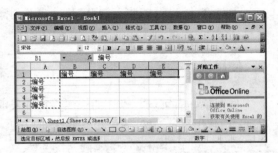

"选择性粘贴"对话框■

技巧
Skill

将列转换为行

在 Excel 中，通过选择性粘贴功能可以将列转换为行，方法是先复制或剪切某列内容，然后选择粘贴目标位置，再选择"编辑"→"选择性粘贴"命令，在打开对话框中选中"转置"复选框，确定后即可在目标单元格区域内粘贴时将其转成行，改变复制区域的方向。同样也可将行转为列。

3. 单击工具栏按钮和按快捷键快速完成

使用工具栏按钮和快捷键能让我们的移动和复制操作更加快捷，其操作方法与 Word 中相同，执行复制操作是按快捷键【Ctrl+C】，或单击"常用"工具栏中的"复制"按钮 ；执行剪切操作是按快捷键【Ctrl+X】或单击"剪切"按钮 ；执行粘贴操作是按快捷键【Ctrl+V】或单击"粘贴"按钮 。

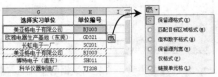

读者提问
Q+A

Q: 在粘贴单元格后，目标区域右下角为什么会出现一个智能标记？

A: 是的，在使用按钮或快捷键移动或复制数据时，粘贴单元格后都会在目标区域右下角都会出现一个智能标记。单击它将弹出一个快捷菜单，在其中可以选择粘贴数据的方式，如右图所示。

4. 用拖动的方式实现

除了使用按钮和快捷键外，还可以使用拖动方式对数据进行移动和复制，这种方式适合小范围内的移动和复制。操作过程中，移动和复制基本相同，唯一的区别在于是否按【Ctrl】键。下面是拖动的两种实现方式：

◆ **移动数据**：选择需要移动数据的单元格，将鼠标指针放到该单元格的边框上，当鼠标指针变成 形状时，按住鼠标左键拖动到目标单元格后释放鼠标即可。

◆ **复制数据**：选择需要复制数据的单元格，将鼠标指针放到该单元格的边框上，当鼠标指针变成 形状时按住【Ctrl】键，再按住鼠标左键拖动至目标单元格后释放即可。

提示
Attention

在移动或复制数据时，如果选择的是区域，在选择目标单元格时可以不用选择完整的区域，只要选择该区域左上角的单元格就可以了，因为 Excel 会自动将原始数据所在的单元格区域完整地粘贴到目标位置，如果该位置已有数据，用拖动的方法时 Excel 还会提示"是否替换目标单元格内容？"。

8.3.3 查找、替换和定位数据

在 Excel 中，使用查找和替换数据可以帮助用户快速定位到满足查找条件的单元格，而且能方便地将单元格中的数据替换为需要的内容。

1. 查找数据

下面通过一个实际操作来介绍在Excel中查找数据的方法，其操作步骤如下：

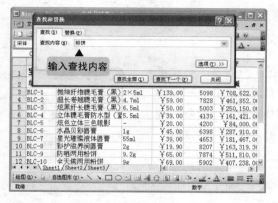

01 打开工作表，选择"编辑"→"查找"命令，打开"查找和替换"对话框的"查找"选项卡，在"查找内容"文本框中输入需要查找的内容。

02 单击"查找下一个"按钮，系统将自动定位到与查找内容相符合的第一个单元格。继续单击该按钮将查找到其他符合条件的单元格。

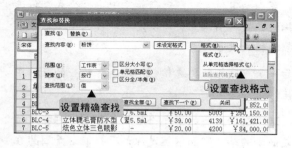

提示
Attention

在"查找和替换"对话框中单击"选项"按钮，可以展开设置查找属性的面板，在其中可设置查找的范围和搜索方式等。另外若单击"格式"按钮右侧的 按钮，在弹出的菜单中可以设置查找内容的格式或从单元格中选择格式。使用这两种方法可进行更为精确的查找。

2. 替换数据

替换与查找的操作基本相同，通过该功能可一次性替换大量相同的数据。

下面通过一个实际操作来介绍在 Excel 中替换数据的方法，其操作步骤如下：

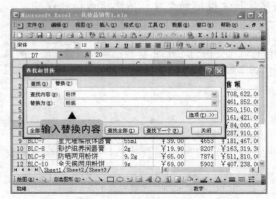 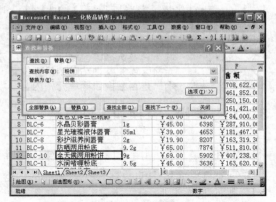

01 打开工作表，选择"编辑"→"替换"命令，打开"查找和替换"对话框的"替换"选项卡，在"查找内容"文本框中输入需查找的内容，在"替换为"文本框中输入替换内容。

02 设置好条件后单击"替换"按钮，可以逐个替换搜索到的内容；单击"全部替换"按钮，可以一次性替换所有搜索到的内容。同样单击"选项"按钮可设置精确替换选项。

3. 定位选取

前面介绍的查找与替换功能主要是通过对数据的内容或格式进行判断来确定目标对象，而 Excel 中还有一种定位功能，它是一种特殊的选取单元格的方式，主要用来选取内容没有规则但有一定条件规则的单元格。选择"编辑"→"定位"命令，打开"定位"对话框，在其中单击"定位条件"按钮，在打开的"定位条件"对话框中即可设置定位选取的条件，如右图所示。"定位条件"对话框中各单选按钮常用于实现以下几个主要方面的功能：

"定位条件"对话框■

◆ 定位"公式"：在实际工作中，我们会设许多公式，为防止一不小心修改了这些公式，我们会把公式单元格字体设置为其他颜色，一个个去设置当然不符合高效办公的原则，这时可在"定位条件"对话框中选中"公式"单选按钮（在其下的复选框中还可进行更细的公式选项设置），确定后即可选中工作表中所有公式所在单元格，然后再进行相应的格式设置即可。

◆ 定位"最后一个单元格"：选中"最后一个单元格"单选按钮，在内容较多的表格中可实现快速移动光标到最后一个单元格。

◆ 定位"可见单元格"：在分类汇总下，选定我们需要的单元格后进行复制，到指定位置后进行粘贴，却发现粘贴的结果不是显示的结果，而依然是原始数据，这是因为在选定时不仅选取了显示的单元格，而且隐藏的单元格也被选中了，这时若在"定位条件"对话框中选中"可见单元格"单选按钮，则可达到想要的目的。

◆ 定位"引用单元格"：选取一部分单元格区域，然后选中"引用单元格"单选按钮，确定后可选取单元格区域内被引用的所有单元格。

Chapter 9

美化Excel表格

为表格设置字体格式、边框底纹、颜色，然后再为表格插入图形、图片等对象，能更好地美化表格，让用户制作的工作表内容更加完美。

本章要点：

设置字体格式
设置单元格格式
插入图形和图片
插入艺术字和文本框

知识等级：

Excel进阶者

建议学时：

100分钟

参考图例：

技巧
特别方法，特别介绍
提示
专家提醒注意
问答
读者品评提问，作者实时解答

9.1 格式化 Excel 表格

对表格内容和表格本身进行格式化操作

在 Excel 工作表单元格中输入数据后，通常还需对单元格中的各种数据格式进行设置，以使表格更为美观。另外对于表格本身的格式也可进行设置。

9.1.1 设置字体格式

在设置字体格式时，用户可以选择整个单元格，对单元格中所有文字进行设置；还可以将光标插入到需要设置的单元格中，选择其中部分文字进行设置。

使用不同的字体格式可以让工作表中的内容进行适当的区分，在 Excel 中设置字体格式与 Word 相同，可通过"格式"工具栏和"字体"对话框进行，其操作方法这里不再介绍。

9.1.2 设置单元格对齐方式

为了使表格中的数据排列整齐，可以为单元格设置对齐方式。单元格对齐方式是指文本在单元格中的排列规则，其中包括水平对齐和垂直对齐两种。

水平对齐是将单元格中数据在水平方向对齐，通常使用的有"靠左"、"居中"、"常规"、"靠右"和"填充"等对齐方式；而垂直对齐是将单元格中的数据在垂直方向上对齐，包括"靠上"、"居中"、"靠下"、"两端对齐"、"分散对齐"等对齐方式。

设置单元格数据的对齐方式有以下两种方法：

◆ 使用"格式"工具栏中的对齐方式按钮，▤、▤、▤分别用于设置水平方向上的"左对齐"、"居中对齐"和"右对齐"。

◆ 使用"单元格格式"对话框，选择"对齐"选项卡，在"水平对齐"或"垂直对齐"下拉列表框中选择需要的对齐方式。

下面通过一个实际操作来介绍在表格中设置对齐方式的方法，其操作步骤如下：

01 打开一个需要设置对齐方式的工作表，选择单元格区域，再选择"格式"→"单元格"命令。

02 打开"单元格格式"对话框，选择"对齐"选项卡，在"水平对齐"、"垂直对齐"下拉列表框中分别选择各对齐选项即可。

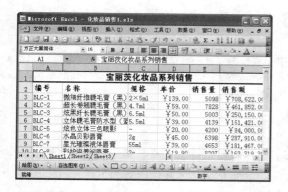

03 单击"确定"按钮，返回到工作表中，可以看到表格中的文本格式已经被设置为水平和垂直居中。

提示 Attention 一般工作表中都包含一个标题，用户需要将标题居中显示，这时可以使用合并居中功能。选择标题所在的单元格区域，单击"格式"工具栏中的"合并及居中"按钮即可。

提示 Attention 在"单元格格式"对话框的"对齐"选项卡右侧有一个输入旋转角度的数值框，在其中输入一个数值，可以设置文本旋转的角度。右图所示为设置旋转角度为20°的效果。

设置文本旋转■

9.1.3　设置单元格边框

在 Excel 中虽然可看到单元格四周都有边框，但这只是显示效果，而在实际打印时不会出现。为了让表格在打印纸张上更方便查看，于是需要为表格中不同部分添加边框，这在一定程度上也可起到美化表格的使用。

在 Excel 中可以使用"格式"工具栏和"单元格格式"对话框设置单元格边框，还可以采用绘制边框的方法进行设置。下面通过一个实际操作来介绍设置的方法，其操作步骤如下：

01 选择需要添加边框的单元格或单元格区域，选择"格式"→"单元格"命令，打开"单元格格式"对话框，选择"边框"选项卡，从"边框"栏中可看到当前选中区域并没有边框效果。

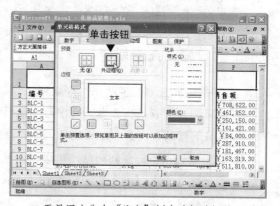

02 于是用户先在"线条"栏中选择边框的线型和颜色，然后可在"预置"栏中选择系统预设的"外边框"、"内部"或"无"边框效果，这里单击"外边框"按钮应用该样式。

03 单击"确定"按钮，回到工作表中，得到添加边框样式后的单元格效果。

自定义边框样式

除了选择预置的边框样式外，在设置了边框线条样式和颜色后，分别单击"边框"栏预览区左、下侧的按钮，可分别对选中单元格区域的上、下、左、右边框进行样式自定义。

9.1.4　设置单元格底纹

除了边框外还可为单元格添加底纹颜色或样式，这样可以让表格有更多一些变化，设置单元格底纹也是通过"单元格格式"对话框来完成的，下面介绍具体操作步骤如下：

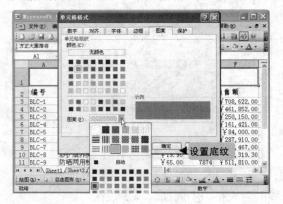

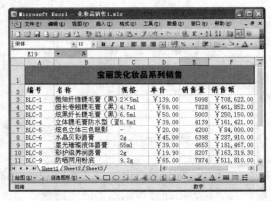

01 选择需要添加底纹的单元格或单元格区域，选择"格式"→"单元格"命令，在"单元格格式"对话框中选择"图案"选项卡，在"颜色"栏中选择一个填充颜色，在"图案"下拉列表框中可选择一种纹路样式和颜色。

02 完成后单击"确定"按钮回到表格中，得到添加底纹的单元格效果。

快速设置单元格颜色

单击"格式"工具栏中的"填充颜色"按钮，在其下拉列表框选择一种颜色即可为所选单元格设置填充颜色。

9.1.5　设置行高与列宽

默认情况下 Excel 各单元格行高和列宽都为相同的，但在不同单元格中输入了数量不等的内容时，可能会造成某些数据因超出范围而显示不全，这时用户可根据内容的多少或字体大小来调整表格的行高和列宽，这样能使工作表变得更为美观。

如果要大致调整行高和列宽，可以使用鼠标来调整，其方法主要有以下两种：

◆ 将鼠标指针指向工作表上方需要调整列的列号右边界，当鼠标指针变为╬时按住鼠标左键进行拖动可改变列宽；将鼠标指针某行号边界，当指针变为╪时按住鼠标左键拖动即可改变行高。

◆ 选择多列或行后，拖动任意列的右边界可以改变所选列为相同的列宽；如果拖动任意行的下边界可以改变所选行为相同的行高。

如果要精细调整行高与列宽，就需要通过对话框设置参数来调整，下面介绍具体操作步骤如下：

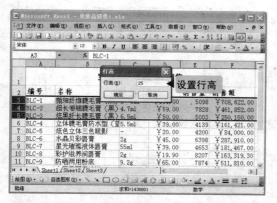

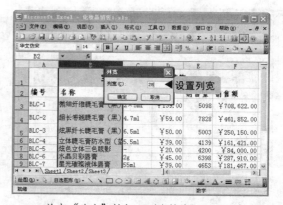

01 选择需要设置的行，选择"格式"→"行"→"行高"命令，打开"行高"对话框，在"行高"文本框中设置参数，如25。

02 单击"确定"按钮回到表格中，可看到各行行高发生了变化。再选择要设置列宽的单元格区域，然后选择"格式"→"行"→"列宽"命令，打开"列宽"对话框，在"列宽"文本框中设置参数，如28。

03 单击"确定"按钮回到表格中，完成列宽的设置。

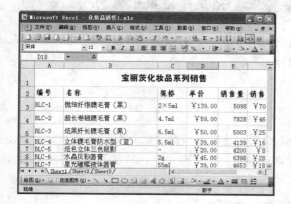

技巧
Skill

自动调整行高和列宽

选择某单元格区域，选择"格式"→"行"→"最适合的行高"命令或"格式"→"列"→"最适合的列宽"命令，即可将单元格行高或列宽设置为与其中内容相符合的大小。

9.1.6 自动套用表格格式

在 Excel 中还自带了一些比较常见的表格格式，这些自带格式可以直接套用，免去了用户分别自定义的麻烦。下面通过一个实际操作来介绍自动套用表格格式的方法，其操作步骤如下：

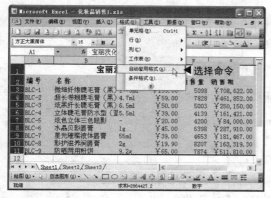

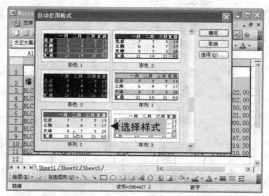

01 选择需要格式化的单元格区域，选择"格式"→"自动套用格式"命令。

02 打开"自动套用格式"对话框，选择所需的表格格式，如"序列2"。

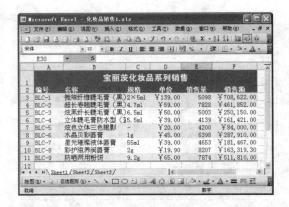

03 单击"确定"按钮回到工作表中，对部分单元格稍做调整，得到自动套用表格格式后的最终效果。

提示
Attention

单击"自动套用格式"对话框中的"选项"按钮，其底部将展开"要应用的格式"栏，在其中可以选择要套用样式中具体的格式设置项，如下图所示。

要应用的格式		
☑ 数字(N)	☑ 字体(F)	☑ 对齐(A)
☑ 边框(B)	☑ 图案(P)	☑ 列宽/行高(W)

9.2 在表格中插入对象

在表格中插入对象能丰富电子表格的内容

Excel 和其他 Office 组件一样，为了丰富电子表格的内容，可以从"剪辑库"中插入剪贴画或图片，也可以插入计算机内部收藏的其他图片。

9.2.1 在表格中插入图片和图形

在 Excel 中插入图片或图形的方法与 Word 相同，这里不再做介绍。而将其插入到工作表中后，通过"图片"工具栏即可对其进行各种常规编辑，下面再介绍一下该工具栏中各按钮的作用，其操作方法也与 Word 相同。

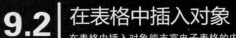

■ "图片"工具栏

◆ "插入图片"按钮：单击此按钮，打开"插入图片"对话框，在此对话框中选择需要插入的图片。

◆ "颜色"按钮：单击此按钮，其下拉菜单中包括"自动"、"灰度"、"黑白"、"冲蚀"4 个命令，选择不同的命令会有相应不同的显示效果。

◆ "增加对比度"按钮：单击此按钮可增加图片的对比度。

◆ "降低对比度"按钮：单击此按钮可降低图片的对比度。

◆ "增加亮度"按钮：单击此按钮可增加图片亮度。

◆ "降低亮度"按钮：单击此按钮可降低图片亮度。

◆ "裁剪"按钮：单击此按钮可裁剪图片，去除图片的多余部分。

◆ "向左旋转"按钮：单击此按钮将使图片向左旋转90°。

◆ "线型"按钮：单击此按钮会出现线型下拉菜单，选择其中的线型可为图片添加边框。

◆　"压缩图片"按钮█：单击此按钮将弹出"压缩图片"对话框，设置好相关选项后单击"确定"按钮，可压缩图片大小。

◆　"设置图片格式"按钮█：单击此按钮可以打开"设置图片格式"对话框，在此对话框中可做相关的图片设置。

◆　"设置透明色"按钮█：单击此按钮，然后单击图片的某处，可将此处的颜色设为透明。

◆　"重置图片"按钮█：单击此按钮，可将图片恢复到原始状态。

同样，如果需要对图片进行更为详细和精确的设置，可在双击图片后打开的"设置图片格式"对话框中进行相关操作。

9.2.2　在表格中绘制自选图形

在 Excel 表格中同样可以绘制各种形状各异的自选图形，如各种线条、连接符、基本图形、箭头、流程图、星与旗帜及标注等。

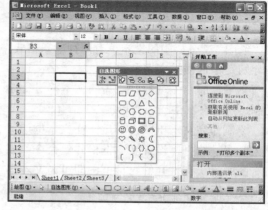

其绘制方式与 Word 中相同，主要是通过"自选图形"工具栏来完成。选择"插入"→"图片"→"自选图形"命令，即可在屏幕中显示出"自选图形"工具栏，单击各分类按钮，在弹出的菜单中选择不同的图形选项，然后在工作表中拖动即可绘制，如右图所示。

绘制自选图形■

提示
Attention

在绘制图形时，可以单击工作表下方的"绘图"工具栏中的"自选图形"按钮，一样可以选择绘制图形。

9.2.3　在表格中插入其他对象

在工作表中除了可以插入图形和图片外，还可以插入艺术字、文本框以及超链接等。

1. 插入艺术字

对于某些工作表的标题或一些特殊的文本内容，可以通过艺术字的形式进行表现，这样更为突出和醒目。在 Excel 中使用艺术字的方法与 Word 相同，在插入艺术字后，通过"艺术字"工具栏即可对其属性进行设置，下面再来了解一下其中各按钮或选项的作用。

■"艺术字"工具栏

◆　"艺术字库"按钮█：可打开"艺术字库""对话框，以选择新的艺术字样式。

◆ "设置艺术字格式"按钮：可打开"设置艺术字格式"对话框，在其中可为选择的艺术字设置格式。

◆ "艺术字形状"按钮：可打开"艺术字形状"列表，选择相应的选项即可将选择的艺术字设置成指定的形状。

◆ "艺术字字母高度相同"按钮：可为指定的艺术字设置成高度相同的字母。

◆ "艺术字竖排文字"按钮：可将艺术字竖向排列。

◆ "艺术字对齐方式"按钮：可打开"对齐方式"列表，选择相应的选项即可将选择的艺术字设置成指定的对齐方式。

◆ "艺术字字符间距"按钮：可打开"字符间距"列表，选择相应的选项即可将选择的艺术字设置成指定的字符间距。

2. 插入文本框

文本框是一种灵活的文本表达方式，使用它可将文本放置在工作表中任意位置。在"绘图"工具栏中的文本框有两种输入格式，分别是输入横排文字和输入竖式文字，在输入文字之前，先选择好所需的文本框进行绘制，然后在其中输入即可。

制作完文本框的内容后，在文本框边框上右击，选择"设置文本框格式"命令，如右图所示，在打开的对话框中即可为文本框设置边框、填充等其他效果。

电子表格中的文本框■

3. 插入超链接

将超链接插入到表格中，当用户在工作表中设置数据或文件时，单击这些超链接，就可以跳转到或打开相对应的文件。

选择要创建超链接的文字或图片，选择"插入"→"超链接"命令，打开"插入超链接"对话框，选择要链接的文件，然后单击"确定"按钮即可。插入超链接后，将鼠标移动到设置超链接的文字上，鼠标指针将变为手形状，单击超链接文字，即可打开链接到该文字的文档。

■ "插入超链接"对话框

提示
Attention

在表格中插入超链接后，在设置了链接的对象上右击，选择"编辑超链接"命令，在打开的"编辑超链接"对话框中即可更改链接的数据或文件。

技巧
Skill

在 Excel 中插入其他对象类型

在工作表中选择"插入"→"对象"命令，打开"对象"对话框，在"对象类型"列表框中选择一种对象类型，单击"确定"按钮即可在工作表中插入该对象。

Chapter 10

公式、函数与图表

Excel 中最强大的功能之一就是数据的计算功能，用户可以运用公式和函数快速对表格中的数据进行计算，然后再通过图表对数据进行分析。

本章要点：

使用公式和函数
创建和编辑图表
数据透视表
数据透视图

知识等级：

Excel进阶者

建议学时：

120分钟

参考图例：

技巧
特别方法，特别介绍
提示
专家提醒注意
问答
读者品评提问，作者实时解答

10.1 使用公式进行数据处理

使用公式处理数据非常方便和快捷

通过使用公式，用户可以快速处理数值，执行各种计算，最后得出准确的结果。

10.1.1 了解公式结构

在 Excel 中，公式具有其特定的语法或结构：最前面是等号"="，后面是参与计算的运算符和元素，其中每个元素都可以是常量数值、单元格，或引用单元格区域、标志或名称等，如下图中的公式"=C5+D5-E5"。下面对公式中涉及的几个主要概念进行介绍。

◆ 运算符：公式的基本元素，利用它可对公式中的元素进行特定类型的运算，如"+"（加）、"*"（乘）、"/"（除）和"&"（文本连接符）等。

◆ 数值或任意字符串：包括数字或文本等各类数据。

◆ 单元格引用：指要进行运算的单元格地址，如右图中的单个单元格"C5"等，另外还可以是单元格区域。

公式表达式■

10.1.2 创建公式

要在单元格中使用公式，需要先输入该公式，其输入方法与输入文本相似，选择单元格直接输入或在编辑栏中输入均可。

下面通过一个实际操作来介绍创建公式的方法：

01 打开工作表，选择单元格，将文本插入点定位于编辑栏中，然后输入"="，并在后面输入需要计算的数值，如"497+231-391"。

02 按【Ctrl+Enter】组合键，单元格中将显示计算后的结果。

当用户要对输入的公式进行编辑时，可以修改公式中的运算符和元素，其修改方法与修改文本相似，完成后按【Ctrl+Enter】组合键可得到修改后的结果。

10.1.3 命名公式

为了便于公式的使用和管理，用户可以给公式命名。选择含有公式的单元格后选择"插入"→"名称"→"定义"命令，打开"定义名称"对话框，在文本框中输入名称，单击"添加"按钮即可为公式命名，然后再单击"确定"按钮完成操作。

"定义名称"对话框 ■

在以后运用公式时，用户只需选择需要计算的单元格，在编辑栏中输入公式名，单击"输入"按钮☑，公式即可被引用并在相应的单元格中显示计算值。

10.1.4 复制公式

对于包含了单元格引用的公式（具体使用方法在下一节介绍），通过复制可快速将公式应用到其他单元格并计算出结果，下面先来介绍复制公式的方法。

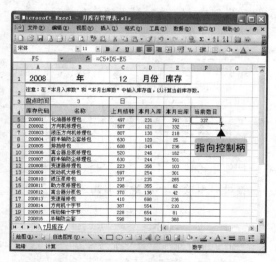

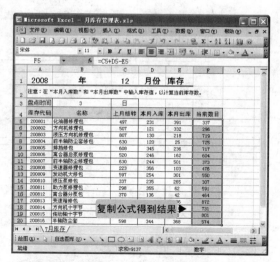

01 假设某单元格中存在着包含引用的公式，现在希望其下的单元格也依次计算出对应的数值。于是将鼠标指针指向该单元格边框右下角的控制柄上，鼠标指针变为 ✚ 形状。

02 按住鼠标左键向下拖动，到最后一个单元格释放鼠标，此时可看到各单元格中都生成了公式并计算出了正确的结果。

10.1.5 单元格引用

在实际使用公式计算数值时，并不总是要求用户在公式中输入具体的数值，而是通过数值所在单元格的名称来代替数据本身进行计算，这就是单元格引用，它的作用在于替代工作表上的单元格或单元格区域，并指明公式中所使用的数据的来源地址。

在 Excel 中的引用分为相对引用、绝对引用以及混合引用，它们具有不同的含义，在公式计算时都常会使用到。

◆ 相对引用包含了当前单元格与公式所在单元格的相对位置。在默认情况下，Excel 2003 使用的都是相对引用，当公式所在单元格的位置改变，引用也随之改变，如上面复制公式时的示例，可看到各单元格中得到的公式在位置上都是相对改变的，这正是我们计算数据的真实需要。

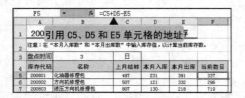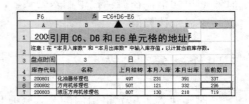

◆ 绝对引用是指将公式移动位置后，公式中的单元格地址固定不变，与包含公式的单元格位置无关。在形态上绝对引用与相对引用的区别在于，绝对引用的单元格列标和行号之前加入了符号"$"。

◆ 混合引用是指在一个公式的引用中，既有绝对单元格地址引用，又有相对单元格地址引用。如果公式所在单元格的位置改变，则相对引用改变，而绝对引用不变。混合引用的方法与绝对引用的方法相似。

技巧
Skill

在相对引用与绝对引用之间进行转换

要在相对引用与绝对引用间进行转换，可直接在单元格列标和行号前增减符号"$"；也可在公式的单元格地址前或后按【F4】键，如"A4"，第 1 次按【F4】键变为"A4"，第 2 次按【F4】键变为"A$4"，第 3 次按【F4】键变为"$A4"，第 4 次按【F4】键变为"A4"。

10.2　使用函数处理数据

用户可以利用函数处理复杂的计算

Excel 将一些具有特定功能的公式定义为函数，它使用一些称为参数的数值来按特定的顺序或结构进行计算。函数的结构为"=函数名(参数 1,参数 2,…)"，各部分的含义如下：

◆ **函数名**：即函数的名称，每个函数都有唯一的函数名，如求和函数（SUM）和求平均值函数（AVERAGE）等。

◆ **参数**：是函数中用来执行操作或计算的值。可指定为函数参数的类型都必须为有效参数值，这包括以下几种类型。

● **常量**：是指在计算过程中不会发生改变的值，如数字和文本。

● **数组**：是用来创建可生成多个结果，或对行和列中排列的一组参数进行计算的单个公式。

● **单元格引用**：与公式表达式中的单元格引用含义相同。

● **逻辑值**：即真值（TRUE）或假值（FALSE）。

● **错误值**：即形如"#N/A"、"空值"等的值。

● **嵌套函数**：是指将函数作为另一个函数的参数使用，Excel 中的公式最多可以包括 7 级嵌套函数。

10.2.1　手动插入函数

在 Excel 工作表中插入函数有两种常用方法，分别是手动插入和通过对话框插入函数。

对于一些单变量函数可采用手工输入的方式，输入方法较为简单，只需在单元格或编辑栏中输入"="号后跟着输入函数及函数里的参数即可，如"=MAX(A1:A5)"（求最大值）。另外对于单元格引用，用户除了可手动输入外，也可在输入公式或函数时直接选择需要的单元格或单元格区域，这比完全手动输入要快捷得多，例如同样是求最大值，可采用以下方法。

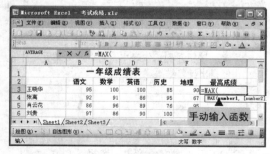

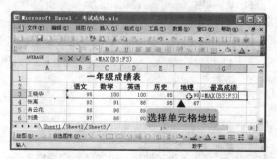

01 选择工作表中准备存放计算结果的单元格，在其中依次输入"=MAX("，下面准备输入单元格引用。

02 于是直接在工作表中拖动选择要参与计算的单元格区域，其地址即出现在函数公式中，最后再输入右括号后按【Ctrl+Enter】组合键得到结果。

10.2.2 通过对话框插入函数

对于一些功能较复杂的函数，如果不清楚怎么输入其表达式，可通过对话框来选择插入函数，其操作步骤如下：

01 选择工作表中准备存放计算结果的单元格，然后选择"插入"→"函数"命令，打开"插入函数"对话框。

02 在"搜索函数"文本框中可输入想要实现的功能，软件会帮助从众多函数中进行选择，在"或选择类别"下拉列表框中可选择函数的类别，再在"选择函数"列表框中选择函数，如"AVERAGE"，然后单击"确定"按钮。

03 打开"函数参数"对话框，其中自动判断出了要参与计算的单元格地址，用户也可单击 按钮，然后在工作表中拖动鼠标框选需要参与计算的单元格区域。

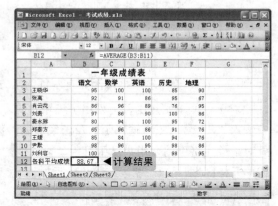

04 单击 按钮返回到"函数参数"对话框中，可看到选择的区域地址出现在其中，再单击"确定"按钮回到工作表中，可以看到单元格中已经得出计算结果。

使用工具栏插入函数

除了使用手动和函数向导插入函数外，还可以使用工具栏插入函数。选择要插入函数的单元格，然后单击"常用"工具栏中的 Σ 按钮右侧的 按钮，在其下拉菜单中选择几种函数命令，如右图所示，此时在指定的单元格中已插入函数，然后按【Enter】键即可。

10.3 创建图表
图表能直观地反映数据之间的关系

图表是工作表数据的图形表达方式，只有在了解不同图表的特点后，才能创建出符合要求的图表。

10.3.1 选取标准图表类型

当用户在创建图表时，Excel 为用户提供了 14 个种类共 73 个图表类型，用户可以通过这些标准图表类型，选择所要创建的图表，当图表被创建后，还可以很方便地改变其类型。

选择"插入"→"图表"命令，即可打开"图表向导"对话框，选择"标准类型"选项卡，即可显示所有标准图表类型。

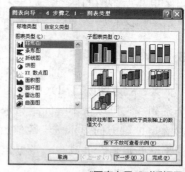

"图表向导"对话框■

1. 柱形图

柱形图一般用来比较一个或多个系列中的数据，通常以时间为基准，这样可以强调数据随时间的变化。这种图表用来展示较短的数据系列效果尤佳。在柱形图中，通常沿水平轴组织类别，而沿垂直轴组织数值，在柱形图中一般包含多种子类型，包括簇状柱形图、堆积柱形图、百分比堆积柱形图、三维柱形图等，都在对话框的右侧的"子图表类型"栏中。

2. 条形图

条形图描述了各个项之间的差别对比情况，这样可以突出数值的比较，而淡化随时间的变化。在条形图中一般包含簇状条形图、堆积条形图、百分比堆积条形图等子图表类型。

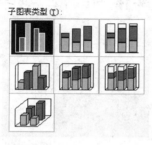

■柱状图

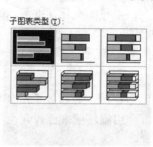

条形图■

3. 折线图

折线图一般采用等间隔显示数据的变化趋势。在折线图中，类别数据沿水平轴均匀分布，所有值数据沿垂直方向分布。它包括折线图、堆积折线图、百分比堆积折线图等子图表类型。

4. 饼图

饼图主要用来显示各部分相对整体所占的比例大小。饼图里没有 X 轴和 Y 轴，而且只能由一组数据系列参与绘图。一般来说，数据会按照从大到小的顺序排列，但这样会使图中较小的扇区更靠近饼图的后端。如果右击饼图，并选择"设置数据系列格式"命令，则可以从中设置"第一扇区起始角度"，从而将小扇区移到图表的前端。

5. XY 散点图

XY 散点图既可用来比较几个数据系列中的数值，也可将两组数值显示为 XY 坐标系中的一个系列。它可以按不等间距显示出数据，有时也称为簇。XY 散点图有两个数值轴，沿水平轴，也就是 X 轴方向显示一组数值数据；沿垂直轴，也就是 Y 轴方向可显示另一组数值数据。散点图将这些数值合并到单一数据点并以不均匀间隔或簇显示。

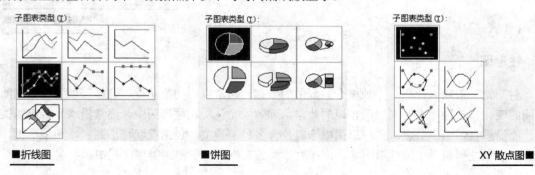

6. 面积图

面积图用于强调幅度随时间的变化，这种图表可以为系列中的每一项画一条线，并将所有数值加在一起以阐明总体的增长。通过显示绘制值的总和，面积图可以显示部分和整体的关系。

面积图适用于突出重量的变化，并且以时间顺序组织数据，它与折线图一样，可以处理大量数据。

7. 圆环图

圆环图有些类似于饼图，显示各个部分与整体之间的关系，不同的是圆环图可以包含多个数据系列。用户可以使用圆环图来比较几个不同的饼图。

8. 雷达图

在雷达图中，每个分类都有其独有的数值坐标轴，这些坐标轴由中点向外辐射，并由折线将同一系列中的值连接起来。所以排列在工作表的行或列中的数据都可以绘制到雷达图中。

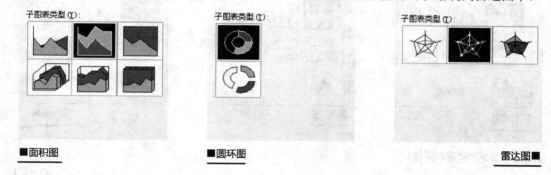

■面积图　　　　　　　　　　■圆环图　　　　　　　　　　雷达图■

9. 曲面图

当需要寻找两组数据之间的最佳组合时，曲面图是很有用的。类似于拓扑图形，曲面图中的颜色和图案是用来指示出在同一取值范围内的区域。当用户想要找出两组数据的联合作用时最适宜此种图表类型。

10. 气泡图

气泡图是一种特殊类型的 XY 散点图，不同的是气泡图包含了 3 个数据系列而不是两个。散点图中 X 和 Y 坐标相交的点的形状是固定不变的，而气泡图中其形状则类似于气泡，气泡图经常用来描述财政或市场调查信息。

11. 股价图

股价图经常用来显示股价的波动，该类中的组合图表类型可以同时绘出成交量。这种图也可以用于科学数据，例如随温度变化的数据。当选择股价图表类型，用户的数据必须完全按照图表类型所规定的顺序排列。

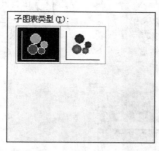
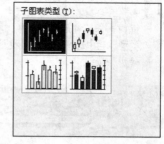

■曲面图　　　　　　　　　　■气泡图　　　　　　　　　　股价图■

12. 圆锥图、圆柱图与棱锥图

圆锥图、圆柱图与棱锥图这 3 种图表类型都是以三维图形来进行表达的，可以更形象地产生数据值变化效果。在很大程度上这些图形元素为标准的三维柱状和条状图表增添了夺目的光彩。

■圆锥图

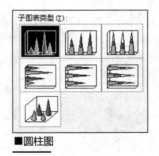

■圆柱图

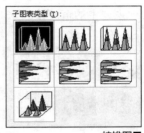

棱锥图■

10.3.2　创建数据图表

在 Excel 中完成表格数据的制作后，就可以开始根据数据创建图表了。下面通过一个实际操作来介绍通过图表向导创建图表的方法，其操作步骤如下：

光盘文件 CD	素材 光盘:\素材\第10章\销售业绩表1.xls	效果 光盘:\效果\第10章\销售业绩表1.xls

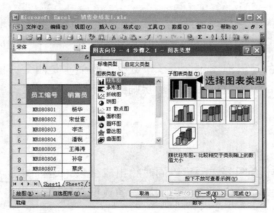

01 打开要创建图表的工作表，选择"插入"→"图表"命令，在打开对话框中"图表类型"列表框中选择"柱形图"选项，在右边的"子图表类型"栏中选择"簇状形状图"，然后单击"下一步"按钮。

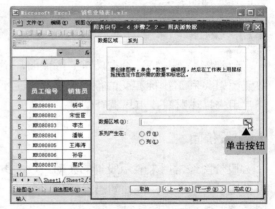

02 在打开的对话框中设置数据区域，可以手动输入，也可单击 按钮在工作表中选择数据来源区域，这里我们使用后一种方法。

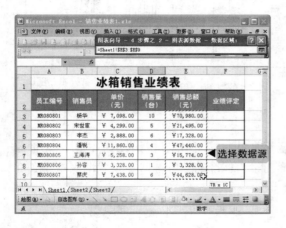

03 单击 按钮后对话框缩小，这时在工作表中选择要参与计算的数据，完成后单击 按钮恢复对话框到原大小。

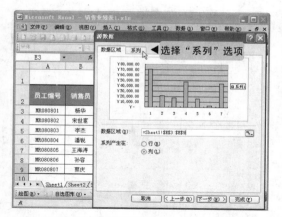

04 此时可看到"数据区域"文本框中出现了引用单元格的地址，上面的预览区中已经显示出图表的大致效果，但还需要进一步设置，于是选择"系列"选项卡。

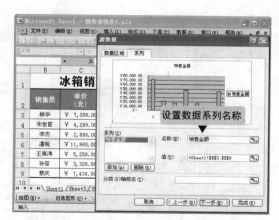

05 在这里将要设置系列的名称，可以手动输入也可以在工作表中选择，这里使用第一种方法，在"名称"文本框中输入"销售金额"。

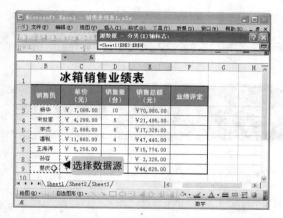

06 下面还要设置分类X轴标志，默认为数字编号，这里我们要将其设置为每个销售员的名字，好与其销售金额对应起来。下面单击"分类（X）轴标志"文本框后面的按钮，然后在工作表中选择销售员的名字所在单元格区域。

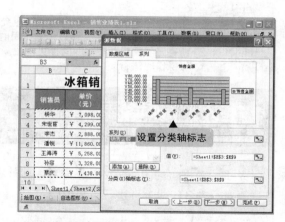

07 然后单击按钮恢复对话框到原大小，此时在预览区可看到销售员名字出现在X轴下侧，且上面的柱状图对应其销售业绩。单击"下一步"按钮。

08 在打开的对话框各选项卡中可分别设置图表各组成部分的详细选项，如标题、坐标轴、图例等，这里只设置图表标题，直接输入即可，完成后单击"下一步"按钮。

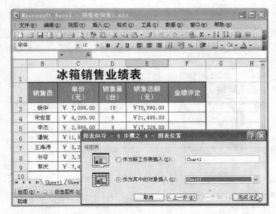
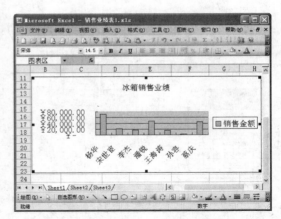

09 在打开的对话框中选择创建的图表是插入到新工作表中还是直接插入到当前工作表中,这里选中第二个单选按钮,然后单击"完成"按钮。

10 图表即被插入到工作表中,从外观上看类似于图形对象,因此可对其大小形状进行调整,完成图表的创建。

提示
Attention

在创建图表的过程中,向导对话框允许用户对图表各组成部分进行详细的设置,但在用户还不太了解某些组成部分具体作用时,可以不对其进行设置,而是直接单击"下一步"按钮甚至"完成"按钮,同样可以生成图表,而未完成的设置工作将在下一节介绍的图表编辑操作时进行。

10.4 编辑图表格式
编辑图表格式,更好地展示和美化图表内容

从上一节创建的图表最终效果来看,其外观并不美观,展示的方式也需要再进行调整,于是需要对图表各组成部分进行格式编辑。

10.4.1 认识图表组成部分

下面先来认识一下常规图表都由哪些部分组成,这将有助于我们更好地编辑图表。

①图表区:图表区是存放图表各个组成部分的场所。

②标题:说明图表主要的用途。

③绘图区:绘图区主要显示数据系列的变化。

④坐标轴:坐标轴主要用于显示数据系列的名称以及其对应的数值,包括 X、Y和Z轴3种。

⑤数据系列:用不同的长度或形状来表示数据的大小或变化。

⑥图例:表示每个数据系列代表的名称。

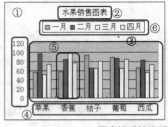
图表组成结构■

10.4.2 调整图表及组成对象的位置和大小

图表在插入到工作表中后其大小为默认值,外形像是一张图片,选中图表后其四周出现控制点，与图形对象一样，拖动控制点可改变图表的大小，但其中各组成部分和文字会根据图表整体大小的改变而自动调整。

按住鼠标左键拖动图表区可改变图表的位置，而在图表区中单击可选中各图表对象，其四周也会出现控制点，调整控制点可改变对象的形状，拖动对象可改变其位置。

10.4.3　调整图表组成部分格式

创建图表后，图表中对象的字体、图表区背景、绘图区样式等都是默认的效果，通常情况下不是太美观，这时需要用户针对各部分分别进行格式设置。

设置的方法通常为在对象上右击，选择相应的格式设置命令，然后在打开的对话框中进行各项设置即可。下面以为前面创建的图表设置格式为例，介绍调整图表各组成部分格式的方法。

光盘文件 CD

素材	效果
光盘：\素材\第10章\ 销售业绩表2.xls	光盘：\效果\第10章\ 销售业绩表2.xls

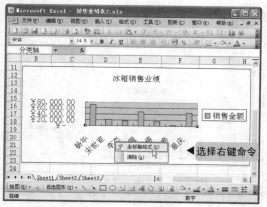

01 先来设置图表中坐标轴的格式，由于X、Y轴文字字体过大使得绘图区过小，且X坐标值内容横向并排放不下，只能斜向摆放，这时需要设置其字体大小和格式，于是在X坐标内容上右击，选择"坐标轴格式"命令。

03 使用同样方法设置Y坐标轴内容的字体格式和大小，这时可看到绘图区自动变大了，X坐标内容也并排放置了，效果比刚才更为美观。

04 使用同样方法可调整标题和图例中文本的字体格式。

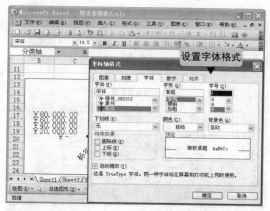

02 在打开的"坐标轴格式"对话框中各选项卡下可分别设置坐标轴对应的格式，这里我们选择"字体"选项卡，在其中调整字体格式和大小，完成后单击"确定"按钮。

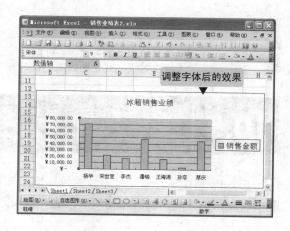

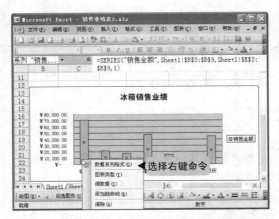

05 下面进一步来美化图表，先来设置各数据系列的格式，于是在柱状图上单击，此时可看到所有柱状图形都被选中了，这时在任意一个图形上单击，选择"数据系列格式"命令。

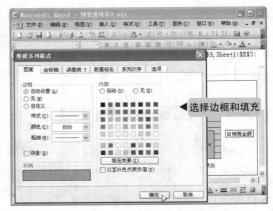

06 在打开的"数据系列格式"对话框中各选项卡下可分别设置数据系列对应的格式，这里我们仅在"图案"选项卡下设置柱状图的边框和内部颜色，对于其他选项读者感兴趣可自行试用并查看效果变化，完成后单击"确定"按钮。

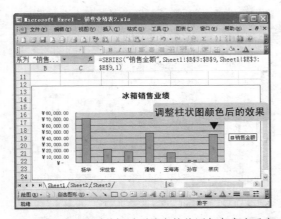

07 此时可看到数据系列的各柱状图颜色发生了变化，用户也可再分别单击选中一个柱状图，使用同样方法设置其为不同的颜色。

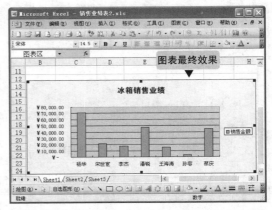

08 使用同样方法还可以设置绘图区的格式和整个图表区的格式，最后得到最终的效果。

提示
Attention

如果要想修改图表数据源，可直接在工作表中对应单元格里修改数据，这样图表即会自动根据表格数据的变化而改变形状。

10.5 数据透视表
数据透视表可以用来完成庞大的数据统计

Excel表格中能存储非常庞大的数据量，当用户输入非常多的数据后，需要对其中的数据进行多种复杂比较时，就可以使用数据透视表来完成。

10.5.1 创建数据透视表

数据透视表是用来从 Excel 数据列表、关系数据库文件或 OLAP 多维数据集中的特殊字段中总结信息的分析工具。用户首先要学习如何创建数据透视表。

下面通过一个实际操作来介绍通过向导对话框创建数据透视表的方法，其操作步骤如下：

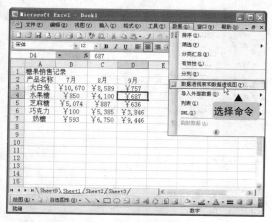

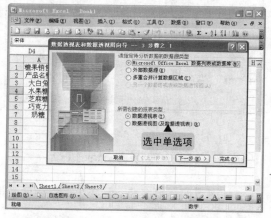

01 单击需建立数据透视表的工作表中的任一单元格。选择"数据"→"数据透视表和数据透视图"命令，打开"数据透视表和数据透视图向导—3步骤之1"对话框。

02 在该对话框中选中"Microsoft Office Excel数据列表或数据库"、"数据透视表"单选按钮，再单击"下一步"按钮。

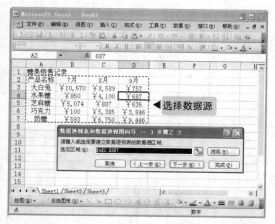

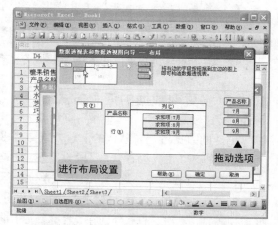

03 打开"数据透视表和数据透视图向导—3步骤之2"对话框，在该对话框中选定数据透视表的数据源区域。

04 单击"下一步"按钮，进入"数据透视表和数据透视图向导—3步骤之3"对话框。单击"布局"按钮，弹出"布局"对话框；将右边的字段拖到左边的图上，设置图表数据。

读者提问
Q+A

Q：在"布局"对话框中如何设置文字位置？

A：可直接拖动文字到中间的方框中，即选择哪些字段作为行，哪些作为列，哪些字段作为页（筛选字段），哪些字段作为汇总数据。

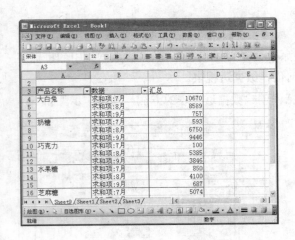

05 单击"确定"按钮，回到"数据透视表和数据透视图向导—3步骤之3"对话框；单击"完成"按钮即可得到数据透视表。

10.5.2 更新数据透视表数据

创建数据透视表后，如果单元格中的数据发生变化，用户可以利用更新数据透视表功能及时更新数据。

更新数据透视表的方法有以下几种：

◆ 选择"数据" → "刷新数据"命令。

◆ 单击"数据透视表"工具栏上的"刷新数据"按钮 。

◆ 在数据透视表中右击，在弹出的快捷菜单中选择"刷新数据"命令。

◆ 在"数据透视表"中单击"数据透视表"按钮，在其下拉菜单中选择"刷新数据"命令。

10.5.3 更变数据的汇总方式

创建的数据透视表默认的汇总方式是"求和"，用户可以通过"数据透视表"工具栏打开"字段设置"对话框重新设置汇总方式。

在数据透视表中，选择汇总方式单元格区域中的任一单元格，再单击"数据透视表"工具栏上的"字段设置"按钮 ，打开"数据透视表字段"对话框。分别在"名称"文本框中重新输入新名称，在"汇总方式"列表框中选择汇总方式即可。

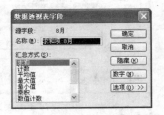

"数据透视表字段"对话框■

10.5.4 显示与分析数据

创建数据透视表后，就可以通过它来显示和分析数据，可以使用"常用"工具栏上的"升序"按钮 和"降序"按钮 以及"排序"对话框来操作。

在数据透视表中，单击列或行字段右边的下拉按钮，打开其字段列表。选定要筛选的字段，然后单击"确定"按钮，数据透视表中将重新显示筛选之后的数据透视表。

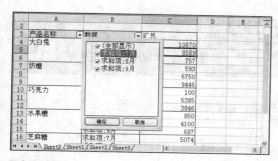

■字段列表

提示
Attention

如果要隐藏或显示某一字段下的数据记录，单击该字段右边的下拉按钮，如单击"数据"字段右侧的下拉按钮，在其下拉列表中，标志☑表示显示数据记录，而标志☐则显示隐藏数据记录。

10.5.5　自动套用数据透视表格式

对于建立好的数据透视表，用户可以通过"数据透视表"工具栏自动套用内置格式。下面通过一个实际操作来介绍自动套用数据透视表格式的方法，其操作步骤如下：

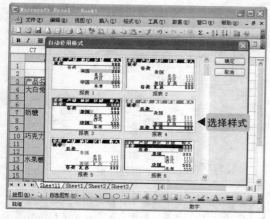

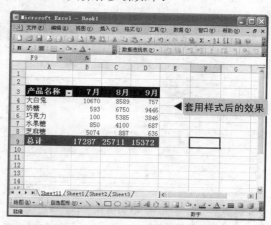

01 选择数据透视表中的任一单元格，单击"数据透视表"工具栏中的"设置报告格式"按钮，打开"自动套用格式"对话框，选择一种样式。

02 单击"确定"按钮即可为数据透视表套用内置格式。

10.5.6　删除数据透视表

如果用户不再使用数据透视表，可以将其删除。右击透视表中的任一单元格，在弹出的快捷菜单中选择"选定"→"整张表格"命令，如右图所示，选定数据透视表，然后按【Delete】键即可删除数据透视表。

■选择命令

10.6 数据透视图

通过数据透视表创建的数据透视图

数据透视表是用表格的形式来显示和分析数据的，而数据透视图则是通过图表的方式来显示和分析数据，它比数据透视表更加直观。

10.6.1 创建数据透视图

数据透视图以图形形式来表示数据透视表，它的创建方式与数据透视表相似。不同的是，在"数据透视表和数据透视图向导—3 步骤之 1"对话框中，应选中"Microsoft Office Excel 数据列表或数据库"、"数据透视图（及数据透视表）"单选按钮。

下面通过一个实际操作来介绍创建数据透视图的方法，其操作步骤如下：

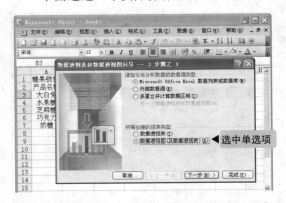

01 选择"数据"→"数据透视表和数据透视图"命令，在打开的对话框中选中"Microsoft Office Excel数据列表或数据库"、"数据透视图（及数据透视表）"单选按钮。

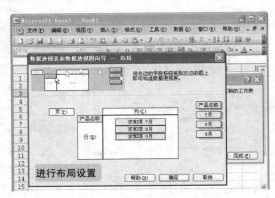

02 单击"下一步"按钮，可看到这时在该对话框的"选定区域"栏中自动指定整个数据清单，单击"下一步"按钮，在打开对话框中单击"布局"按钮，指定数据透视表显示的位置即可。

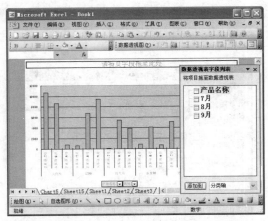

03 单击"完成"按钮，即可在工作簿中插入一个新的图表。

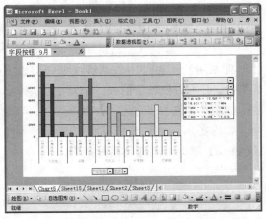

04 创建好数据透视图后，在"数据透视表字段列表"窗格中，需要将项目拖至数据透视表中，才能完成整个数据透视图的创建。

提示
Attention

数据透视图通常有一个使用相应布局的相关联的数据透视表，而相关联的数据透视表是为数据透视图提供源数据的。在新建数据透视图时，将自动创建数据透视表。如果更改其中一个报表的布局，另外一个报表也随之更改。

10.6.2　在数据透视图上进行数据筛选

在数据透视图上也可以对数据进行筛选，并将筛选结果通过透视图表示出来。在数据透视图中，单击页字段右边的下拉按钮，打开页字段列表。在列表中，选定要筛选的字段，然后单击"确定"按钮。

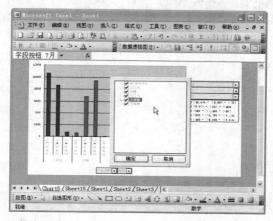

■筛选数据

Chapter 11

数据的处理与分析

Excel 是数据处理方面的专业软件，它除了体现在表格数据的录入与计算外，另外很重要的一点就是可以用来对数据进行处理分析，通过得到的数据结果来指导安排工作。

本章要点：

使用数据记录单
排列数据
筛选数据
使用数据分类汇总

知识等级：

Excel提高者

建议学时：

80分钟

参考图例：

技巧
特别方法，特别介绍

提示
专家提醒注意

问答
读者品评提问，作者实时解答

11.1 ┃ 数据记录单
数据记录单能方便用户建立数据库

我们知道，数据库是一种相关信息的集合，而在 Excel 中我们也将其称为数据清单。在工作表中输入字段或记录时，Excel 会自动创建对应的数据库，而利用数据记录单（管理表格中每一条记录的对话框，如右图所示），可轻松对记录进行添加、修改、查找和删除等操作，方便数据的管理。

选择"数据"→"记录单"命令，即可打开数据记录单对话框，单击其中的"上一条"或"下一条"按钮可以按顺序逐条显示数据清单中的各条记录。

数据记录单对话框■

11.1.1　输入记录

在Excel中列数很多的表格中输入数据时，常常出现输入错位的现象。为了避免这一错误，就可以使用记录单来帮忙，通过记录单可以很方便地在数据清单中输入新记录。

下面通过一个实际操作来介绍输入记录的方法，其操作步骤如下：

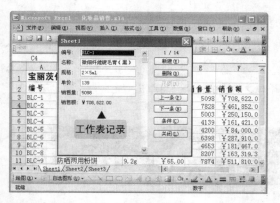

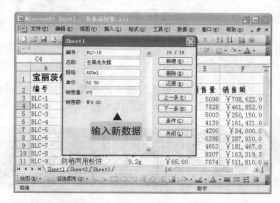

01 打开Excel工作表，选择"数据"→"记录单"命令，打开Sheet1对话框，在其中可看到系统自动创建的数据库中对应于工作表中的各条记

02 选择"新建"按钮，对话框中将显示一个空白记录单，在其中输入新的数据。

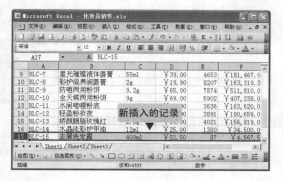

03 按【Enter】键，表格中将自动添加输入的记录并切换到下一条新建记录，通过单击"上一条"按钮可切换浏览，然后单击"关闭"按钮回到工作表，在最末一行可看到新建的一条记录。

提示
Attention

如果用户要修改数据记录，可以在工作表中直接修改，也可打开记录单进行修改。

11.1.2 使用数据记录单查找记录

在比较复杂的数据库中，由于内容较多，如果要一下找到所需的数据可能比较麻烦，这时可以通过在数据记录单中设置查找条件进行快速查找。

下面通过一个实际操作来介绍在工作表中查找记录的方法，其操作步骤如下：

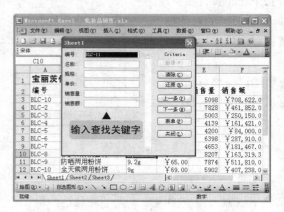

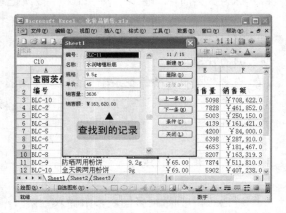

01 在工作表中选择"数据"→"记录单"命令，打开Sheet1对话框，单击"条件"按钮，然后在任意字段文本框中输入查找关键字，如在"编号"文本框中输入"BLC-11"。

02 按【Enter】键，即可显示数据清单中符合条件的记录。

如果通过输入的查找关键字能找到多个与之符合的记录，可单击"上一条"或"下一条"按钮在各条记录间切换查看。

11.2 | 排列数据
将数据排列好能提高用户的工作效率

在 Excel 中，用户可以对表格一列或多列中的数据按照文本、数字，或者日期和时间进行升序和降序排序。在对数据记录排序时，Excel将利用指定的排序顺序重新排列行、列或单元格。排序时可按单个字段也可按多个字段进行排序。

11.2.1 依据单列排序数据

在工作表中如果对数据排序的要求不高，可以使用简单的排序功能，即可以按照表格中的某一列为准，轻易地将表格中的数据按升序或降序排列。

下面通过一个实际操作来介绍在工作表中依据单列排序数据的方法，其操作步骤如下：

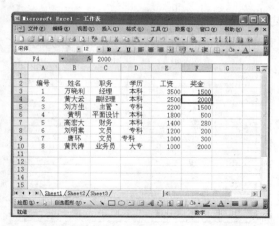

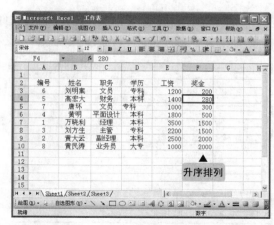

01 打开需要进行排序的工作表，选择需要排序的列中的任一单元格，如选择F4。

02 单击"常用"工具栏中的"升序排列"按钮↓，表格中的数据将按照所选单元格所在列的数据从小到大的顺序排列，其他各列对应的各条数据也将相应进行调整。另外单击"降序排列"按钮↓即可进行降序排列。

11.2.2 依据多列排序数据

如果用户对排序的要求较高，即需对多个字段进行排序，那么可以通过"排序"对话框进行设置。

打开需要排序的工作表，单击数据区域中的任一个单元格，选择"数据"→"排序"命令，打开"排序"对话框，分别在"主要关键字"、"次要关键字"和"第三关键字"下拉列表框中选择排序的关键字并设置排序方式，然后单击"确定"按钮，工作表中的数据即可按照设定的条件进行排序。

"排序"对话框■

■ "排序选项"对话框

技巧
Skill

按行方向进行排序

如果希望对记录按行方向进行排序，即对同一记录上的各数据进行排序，这时只需在"排序"对话框中单击"选项"按钮，弹出"排序选项"对话框，如左图所示，选中"方向"栏下的"按行排序"单选按钮即可。

11.2.3 自定义排序数据

在 Excel 中可以使用自定义排序数据的方式，对有特殊要求的数据进行一些特殊的排序。在进行自定义排序之前，需要先创建自定义排序的规则。

光盘文件
CD

素材	效果
光盘：\素材\第11章\化妆品销售.xls	光盘：\效果\第11章\化妆品销售.xls

下面通过一个实际操作来介绍在工作表中自定义排序数据的方法，其操作步骤如下：

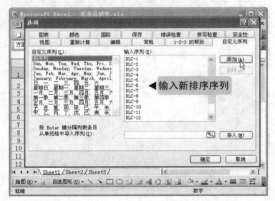

01 打开工作表，先使用前面介绍的方法，对工作表数据按"编号"进行升序排列，从得到的结果可以看出，系统的排序判断不太正确，于是需要自行定义排序依据。

02 于是选择"工具"→"选项"命令，打开"选项"对话框，选择"自定义序列"选项卡，在左侧列表框选择"新序列"选项，然后在右侧"输入序列"文本框中输入自定义的排序顺序。

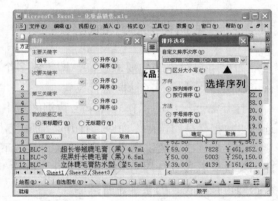

03 单击"添加"按钮将顺序添加在左侧自定义序列中，然后再单击"确定"按钮回到工作表中。选择"数据"→"排序"命令，打开"排序"对话框，设置主要关键字为"编号"，排序方

04 单击对话框中的"选项"按钮，弹出"排序选项"对话框，在"自定义排序次序"下拉列表框中选择刚才自定义的序列。

05 单击"确定"按钮回到"排序"对话框中，再次确定后，得到按照顺序编号排列的工作表。

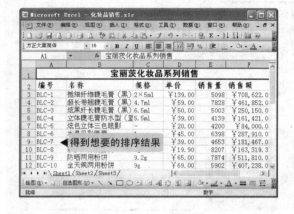

提示
Attention

在输入自定义序列时，如果内容较多，可以单击下面的 按钮，在工作表中选择将排序依据导入到"自定义序列"文本框中。

11.3　数据筛选

数据筛选能帮助用户准确找到所需数据

使用 Excel 中的数据筛选功能可以帮助用户快速而准确地找到所需数据，并且显示出来，给用户的工作带来了极大的方便。

11.3.1　自动筛选

自动筛选一般用于简单的条件筛选，筛选时将不满足条件的数据暂时隐藏起来，只显示符合条件的数据。

下面通过一个实际操作来介绍在工作表中自动筛选数据的方法，其操作步骤如下：

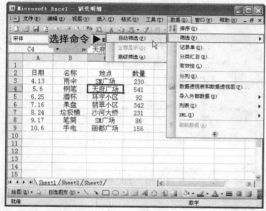

01 打开工作表，单击数据区域中的任一单元格，选择"数据"→"筛选"→"自动筛选"命令。

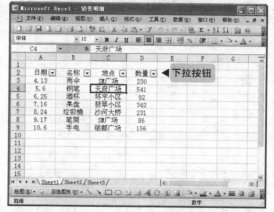

02 这时可以看到，在数据表的每个标题字段的右侧出现了一个下拉按钮。

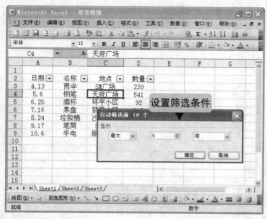

03 单击"数量"右侧的下拉按钮，在弹出的下拉菜单中选择"前10个"选项，打开"自动筛选前10个"对话框，设置显示参数为5。

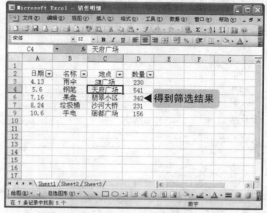

04 单击"确定"按钮回到工作簿中，可以看到只显示设置的5条记录。

自定义筛选数据

如果通过单一的条件无法得到想要的筛选效果，可以使用自定义筛选功能。它可以定义多个条件，从而筛选出更接近预期的数据。在数据表的每个标题字段的右侧下拉菜单中选择"自定义"命令，即可弹出"自定义自动筛选方式"对话框，可以自定义一个或两个比较条件来进行数据筛选。

11.3.2 高级筛选

如果通过"自动筛选"命令不能满足筛选需求，用户还可以设置多个条件对数据进行高级筛选。高级筛选条件可以包括单列中的多个字符、多列中的多个条件或通过公式结果生成的条件。下面通过一个实际操作来介绍在工作表中使用高级筛选数据的方法，其操作步骤如下：

01 打开工作表，在"基本工资"、"实际工资"列下面输入筛选条件。

02 选择"数据"→"筛选"→"高级筛选"命令，打开"高级筛选"对话框。

03 选中"在原有区域显示筛选结果"单选按钮，再单击"列表区域"右侧的按钮，得到缩小的对话框，然后在工作表中选择筛选区域。

04 单击按钮还原"高级筛选"对话框，再单击"条件区域"右侧的按钮，选择工作簿下方设置好的条件区域。

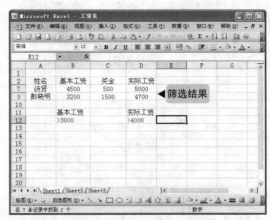

05 单击 🔚 按钮,回到 "高级筛选" 对话框中,可看到在 "列表区域" 和 "条件区域" 都设置了区域。

06 单击 "确定" 按钮,回到工作表中,即可得到筛选后的结果。

提示
Attention

在进行自动筛选后,选择 "数据" → "筛选" → "自动筛选" 命令可取消自动筛选状态;如果设置了高级筛选,则可以选择 "数据" → "筛选" → "全部显示" 命令,从而取消高级筛选。

11.4 数据分类汇总
将数据进行分类汇总能更加规范地管理数据

Excel数据分类汇总能满足多种数据整理需求,所谓分类汇总,就是指根据数据库中的某一列数据将所有记录分类,然后对每一类记录进行汇总。

11.4.1 创建分类汇总

使用分类汇总功能可以帮助用户在分析表格数据时,统计某一类数据的结果。但在进行分类汇总前应先对数据清单进行排序。

打开要进行分类汇总的工作表,我们先为工作表中需要分类汇总的部分进行排序。选择 "学历" 列,单击 "常用" 工具栏中的 "升序排序" 按钮 🔼,将学历以本科、专科类排列好。

下面对已经排序后的工作表创建分类汇总,其操作步骤如下:

对学历进行排序■

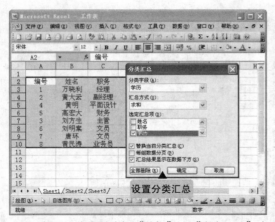

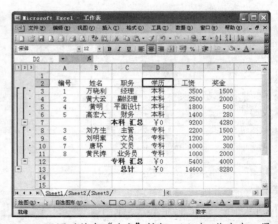

01 打开工作表，选择"数据"→"分类汇总"命令，打开"分类汇总"对话框，在其中进行分类汇总的各项设置。

02 设置后单击"确定"按钮，回到工作表中，得到分类汇总结果。

打开"分类汇总"对话框后，在"分类字段"下拉列表框中，可以选择需要分类的数据列，在"汇总方式"下拉列表框中可以选择需要用来计算汇总的方式，在"选定汇总项"列表框中可以选择需要对其汇总计算的数值列对应的复选框。

11.4.2　隐藏/显示数据细节

对数据清单分类汇总后，用户可以通过操作工作表左侧出现的汇总窗口中的按钮，来对不同级别的数据进行隐藏或显示。

显示分级明细数据的方法如下：

◆ 显示指定级别，单击相应的行或列级别符号按钮 1 2 3 。

◆ 显示分组中的明细数据，单击明细数据符号按钮 + 。

◆ 显示整个分级中的明细数据，单击与最低级别的行或列对应的级别符号按钮。例如，如果分级显示中包括 3 个显示级别，请单击 3 按钮。

隐藏分级明细数据的方法如下：

◆ 隐藏分组中的明细数据，单击相应的级别符号或隐藏明细数据符号按钮 - 。

◆ 隐藏整个分级显示中的明细数据，单击第一级显示级别符号按钮 1 。

◆ 隐藏指定级别的分级，单击上一级的行或列级别符号按钮 1 2 3 。

11.4.3　清除分类汇总

如果希望将分类汇总后的工作表还原到最初状态，可以删除创建好的分类汇总，这不影响数据清单中的数据记录。

下面通过一个实际操作来介绍在工作表中清除分类汇总的方法，其操作步骤如下：

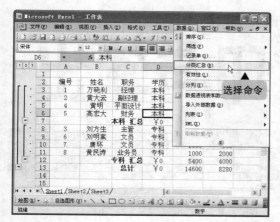

01 单击一个已经使用了分类汇总的工作表中任一单元格，选择"数据"→"分类汇总"命令。

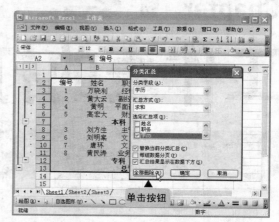

02 打开"分类汇总"对话框，单击"全部删除"按钮。

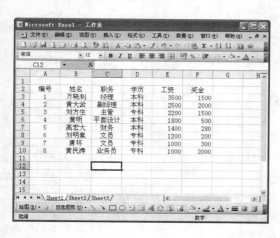

03 回到工作表中，可以看到分类汇总已经消失，选择"编号"列，单击"常用"工具栏中的"升序排序"按钮，工作表恢复到最初状态。

Chapter 12

工作表的打印与输出

用户在完成工作表的编辑后，就需要对文档进行打印输出，但在打印输出之前，需要对工作表进行一些必要的设置。

本章要点:

为文档设置密码
设置页面属性
设置分页符
打印输出文档

知识等级:

Excel进阶者

建议学时:

60分钟

参考图例:

技巧
特别方法，特别介绍

提示
专家提醒注意

问答
读者品评提问，作者实时解答

12.1 设置 Excel 文档的安全性

设置文档安全性能，有效的保护文件不被别人修改

对于一些非常重要的，或者需要放到网络中与他人共享的 Excel 文档，可以在输出之前对文档设置保护措施，提高文档的安全性。

12.1.1 保护工作表

为工作表设置密码，可以以防止他人插入或删除工作表中的内容，以及改变工作表中的格式，在Excel中设置工作表密码的方法与Word中大致相同。

下面通过一个实际操作来介绍设置工作表密码的方法，其操作方式如下：

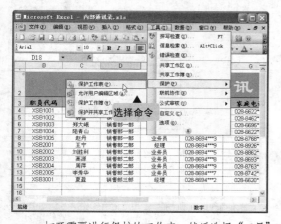

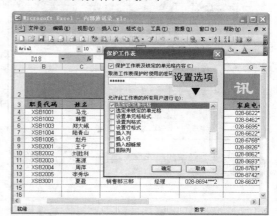

01 打开需要进行保护的工作表，然后选择"工具"→"保护"→"保护工作表"命令。

02 打开"保护工作表"对话框，选中"保护工作表及锁定的单元格内容"复选框，在其下方输入保护密码，然后在"允许此工作表的所有用户进行"列表框中选中"选择锁定单元格"和"选择未锁定的单元格"两个复选框，即表示只允许用户执行选择单元格的操作，然后单击"确定"按钮。

03 打开"确认密码"对话框，在"重新输入密码"文本框中再次输入密码，然后单击"确定"按钮即可。

提示 Attention

在对工作表进行了保护操作后，用户只能进行设置时允许的操作，而当进行其他未经许可的操作时，系统将会打开提示对话框，如下图所示，提示此工作表进行了保护。要想解除编辑限制，需要先选择"工具"→"保护"→"撤销工作表保护"命令，再在打开的对话框中输入正确密码来取消设置的保护。使用此处介绍的保护工作表的方法，可有效控制用户对工作表能进行的各项编辑操作。

■提示对话框

12.1.2 保护工作簿

用户除了能对工作表中的编辑操作进行限制外，还可通过保护工作簿来锁定工作簿的结构，以禁止用户添加或删除工作表，或显示隐藏的工作表，同时还可禁止用户更改工作表窗口的大小或位置。

下面通过一个实际操作来介绍保护工作簿的方法，其操作步骤如下：

01 打开要保护的工作簿，选择"工具"→"保护"→"保护工作簿"命令。

02 打开"保护工作簿"对话框，选中"结构"复选框可限制用户对工作簿结构进行修改，如查看隐藏工作表，移动、删除工作表等；若选中"窗口"复选框，则可限制用户改变工作簿窗口的大小和位置等，然后在"密码（可选）"文本框中输入保护密码。

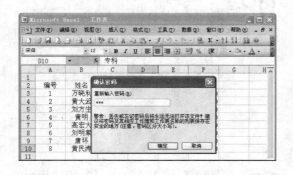

03 单击"确定"按钮后，打开"确认密码"对话框，再次输入密码后，单击"确定"按钮即可。

提示
Attention

当工作簿设置密码后，选择"工具"→"保护"→"撤销工作簿保护"命令，在打开的"撤销工作簿保护"对话框中输入之前设置的密码，再单击"确定"按钮，即可取消工作簿的密码。

12.1.3 设置工作表中允许用户编辑区域

设置工作表中允许用户编辑区域，可以让特定用户对工作表进行编辑，这就让用户能有选择性地让别人查看或修改工作表内容。

下面通过一个实际操作来介绍设置工作表中允许用户编辑区域的方法，其操作步骤如下：

01 打开工作表，选择"工具"→"保护"→"允许用户编辑区域"命令，打开"允许用户编辑区域"对话框。

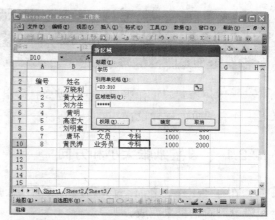

02 单击"新建"按钮，打开"新区域"对话框，在"标题"文本框中输入名称，在"引用单元格"文本框中选择允许编辑区域的引用，然后在"区域密码"中输入密码。

03 单击"权限"按钮，在打开的对话框中单击"添加"按钮，打开"选择用户或组"对话框，在"输入对象名称以供选择"列表框中输入允许编辑区域的计算机用户名。

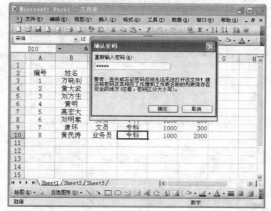

04 单击3次"确定"按钮后，打开"确认密码"对话框，再次输入密码后，单击"确定"按钮。

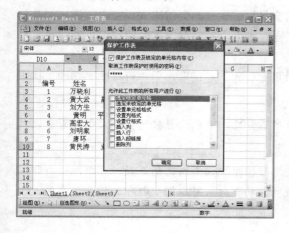

05 这时将回到"允许用户编辑区域"对话框中，单击"保护工作表"按钮，打开"保护工作表"对话框，进行保护设置并输入密码后，单击"确定"按钮即可。这样，被授权的用户即可编辑前面设置的允许编辑的区域，其他区域则不能进行编辑操作。

读者提问 Q+A

Q：设置了工作表中允许用户编辑区域后，怎么取消呢？

A：取消它的方法与取消工作表密码一样，选择"工具"→"保护"→"撤销工作表保护"命令即可。

12.2 页面设置
打印表格前，需要对页面进行一些必要的设置

当用户设置好工作表后，往往需要打印出来，但是在打印之前，需要根据不同的使用要求对工作表的页面进行设置。

12.2.1 设置纸张大小和方向

在打印工作表之前，首先用户需要确认纸张的大小和方向是否符合要求，这就需要通过"页面设置"对话框来完成。

下面通过一个实际操作来介绍设置纸张大小和方向的方法，其操作步骤如下：

01 打开工作表，选择"文件"→"页面设置"命令，打开"页面设置"对话框。

02 在"方向"栏中设置纸张方向，如选中"纵向"单选按钮，在"纸张大小"下拉列表框中选择纸张大小，然后单击"确定"按钮即可。

12.2.2 设置打印比例

当工作表中的数据较少时，页面中的内容就会显得比较空，会留出大量空白区域。但是数据多的工作表，又会产生无法将全部内容打印在同一张纸上的情况。这时用户可以通过设置打印比例来解决这些问题。

选择"文件"→"页面设置"命令，打开"页面设置"对话框，用户可以在"缩放"栏中做以下设置：

◆ 在"缩放比例"数值框中输入需要设置的百分比，可以设置按照实际大小的百分比放大或缩小要打印的工作表。

◆ 选中"调整为"单选按钮后，在"页宽"数值框中设置所需的页数，可以缩小打印工作表的宽度；在"页高"数值框中设置所需的页数，可以缩小打印工作表的高度。

12.2.3　设置页面边距

　　页边距是指打印文字与纸张边框之间的距离。用户可以通过调整页面边距，将工作表打印到页面中的要求位置上。如果只为单张工作表设置页边距，单击相应的工作表标签；如果要为多张工作表设置页边距，则同时选中相应的工作表。

　　选择"文件"→"页面设置"命令，打开"页面设置"对话框，选择"页边距"选项卡。在"上"、"下"、"左"、"右"数值框中输入所需的页边距数值，这些设置应该大于打印机所要求的最小页边距值。在"居中方式"栏中选中所需的居中方式，然后单击"确定"按钮即可。

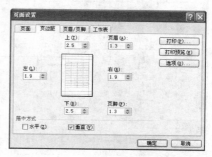

设置页面边距■

12.2.4　设置页眉和页脚

　　在 Excel 中可以快速设置页眉和页脚内容。页眉是打印页首上的内容，而页脚则是打印在底部的内容。用户可以使用 Excel 内置的页眉和页脚，也可以自行创建所需的页眉和页脚。

　　打开需要设置页眉和页脚的工作表，选择"视图"→"页眉和页脚"命令，打开"页面设置"对话框，如下左图所示，在"页眉"下拉列表框中选择所需的页眉样式；在"页脚"下拉列表框中选择所需的页脚样式。选择后的页眉和页脚样式将出现在预览框中，最后单击"确定"按钮即可。

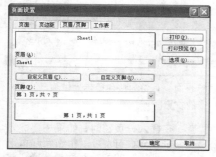

■"页面设置"对话框

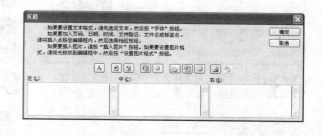

设置页眉和页脚■

技巧
Skill

自定义页眉和页脚

　　若用户对内置的页眉和页脚不满意，可以自定义页眉和页脚。在"页面设置"对话框中的"页眉/页脚"选项卡下单击"自定义页眉"或"自定义页脚"按钮，打开"页眉"或"页脚"对话框，如右上图所示，单击相应的编辑框，并输入内容；单击相应的按钮，可在所需的位置上插入相应的页眉和页脚元素。

12.2.5　设置分页符

　　在打印工作表时，Excel会自动对打印内容进行分页。但有时根据特殊需要，可能在某一页只想打印特定的内容，这时就需要用户为打印工作表插入分页符。

下面通过一个实际操作来介绍设置分页符的方法，其操作方式如下：

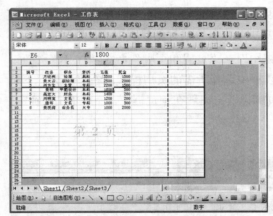

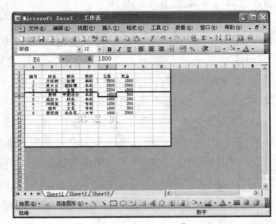

01 打开要设置分页符的工作表，单击要设置新起页第一行所在的行，选择"插入"→"分页符"命令，插入分页符。

02 选择"视图"→"分页预览"命令，显示分页的工作表。

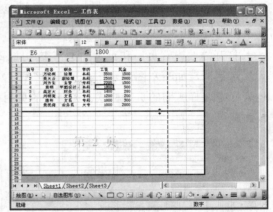

03 将鼠标指针指向工作表中的对角线位置，按住鼠标左键拖动对角线，让工作表显示出分页符。

04 将鼠标指向分页符，按住鼠标左键拖动分页符到所需的位置即可。

技巧
Skill

删除分页符
如果用户想删除水平或垂直分页符，可以右击水平或垂直分页符下方的单元格，在弹出的快捷菜单中选择"删除分页符"命令。

提示
Attention

在插入分页符时，如果想要插入垂直分页符，可以单击新起页第一列所在的列，然后再选择"插入"→"分页符"命令。

12.3 | 打印输出
打印输出文档时，可以先进行一下预览

用户将工作表页面设置好后，就可以进行打印输出了。在打印输出前可以对文件进行打印预览，对不到位的地方还可以做修改。

12.3.1 设置打印区域

如果用户只想打印工作表中的某一部分，可以为工作表设置打印区域，这样打印出来的文件就只有用户选择的区域。

下面通过一个实际操作来介绍设置打印区域的方法，其操作步骤如下：

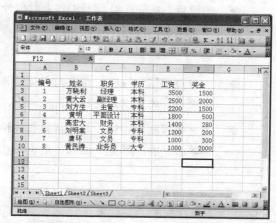

01 打开工作表，选择要打印的区域，选择"文件"→"打印区域"→"设置打印区域"命令。

02 这时可以看到，选择的单元格区域周围显示为虚线框。

提示
Attention

如果要取消打印区域，可以选择"文件"→"打印区域"→"取消设置打印区域"命令，即可取消打印区域。

12.3.2 预览打印效果

在 Excel 中，用户可以通过"打印预览"来预览打印效果。如果发现预览效果不理想，还可以在打印预览窗口中重新设置打印项目。

选择"文件"→"打印预览"命令即可切换到打印预览效果视图进行查看。在打印预览视图下可以很直观看到整个打印页面，单击"页边距"按钮可以在预览图中显示或隐藏页边距标记和列宽标记，用户可以用鼠标拖动各种标记来调整页边距和列宽。

打印预览窗口中各工具按钮的功能如下：

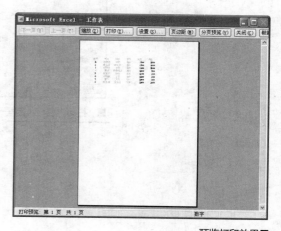

预览打印效果■

◆ **"打印"按钮**：设置打印选项，然后打印选定的工作表。

◆ **"下一页"按钮**：显示工作表的下一页。

◆ **"上一页"按钮**：显示工作表的上一页。

◆ **"缩放"按钮**：放大或缩小打印预览中的表格。

◆ **"设置"按钮**：对控制工作表打印外观的选项进行设置。

◆ **"页边距"按钮**：显示或隐藏用来拖动调整页边距、页眉和页脚边距以及列宽的控制柄。

◆ **"分页预览"按钮**：切换到分页预览视图，在分页预览视图中可以调整当前工作表的分页符，还可以改变打印区域大小，并编辑工作表。

◆ **"普通视图"按钮**：单击该按钮将按常规方式查看工作表，如果在"分页预览"视图中单击"打印预览"按钮，则出现在"打印预览"对话框中的按钮将显示为"普通视图"。

◆ **"关闭"按钮**：关闭打印预览窗口，并返回活动工作表的之前显示状态。

12.3.3　打印输出

在 Excel 中打印的方法与 Word 的打印方法基本相同。设置好页面后，选择"文件"→"打印"命令，即可打开"打印内容"对话框。在"名称"下拉列表框中选择所需的打印机名称；在"打印范围"栏中设置好打印范围；指定好打印区域并设置打印份数，然后单击"确定"按钮即可开始打印。

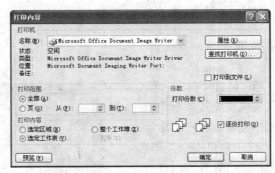

■ "打印内容" 对话框

第三篇
精彩的PowerPoint幻灯片演示

文字、图片、动画、声音与视频等各种多媒体元素丰富了我们表达观点或主题的手段，如今我们可将这些多样元素通过幻灯片制作软件 PowerPoint 有效地集合在一起，并借助软件强大的功能，将商务办公过程中的各项展示活动演绎得更为生动和精彩。

Chapter 13

演示文稿与幻灯片基本操作

在使用 PowerPoint 的过程中，演示文稿和幻灯片这两个概念是最常提及的，这两个对象的操作也是 PowerPoint 使用的基础，本章将主要介绍这部分内容。

本章要点：

创建演示文稿
幻灯片的基本操作
几种视图模式

知识等级：

PowerPoint初学者

建议学时：

40分钟

参考图例：

技巧
特别方法，特别介绍
提示
专家提醒注意
问答
读者品评提问，作者实时解答

13.1 | PowerPoint 基本介绍
进一步了解和认识 PowerPoint

演讲是社会活动中表达自己意见或阐述某一事理的常用手段。随着时代的进步，演讲者单纯的言语表达和落后的胶片幻灯机已经无法吸引观众更多的注意力。现代演讲已经融入更多元素：图形、图表、示意图，甚至声音。如何才能让演讲更加生动有趣？如何才能让演讲稿更丰富、直观、清楚地表达出演讲者的意图？PowerPoint 就是解决这些问题的一个软件。如今，它已经在各类演讲过程中发挥着重要作用。

13.1.1 PowerPoint 在商务办公中的应用

除了制作演讲稿，PowerPoint 在商务办公领域中也扮演着非常重要的角色，常常用于制作报告、培训课件、展示和演示等。了解并掌握 PowerPoint 在商务办公中的应用也是本篇重点。

■公司简介类演示文稿

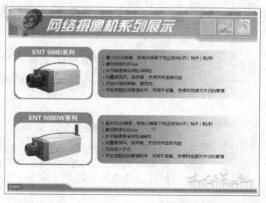

产品展示类演示文稿■

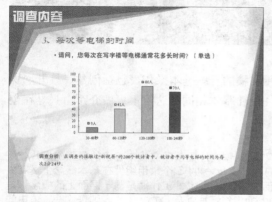

■调查报告类演示文稿

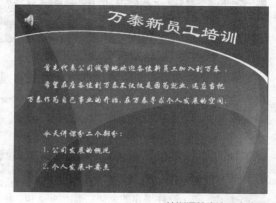

培训课件类演示文稿■

13.1.2　PowerPoint 支持的文件格式

　　PowerPoint 中有多种不同格式的文件，用户在学习和使用时常常会遇到这些文件，下面就简要介绍这些不同格式文件的特点。

 ◆ **PPT 文件**：这是 PowerPoint 2000/XP/2003 下的默认演示文稿文件，也是 PowerPoint 应用中最常使用的文件。

 ◆ **POT 文件**：这是 PowerPoint 2000/XP/2003 下的模板格式文件。此类文件中包含已经制作好的母版、格式及版式。

 ◆ **PPS 文件**：这是 PowerPoint 2000/XP/2003 下的直接放映文件，用户不需要打开 PowerPoint 程序即可播放该演示文稿。

 ◆ **RTF 文件**：这是在 PowerPoint 中保存大纲而生成的文件，实际上它是与操作系统自带程序"写字板"相同的文件，用写字板和 Word 就可打开该文件，其中即为演示文稿的大纲信息。

 ◆ **图片格式文件**：在 PowerPoint 中可以将演示文稿中的一张或全部幻灯片保存为图片形式，包括 GIF、JPG、PNG、TIF、WMF 等多种格式。方便用图片浏览软件打开查看。

 ◆ **网页格式文件**：为了将演示文稿发布在网络上，在 PowerPoint 中还可以将演示文稿保存为网页格式，如 XML、HTML 等。

> **技巧**
> Skill
>
> **编辑自动放映的 PPS 文件**
> PPS 格式文件是 PowerPoint 放映文件，可方便不懂 PPT 放映设置的用户放映演示文稿。要编辑该格式的文件必须安装并启动 PowerPoint 后，选择"文件"→"打开"命令，然后选择需编辑的 PPS 文件，这时打开的演示文稿才可进行编辑。

13.2 | 演示文稿的基本操作

要制作出漂亮的演示文稿首先要熟练掌握一些必要的基本操作

　　在学习制作演示文稿前，需要先熟练掌握演示文稿的一些基本操作，包括创建、打开、保存和关闭操作，其中打开、保存与关闭与 Word、Excel 基本相同，这里不再做介绍，只是在创建方法上稍有不同之处，下面分别进行讲解。

> **提示**
> Attention
>
> 使用 PowerPoint 制作演示文稿就好像制作一本书，而演示文稿中包含的每张幻灯片就好比书的每一页，用于承载演示的具体内容。Office 的 3 个常用组件在基本概念上具有共通之处，Word 文档、PowerPoint 演示文稿以及 Excel 工作簿是同一层面上的概念，是软件操作的主体，而 Word 页、PowerPoint 幻灯片以及 Excel 工作表则是这些主体中的具体内容。了解这些概念的关系，有助于对软件整体操作的理解。

13.2.1 创建空演示文稿

空演示文稿就是没有任何具体内容，只有简单版式的空白演示文稿。启动 PowerPoint 后将自动新建一个名为"演示文稿 1"的空演示文稿。用户在使用过程中也可根据需要创建空演示文稿。下面以创建一个"标题和两栏文本"版式的空演示文稿为例介绍其操作方法。

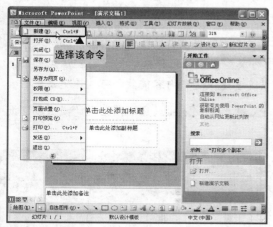

01 启动PowerPoint后选择"文件"→"新建"命令或者按【Ctrl+N】组合键。

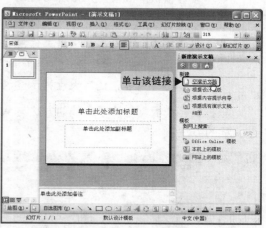

02 打开"新建演示文稿"任务窗格，单击"新建"栏中的 空演示文稿 超链接。

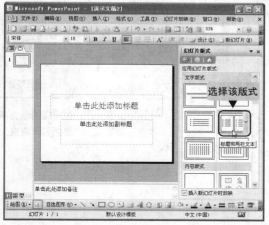

03 在打开的"幻灯片版式"任务窗格中可选择4种类型的空演示文稿版式。这里选择"文字版式"类下的"标题和两栏文本"版式。

04 选择版式后，幻灯片编辑区中显示为所选版式的新建的演示文稿。

技巧
Skill

空演示文稿的版式问题

在"幻灯片版式"任务窗格中有文字版式、内容版式、文字和内容版式、其他版式 4 种类型共几十个版式可供选择。其中内容版式是需要在幻灯片中添加如图表、表格、视频等元素时使用的版式。用户在编辑幻灯片的过程中，可随时通过"幻灯片版式"任务窗格更换版式类型，并非只有在新建时可选择版式或者选择后就不能再更改，PowerPoint中的这些操作是非常自由的。

13.2.2 　 根据模板创建

在 PowerPoint 中用户同样可通过模板文件快速创建专业的演示文稿，只是在 PowerPoint 中有设计模板和文稿模板两种类型的模板，其区别在于外观和内容方面。

◆ **设计模板：** 帮助用户为演示文稿中的一整套幻灯片应用一组统一的背景图案、配色方案以及相应版式，但不包括文本内容。

◆ **文稿模板：** 帮助用户根据工作需要创建各种专业的演示文稿结构和内容，如"人事信息"、"公司简介"及"市场计划"等多种类型。根据文稿模板创建的演示文稿中不仅有部分内容，还有大量提示建议。根据这些建议进行内容修改，可快速完成制作。

根据文档模板创建演示文稿的方法与 Word、Excel 类似，下面只介绍根据设计模板创建演示文稿的方法。

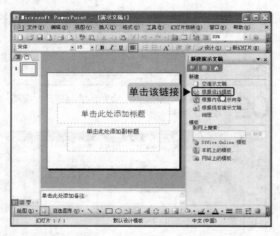

01 选择"文件"→"新建"命令，在打开的"新建演示文稿"任务窗格中单击 根据设计模板 超链接。

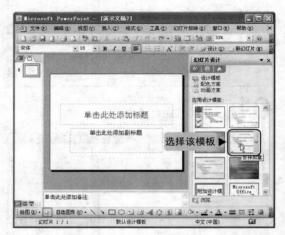

02 打开"幻灯片设计"任务窗格，在"应用设计模板"列表框中选择所需模板。这里选择"吉祥如意"设计模板。

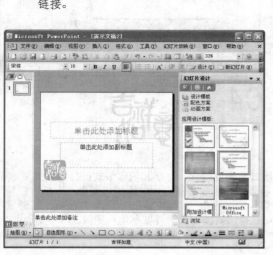

03 此时可看到幻灯片编辑区中的背景和配色等发生了变化。之后，在此演示文稿中添加的幻灯片将自动应用该设计模板的统一风格。

13.2.3　根据内容提示向导创建

内容提示向导由一系列对话框组成，通过一步步地设置引导用户从多种的预设内容模板中进行选择，并根据用户所设置的信息来自动生成一系列幻灯片，并为演示文稿提供制作建议、格式、文字及组织结构等信息。

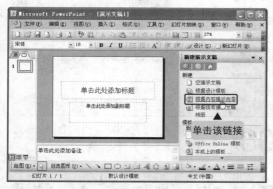

01 单击"新建演示文稿"任务窗格中的"新建"栏中的 根据内容提示向导 超链接。

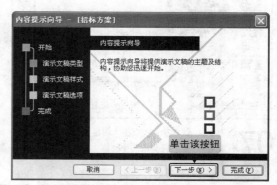

02 打开的对话框是内容提示向导的第一步：准备开始，这里单击"下一步"按钮。

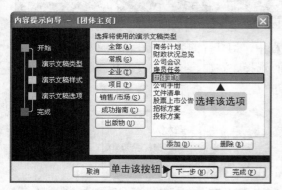

03 在打开的对话框中选择"企业"分类下的"团体主页"选项，然后单击"下一步"按钮。

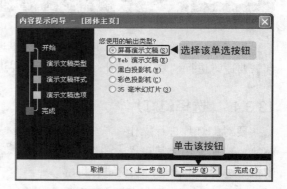

04 在打开的对话框中选中"屏幕演示文稿"单选按钮，然后单击"下一步"按钮。

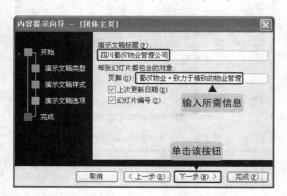

05 在打开的对话框中设置演示文稿的标题与页脚信息。输入完成后单击"下一步"按钮。

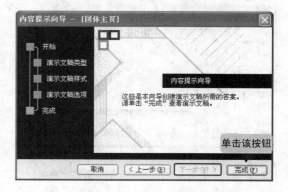

06 在打开的对话框中单击"完成"按钮。

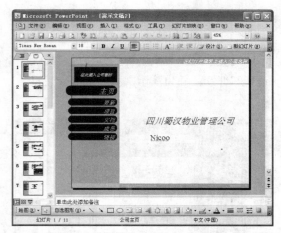

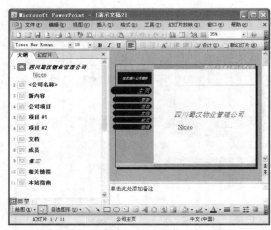

07 此时可看到根据提示向导创建的演示文稿中既有文字内容又有背景等设计。

08 打开"大纲"窗格，在其中可清楚看到每张幻灯片中包含大量制作的提示信息。

13.3 幻灯片的基本操作

要制作内容丰富的演示文稿，需要先从幻灯片入手。

演示文稿通常由多张幻灯片组成。在编辑过程中，幻灯片的数量、在演示文稿中的位置等都需要适时进行调整。于是针对幻灯片常常要进行选择、添加、移动、复制和删除等操作。

13.3.1 选择幻灯片

要对幻灯片进行操作，首先应选择操作对象。选择操作通常在"大纲"、"幻灯片"窗格中进行，下面通过实例进行讲解。

光盘文件 CD

素材
光盘：\素材\第13章\
态度决定一切.ppt

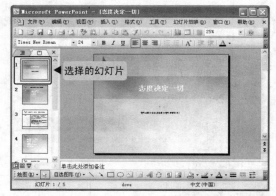

01 打开演示文稿，在"幻灯片"窗格中单击需选择的幻灯片图标或在"大纲"窗格中单击幻灯片前的图标，选择幻灯片。幻灯片编辑窗格中将显示被选幻灯片中的详细内容，在左侧窗格中也会突出显示。

02 在"大纲"窗格或"幻灯片"窗格中，先单击选择某张幻灯片，然后按住【Shift】键再单击选择另一张幻灯片，此时两张幻灯片之间的所有幻灯片将被连续选择。

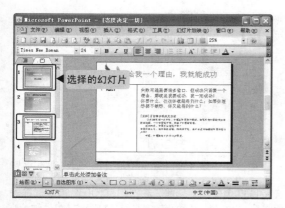

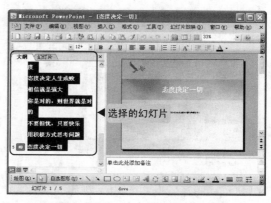

03 在"幻灯片"窗格中,单击选择一张幻灯片后,按住【Ctrl】键单击所需幻灯片,此时被单击的幻灯片均被选中。此方法用于选择不连续幻灯片。

04 在"大纲"和"幻灯片"窗格中,按【Ctrl+A】组合键可选择当前演示文稿中所有的幻灯片。

13.3.2 插入幻灯片

新建的空白演示文稿中只包含一张幻灯片,要继续进行演示文稿的制作就需要再插入其他幻灯片;而当演示文稿中已有的幻灯片不能满足实际需要时,也必须添加新幻灯片。

插入幻灯片可通过多种途径来完成,下面仍然以对"态度决定一切"演示文稿中的幻灯片操作来介绍插入幻灯片的方法。

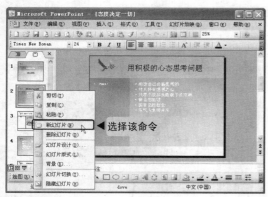

01 打开"态度决定一切"演示文稿,在"幻灯片"窗格中任意一张幻灯片上右击,选择"新幻灯片"命令。

02 在所选幻灯片后面将插入一张新幻灯片,并应用了相应版式。同时将打开"幻灯片版式"任务窗格,方便用户另外设置版式。这里不做调整,继续其他操作。

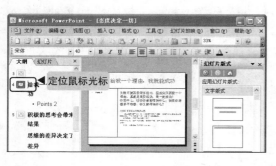

03 切换到"大纲"窗格,将光标定位到某幻灯片图标□与标题之间。

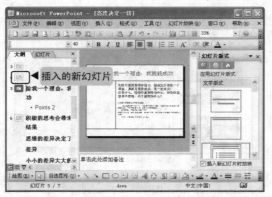

04 直接按【Enter】键,在所选幻灯片之前插入一张新幻灯片。

技巧 Skill

插入幻灯片方法的应用

上面操作中涉及多种插入幻灯片的方法,其实这些方法的实质和效果都是一样的,各种方法之间也可交换环境使用。例如,在"幻灯片"窗格中选择一张幻灯片后,选择"插入"→"新幻灯片"命令或单击"新幻灯片"按钮也可插入幻灯片。而在幻灯片浏览视图中将光标定位在两张幻灯片之间再按【Enter】键也可插入一张幻灯片。在"大纲"窗格中,将光标定位到幻灯片标题后,按【Enter】键将在所选幻灯片之后插入一张新幻灯片。读者应多试用这些方式,灵活掌握它们。

13.3.3 移动与复制幻灯片

光盘文件
CD

在制作演示文稿时,如果幻灯片之间的顺序不符合要求,可以通过移动幻灯片操作进行调整;而需要快速制作出内容相似的幻灯片时,就可通过复制幻灯片来完成。

在"大纲"或"幻灯片"窗格或幻灯片浏览视图中都可以移动或复制幻灯片,下面以在"大纲"或"幻灯片"窗格中进行操作为例进行讲解。

素材
光盘: \素材\第 13
章\这是我的错.ppt

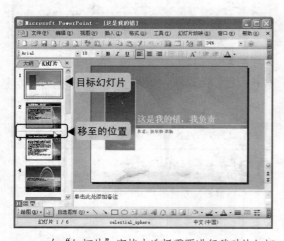

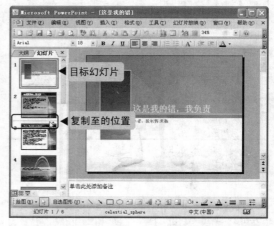

01 在"幻灯片"窗格中选择需要进行移动的幻灯片,按住鼠标左键进行拖动,此时将出现一条虚横线用于标识移至的位置,释放鼠标后幻灯片即被移动。

02 使用移动幻灯片的方法,只是在拖动幻灯片的同时按住【Ctrl】键,这样便可复制该幻灯片。拖动时请注意鼠标指针形状的变化。

03 通过菜单也可完成移动与复制操作。在选择了移动或复制的对象幻灯片后，选择"编辑"→"剪切"或"编辑"→"复制"命令。

04 在"大纲"或"幻灯片"窗格中将鼠标光标定位到目标位置，然后选择"编辑"→"粘贴"命令，即可完成移动或复制操作。

13.3.4　删除幻灯片

如果不再需要某张幻灯片，可以将其从演示文稿中删除。删除幻灯片可以在"大纲"窗格、"幻灯片"窗格和幻灯片浏览视图中进行，下面以在"大纲"窗格中的操作为例进行介绍。

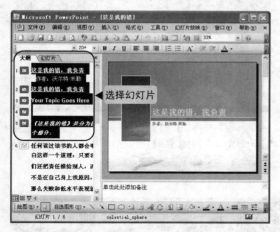

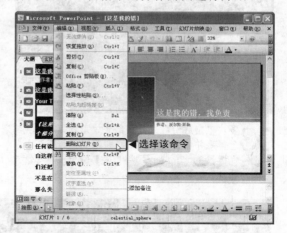

01 打开演示文稿，在"大纲"窗格中选择要删除的一张或多张幻灯片，按【Delete】键即可将其删除，其余幻灯片自动重新编号。

02 选择要删除的幻灯片后，选择"编辑"→"删除幻灯片"命令或在幻灯片上右击，再选择"删除幻灯片"命令也可完成删除操作。

13.3.5　播放幻灯片

在制作幻灯片的过程中，有时为了查看放映时的真实效果，就需要播放幻灯片。此操作有两种方式，放映效果也有所区别。下面以播放"这是我的错"演示文稿为例介绍其操作。

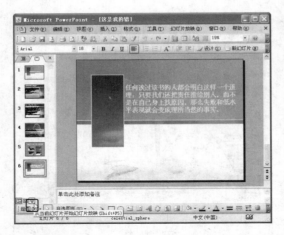

01 打开"这是我的错"演示文稿，选择其中一张幻灯片，然后单击幻灯片播放按钮。

02 此时幻灯片变成了全屏播放方式，且从当前选择的幻灯片开始播放，单击可切换到下一张幻灯片，或者单击屏幕左下角的相应按钮，来控制幻灯片的播放。

03 多次单击后幻灯片被全部播放完，此时出现黑色屏幕并伴有提示，单击即回到普通视图中。在播放过程中如果按【Esc】键也可直接结束播放。

04 如果选择"幻灯片放映"→"观看放映"命令或者直接按【F5】键，则会从该演示文稿的第一张幻灯片开始播放。

13.4 几种视图模式

使用不同视图模式下进行编辑，可以为操作过程提供不少方便

PowerPoint 为用户提供了多种视图模式，以方便用户在编辑时的不同需要。单击"视图切换"按钮中的任意一个按钮，即可切换到相应的视图模式。下面分别介绍各视图模式的特点。

13.4.1 普通视图

普通视图是 PowerPoint 的默认视图，即启动程序后的界面，在该视图下可以很方便地编辑

幻灯片内容、调整幻灯片结构以及添加备注内容等，这是最常使用的视图方式，单击视图切换按钮中的⊞按钮即可从其他视图方式中切换回普通视图。

13.4.2 幻灯片浏览视图

单击"幻灯片浏览视图"按钮⊞可切换到幻灯片浏览视图模式。在该视图中看到的幻灯片内容较为模糊，且不能对内容进行编辑，但可以对演示文稿的整体结构进行编辑，如前面讲到的选择选灯片、插入新幻灯片、移动与复制、删除幻灯片操作都可以在该视图模式下进行。双击某张幻灯片即可切换到普通视图。

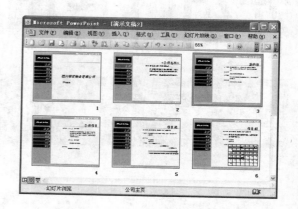

13.4.3 备注页视图

备注页视图只能通过菜单命令进行切换。在该视图模式下无法编辑幻灯片内容，主要用于对每张幻灯片的备注内容进行编辑。

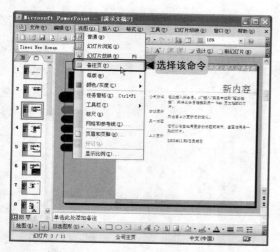

01 在演示文稿中选择"视图"→"备注页模板"命令，即可将视图切换为备注页视图模式。

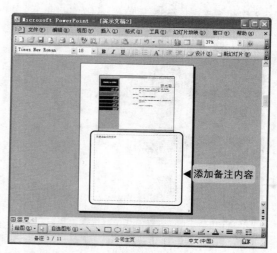

02 切换为备注页视图模式。页面上方是当前幻灯片的内容缩略图，下方是备注内容占位符。单击占位符可以添加对当前幻灯片的备注。

13.4.4 幻灯片放映视图

单击幻灯片放映按钮可即可切换到幻灯片放映视图模式。在该视图中，幻灯片将以全屏方式放映显示，此时可查看演示文稿的动画、声音以及切换等放映效果，但不能进行编辑。按【Esc】键即可从放映样式切换为编辑模式。

Chapter 14
在幻灯片中添加内容

幻灯片中用做展示的主要内容包括文本和图形对象,而图形又细分为自选图形、图片、艺术字、表格以及图表等,它们之间虽有不同,但都具有图形的属性。本章将介绍如何在幻灯片中添加和编辑这些内容。

本章要点:

在幻灯片中输入文本内容
编辑文本
在幻灯片中插入图形与图表

知识等级:

PowerPoint初学者

建议学时:

80分钟

参考图例:

技巧
特别方法,特别介绍
提示
专家提醒注意
问答
读者品评提问,作者实时解答

14.1 在幻灯片中输入文本内容

在幻灯片中输入文本内容——制作演示文稿的第一步

在幻灯片中输入文本的方法有多种，主要包括在占位符中输入和在"大纲"窗格中输入两种。另外通过添加文本框后输入文本内容也是一种常见而灵活的方法。

14.1.1 在文本占位符中输入

在演示文稿的幻灯片编辑窗格中常常可以看到类似 Word 中文本框的虚线框，这就是 PowerPoint 中的占位符。其中用于在幻灯片中输入文本的文本占位符最为普遍。文本占位符分为标题占位符（单击此处添加标题）、副标题占位符（单击此处添加副标题）和正文占位符（单击此处添加文本）。下面以一个实例介绍在文本占位符中输入文本的具体方法。

01 新建一个名为"激励格言"的空白演示文稿并应用"Slit"设计模板。

02 将光标移到"单击此处添加标题"占位符中并单击。标题占位符中的文本将自动消失并出现文本插入点。

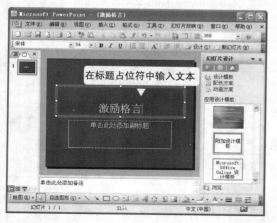

03 在标题占位符中输入文本。输入的文本将自动应用占位符的文本格式。

04 用同样的方法在副标题占位符中输入文本，文本将自动应用副标题占位符的文本格式。

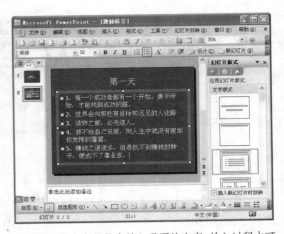

05 在第一张幻灯片后插入一张幻灯片。新插入的幻灯片将自动应用所选模板的样式。在其中的标题占位符中输入文本后，将光标移到正文占位符中并单击。

06 在正文占位符中输入需要的内容。输入过程中可按【Enter】键换行。使用同样的方法即可在后续的幻灯片中输入相应的文本内容。

 提示 Attention　在文本占位符中输入文字的字体和大小与占位符默认设置的格式相同。在输入文本时，如果文本占位符中无法容纳下所有文本，用户可通过调整字体大小来增加可输入的文字量。另外一种常用的做法是再插入新幻灯片，标题与前一张幻灯片标题相同，内容接着输入后面部分即可，相当于写文章时另起了一页。

14.1.2　在"大纲"窗格中输入

除了上述在占位符中输入文本外，在"大纲"窗格中也可以输入，且在其中输入文本时可以不考虑幻灯片整体效果，而只专注于前后文本内容本身，下面详细介绍其输入方法。

光盘文件 CD

素材	效果
光盘：\素材\第14章\激励格言.ppt	光盘：\效果\第14章\激励格言2.ppt

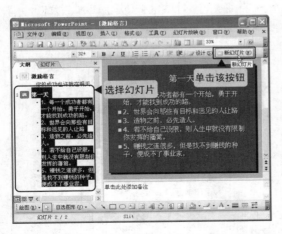

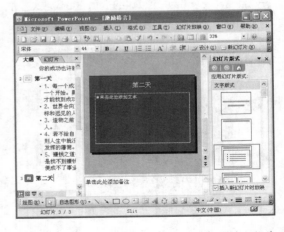

01 打开"激励格言"演示文稿，在"大纲"窗格选择最后一张幻灯片。单击"格式"工具栏中的 新幻灯片(N) 按钮

02 在所选幻灯片后将新建一个幻灯片，并在幻灯片标题位置出现文本插入点。直接输入该幻灯片的标题内容。

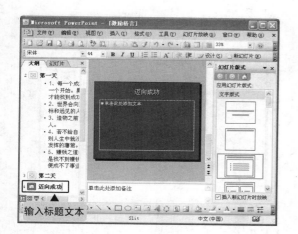

输入标题文本

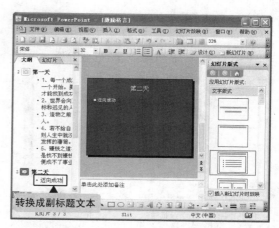

转换成副标题文本

03 按【Enter】键再插入一张幻灯片并输入相应内容。可看到输入的内容仍然为幻灯片的标题。

04 按【Tab】键，前一步骤中输入的标题内容变为前一张幻灯片的副标题内容。

技巧 Skill

"大纲"窗格中输入文本的方法归纳

■将文本插入点定位在需要输入文本的位置直接输入。
■输入标题后按【Tab】键可将该标题转换成上一张幻灯片的副标题内容。
■输入文本后按【Enter】键会产生一个新的标题或副标题。
■输入文本后按【Ctrl+Enter】组合键可插入一张新的幻灯片。
■输入文本后按【Shift+Enter】组合键可换行输入。

14.1.3 添加文本框输入

幻灯片中的占位符实际上也是一种特殊的文本框，它出现在固定的位置，包含一些预设的文本格式。另外用户也可自己绘制文本框并在其中输入内容。下面以一个具体实例讲解添加文本框输入文本的方法。

光盘文件
CD

素材	效果
光盘: \素材\第14章\产品展示.ppt	光盘: \效果\第14章\产品展示2.ppt

单击该按钮

绘制的横排文本框

01 打开"产品展示"演示文稿，单击"绘图"工具栏中的"文本框"按钮。

02 此时鼠标指针变为I形状，按住鼠标左键在幻灯片中拖动，即产生一个文本框。

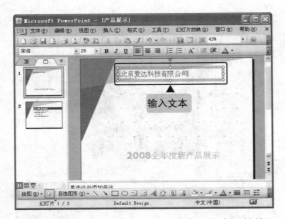

03 文本框中闪烁的文本插入点表示文本开始输入的位置，直接输入文本即可。

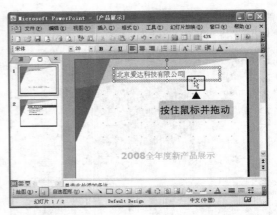

04 输入完成后，将鼠标指针移到文本框上。当其变为形状时，按住鼠标左键并拖动。

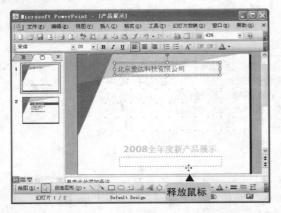

05 按住鼠标左键将文本框移到所需位置后释放鼠标。在移动过程中，文本框以虚线框表示，方便用户确定目标位置。

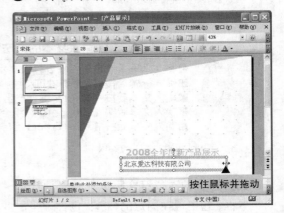

06 此时发现文本框过宽，于是将鼠标光标移到文本框右侧边框的小圆点上。当其变为双向箭头形状时，按住鼠标左键并向左拖动。

07 在拖动过程中，将出现一个虚线框表示调整后文本框的大小。释放鼠标后，文本框的大小将被改变。

08 调整文本框大小后，将鼠标光标移到文本框上方的按钮上。此时鼠标光标将变为形状。

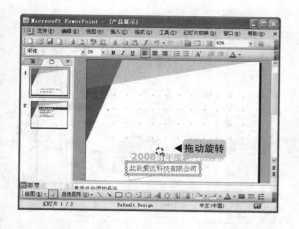

09 按住鼠标左键并拖动，到合适位置释放鼠标，可看到文本框旋转放置在幻灯片中。

读者提问
Q+A

Q：为什么系统默认的文本占位符边框上没有按钮呢？

A：文本占位符主要用于输入较正规的文本，因此默认不允许用户对其旋转。但双击文本框占位符的边框，在打开的"设置占位符格式"对话框中可进行设置。

14.2 编辑文本和文本框
将演示文稿的内容按要求呈现在特定位置

在制作幻灯片的过程中还需要对文本进行各种编辑，如修改、设置字体和段落格式等，这样可使幻灯片的内容层次明晰、美观。

幻灯片中的文本实际上都是存在于文本框中，因此文本与文本框是紧密联系在一起的，其中对于文本的编辑操作与 Word 中相同，这里不再详细介绍，只是对于文本框的格式设置在 PowerPoint 中更为普遍，因此这里再以一个实例详细介绍文本框或占位符的格式设置方法，读者也可对照 Word 中的文本框格式设置，比较相者的异同。

光盘文件
CD

素材	效果
光盘：\素材\第14章\人际关系技巧1.ppt	光盘：\效果\第14章\人际关系技巧1.ppt

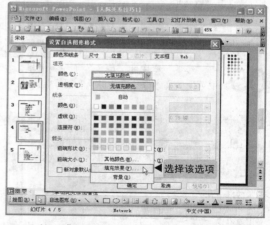

01 打开"人际关系技巧1"演示文稿，切换到第4张幻灯片，在标题文本中单击，选择标题占位符。选择"格式"→"占位符"命令，或者在占位符上右击，在弹出的快捷菜单中选择"设置占位符格式"命令，或者在占位符边框上双击。

02 打开"设置自选图形格式"对话框，在"颜色和线条"选项卡中可设置其填充与边框等效果。单击"颜色"下拉列表框，在其中可选择各种填充颜色。这里选择"填充效果"选项。

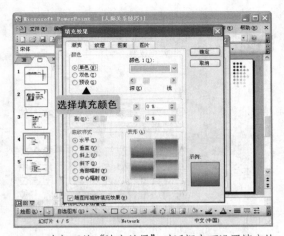

03 在打开的"填充效果"对话框中可设置填充的特殊效果，包括渐变、纹理、图案甚至可选择图片进行填充。这里为占位符设置单色渐变填充。选中"单色"单选按钮，激活"颜色 1 (1)"下拉列表框，在其中可以选择填充颜色。

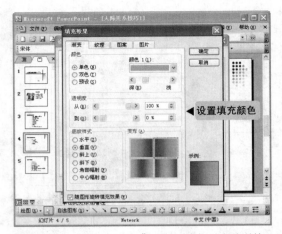

04 拖动"颜色 1 (1)"下拉列表框下方的滑块可设置填充色深浅，在"透明度"栏中拖动滑块可设置填充色的透明度，在"底纹样式"和"变形"栏中可设置渐变色样式。进行如上图设置后单击"确定"按钮。

05 单击"线条"栏中的"颜色"下拉列表框，在其中可设置文本框边框的颜色和图案等。

06 选择边框颜色后，将激活"线条"栏中的其他下拉列表框，在其中可设置边框样式和粗细等。这里在"样式"下拉列表框中可选择一种线条样式。

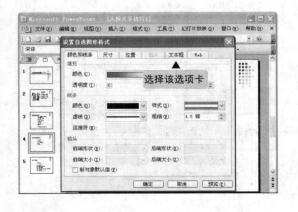

07 完成颜色和线条设置后选择"文本框"选项卡。

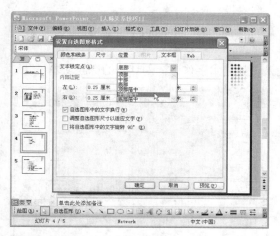

08 在"文本锁定点"下拉列表框中可以设置文本对齐方式。

09 在"内部边距"栏下的4个数值框中可设置文本与边框四周的距离。这里将所有距离设为"0.1厘米"。

10 完成设置后单击"确定"按钮，可看到设置后的效果。

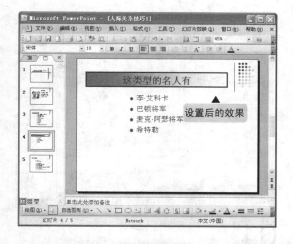

Q：为什么我在设置的时候找不到"格式"→"占位符"命令，并且双击边框后出现的是"设置文本框格式"对话框呢？

A：这是因为所选对象不是占位符而是绘制的文本框。如果是设置文本框的格式，则应选择"格式"→"文本框"命令，或者在边框上右击，选择"设置文本框格式"命令，或者双击边框。在"设置文本框"对话框中进行的设置与"设置自选图形"对话框完全相同。

14.3 在幻灯片中插入图形与图表
使用不同形式丰富幻灯片

单纯的文字内容可能无法准确地表达意见，而且往往显得枯燥，没有吸引力。结合图片、图表等多种元素的使用，不仅可以让演示文稿更加美观，而且能使展示更加直观、具体和生动。

由于在 PowerPoint 中插入这些图形对象以及它们的格式设置方法也与 Word 或 Excel 中大致相同，于是本节将以一个连续的案例将这些知识点串联起来，帮助读者巩固这部分的知识。

光盘文件
CD

素材	效果
光盘：\素材\第14章\耀动健身.ppt	光盘：\效果\第14章\耀动健身4.ppt

14.3.1 插入艺术字

下面在本演示文稿中的第一张幻灯片中，插入一处艺术字作为该幻灯片的标题文本。

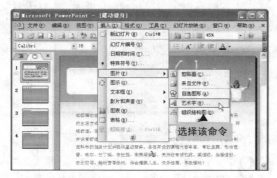

01 打开"耀动健身"演示文稿，选择"插入"→"图片"→"艺术字"命令，或者单击"绘图"工具栏中的"插入艺术字"按钮。

02 在打开的"艺术字库"对话框中选择艺术字的形式，然后单击"确定"按钮。

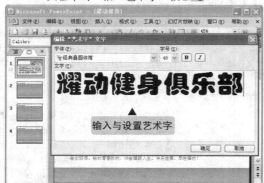

03 在打开的对话框中输入艺术字内容并设置相应的格式，完成后单击"确定"按钮。

04 将鼠标光标移到插入的艺术字上，当其变为形状时按住鼠标左键并拖动，移动艺术字的位置。

05 将艺术字移到适当位置后释放鼠标。拖动艺术字四周的圆点可以改变其大小、扭曲度和旋转角度。

06 插入艺术字后将打开"艺术字"工具栏，在其中可以对艺术字进行更多设置。单击"设置艺术字格式"按钮。

07 在打开的"设置艺术字格式"对话框中可设置艺术字的填充色、边框线条、尺寸等格式,其操作类似占位符格式的设置。

在"艺术字"工具栏中,单击"编辑文字"按钮可以修改艺术字内容;单击"艺术字库"按钮可重新选择艺术字样式,但是已设置的艺术字格式将消失;单击"艺术字形状"按钮可以设置艺术字的扭曲样式。

14.3.2 添加图形与图片

下面再在第 2 张幻灯片中绘制一些自选图形,以及在第 3 张幻灯片中插入一张外部图片。

01 打开演示文稿,选择第2张幻灯片。单击"绘图"工具栏中的"自选图形"按钮,在弹出的菜单及子菜单中选择图形类型。

02 将鼠标光标移到幻灯片编辑窗格中,当其变为+形状时按住鼠标左键并拖动,绘制出图形。

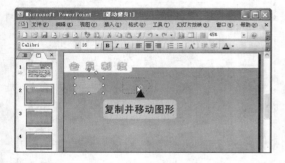

03 将鼠标光标移到绘制的图形上,按住【Ctrl+Shift】组合键并拖动鼠标,复制并水平移动图形。

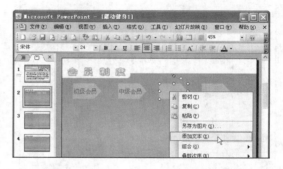

04 在绘制的图形上右击,在弹出的快捷菜单中选择"添加文本"命令,此时在所选图形中显示出文本插入点,在其中可以输入文本内容。

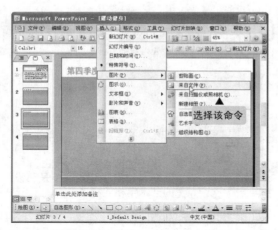

05 切换到第3张幻灯片，准备在其中插入图片。选择"插入"→"图片"→"来自文件"命令。

06 在打开的"插入图片"对话框中选择要插入幻灯片的图片，单击"插入"按钮。

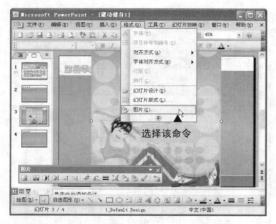

07 插入图片后选择"格式"→"图片"命令，设置图片格式。

08 在打开的"设置图片格式"对话框中选择"尺寸"选项卡，在"缩放比例"栏中的高度、宽度数值框中输入缩放比例，完成后单击"确定"按钮。

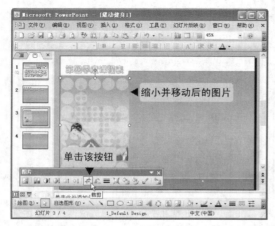

09 将缩小的图片移到合适的位置后，单击"图片"工具栏中的"裁剪"按钮。

10 将鼠标光标移到图片边缘，按住鼠标左键并拖动，可将图片中不需要的部分裁剪掉。

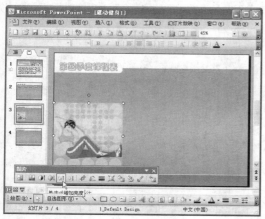

11 再次单击"裁剪"按钮 取消裁剪状态,然后单击"增加亮度"按钮 。

12 完成设置后,在图片以外的区域单击,取消图片的选中状态。最后选中图片,直接按住"Shift"键拖动其边框控制点,将其等比缩小,完成操作。

14.3.3 插入表格

下面再在第 3 张幻灯片中制作一个课程安排表,其操作步骤如下:

01 打开演示文稿,切换到第3张幻灯片,准备在其中插入表格,于是选择"插入"→"表格"命令,打开"插入表格"对话框,本例要插入一个6行8列的表格,于是在其中输入相应的表格行、列数,然后单击"确定"按钮。

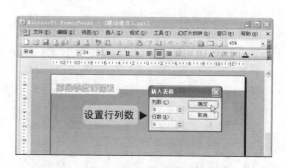

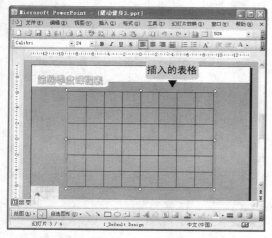

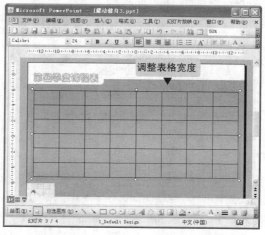

02 此时在幻灯片中即出现了需要的表格,其中各行各列都是等宽等高的,这并不符合将要输入内容的需要,于是准备调整其宽度和高度。

03 分别向外拖动表格外围边框的左、右两侧,增加表格的整体宽度,再稍向中间拖动外围边框的上、下两侧,减小表格的高度。

04 下面将文本插入点定位于表格中各单元格，输入相应的内容，然后选中整体表格，通过"格式"工具栏设置其中所有文本的字体格式。

05 由于不同单元中的文本内容多少不同，因此会造成某些行或列过挤，有些则过松，甚至会因为内容过多而自动增加整个表格的高度。于是需要分别调整某行或列的高度或宽度。将鼠标指针指向第1、2列间的竖线，然后按住鼠标左键拖动鼠标，调整两列的宽度。

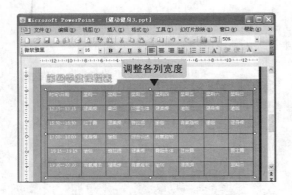

06 第1列变宽，但第2列同时却变窄了，于是需要使用相同的方法，分别调整后面几列的宽度到最合适的效果。

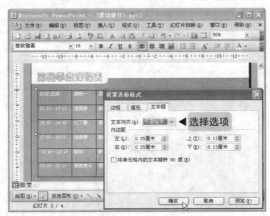

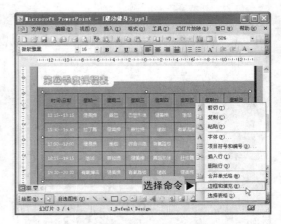

07 此时发现表格中所有文本不是处于单元格正中，于是双击表格边框，在打开的对话框中切换到"文本框"选项卡，在"文本对齐"下拉列表框中选择"中部居中"选项，然后单击"确定"按钮。

08 此时可看到整个表格中的所有文本都居中于各单元格中。下面准备为表头单独设置格式，于是选中表头（第一行）所有内容，然后在其上右击，在弹出的快捷菜单中选择"边框和填充"命令。

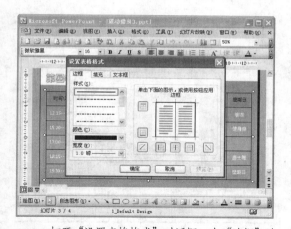

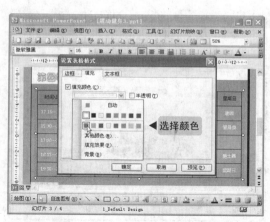

09 打开"设置表格格式"对话框，在"边框"选项卡中可设置选中表格部分的边框样式、颜色和宽度等。设置方法是选择需要的边框选项后，在右侧预览图相应位置或其周围的按钮处单击一次取消原来的效果，再单击一次应用当前的设置即可。本例这里不做设置。

10 切换到"填充"选项卡，在这里选中"填充颜色"复选框，然后从下面的列表框中选择设置选中表格部分的填充颜色，然后再单击"确定"按钮。

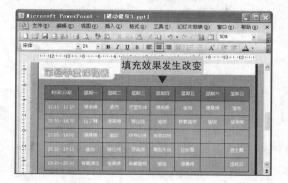

11 回到幻灯片编辑状态，可看到选中的部分表格的填充效果发生了变化。这里之所以为第一行设置其他颜色，是希望突出表格的表头部分。用户可按照此方法，设置其他部分的填充颜色或边框效果。至此本例的表格制作完成。

14.3.4　插入图表

下面在第 4 张幻灯片中制作一个饼形图表，其操作步骤如下：

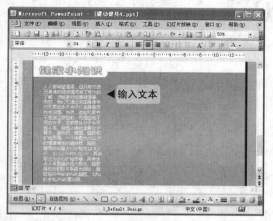

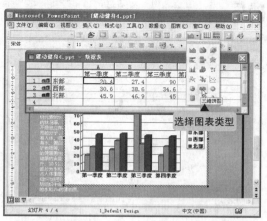

01 打开演示文稿，切换到第4张幻灯片，在其中绘制文本框，先输入相应文本，并设置好格式。

02 选择"插入"→"图表"命令，在幻灯片中插入一个默认的柱状图表，并出现"图表"工具栏。下面单击该工具栏中的"图表类型"按钮右侧的▼按钮，在弹出的列表中选择"三维饼图"选项。

03 此时幻灯片中的图表变为了三维饼图，其中各部分的大小是依据数据表中第一行数据，于是删除其他两行数据，并修改第一行中各单元格中的数据内容。

04 完成数据的输入后关闭数据表，下面来设置图表的外观。先直接拖动图表外边框调整其位置和大小，然后在其空白处右击，在弹出的快捷菜单中选择"图表选项"命令。

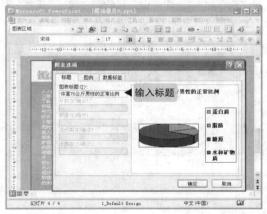

05 打开"图表选项"对话框，在"标题"选项卡中的"图表标题"文本框中输入该图表的标题。

06 选择"图例"选项卡，在"位置"栏中选中"底部"单选按钮。

07 选择"数据标签"选项卡，在"标签包括"栏中选中"值"复选框。最后单击"确定"按钮。

08 回到图表编辑状态，然后在绘图区的边框上右击，在弹出的快捷菜单中选择"设置绘图区格式"命令。

09 打开"图形区格式"对话框,在"边框"栏中选中"无"单选按钮,取消绘图区边框线,然后单击"确定"按钮。

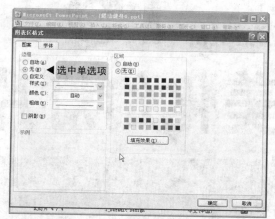

10 再在图表空白处右击,在弹出的快捷菜单中选择"设置图表区格式"命令,在打开对话框的"区域"栏中选中"无"单选按钮,表示取消图表的填充颜色。

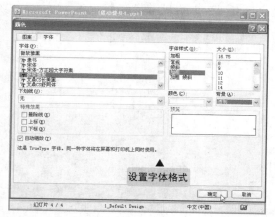

11 选择"字体"选项卡,在这里设置图表中所有文本的字体,完成后单击"确定"按钮。

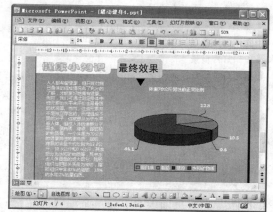

12 至此完成图表的所有格式设置,单击图表外的区域,退出图表编辑状态,可看到图表的最终效果。

美化幻灯片外观

幻灯片的外观包括其中各对象的布局版式、幻灯片的背景、幻灯片的配色方案
等，要制作美观的幻灯片，就需要对这些关系到外观的元素进行设置或设计。
另外通过幻灯片的母版可制作出具有统一风格的幻灯片，这在一定程度上也有
助于美化幻灯片。

本章要点：

确定幻灯片布局
设置幻灯片背景
设置幻灯片颜色搭配
设置幻灯片母版

知识等级：

PowerPoint进阶者

建议学时：

120分钟

参考图例：

技巧
特别方法，特别介绍
提示
专家提醒注意
问答
读者品评提问，作者实时解答

15.1 确定幻灯片布局
选择幻灯片版式以确定幻灯片整体布局效果

通过前面的介绍可知，幻灯片中的对象通常为文本与图型，那么这些对象在同一幻灯片中，以何种形式布局，一个演示文稿中的各幻灯片分别又是采用何种布局方式，这些都会关系到幻灯片的美观，因此在制作时需要根据情况进行确定。

15.1.1 选择预设版式

根据幻灯片中内容或对象类型的不同，PowerPoint 为用户提供了多种预设的版式，这些版式中包含了各类对象的占位符，并以相互之间不同的位置关系形成了各有特色的布局形式，通过这些版式，可帮助用户更快捷地确定幻灯片的整体外观结构风格。

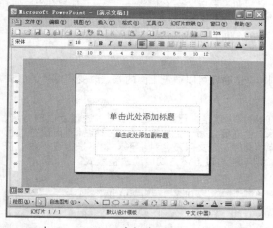

01 在 PowerPoint 中新建一个空白演示文稿，默认的第一张幻灯片中出现了标题与副标题占位符，并相互呈上下排列，这就是版式。

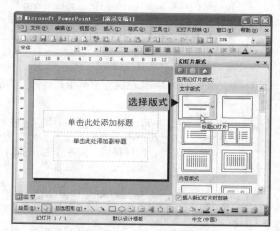

02 选择"格式"→"幻灯片版式"命令，打开"幻灯片版式"任务窗格，在其下的列表框中即为系统提供的多种预设版式，可看到"文字版式"栏下的"标题幻灯片"选项呈选中状态，表示当前的版式即为"标题幻灯片"。

03 在"文字版式"栏下选择另外一种版式选项，如"标题和文本"，此时可看到幻灯片中变为了标题和正文占位符，可见这种版式适合在幻灯片中输入一个标题，标题下输入正文的布局。

04 除了"文字版式"栏外，在列表框中还有其他多类版式，如"内容版式"、"文本和内容版式"以及"其他版式"等，在这些栏中可分别选择其他的各类布局效果，如上图为"内容版式"栏下的"标题和内容"版式，其中的内容即指各种图形对象。

05 再在"文字和内容版式"栏中选择"标题，文本与内容"版式，从名字就基本可以判断出该版式中包含的主要对象。使用这种简单的方法，就可在制作幻灯片前轻松地确定其版式布局。

Q： 如果已经完成某张幻灯片内容的制作，这时还可以通过上面的方法改变幻灯片的版式吗？

A： 是可以的，当幻灯片中已经制作了内容，也就是说已经确定了版式，通过上面的方法，仍然可以改变其现有版式，如下图所示。但需要注意一点，这些版式只能针对占位符进行调整，也就是说，如果您制作的幻灯片中标题、正文以及各种图形对象不是存在于占位符中，而是存在于手动绘制的文本框中，则不能通过上述方式自动调整版式。

■ 已经制作完成的版式

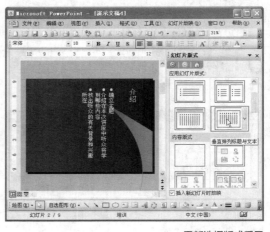

重新选择版式后 ■

15.1.2 手动设置版式

当制作演示文稿熟练后，或者对版式要求更高时，系统提供的版式选项也许就不能满足用户的需要，这时用户可依据一些版式布局经验或原则，手动确定幻灯片的版式布局。

1. 手动布局的方法

前面已经介绍了如何在幻灯片中编辑文本、插入各类对象等，那么这些对象相互之间的位置关系，都是可以手动调整的。

幻灯片中所有的文本都是存在于文本框中（占位符实际上也是一种特殊的文本框），而所有其他对象都是以图形形式浮于幻灯片中，它们的位置直接拖动即可改变，下图所示即为拖动或旋转幻灯片中各对象后形成的不同布局效果。

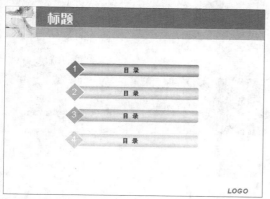
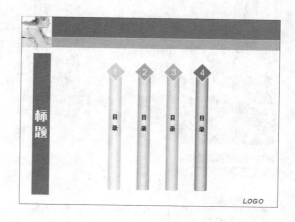

■手动调整幻灯片版式

2. 幻灯片布局的原则

虽然手动调整幻灯片版式的方法很简单，但要制作出美观并符合该演示文稿放映目的的布局，则需要依据一定的原则。

幻灯片布局原则：整体统一

一个演示文稿由多张幻灯片组成，在放映时会在各幻灯片间来回切换，因此各幻灯片的版式在整体上应具有统一性，例如标题文本位置、页边距以及使用的图形对象等，这样制作出来的演示文稿不会因为版式变化过大而影响观众对内容的注意力。

■整体统一原则效果

幻灯片布局原则：简洁直观

对于商务或教学类演示文稿，由于其放映环境较为严肃，幻灯片中的内容才是展示的重点，于是这类幻灯片的版式可选择简洁清新，内容直观的效果，这样让观众看起来较为轻松。

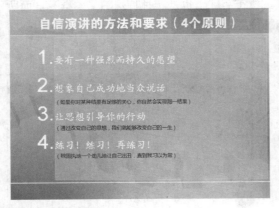

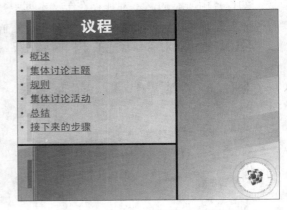

■简洁直观原则效果

幻灯片布局原则：布局平衡

当在幻灯片中插入了多种对象时，文本与图形、图形与图形在幻灯片中占据不同的位置，但从视觉的角度出发，它们在版面中应从内容或色彩上进行平衡，以避免出现构图失衡，色彩失调的情况，影响幻灯片的整体外观。

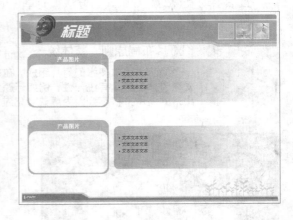

■布局平衡原则效果

幻灯片布局原则：主题突出

一张幻灯片中总有一个要展示的主题内容，这个主题可能以标题的形式展现，也可能是图形或其他对象，对于主题内容，通常需要对其进行突出展示，以体现出版面的主次感。

■主题突出原则效果

幻灯片布局原则：内容确定风格

幻灯片的布局风格应与演示文稿的内容紧密联系在一起，不同的展示内容确定了不同的整体风格效果，如商务类需要庄重，教学类则需要严谨，而娱乐生活类则可轻松活泼。庄重严谨类幻灯片可多采用框架结构布局，而轻松活泼类幻灯片则可多采用曲线灵动的元素。

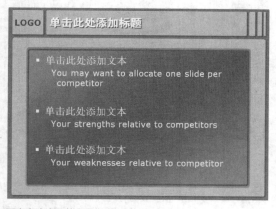
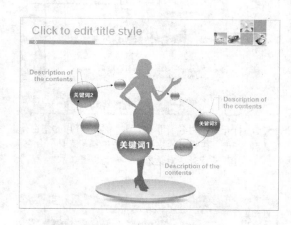

■内容确定风格原则效果

　　上面总结了一些在进行幻灯片布局时可参考的大的原则，实际制作时往往是多种原则共同确定着一个演示文稿的布局风格，读者可灵活掌握，并根据自己的工作特点和 PowerPoint 的主要应用方向，来形成适合自己的布局风格。

15.2 设置幻灯片背景
为幻灯片指定不同的背景效果

在一张幻灯片中，其背景的颜色不总是白色的，用户可根据自己的喜好或与内容的搭配，自行设置背景的颜色或图案，合适的背景能让演示文稿更为美观。

15.2.1 设置纯色背景

默认的空白演示文稿其背景为白色，用户可其调整为其他纯色效果。

光盘文件
CD

素材
光盘：\素材\第15章\调查报告1.ppt

效果
光盘：\效果\第15章\调查报告1.ppt

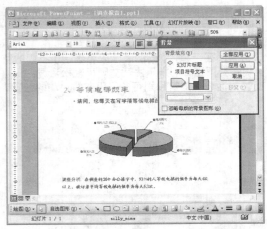

01 打开一个白色背景幻灯片，在幻灯片的空白处右击，在弹出的快捷菜单中选择"背景"命令，打开"背景"对话框。

02 在"背景填充"下拉列表框中列出了各种系统提供的色块，选择这些色块选项，即可将幻灯片的背景变为该种颜色。如果对这些颜色不太满意，可选择其中的"其他颜色"选项。

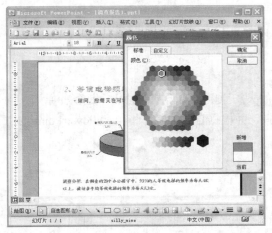

03 打开"颜色"对话框，在其中的"标准"选项卡下提供了多种变化的色块供用户选择。

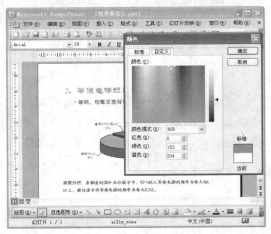

04 切换到"自定义"选项卡，在这里用户可直接选择或设置颜色值来得到更为准确的颜色效果，完成后单击"确定"按钮。

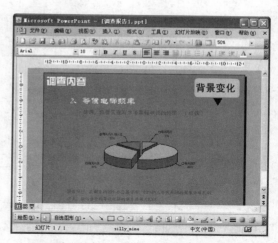

05 回到"背景"对话框，此时在预览框中可看到变换了背景后的大致效果，单击"全部应用"按钮，可一次性更换演示文稿中所有幻灯片的背景颜色，这里我们单击"应用"按钮，只更换当前幻灯片的背景颜色。

06 回到幻灯片编辑状态，可看到当前幻灯片的背景由白色变为了其他颜色，这时用户为了让幻灯片中对象与背景颜色更好的搭配，可能需要修改相应的颜色。所以我们建议在制作幻灯片之前就应确定好幻灯片的背景效果。

15.2.2　设置渐变背景

　　由上面的例子可以看到，纯色的背景显得较为单调，也不容易与幻灯片中对象的不同颜色进行搭配，这时用户还可为幻灯片设置颜色渐变的背景颜色。

光盘文件 CD	素材 光盘：\素材\第15章\ 调查报告2.ppt	效果 光盘：\效果\第15章\ 调查报告2.ppt

01 在一个白色背景幻灯片空白处右击，在弹出的快捷菜单中选择"背景"命令，打开"背景"对话框，在"背景填充"下拉列表框中选择"填充效果"选项。

02 打开"填充效果"对话框，这与其他图形对象的填充效果设置相同。在"渐变"选项卡下的"颜色"栏中先确定渐变颜色的类型，这里选中"单色"单选按钮，激活"颜色"下拉列表框。

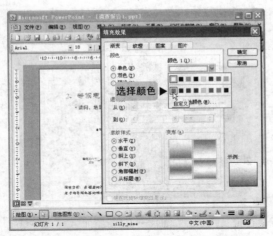

03 在"颜色"下拉列表框中选择要渐变的颜色，其设置方法与为幻灯片设置纯色背景相同。

04 确定渐变颜色后，拖动"深浅"滑块可调整所选颜色的深浅度，拖动的同时在"示例"栏中可看到预览效果。然后在"底纹样式"栏中可选择不同的渐变种类，选中一个种类单选按钮后，在右侧的"变形"栏中还可选择更细分的效果。

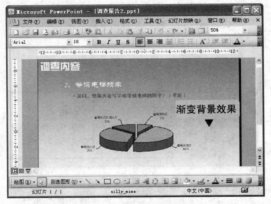

05 设置完渐变后单击"确定"按钮，回到"背景"对话框，在其中再单击"应用"按钮，此时即可看到幻灯片背景变换为渐变颜色的效果。

技巧
Skill

设置幻灯片背景为纹理或图案

在设置背景时打开的"填充效果"对话框中的"纹理"选项卡下，系统提供了多种纹理效果，用户可选择这些效果作为幻灯片的背景；而在"图案"选项卡下，用户可选择不同的图案，再确定图案的前景与背景色，最终为幻灯片设置图案背景。由于这两种类型的背景并不常用，这里不做详细介绍，其操作方法和效果如下图所示。

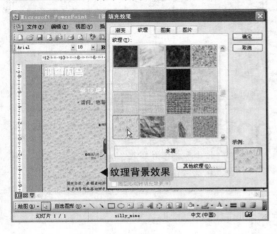

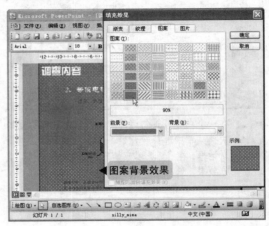

15.2.3　设置图片背景

前面为用户介绍了多种幻灯片的背景效果，但最为常用的还是为幻灯片设置图片作为背景，因为图片的来源广泛，用户也可通过各种软件进行制作，所以图片背景可使得幻灯片能呈现出更多样式的外观。

| 光盘文件 CD | 素材 光盘：\素材\第15章\ 调查报告3.ppt | 效果 光盘：\效果\第15章\ 调查报告4.ppt |

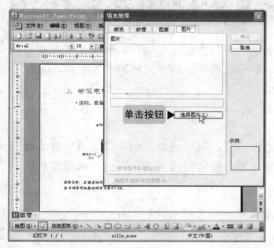

01 在幻灯片空白处右击，在弹出的快捷菜单中选择"背景"命令，在打开对话框中单击"背景填充"下拉列表框，在其中选择"填充效果"选项，然后切换到打开对话框的"图片"选项卡，单击"选择图片"按钮。

02 在打开的对话框中找到要作为背景的图片，然后单击"插入"按钮。

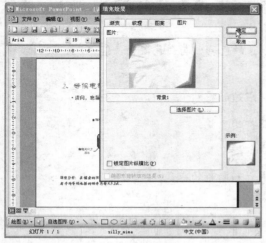

03 回到"填充效果"对话框，再单击"确定"按钮回到"背景"对话框，然后再单击"应用"按钮。

04 此时可看到，使用图片作为背景，得到的效果更加美观。

使用图片作为幻灯片背景的注意事项

要使图片能与幻灯片中的内容组合在一起得到好的效果，就要在选择或制作背景图片时事先考虑到幻灯片中内容的版式、形态以及颜色等，或者在为幻灯片设置了图片背景后，制作其中内容时要根据背景样式颜色等进行协调，只有这样才能得到最佳的效果。

15.3 设置幻灯片颜色搭配
确定幻灯片背景以及各对象的颜色

一张幻灯片中各对象以及背景的颜色是否协调，是否与演示主题相符，将决定观众观看演示时的心理感觉和情绪，所以幻灯片的颜色搭配也是关系幻灯片是否美观的重要因素。

15.3.1　不同颜色带来的感觉

不同的颜色会给观众带来不同的心理感受和感情联想，每种色彩在饱和度、透明度上略微变化就会产生不同的感觉。下面先来了解这些感觉，以帮忙您根据表达主题的不同而选择恰当的幻灯片颜色基调。

◆ **红色：**喜庆，有冲击力的色彩。具有刺激效果，容易让人激动，是一种雄壮的精神体现，给人以愤怒、热情或活力的感觉。

◆ **橙色：**也是一种激奋的色彩，给人以轻快、欢欣、热烈、温馨或时尚的感觉。与食物搭配也可刺激食欲。

◆ **黄色：**高亮度颜色，让人觉得温暖、快乐和轻快，给人灿烂辉煌以及充满希望的感觉。

◆ **绿色：**介于冷暖色中间，给人自然、和睦、宁静、健康和安全的感觉。与金黄、淡白搭配可产生优雅、舒适的气氛。

◆ **蓝色：**永恒、博大，最具凉爽、清新和专业的色彩。与白色混合，能体现柔顺、淡雅或浪漫的气氛，给人感觉平静、理智。

◆ **紫色：**女孩子很喜欢的颜色，给人神秘、压迫的感觉。

◆ **黑色：**给人深沉、神秘、寂静、悲哀或压抑的感觉。

◆ **白色：**给人洁白、明快、纯真和清洁的感觉。

◆ **灰色：**给人中庸、平凡、温和、谦让、中立和高雅的感觉。

15.3.2　颜色配搭原则

下面为读者总结出一些在颜色搭配方面的原则或经验，先掌握这些大的原则，再根据实际情况进行衍生。

1．内容决定颜色

演示文稿的颜色搭配是与内容相协调并最终为其服务的，因此各颜色搭配必须与演示内容相匹配，如对儿童的教学演示就应采用活泼鲜艳的颜色，商务演示就应采用稳重大方的颜色，娱乐休闲内容的演示就应使用清新明快的颜色等。其他类别演示所采用相应颜色的效果如下图所示。

■幼儿教学内容采用活泼颜色

药学类采用蓝白色■

2．主题决定色调

颜色有冷色调与暖色调之分，冷色调包括浅绿、绿、蓝绿、蓝、蓝紫和紫等颜色，它给人清新、冷静、纯洁或深沉的感觉；暖色调包括黄、黄橙、橙、红、红橙和红紫等颜色，它给人以温暖、鲜艳、兴奋或激烈的感觉。而黑、白、灰等色很难在人们心里留下强烈印象，因此被称为中性色，它们所起的作用主要为主题起到衬托、铺垫、平衡或协调等，在颜色搭配时也是必不可少的。

了解了这些色调给人的感觉后，就要根据要表达的主题需要什么感觉以确定色调，如节日庆祝类可使用红、橙等暖色调（见下左图），科技商务类可使用蓝、绿等冷色调（见下右图），食品类可使用黄橙等色增加观众的食欲，而环保类则可使用蓝绿等自然色。

■节日主题采用暖色调

科技类采用冷色调■

3. 背景决定主色调

一张幻灯片的主色调确定后，通常是通过其背景色或背景图片的颜色来实现的，因为它在幻灯片中占据最突出的位置。如果背景为白色或浅色，则是由幻灯片中文本或对象的整体颜色来形成该幻灯片的主色调，效果如下图所示。

■蓝色背景产生冷色调　　　　　　　　　　　　　　　　　　　　　黄色背景产生暖色调■

4. 颜色对比突出重点

通过颜色的对比可指引观众关注你需要他注意的重点内容，如要重点突出某段文本或某个对象，可将其颜色设置为与幻灯片主色调成对比色，如深色的背景用浅色对比，浅色背景用深色对比，这样就可在观者的心中留下较深的印象，效果如下图所示。

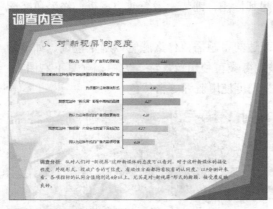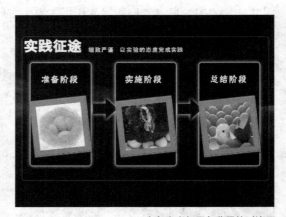

■彩色对象与浅色背景的对比　　　　　　　　　　　　　　　　白色文字与黑色背景的对比■

5. 颜色协调突出层次

除了要突出的重点内容，幻灯片中的其他辅助内容则应使用与主体色调相协调的颜色，这样才能产生层次感，并使整体颜色更和谐，如深蓝、蓝色和浅蓝的搭配使用，黄色、橙色、淡红色的搭配使用等，并列类的内容往往使用这种协调的颜色效果，如下图所示。

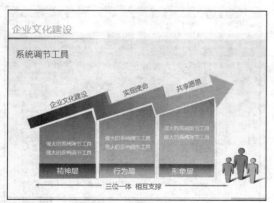

■递进型层次的颜色搭配

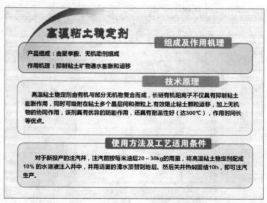

并列型层次的颜色搭配■

15.3.3　选择系统配色方案

所谓配色，是指为幻灯片中各对象指定不同但又相互协调的颜色。相信读者通过前面章节的介绍，对颜色的搭配已有所了解，但在自己还没有完成领会和掌握之前，可通过系统提供的配色方案，来为幻灯片中各类对象指定颜色。

素材

光盘：\素材\第15章\人事1.ppt

01 打开演示文稿，选择"格式"→"幻灯片设计"命令，打开"幻灯片设计"任务窗格，然后单击其中的"配色方案"超链接，切换到"幻灯片设计—配色方案"任务窗

02 在"应用配色方案"列表框中列出了多个系统提供的配色方案，现在选择一个配色方案选项，可看到演示文稿中所有幻灯片的背景、标题、副标题以及正文等对象的颜色统一发生了变化。

03 默认选择配色方案后，演示文稿中所有幻灯片的配色都会发生变化，若只希望改变当前幻灯片的配色，则在配色方案选项上右击，在弹出的快捷菜单中选择"应用于所选幻灯片"命令。

04 这时可看到只有当前幻灯片的配色方案发生了变化。

提示
Attention

系统提供的配色方案发挥作用，原因是其中包括了对幻灯片中各种对象的颜色定义，所以要使配色方案正常工作，幻灯片中各对象就得是系统"认识"的，如标题占位符、副标题占位符、正文占位符中的内容，以及通过其他项目占位符插入的对象，这些被系统"认识"的对象才能对号配色方案中的各项颜色设置，而用户自行绘制的文本框中的内容就无法被修改了。

15.3.4 自定义配色方案

系统提供的配色方案中包括了多个对象的颜色定义，如果对某种定义不是很满意，可对其进行修改，并生成新的配色方案。

光盘文件 CD	素材 光盘:\素材\第15章\人事2.ppt	效果 光盘:\效果\第15章\人事2.ppt

01 打开"幻灯片设计—配色方案"任务窗格，选择一种配色方案，然后单击其下的"编辑配色方案"超链接。

02 打开"编辑配色方案"对话框的"自定义"选项卡，在其下的列表框中即可看到，该方案中定义了各种对象的不同颜色，对某种颜色不满意，则在选择该选项后单击"更改颜色"按钮。

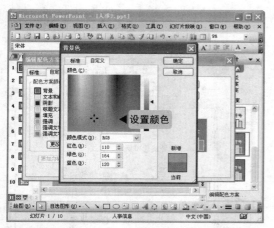

03 打开"背景色"对话框，在这里设置新的颜色，完成后单击"确定"按钮。

04 回到"编辑配色方案"对话框，可看到所选颜色项发生了变化，其他项的修改方式相同，完成后再单击"应用"按钮。

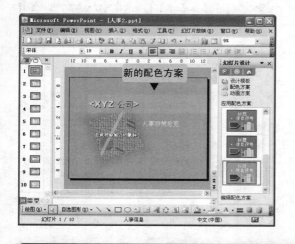

05 此时可看到演示文稿中的所有幻灯片都应用了新的配色方案，刚才被定义的颜色项被修改，同时在任务窗格中出现了新的配色方案选项，这就是用户自定义的新的配色方案。

15.4 设置幻灯片母版
通过母版确定幻灯片的统一风格

版式布局、颜色搭配，以及文本字体和对象形状，共同构成了一张幻灯片的外观，前面我们介绍到，在一个演示文稿中，通常应将各幻灯片形成为统一的外观风格，为此系统为用户提供了母版功能，在母版中可确定幻灯片中共同出现的内容以及各部分的格式等，这样在具体制作每张幻灯片时，用户即可很轻松地制作出统一外观的幻灯片来。

15.4.1 认识母版

选择"视图"→"母版"命令，在弹出的子菜单中可看到 3 个命令，表示 PowerPoint 中有 3 种母版，如下左图所示。其中幻灯片母版的设置将关系到演示文稿的统一风格，本节将主要介绍。

在子菜单中选择了"幻灯片母版"命令后，将进入到幻灯片母版视图，在其中可进行设置的内容如下右图所示。

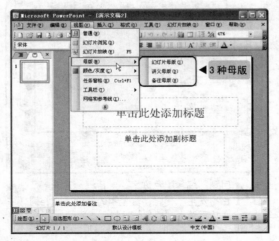

■PowerPoint 中的 3 种母版

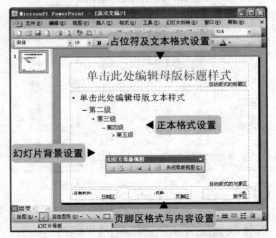

幻灯片母版设置内容■

15.4.2 定义统一的占位符格式

默认新建的幻灯片中，占位符的字体为宋体，而进入到幻灯片母版中，设置其中标题或正文的占位符字体格式后，在该演示文稿中的所有相应文本对象的字体将发生变化，新建的幻灯片中占位符字体也都变为此处设置，从而可形成统一的文本效果。

素材	效果
光盘：\素材\第15章\ 培训1.ppt	光盘：\效果\第15章\ 培训1.ppt

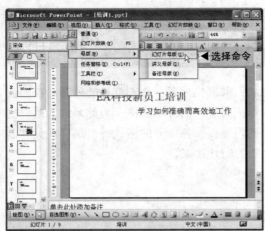

01 打开演示文稿，幻灯片中文本字体为默认的宋体，下面选择"视图"→"母版"→"幻灯片母版"命令。

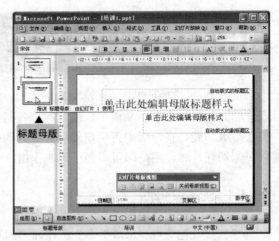

02 进入到幻灯片视图，在左侧窗格中出现了两个缩略图，它们分别为第一张幻灯片使用的标题母版和其他幻灯片使用的母版，两者的设置方法相同。

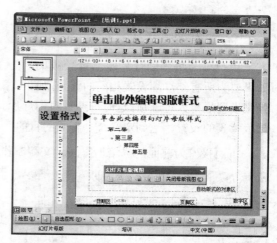

03 选择切换到幻灯片母版，在其中可看到标题占位符和内容占位符，其中文本的格式为默认的宋体，下面选中标题占位符，通过"格式"工具栏设置其字体格式。

04 幻灯片的正文占位符中文本是以项目符号的形式存在的，各级文本的格式不相同。下面使用同样方法，为第一、二级文本设置字体格式。

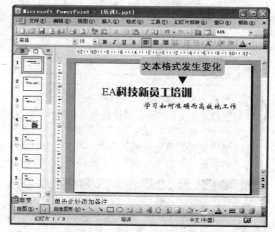

05 切换到标题母版中，使用同样方法为其中标题和副标题占位符设置格式。

06 完成后单击"幻灯片母版视图"工具栏中的"关闭母版视图"按钮，回到幻灯片编辑状态，此时可看到第一张幻灯片（即标题幻灯片）的字体格式发生了变化。

07 而切换到其他幻灯片中，也可看到其中标题和正文的字体格式均变成了母版中设置的统一的占位符格式，此后在该演示文稿中新添加的幻灯片中占位符默认格式也变为了与此相同的格式，这样便形成了统一的字体外观。

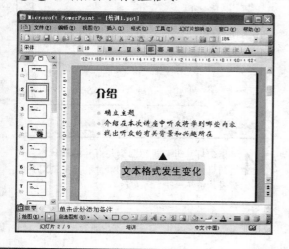

提示
Attention

在有些演示文稿中，当进入到幻灯片母版视图时，其中并没有如本例中见到的定义标题幻灯片的标题母版，这时在左侧窗格中右击，在弹出的快捷菜单中选择"新标题母版"命令，即可创建一个标题母版。

15.4.3　定义统一的背景

用户可为每张幻灯片定义背景效果，但如果要为所有幻灯片设置相同的背景，如果一张张设置显得太过麻烦，这时可通过对幻灯片母版背景的设置，达到定义统一背景的目的。

光盘文件 CD	素材	效果
	光盘：\素材\第15章\ 培训2.ppt	光盘：\效果\第15章\ 培训2.ppt

下面接着为前面的"培训"演示文稿制作统一的图片背景。

01 打开演示文稿，进入幻灯片母版视图，在其中空白处右击，在弹出的快捷菜单中选择"背景"命令，在打开对话框中"背景填充"下拉列表框中选择"填充效果"选项，再在打开对话框的"图片"选项卡中单击"选择图片"按钮。

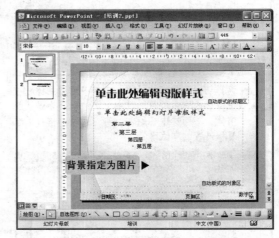

02 在打开的对话框中选择要作为背景的图片，确定后回到"填充效果"对话框，再单击"确定"按钮，在"背景"对话框中单击"应用"按钮，回到幻灯片母版视图，可看到该母版的背景变为了指定图片。

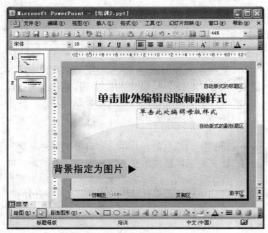

03 使用同样方法为标题母版定义一个同类的图片背景，两个背景图片应协调统一。

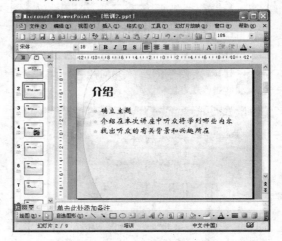

04 退出幻灯片母版视图回到幻灯片编辑状态，切换幻灯片，可看到标题幻灯片和其他幻灯片的背景均被统一进行了更改。

15.4.4　添加统一的对象

　　对于一些商务类演示文稿，有时需在其中所有幻灯片中都添加上相同的文本或对象，如公司联系方式、地址以及公司标志等。于是可将这些内容都添加到幻灯片母版中，这样一次操作，所有幻灯片中都出现了相同的内容。

光盘文件 CD	素材	效果
	光盘：\素材\第15章\ 培训3.ppt	光盘：\效果\第15章\ 培训3.ppt

　　下面接着为前面的"培训"演示文稿中添加统一的文本和对象。

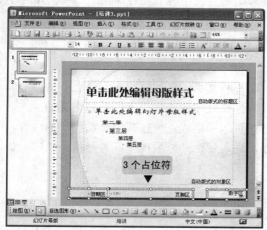

01 打开演示文稿，进入幻灯片母版视图，在其底部存在着3个占位符，分别用于输入日期、页脚内容和数字等。这里我们准备在幻灯片底部输入公司版权所有等文字，这属于页脚内容。

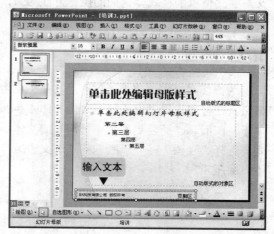

02 于是先将其他两个占位符删除，以免影响操作，然后在页脚占位符中输入相应文本，并通过"格式"工具栏设置文本的格式，然后再调整其放置位置。

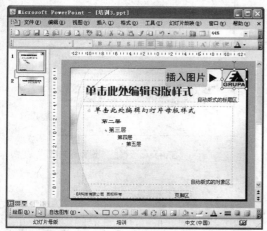

03 下面还准备在幻灯片中插入一个公司LOGO（标志），于是选择"插入"→"图片"→"来自文件"命令，将标志图片插入到幻灯片母版中，然后调整大小和位置。

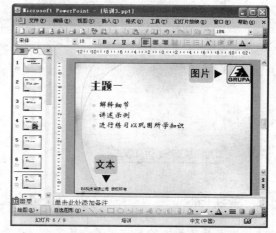

04 退出幻灯片母版视图，此时可看到除标题幻灯片外，其他所有幻灯片中相同位置均出现了文本和标志。

提示
Attention

之所以标题幻灯片中没有添加的内容，是因为上面添加的文本和插入的内容是在幻灯片母版中完成，若希望在标题幻灯片中也出现同样的内容，则需要将这些内容复制到标题母版中。

15.4.5 讲义与备注母版介绍

前面介绍了演示文稿中有三个母版，除幻灯片母版外，讲义与备注母版分别是用于设置讲义与备注信息的格式，它们的操作方法相似，只是后面两者使用时需要打印出来，在演示时不会显示。

1. 讲义母版

为方便观众更直接地了解演示文稿的内容，可选择将几页幻灯片打印在纸稿上，从而形成讲义。在打印设置时可选择一页上打印多少张幻灯片，在打印预览视图下可看到讲义的版式，如下左图所示。而要更改其中页眉页脚文本、日期或页码等格式，或在其中添加统一的内容，则需选择"视图"→"母版"→"讲义母版"命令，进入到讲义母版视图后进行相关操作，如下右图所示。

■打印预览下的讲义版式

在讲义母版视图下设置格式■

2. 备注母版

在备注窗格中输入某张幻灯片的备注信息可帮助用户在放映时对该页内容进行提示，若希望将其打印到纸张上以供查看，则可通过选择"视图"→"母版"→"备注母版"命令，在进入的备注视图中设置其统一的格式，如下左图所示；或者选择"视图"→"备注页"命令，查看和编辑备注的内容及格式，如下右图所示。最后通过打印设置将其打印到纸张上。

■在备注母版视图下设置格式

在备注页下输入和编辑内容■

15.4.6　通过对话框设置页眉和页脚

　　页眉和页脚是指出现在每张幻灯片或讲义与备注顶部或底部相同的内容，在不同的母版视图中可看到相应的占位符，而除了前面介绍的在母版视图下设置页眉和页脚内容外，还可通过对话框进行相应的设置，这里简要进行介绍。

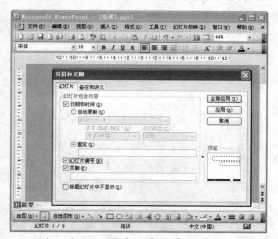

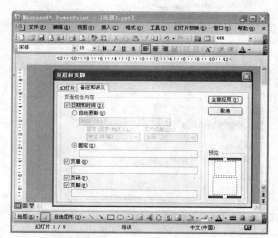

01 打开演示文稿，选择"视图"→"页眉和页脚"命令，打开"页眉和页脚"对话框。在"幻灯片"选项卡下分别包含"日期和时间"、"幻灯片编号"和"页脚"3部分内容，它们都显示在幻灯片的底部，分别对应于幻灯片母版底部的3个占位符，在该选项卡下即可设置各占位符中的内容，但不能设置格式。

02 切换到"备注和讲义"选项卡，其中包括4部分内容，显示在备注或讲义的顶部与底部，分别对应于备注或讲义母版中的4个占位符，在这里同样可设置各占位符中的内容。完成设置后单击"全部应用"按钮即可。

16

制作多媒体幻灯片

除了文字、图片等静态元素外，在幻灯片中还可插入其他多种媒体文件，如声音、视频以及动画效果文件等，通过这些元素对幻灯片内容的丰富和装饰，可为观众呈现出声色俱佳的演示效果来。

本章要点：

PowerPoint可兼容的声音与视频格式
在演示文稿中应用声音效果
在幻灯片中插入影片

知识等级：

PowerPoint进阶者

建议学时：

80分钟

参考图例：

技巧
特别方法，特别介绍
提示
专家提醒注意
问答
读者品评提问，作者实时解答

16.1 | PowerPoint 可兼容的声音与视频格式
只有兼容的多媒体格式文件才能正确地在幻灯片中使用

　　虽然声音和视频等多媒体元素可以给观众在听觉和视觉方面更大的冲击力，但不是任何多媒体文件都可应用到幻灯片中，下面先来了解可在 PowerPoint 中正确使用的多媒体格式。

16.1.1　可兼容的声音格式

　　目前，大多数常见的声音文件均可在 PowerPoint 中使用，这主要包括以下一些格式。

声音格式	说　明
MP3	这是目前使用最广泛的一种声音文件格式，如最常见的音乐文件大都是 MP3 格式。这种格式采用高质量的比特率进行压缩，其质量类似于 CD 音质，但文件比 WAV 小很多，一分钟 1 MB 左右
WAV	这是一种原始的声音音频格式，它没有经过现有的一些标准进行优化压缩，因此声音质量非常好，但文件体积较大，一段 1 分钟左右的 WAV 文件可能会达到 50 MB。即便如此，它仍然是非常受欢迎的声音格式
WMA	请注意它与 WAV 名字上的区别，该格式与 MP3 类似，但使用了更好的压缩算法，因此其音质与 MP3 相差无几，但文件要变得更小一些
MIDI	这类文件不包含实际的音乐，而只包含计算机声卡能理解和播放的音符，所以这类文件极小，但声音内容较为简单，音质也较差，常用于一些循环播放的节奏
REAL	例如一些 EM 格式的文件即属于此类，PowerPoint 其实并不真正支持这类格式，而是需要通过转换或者链接播放才能达到使用的目的，而如果要链接播放，则需要得到兼容这类格式的播放器的支持才行，因此此类声音文件应用较少

16.1.2　可兼容的视频格式

　　目前常见的视频文件在 PowerPoint 中也能很好的兼容，这主要包括以下一些格式。

视频格式	说　明
AVI	此类格式具有很长的历史，目前仍然应用广泛，例如 VCD 中的视频大都为此格式。虽然有些因为所采用的压缩方式不同而稍有区别，但绝大部分 AVI 视频文件在 PowerPoint 中能很好的工作
MPEG	这类文件分为 MPEG1 和 MPEG2 两个版本，前者能很好地被 PowerPoint 兼容，后者实际上是 DVD 视频格式，需要借助第三方的播放器才能正常地使用

续表

视频格式	说　　明
RMVB/RM	这两种格式常见于网络视频文件，它们也是出自 REAL，这类视频文件同样需要通过转换或者链接其他播放器来使用
GIF	这类文件严格意义上讲不能算是视频文件，它其实是以动画的形式显示的一系列 GIF 图像，可以像插入普通图片一样在 PowerPoint 中使用它，但在放映时会出现简单的动画效果
SWF	即目前常的 Flash 文件，虽然 PowerPoint 不直接支持该类文件，必须要在电脑中安装了 Shockwave Flash 控件后才可使用。但由于 SWF 动画已是网络动画的标准，因此一般情况下，电脑中都有这个控件，所以通常也能很顺利地在 PowerPoint 中使用

读者提问
Q+A
?

Q：那么这些声音或视频文件通常是怎么获得的呢？

A：根据声音或视频在幻灯片中使用目的的不同，获取这些文件的途径也有所不同。
■ 演示文稿中的背景音乐，大都通过网上下载或直接从 CD 中播放。
■ 一些常用的声音或视频效果，可通过剪辑管理器或从网上下载获得。
■ 商务演示中的片头动画、产品介绍等视频需要自行摄制和编辑转换。
■ GIF 或 Flash 动画可自行制作，或者从网上下载得到。
■ 幻灯片的演示旁白声音，需要演讲者事先通过话筒等录音设备录制。

16.2 在演示文稿中应用声音效果

介绍如何在幻灯片中根据需要插入各种声音

根据声音文件的来源不同，在幻灯片中插入声音的方法也有所不同，下面分别进行介绍。

16.2.1 从剪辑管理器中插入自带声音

光盘文件
CD

素材	效果
光盘：\素材\第16章\新员工培训1.ppt	光盘：\效果\第16章\新员工培训1.ppt

剪辑管理器中除了包含有图片文件外，系统还在其中自带了多种声音效果，不过其中的声音大都为一些简单的音效，如鼓掌、开关门、动物叫声等，其插入方法与剪贴画的插入相似。

下面以在新员工培训演示文稿中插入鼓掌音效为例进行介绍。

01 打开演示文稿，切换到第2张幻灯片，由于该页幻灯片中有表示欢迎新员工的内容，于是可在此页幻灯片中插入鼓掌音效。选择"插入"→"影片和声音"→"剪辑管理器中的声音"命令，打开"剪贴画"任务窗格。

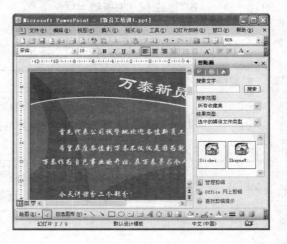

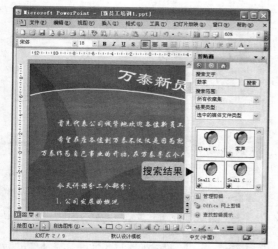

02 在"搜索文字"文本框中输入要插入声音的关键字，然后单击"搜索"按钮，此时即可在下面的列表框中显示出从剪辑管理器中搜索到的声音文件。

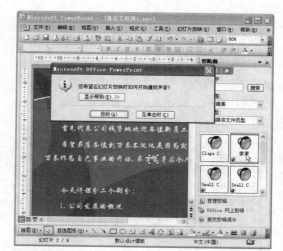

03 将鼠标指针指向某声音文件选项，可显示相关的信息帮助用户进行选择，选择到需要的声音文件后单击，即可在当前幻灯片中插入该声音文件，以一个喇叭图标显示，同时会出现一个提示对话框。

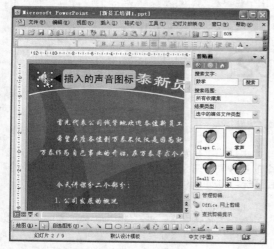

04 提示对话框询问在放映到该幻灯片时，现在插入的声音是自动播放还是要单击喇叭图标时才进行播放，通常直接单击"自动"按钮即可。对于插入到幻灯片中的喇叭图标，可像图片对象一样移动其位置，改变其大小，以使其不影响到幻灯片中的其他内容。双击该喇叭图标可听到该声音播放的效果。

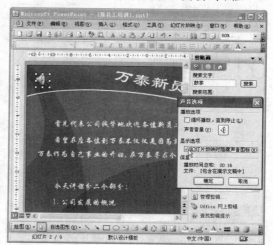

05 在正式放映到该幻灯片时，也会看到该喇叭图标，若先前设置了自动播放，则该图标的出现就没有意义，于是可设置其在播放时隐藏，即在图标上右击，在弹出的快捷菜单中选择"编辑声音文件"命令，在打开的"声音选项"对话框中可设置隐藏声音图标、是否循环播放以及调节声音大小等。

预览剪辑声音

技巧
Skill

若希望在选择声音文件时先对其进行播放预览，可在"剪贴画"任务窗格下的列表框中声音选项上右击，选择"预览"→"属性"命令，在打开的对话框中即可播放声音效果，甚至切换播放搜索结果中的其他声音，帮助用户进行选择。

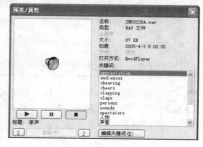

16.2.2　插入外部声音

　　剪辑管理器中的声音毕竟有限，于是我们也常常插入一些来自外部的声音文件，例如要为演示文稿插入一些背景音乐，下面演示其操作方法。

光盘文件 CD	素材	效果
	光盘：\素材\第16章\新员工培训2.ppt	光盘：\效果\第16章\新员工培训2.ppt

01 在演示文稿的第一张幻灯片中，选择"插入"→"影片和声音"→"文件中的声音"命令，在打开的对话框中找到并选择要插入的外部声音文件，然后单击"确定"按钮。

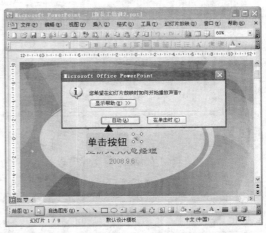

02 此时同样会打开询问如何对其进行播放的对话框，这里单击"自动"按钮即完成声音的插入。

提示 Attention

　　这里因为是要让该声音成为幻灯片的背景音乐，于是需要设置其循环播放直到所有幻灯片结束。由于软件将声音播放视为一个动画效果，于是这里的设置会涉及幻灯片动画的知识，读者可先按步骤进行操作，待后面学习到动画设置后再回顾这里讲解的内容。

03 在声音图标上右击，选择"自定义动画"命令，打开"自定义动画"任务窗格，在其中列表框中可看到一个声音播放动画选项。

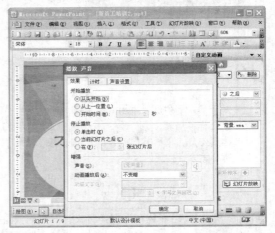

04 在该动画选项上右击，在弹出的快捷菜单中选择"效果选项"命令，打开"播放 声音"对话框，在这里即可对播放动画的相关选项进行设置。

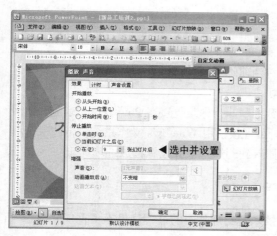

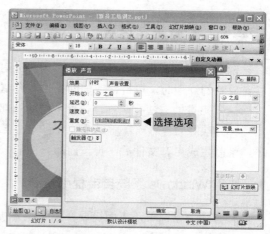

05 在"效果"选项卡下的"开始播放"栏中可设置声音开始播放的条件,在"停止播放"栏中可设置声音在何种状态下停止播放,这里选中并设置"在9张幻灯片后",因为整个演示文稿共有9张幻灯片。

06 切换到"计时"选项卡,在这里还需要设置声音重复播放的状态,于是在"重复"下拉列表框中选择"直到幻灯片末尾"选项,表示声音一直循环播放到演示文稿播放完毕,这样才能达到设置背景音乐的效果。

读者提问
Q+A

Q:前面在介绍设置隐藏声音图标时打开的"声音选项"对话框中也看到一个"循环播放,直到停止"复选框,它的作用又是什么呢?

A:由于声音插入到幻灯片后,其默认播放效果是在开始播放后,到下一个对象动画开始时停止,通常是在下一次单击后即停止。如果声音播放与下一对象动画之间间隔的时间很长,则声音播放完一遍后便停止,而如果在"声音选项"对话框中选中了"循环播放,直到停止"复选框,则声音会在下一个动画开始前反复播放。注意,这里的反复播放不是指循环播放直到演示文稿播放停止。

16.2.3　插入 CD 音乐

CD 音乐光盘也是音乐文件的主要来源之一,在 PowerPoint 中可直接插入 CD 光盘中的指定音乐,并且还可对其进行详细的播放控制,下面举例进行介绍。

光盘文件
CD

素材
光盘:\素材\第16章\
新员工培训3.ppt

01 打开演示文稿,切换到要插入CD音乐的幻灯片。将准备好的CD音乐光盘放入光盘驱动器中,然后选择"插入"→"影片和声音"→"播放CD乐曲"命令,打开"插入CD乐曲"对话框。

02 在"开始曲目"和"结束曲目"数值框中可设置详细的音乐播放起始和结束时间。在下面的"播放选项"和"显示选项"栏中同样可进行相关设置。另外用户也可在"自定义动画"任务窗格中设置播放动画,操作方法与前面介绍相同。

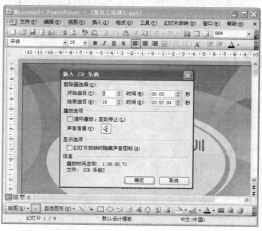

16.2.4 自行录制声音

除了已有的音乐或音效文件外，用户还可针对当前幻灯片的内容，自行录制讲解声音，这样在放映幻灯片时，可替代或辅助操作者介绍幻灯片。

录制声音的方法有两种，一种是借助外部录音程序，一种是直接在 PowerPoint 录制。使用第一种方法时，若对声音质量或效果有特殊要求，可直接使用 Windows 操作系统自带的录音程序，录制生成声音文件后，再按前面介绍的方法插入到幻灯片中并设置播放选项即可。

1. 使用 Windows 系统自带程序录制

此方法非常简单，下面简要介绍录制方法，插入到幻灯片中的过程这里不再重复介绍。

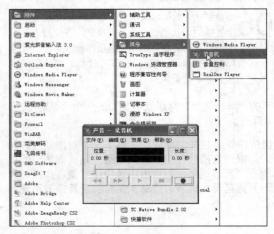

02
开启话筒的开关，然后单击"录音"按钮 ● ，此时对着话筒说话，看到有波形变化，即表示已经在开始录音了。

03
录音完成后单击"停止"按钮 ■ ，然后再单击"播放"按钮 ► 可试听效果，不满意就重录，满意就选择"文件"→"另存为"命令，然后对声音文件进行保存。最后再插入到幻灯片中即可。

01 将话筒设备与电脑正确连接后，选择"开始"→"所有程序"→"附件"→"娱乐"→"录音机"命令，启动录音机程序。

2. 直接在 PowerPoint 中录制

其实 PowerPoint 中也有与 Windows 录音机类似的程序，所以用户也可直接在其中录制并进行播放设置。

01 打开演示文稿，切换到要录制声音的幻灯片，选择"插入"→"影片和声音"→"录制声音"命令，打开"录音"对话框。从其操作界面可以看出，其与Windows录音机程序有很多相似之处。

02 先在"名称"文本框中为此次录音的文件命名，然后打开话筒开关，并单击"录音"按钮 ● 开始录音。

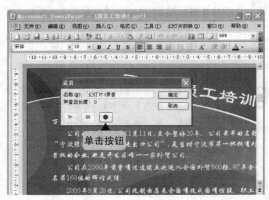

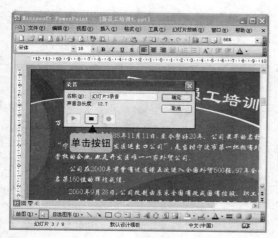

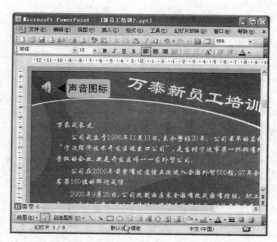

03 在录音过程中不会看到波形，但会看到对话框中显示有录音长度即录音进行的时间，录音完成后就单击"停止"按钮。

04 最后单击"确定"按钮，可看到当前幻灯片中出现了一个声音图标，表示录制的声音已被插入到幻灯片中。

提示
Attention

通过 PowerPoint 录制插入的声音默认的播放方式是单击声音图标后播放，对于幻灯片的讲解或说明，采取这种自己控制播放的方式还是很适合的，当然用户也可按前面介绍的方法，自定义其播放状态。

16.3 | 在幻灯片中插入影片
插入有动态显示效果的多媒体文件

这里说的其实是广义上的影片，除了常见的视频文件外，还包括一些动画文件，如 GIF 和 Flash，我们一并在此进行介绍，它们之间的使用方法稍有不同。

16.3.1 插入外部视频文件

对于一些商务类的演示文稿，可能会遇到要插入公司或产品介绍类视频，这里就需从外部将视频文件插入。

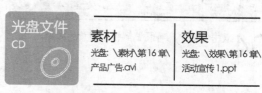

01 打开演示文稿，切换到要插入视频的幻灯片，选择"插入"→"影片和声音""文件中的影片"命令，在打开的对话框中选择要插入的视频文件，然后单击"确定"按钮。

02 同样打开提示对话框，询问在何种状态下开始播放视频，这里单击"在单击时"按钮。

03 此时幻灯片中出现了以视频第一帧画面为图案的对象，该对象即为视频播放的界面，用户可像调整图片大小一样调整其大小。

04 双击该对象，可预览到视频播放的效果。

05 在对象上右击，在弹出的快捷菜单中选择"编辑影片对象"命令，可在打开的对话框中设置视频的播放和显示选项，若选择"自定义动画"命令，可在打开的"自定义"任务窗格中设置其相关动画参数。

16.3.2 插入剪辑管理器中的视频文件

PowerPoint 的剪辑管理器中还包含一些视频文件和 GIF 动画文件，其插入方法与剪贴画类似，只是 GIF 动画不需要进行播放设置，它会自动呈现出一种简单的动画效果。

光盘文件
CD

素材	效果
光盘：\素材\第16章\活动宣传2.ppt	光盘：\效果\第16章\活动宣传2.ppt

01 切换到要插入影片或动画的幻灯片，选择"插入"→"影片和声音"→"剪辑管理器中的影片"命令，打开"剪贴画"任务窗格。

02 在"搜索文字"文本框中输入要查找影片的关键字，然后单击"搜索"按钮，稍后即会在下面的列表框中显示出搜索到的影片文件。

03 指向某影片对象，可了解其相关信息，这时会发现剪辑管理器中所谓的影片其实大部分都是GIF动画文件，选择该动画选项，即可在幻灯片中将其插入，调整其大小和位置后即完成操作。

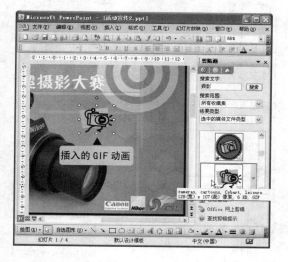

提示
Attention

插入的 GIF 文件外观上看来跟图片一样，因此也把它称为 GIF 图片，以后在放映到该幻灯片时，即可看到一个会动的图片效果。

16.3.3　插入 Flash 动画文件

在网络时代的今天，Flash 动画已得到了非常广泛的应用，使用它也可制作出各类公司宣传广告、产品演示动画以及一些装饰性动画效果等。

光盘文件
CD

素材
光盘：\素材\第16章\
广告动画.swf

效果
光盘：\效果\第16章\
可口可乐1.ppt

而对于这些 Flash 动画文件，也可通过 PowerPoint 中的 Shockwave Flash Object 控件将其插入到幻灯片中播放。关于控件的知识这里不做详细介绍，读者只需要了解如何使用即可，对其有兴趣的可查阅其他相关书籍。

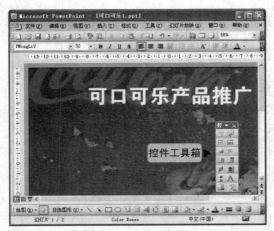

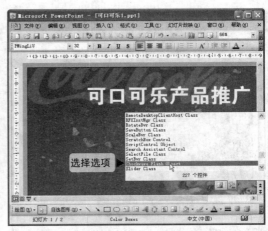

01 打开演示文稿，切换到要插入Flash动画的幻灯片，选择"视图"→"工具栏"→"控件工具箱"命令，先将"控件工具箱"工具栏显示出来。

02 单击工具栏中的"其他控件"按钮，在弹出的下拉列表框中选择"Shockwave Flash Object"选项。

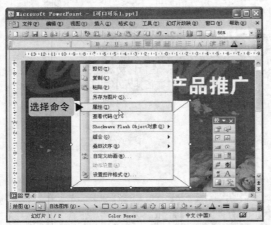

03 此时鼠标指针变为十字形状，拖动鼠标在幻灯片中绘制出一方形区域，这块区域为Flash的播放区域，然后在其上右击，选择"属性"命令。

04 打开"属性"对话框，选择其中的"自定义"选项，然后单击后面出现的…按钮。

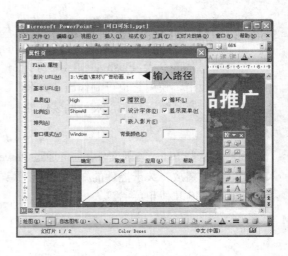

05 打开"属性页"对话框，在"影片URL"文本框中输入要插入Flash动画的路径，其他设置保持不变，然后单击"确定"按钮。

插入的Flash动画

06 回到幻灯片编辑窗格中，刚才的白色区域即变成了Flash动画的第一帧画面效果，表示此时已成功将其插入到幻灯片中，在放映到该张幻灯片时即可看到动画播放的动画效果。

技巧
Skill

ActiveX 控件简介

ActiveX 控件与编程语言（如 Microsoft VBA）中的控件相似。ActiveX 控件包括用来创建自定义程序、对话框和窗体的滚动条、命令按钮、选项按钮、切换按钮和其他控件等。Shockwave Flash Object 控件属于其他控件类，专门用于插入 Flash 对象。

读者提问
Q+A

Q：为什么我在插入 Flash 动画时，在"Shockwave Flash Object"控件的"属性"对话框中没有"自定义"选项呢？

A：不少读者也提到过相同的情况，这可能是由于电脑中没有正确安装或注册 Flash 控件造成的，要解决此问题，可在网站上下载最新 Flash 控件并安装。若仍没有出现"自定义"选项，可在该"属性"对话框的"Movie"选项后的文本框中直接输入 Flash 动画文件的文件名，如右图所示，完成后保存演示文稿并退出程序，当再次打开该演示文稿时，即可发现幻灯片中已插入了该动画文件。但需要注意的是，必须保证动画文件与该演示文稿处于同一文件夹下。

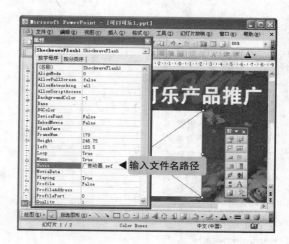

输入文件名路径

Chapter 17

幻灯片交互与动画设置

所谓交互，是指幻灯片与操作者之间的互动，这通常是通过超链接或动作来完成的。而除此之外，用户还可通过设置动画让幻灯片本身或其中的任意元素"动"起来，让展示效果更加精彩。

本章要点:

幻灯片的超链接设置与编辑
幻灯片的动作设置
幻灯片动画方案设置
幻灯片切换动画设置
自定义幻灯片对象动画

知识等级:

PowerPoint进阶者

建议学时:

120分钟

参考图例:

技巧
特别方法，特别介绍

提示
专家提醒注意

问答
读者品评提问，作者实时解答

17.1 | 幻灯片的超链接设置
为各种对象创建超链接

超链接常见于网页中，通过单击设置有超链接的文字、图片或其他对象，即可快速打开相应的网页内容。

而在 PowerPoint 中同样也可为各对象设置超链接，其作用也是相似的，即快速跳转到演示文稿中的另一位置，或演示文稿外的其他程序甚至是 Internet 中的某个网页。这样不仅可以更好的控制幻灯片的展示，还能协同其他程序拓展演示文稿展示的内容。

17.1.1 为对象创建超链接

对于幻灯片中的任意对象都可为其创建超链接，这又常包括两种情况，为文本创建超链接和为图形对象创建超链接。下面分别介绍其操作方法。

1. 为文本创建超链接

用户可对整个文本框或其中的任意文字创建超链接。

光盘文件 CD	素材	效果
	光盘：\素材\第17章\公司档案目录1.ppt	光盘：\效果\第17章\公司档案目录1.ppt

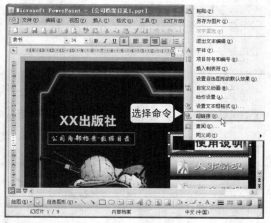

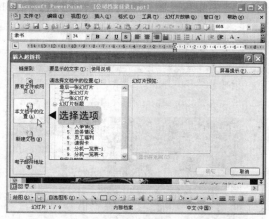

01 打开演示文稿，切换到创建超链接的幻灯片，这里我们要设置其中的目录文本链接到对应的幻灯片中，于是先选中一行目录，在文本上右击，在弹出的快捷菜单中选择"超链接"命令。

02 打开"插入超链接"对话框，在其左侧"链接到"栏中可看到可设置的链接目标类型，这里选择其中的"本文档中的位置"选项。

技巧 Skill

为链接文本添加显示文字

在打开的"插入超链接"对话框中的"要显示的文字"文本框中输入相应内容后，这些内容会在放映幻灯片时，当鼠标指针指向创建了链接的对象上时显示出来，作为链接的提示信息。

03 在对话框中间的"请选择文档中的位置"列表框中列出了当前演示文稿中各幻灯片，这里我们选择要链接的目标幻灯片"使用说明"，右侧可看到幻灯片的预览效果，以帮助使用者确定是否为目标幻灯片，然后单击"确定"按钮。

04 回到幻灯片编辑窗格中，可看到创建了超链接的文本颜色发生了变化，且下面出现了下划线。在放映时单击该超链接，即会跳转到指定的幻灯片开始放映。用户可使用同样的方法为该张幻灯片中其他目录文本设置相应的超链接。

2. 为图形对象创建超链接

这里所说的图形包括图片、自选图形、剪贴画以及艺术字等多种对象，其超链接的创建方法其实与文本超链接相同，只是创建完成后的效果与后者稍有差别。

光盘文件 CD	素材	效果
	光盘：\素材\第17章\ 公司档案目录2.ppt	光盘：\效果\第17章\ 公司档案目录2.ppt

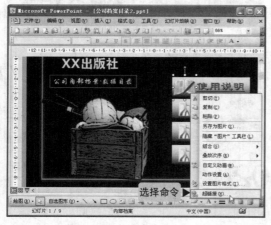

01 在要创建超链接的图形对象上右击，如本演示文稿中第一张幻灯片中目录文本前的图标对象，在弹出的快捷菜单中选择"超链接"命令。

02 打开"插入超链接"对话框，其中的设置操作与创建文本超链接时相同，这里设置链接到演示文稿中的"使用说明"幻灯片，然后单击"确定"按钮。创建完超链接的图片从外观上并没有改变，只是在放映到该幻灯片时，鼠标指针指向创建了链接的图形上将显示为🖑形，单击即可实现跳转。

17.1.2　设置链接其他目标

前面介绍的是链接到当前演示文稿中的其他幻灯片，除此之外用户还可设置链接目标为任意文件、网页或发送邮件，通过这种方式的链接，可大幅度拓展演示文稿的功能。

1.　链接其他文件

对于有些不能添加到幻灯片中进行展示的文件内容，可在幻灯片中为某对象设置一个指向该外部文件的链接，当放映时单击可启动相应程序并打开指定文件进行展示。

素材	效果
光盘：\素材\第17章\请假报告表格.doc	光盘：\效果\第17章\公司档案目录3.ppt

01 打开演示文稿，切换到要添加链接的幻灯片，在对象上右击，选择"超链接"命令，在打开对话框的左侧选择"所有文件或网页"选项。

02 在中间列表框中选择链接的目标文件，如这里选择一个Word文件"请假报告表格"，然后单击"确定"按钮。

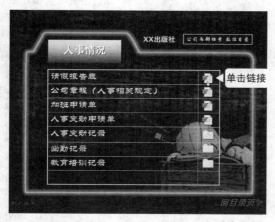

03 回到幻灯片编辑窗格中，放映幻灯片时单击该对象。

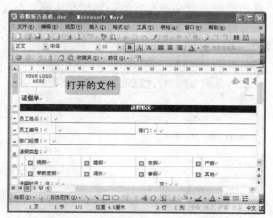

04 此时即会启动Word程序，在一个新窗口中打开指定的文件。

2. 链接到网页

在一些企业介绍或产品宣传类演示文稿中，可将文本或图片设置为链接到网页，这样在放映时单击可直接打开浏览对应的网页。

光盘文件 CD

素材
光盘：\素材\第17章\汽车市场调查1.ppt

效果
光盘：\效果\第17章\汽车市场调查1.ppt

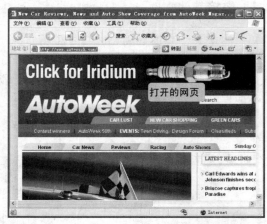

01 打开演示文稿，切换到要添加链接的幻灯片，在文本上右击，在弹出的快捷菜单中选择"超链接"命令，在打开对话框的左侧选择"所有文件或网页"选项，然后在中间的"地址"下拉列表框中输入要链接的网页地址。

02 单击"确定"按钮后回到幻灯片编辑窗格中，文本添加了下划线，表示设置了超链接。此后在放映到该页幻灯片时，单击该处的文本，即可打开一个指定的网页。

3. 链接到邮件

在一些供客户自行浏览的演示文稿中，可设置链接到邮件的对象，通过放映时的单击可启动程序并自动填写好邮箱地址和主题，方便了客户给自己发送邮件。

光盘文件 CD

素材
光盘：\素材\第17章\产品介绍1.ppt

效果
光盘：\效果\第17章\产品介绍1.ppt

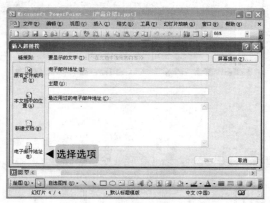

01 打开演示文稿，切换到要相应幻灯片，在对象上右击，在弹出的快捷菜单中选择"超链接"命令，在打开对话框的左侧选择"电子邮件地址"选项。

02 在"电子邮件地址"文本框中输入要发送邮件的邮箱地址，在"主题"文本框中可输入邮件的默认主题，然后单击"确定"按钮。

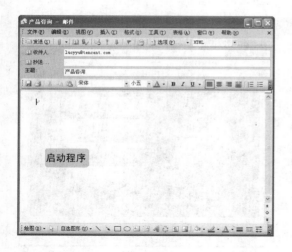

03 在放映时单击该对象，将启动邮件收发程序 Outlook，并已自动填写好收件人地址和主题，用户只需输入正文再单击"发送"按钮回即可将邮件发送给指定收件人了。

Q： 在上面第 02 步中输入电子邮件地址时，怎么前面自动出现"Mailto:"文本呢？需要将它删除吗？

A： 不要删除，这是系统自动添加的，类似于一个语句，告诉软件这里输入的是目标邮箱地址，单击它才可启动邮件收发程序。所以读者在进行到这里的设置时，千万不要自做主张将其删除。

17.1.3　编辑超链接

当为对象添加了超链接后，还再可对其进行相关编辑修改操作，特别是对于添加了链接后的文本，其字体颜色发生了变化，而通过常规的"格式"工具栏是无法对其修改的，下面就来解释其原因以及介绍如何进行修改操作。

1．编辑与删除链接

对于添加了链接的对象，在需要时可对链接进行修改或删除，其操作非常简单，只需在链接对象上右击，然后按照下列方法之一进行操作：

■选择"编辑超链接"命令将再次打开"插入超链接"对话框，以对超链接进行编辑操作。
■选择"打开超链接"命令将在非放映状态下实现链接功能。
■选择"复制超链接"命令只针对对象上设置的超链接有用，选择该命令后，在其他对象上右击，在弹出的快捷菜单中选择"粘贴"命令，即可在该对象上设置源对象上完全相同的链接。
■选择"删除超链接"命令将直接删除对象上的链接设置。

2．修改文本链接字体颜色

文本添加了链接和单击了链接后，其字体颜色都会发生变化，这是因为演示文稿中使用的配色方案对这两种属性的文本进行了相关设置，因此如果读者觉得有必要修改链接文本或单击链接后文本的颜色，以使其与整个幻灯片颜色相搭配，可使用如下方法：

素材	效果
光盘：\素材\第17章\公司档案目录4.ppt	光盘：\效果\第17章\公司档案目录4.ppt

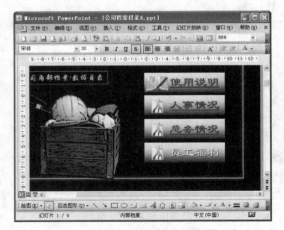

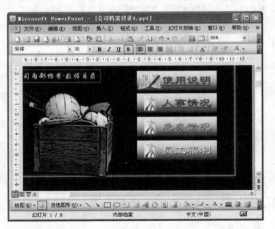

01 打开演示文稿，切换到设置有链接文本的目录幻灯片，先在最后一行链接文本上右击，在弹出的快捷菜单中选择"删除超链接"命令，将该文本上的链接删除，此时可对比设置有链接和没有设置链接的文本颜色区别。

02 在第3行设置有链接的文本上右击，在弹出的快捷菜单中选择"打开超链接"命令，自动切换到了链接目标幻灯片，即实现了链接的功能。回到原目录幻灯片，可看到单击了设有链接的文本后，其字体颜色也会发生变化。

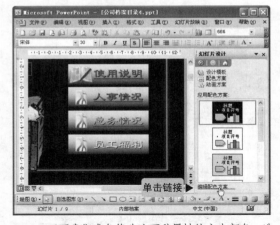

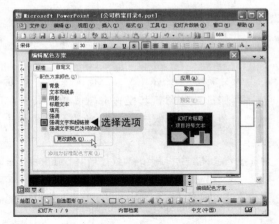

03 下面我们准备修改这两种属性的文本颜色。选择"格式"→"幻灯片设计"命令，打开"幻灯片设计"任务窗格，在其中单击"配色方案"超链接，切换到相应的设置界面，再单击其底部的"编辑配色方案"超链接。

04 打开"编辑配色方案"对话框，切换到"自定义"选项卡，在其中可看到有"强调文字和超链接"、"强调文字和已访问的超链接"两个选项，正是这两个选项分别决定了超链接文本和已访问后的超链接文本的颜色。这里我们先选择"强调文字和超链接"选项，然后单击"更改颜色"按钮。

提示
Attention

用户也可以试着选中设置了链接的文本，然后通过"格式"工具栏中的"字体颜色"按钮，看是否能修改该文本的颜色。不过链接文本的字体、大小等格式还是可以通过"格式"工具栏来修改的。

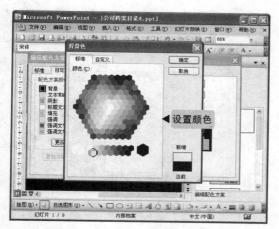

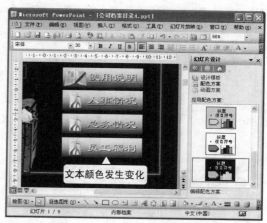

05 打开"背景色"对话框，在其中的两个选项卡下，用户可自定义任何颜色，完成后单击"确定"按钮回到"编辑配色方案"对话框，然后再使用同样方法设置已访问超链接文本的颜色。

06 全部设置完成后单击"应用"按钮回到幻灯片编辑窗格，可看到设置有链接的文本和被访问过的链接文本颜色都已发生了变化。但超链接下的下划线是不能被取消的。

17.2 ｜ 幻灯片的动作设置
为对象设置动作属性

为幻灯片对象进行动作设置，可让该对象在单击或移过时执行某个特定的操作，这主要包括链接到某张幻灯片、运行某个程序、运行宏以及播放声音等。因此，通过幻灯片的动作设置，也可很好地实现演示文稿的交互。

17.2.1　通过动作实现超链接

动作中的超链接设置不像前面介绍的定位为某张幻灯片，而常是上一张、下一张、最后一张以及第一张等选项，因而这些动作常用于演示文稿的导航对象上。

光盘文件 CD	素材	效果
	光盘：\素材\第17章\公司档案目录5.ppt	光盘：\效果\第17章\公司档案目录5.ppt

01 打开演示文稿，切换到第2张幻灯片，在此幻灯片底部有导航文本需要设置动作，于是在"下一页"文本框上右击，在弹出的快捷菜单中选择"动作设置"命令。

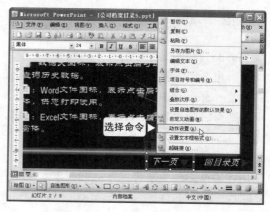

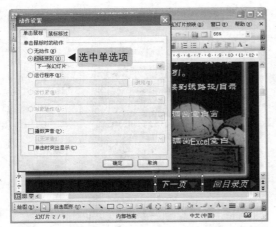

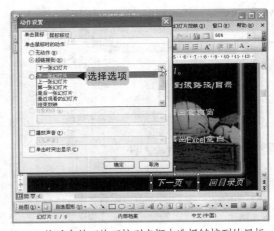

02 打开"动作设置"对话框，其中的两个选项卡分别设置不同的动作激活状态，这里在"单击鼠标"选项卡下进行设置，先选中"超链接到"单选按钮。

03 然后在其下的下拉列表框中选择链接到的目标，这里选择"下一张幻灯片"选项，完成后单击"确定"按钮。

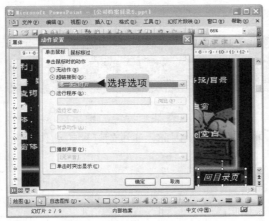

04 使用同样方法设置"回目录页"文本框的单击动作为"第一张幻灯片"，另外其他幻灯片中的相应导航文本也应做设置，这样在放映时，单击下面的导航文本，即能实现幻灯片的任意切换。

17.2.2 动作按钮的使用

前面介绍的是在导航文本上设置动作，而如果用户希望将转到下一张、上一张、第一张和最后一张幻灯片的操作用易懂的符号来表示，则可以使用 PowerPoint 提供的动作按钮。此外 PowerPoint 还包含播放影片或声音的动作按钮。动作按钮最常用于自运行演示文稿，例如在展台、售货亭等。

技巧
Skill

幻灯片动作设置选项介绍

除了这里介绍的超链接动作的设置外，从"动作设置"对话框中还可看到其他几个选项，选中"运行程序"单选按钮，可在其下的文本框中设置执行动作打开一个程序，如"画图"程序等；当演示包括宏时，可在"运行宏"下拉列表框中进行相应设置；另外若希望突出或强调动作，可在下面的复选框中为其设置播放声音或突出显示。

光盘文件
CD

素材	效果
光盘：\素材\第 17 章\ 公司档案目录 6.ppt	光盘：\效果\第 17 章\ 公司档案目录 6.ppt

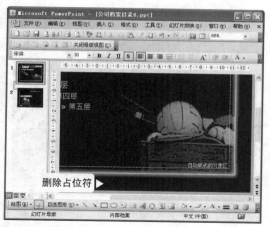

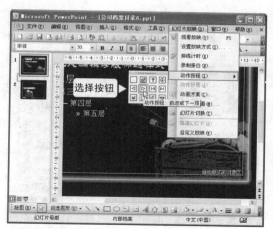

01 打开演示文稿，这里我们需要在除标题幻灯片外的其他张幻灯片中都添加相同的动作按钮，于是进入到幻灯片母版视图，先删除页脚区的占位符，以免影响操作。

02 选择"幻灯片放映"→"动作按钮"命令，在弹出的子菜单中可看到有12种动作按钮，指向某按钮会有其功能提示，这里我们选择"前进或下一项"按钮▷。

12 种动作按钮功能介绍

各种动作按钮的添加操作相似，但功能有所不同，下面分别进行介绍。

■ ⌂、◁、▷、⊲、▷、◹：这些主要是幻灯片切换按钮，链接的目标分别为首张、上一张、下一张、开始的一张、结束的一张以及切换前的一张幻灯片。

■ ?、ℹ：分别指向帮助或相关的信息内容，可以是幻灯片，也可以是网页或其他文件。

■ ◁、▷：分别用于添加声音和视频效果。

■ □：用于打开其他文件。

■ □自定义按钮：由用户自行设置动作效果，可以是前面的任意一种。

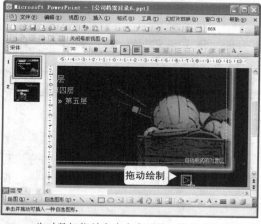

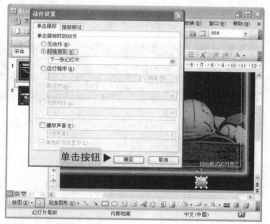

03 此时鼠标指针变为十字形状，按住【Shift】键拖动，在幻灯片中绘制出正方形的动作按钮。

04 绘制完成释放鼠标的同时会打开"动作设置"对话框，在"单击鼠标"选项卡下设置当单击该按钮时会执行的动作，默认设置为超链接到下一张幻灯片，因此直接单击"确定"按钮即可。

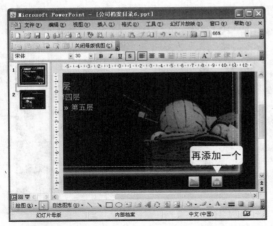
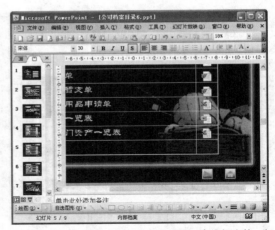

05 回到幻灯片母版视图中，此时已完成一个动作按钮的设置，使用同样方法再添加一个回到首页的动作按钮。对于添加的按钮，可对其如同图片一样进行大小、位置等属性设置。

06 完成动作按钮的设置后回到幻灯片编辑窗格，此时可看到除标题幻灯片外，其他张幻灯片中右下角相同位置均出现了前面添加的两个动作按钮，这样在放映幻灯片时单击这两个按钮，即可分别执行相应的切换操作。

提示
Attention

实际上动作按钮是系统预设了超链接或动作效果的图形，因此对于图形本身可进行各项格式设置，包括大小形状、颜色边框的改变，甚至在其中输入文字等。另外如果用户自行绘制出按钮图形，或者从外部导入按钮图片，然后为其添加链接或动作功能，同样可达到动作按钮的效果。

技巧
Skill

动作按钮的编辑

设置了动作后的按钮仍然可对其进行修改和编辑，由于它兼有动作和超链接双重性质，因此在按钮上右击，在弹出的快捷菜单中选择"动作设置"命令或"编辑超链接"命令，都将打开同一个"动作设置"对话框，在其中可重新指定动作，编辑动作按钮的操作都在该对话框中完成。

17.3 为幻灯片选择动画方案
为幻灯片及其中对象应用系统提供的动画方案

前面介绍了实现幻灯片交互的一些设置，虽然它们也能完成幻灯片的切换等控制，但它们控制的只是切换的"目标"，而切换时的"效果"就需要通过动画设置来完成。

幻灯片的动画设置功能非常丰富，除了幻灯片本身的切换动画外，对于幻灯片中的任意对象也都可以设置不同的动画效果，通过这些动画的设置，不仅让放映时的效果更有观赏性，也能让一些演示效果变得直观和生动。

介于幻灯片的动画设置项目众多，所以在对这些知识还不太了解的情况下，可选择PowerPoint 为用户提供的动画方案，每一种方案中都已经包括了幻灯片和其中对象的动画效果，初学者应用起来较为简单。

光盘文件
CD

素材	效果
光盘：\素材\第17章\新车介绍1.ppt	光盘：\效果\第17章\新车介绍1.ppt

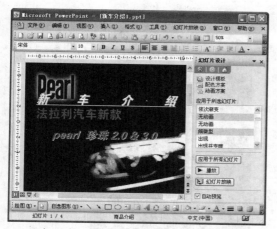

01 打开演示文稿，切换到要设置动画方案的幻灯片，选择"幻灯片放映"→"动画方案"命令，打开"幻灯片设计-动画方案"任务窗格。

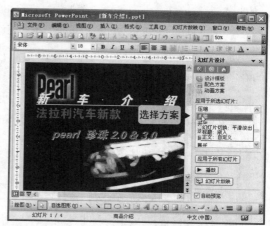

02 在"应用于所选幻灯片"列表框中提供了多种动画方案，选择其中一种，并将鼠标指针指向该方案选项，可看到该方案包含3种动画定义，分别对幻灯片切换、标题和正文进行了动画设置。

04 选择后即让当前幻灯片应用了该动画方案，使用同样方法可为演示文稿中的其他幻灯片应用不同的动画方案。如果单击任务窗格中的"应用于所有幻灯片"按钮，则表示将当前选择的动画方案统一应用到演示文稿中的所有幻灯片。

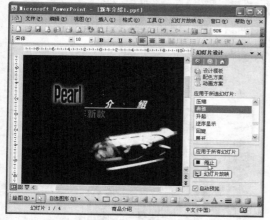

03 单击选择的同时，左侧幻灯片会显示应用了动画方案后的效果，以帮助用户选择，如果没看清楚，可单击"播放"按钮再次查看动画方案效果。上图为动画过程中的截图效果。

提示
Attention

PowerPoint 提供的动画方案中，有些只包括有标题文本的动画，有的也还包括了正文内容的动画，有些则包含了 3 种对象的动画，用户使用时可通过指向选项后的提示信息来了解方案的具体内容。

17.4 自定义幻灯片切换动画
用户自行选择和设置幻灯片切换动画效果

除了使用前面介绍的系统自带动画方案进行动画的统一设置外，用户也可对幻灯片和其中对象的动画进行自定义，如可定义幻灯片的切换动画为百叶窗、梳理、溶解、淡出等多种效果，选择相应动画效果后还可对动画的细节进行修改，如切换速度与声音等，从而定制出个性化的幻灯片切换效果来。

光盘文件
CD

素材	效果
光盘：\素材\第17章\新车介绍2.ppt	光盘：\效果\第17章\新车介绍2.ppt

01 打开演示文稿，切换到要定义切换动画的幻灯片，选择"幻灯片放映"→"幻灯片切换"命令，打开"幻灯片切换"任务窗格。

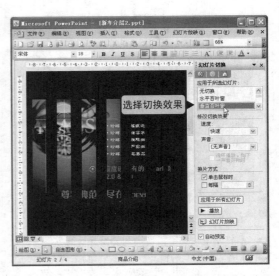

02 在"应用于所选幻灯片"列表框中可看到多种幻灯片切换动画，这里选择"垂直百叶窗"选项，同时可看到左侧幻灯片显示出切换效果。

03 在"修改切换效果"栏下的"速度"下拉列表框中设置幻灯片切换的速度，默认为"快速"，这里选择"慢速"选项。另外在"声音"下拉列表框中可设置幻灯片切换时的声音效果。

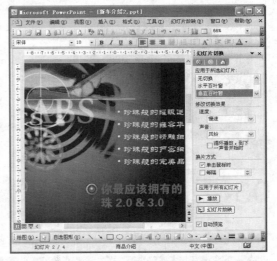

04 在"换片方式"栏下选中复选框可设置是单击鼠标时切换幻灯片，还是每隔多少时间自动切换幻灯片。同样这里可以选择将切换动画应用到当前幻灯片还是所有幻灯片中。

技巧
Skill

自定义幻灯片切换声音

在设置幻灯片切换声音时，在"声音"下拉列表框底部选择"其他声音"选项，可在打开的对话框中选择电脑中存在的声音效果作为幻灯片的切换声音，但需要注意的是，切换声音不应过长或过于吸引观众的注意，通常为与幻灯片内容或风格相匹配的音效。

17.5 自定义幻灯片对象动画
用户可自行定义幻灯片中文本、图片、图形等各种对象的动画效果

除了幻灯片切换时可设置动画效果外，幻灯片中的任意对象在放映时以何种方式显示在屏幕上，也是可进行详细设置的，即本节要介绍的幻灯片对象动画的自定义。

17.5.1 为对象添加动画效果

PowerPoint 为用户提供了 4 大类对象动画效果，并向下细分为多个动画效果选项，下面先介绍如何为幻灯片对象选择添加一种动画效果。

光盘文件 CD	素材	效果
	光盘：\素材\第17章\技术介绍1.ppt	光盘：\效果\第17章\技术介绍1.ppt

01 打开演示文稿，切换到要为对象添加动画效果的幻灯片，这里选择第4张幻灯片。不过在添加之前，通常要将准备使用同一动画的多个对象组合成一个对象，如上图"地层"和"油品"栏的两部分文本框应分别组合成两个单独的对象，以方便后面的设置操作。

02 下面准备为幻灯片中第一个对象添加动画，于是选择"幻灯片放映"→"自定义动画"命令，打开"自定义动画"任务窗格。

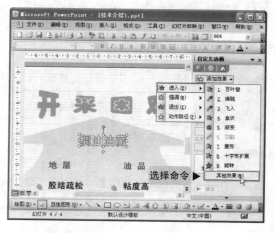

03 选择要设置动画的对象"稠油油藏"文本，单击"添加效果"按钮，在弹出的菜单中提供了4类动画效果，选择某一类，在其弹出的子菜单中选择相应的动画命令。这里我们选择"进入"→"其他效果"命令。

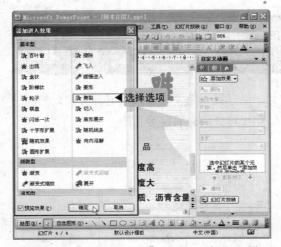

04 打开"添加进入效果"对话框，在这里列出了"进入"类动画下的详细分类，我们选择"基本型"栏下的"劈裂"动画，读者也可试用其他动画效果，选择完成后单击"确定"按钮。

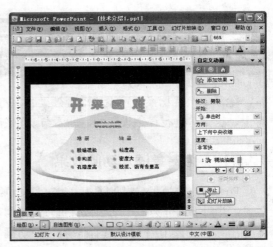

05 此时可看到"自定义动画"任务窗格下的列表框中出现了添加的动画选项，单击"播放"按钮可预览动画效果。

06 再分别选择"地层"和"油品"栏的两部分文本框，都设置为"进入"→"阶梯状"动画。

07 选择"开采困难"文本对象，设置其为"进入"→"压缩"动画，选择箭头图形，设置其为"进入"→"擦除"动画。至此，完成了本张幻灯片中所有对象动画的添加。单击"播放"按钮可预览到全部效果。

动画效果分类介绍

技巧
Skill

■ "进入"类：在幻灯片放映时文本及对象进入放映界面时的动画效果。
■ "强调"类：在演示过程中需要强调部分的动画效果。
■ "退出"类：在幻灯片放映过程中文本及其他对象退出时的动画效果。
■ "动作路径"类：自行定义幻灯片中某个对象在放映过程中动画所通过的轨迹。

提示
Attention

在为幻灯片中各对象选择了动画效果后，"自定义动画"任务窗格的列表框中将按设置顺序依次列出各动画选项，指向各选项还可看到较详细的内容，而幻灯片编辑窗格中相应对象左上角也会显示列表框中对应动画选项的编号，方便用户进行后面的设置操作。

17.5.2 详细设置动画效果

在放映前面添加的动画效果时，相信读者朋友会发现这些动画中还有一些不恰当之处，如都需要单击才会出现，有些动画的方向不恰当等，这就需要后面再对各动画项进行详细的设置，以形成一个连贯流畅的动画效果。下面接着前面添加后的案例进行操作。

光盘文件
CD

效果
光盘：\效果\第17章\
技术介绍2.ppt

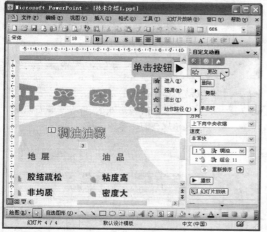

01 在"自定义动画"任务窗格中的列表框中选择一个动画选项，此时上面出现了"修改"按钮，单击该按钮，同样会出现4类动画菜单，用户可随意修改该动画效果，本例不做修改。

02 选择第1个动画选项，在"开始"下拉列表框中有3个选项，分别是设置动画是在单击鼠标时播放，是在列表中前一个动画一开始就播放，还是在列表中前一个动画结束之后播放。这里保持默认的"单击时"选项。

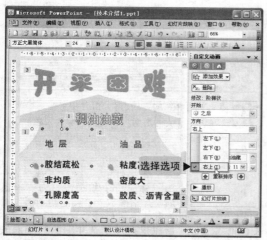

03 选择第2个动画选项，即"地层"文本组对应的动画，在"开始"下拉列表框中选择"之后"选项，然后在"方向"下拉列表框中选择动画的方向，这里选择"右上"选项。

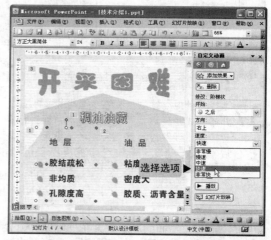

04 在"速度"下拉列表框中可设置动画的速度，默认为"非常快"，这里我们将其修改为"快速"选项。而对于"油品"文本组，使用相同的方法对其进行设置，只是方向修改为"左上"。

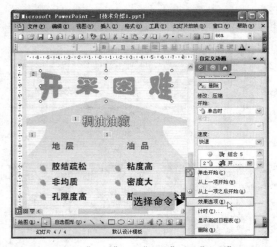

05 除了在"开始"、"方向"与"速度"下拉列表框中对动画选项进行设置外,用户还可通过对话框进行更为详细的设置,如在"开采困难"文本对应的动画选项上右击,在弹出的快捷菜单中选择"效果选项"命令。

06 打开以动画类型命名的对话框,在"效果"选项卡下可设置动画的增强效果,如设置声音效果和动画播放完成后的结束效果等。

07 选择"计时"选项卡,在这里可设置动画的开始方式、延迟或速度等,这在前面进行声音播放时涉及过。这里将该动画设置为"之后"开始,速度为"快速",完成后单击"确定"按钮。

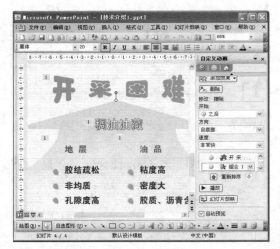

08 使用前面介绍的方法,对幻灯片中最后一个动画选项,即箭头图形对应的动画设置为"之后"开始。至此完成本例动画效果的设置操作。

提示
Attention

不同的动画效果在一些设置细节的选项上会有所不同,在打开的效果选项对话框也会有所不同,读者可自行试用各选项带来的效果。

提示
Attention

由于除第一个动画设置为"单击后"开始播放外,其他动画都设置为在上一动画播放之后自动播放,所以这些动画选项前的数字消失了。可以理解为本例的各动画效果最终整合成了一个动画,在放映时单击一次即自动播放,直到结束。

17.5.3　调整动画顺序

　　各对象的动画效果是按设置时的顺序进行播放的，如果用户觉得某些动画间的播放顺序需要调整，可通过下面的方法进行。仍然接着前面的案例进行操作。

效果

光盘：\效果\第17章\技术介绍3.ppt

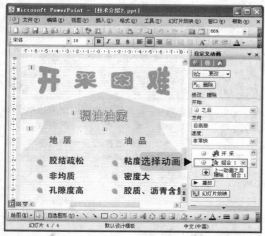

01 经过放映预览发现，如果将箭头动画调整到"开采困难"文本动画之后效果更好，于是在"自定义动画"任务窗格下的列表框中选择箭头动画选项。

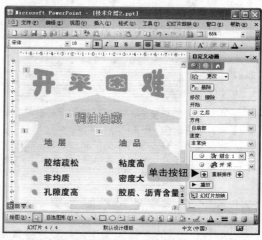

02 单击其下的　按钮，所选动画选项将向上移动，于是本来在其前一位的"开采困难"对应的动画选项移动到其后，这样两个动画的播放顺序即发生了变化，播放时可看到改变后的效果。

提示
Attention

　　要将动画的播放顺序向后调整，则单击"自定义动画"任务窗格中的　按钮。而除了通过单击的方法外，还可在列表框中通过直接拖动动画选项的方式改变动画的播放顺序。

17.5.4　为同一对象设置多个动画

　　要想制作出更复杂的动画效果来，还可为同一对象设置多个动画，用户只需要选择好搭配的动画和控制好各动画的播放顺序和时间即可。

效果

光盘：\效果\第17章\技术介绍4.ppt

　　下面接着前面的案例，观察到箭头动画指向"开采困难"文本，而该文本又是该幻灯片的标题内容，于是考虑在"开采困难"文本以动画的方式出现后，再为其添加一个强调动画效果，以起到突出显示的目的。

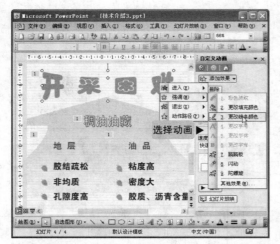

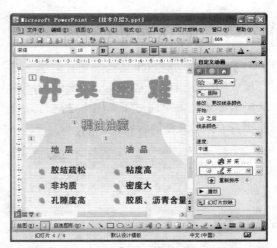

01 在幻灯片编辑窗格中选中要添加动画效果的对象，这里选择"开采困难"文本，然后单击"自定义动画"任务窗格中的"添加效果"按钮，在弹出的菜单中为对象添加一个"强调"→"更改线条颜色"动画。

02 "更改线条颜色"动画是指改变对象的边框线条颜色的动画效果。在"开始"下拉列表框中设置为"之后"，表示在该对象的前一动画播放完成后自动播放；再在"线条颜色"下拉列表框中选择合适的颜色，完成设置。

17.5.5　自定义路径动画效果

　　在系统提供的动画类型中，大部分是直接通过选择即可确定动画效果，而有一种自定义动作路径的效果还需要用户确定路径走向。使用这类动作可制作出更自由个性的效果，下面就介绍其具体操作方法。

光盘文件 CD	素材	效果
	光盘：\素材\第17章 \恭祝节日快乐1.ppt	光盘：\效果\第17章 \恭祝节日快乐1.ppt

01 打开演示文稿，插入外部的3张飞鸟图片，本例准备分别为这3只飞鸟设置飞行动画，并自定义路径。于是先将图片放置在其起飞的位置。

02 打开"自定义动画"任务窗格，先设置作为背景的图片为"进入"→"渐变"动画效果，速度为"中速"。

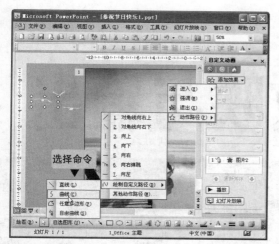

03 将3张飞鸟图片设置为置于顶层，以保证其在飞入画面时不会被背景图片遮盖。下面开始为其中一只飞鸟设置飞入动画，选择飞鸟对象后，在"自定义动画"任务窗格中选择"添加效果"→"动作路径"→"绘制自定义路径"→"曲线"命令。

04 此时鼠标指针变为十字形状，在幻灯片左外侧单击一次确定路径起始点，然后向右移动，在合适位置单击一次确定第1个拐点，再向右移并单击确定第2个拐点，以此方式绘制该对象动作路径的后面部分。

05 动作路径绘制到了终点后按【Esc】键，结束绘制，此时动画会自动预览一次，从幻灯片中也可看到动画的具体路径曲线，其中绿色标记为起点，红色标记为终点。选择曲线后，用户可对其像图形对象一样调整其形状、曲度等。

06 在任务窗格的设置区对该动画选项进行设置，这里设置为在"之后"开始，速度为"非常慢"，这样便完成了第一个自定义路径动画的制作过程，使用同样方法设置其他两只飞鸟的飞入动画，当然其路径曲线、飞入速度等可设置为不一样，这样才有更真实的效果。另外，为了让3只飞鸟同时起飞，可设置后两只飞鸟的动画为在"之前"开始，即它们在前一只飞鸟动画播放起始即自动播放，这样就可看到3只飞鸟以不同路径、不同速度，同时飞入屏幕中了。

提示
Attention

其实动作路径类动画有很多种细分，用户也可选择其中提供的各种曲线路径。另外除了绘制曲线外，还可通过任意多边形、任意曲线等形式绘制其他类型的动作路径。读者可自行试着练习，发挥自己的想象力，制作出各具特色的动画效果来。

Chapter 18

幻灯片的放映与输出

制作完幻灯片的内容，设置完幻灯片与对象的动画效果后，演示文稿就基本制作完成。下面需要针对放映需要，对演示文稿进行放映时的设置与控制了。且除了通过屏幕将内容放映给观众外，还可使用其他多种方式输出演示文稿。本章将对这两方面内容进行详细介绍。

本章要点:

幻灯片的超链接设置与编辑
幻灯片的动作设置
幻灯片动画方案设置
幻灯片切换动画设置
自定义幻灯片对象动画

知识等级:

PowerPoint进阶者

建议学时:

100分钟

参考图例:

技巧
特别方法，特别介绍
提示
专家提醒注意
问答
读者品评提问，作者实时解答

18.1　对幻灯片放映进行设置

根据不同的放映需要，对演示文稿进行放映前的相关设置

在放映演示文稿之前，需要确定其放映的类型，然后根据不同的需要进行放映前的各种设置，本节将依次介绍这些内容。

18.1.1　选择演示文稿放映类型

根据放映场合的需求，演示文稿的放映类型大致分为 3 种，PowerPoint 为用户提供了这 3 种类型的选项，这是在放映前应首先确定的。

打开演示文稿后选择"幻灯片放映"→"设置放映方式"命令，打开"设置放映方式"对话框，在"放映类型"栏中即可选择幻灯片的放映类型，下面对这几种类型进行简单的介绍。

◆ **演讲者放映（全屏幕）**：这是默认的放映方式，也是最为常用的一种，即在观众面前全屏演示幻灯片，演讲者对演示过程有完整的控制权。

◆ **观众自行浏览（窗口）**：让观众在带有导航菜单或按钮的标准窗口中通过滚动条、方向键或控制按钮自行浏览演示内容。

◆ **在展台浏览（全屏幕）**：观众手动切换或通过事先设置的排练计时来自动切换幻灯片，在此过程中观众除了可通过鼠标选择屏幕对象外，不能对演示文稿做任何修改。整个演示文稿会循环放映。

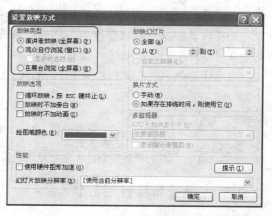

"设置放映方式"对话框■

18.1.2　其他放映设置选项

选择了放映类型后，在"设置放映方式"对话框中的其他几个栏中，还可对具体的放映效果进行控制，下面分别介绍各栏中选项的作用。

◆ **"放映选项"栏**：选中"循环放映，按 ESC 键终止"复选框，则演示文稿会不断重复播放直到用户按【Esc】键终止；选中下面两个复选框，则在放映时不播放旁白或动画；而如果要在放映时使用绘图笔功能，则可在下面的"绘图笔颜色"下拉列表框中指定笔迹的颜色。

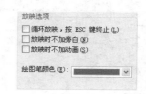

◆ **"放映幻灯片"栏**：在这里设置要参与放映的幻灯片。选中"全部"单选按钮，表示演示文稿中所有幻灯片都进行放映；选中"从"单选按钮，在后面的数值框中可设置参与放映的幻灯片范围；"自定义放映"单选按钮只有在创建了自定义放映时才会被激活以用于设置。

◆ **"换片方式"栏**：在这里设置幻灯片切换时是按照手动方式还是排练时间自动切换。若选择后者则必须保证设置了排练时间或手动指定了幻灯片切换时间。

◆ **"多监视器"栏**：如果要使用两台或多台显示器进行幻灯片的放映，应在此栏中选中"显示演示者视图"复选框，并通过上面的复选框设置一台显示器上显示幻灯片放映的内容，一台显示器则显示演讲者备注以及放映进行的时间等。

◆ **"性能"栏**：根据电脑的硬件性能，在这里可设置相应的放映分辨率，分辨率越高效果越清晰，但对电脑性能要求就越高。

不过目前大多数电脑都能满足 PowerPoint 的放映要求，因此这里一般无须设置。

从上面的介绍中可以看到，有些选项需要结合其他 PowerPoint 的设置才能达到最终效果，如录制旁白、排练计时、手动指定幻灯片切换时间以及自定义放映等。这些内容也属于幻灯片的放映控制，下面将分别逐项进行更详细的介绍。

18.1.3　通过排练计时放映

如果希望幻灯片能按照事先计划好的时间进行自动放映，就需要先通过排练计时，在真实放映一遍演示文稿的过程中，记录下每张幻灯片放映的时间，然后在"设置放映方式"对话框的"换片方式"栏中选中"如果存在排练时间，则使用它"单选按钮，这样在正式放映时，就可在无人操作的情况下按排练的时间自动放映了。

在进行排练计时时会打开一个"预演"工具栏，下面先来认识一下该工具栏各项的含义。

■ **"预演"工具栏**

■ ➡下一项：单击该按钮将切换到下一张幻灯片。

■ ⅠⅠ暂停：暂停幻灯片的放映。

■ 0:00:05 ：显示当前幻灯片放映进行的时间。

■ ↺重复：对当前幻灯片从 0 秒开始重新计时。

■ 0:00:17 ：前面所有幻灯片放映进行的时间。

下面就通过一个案例来具体介绍如何进行排练计时操作。

光盘文件
CD

素材	效果
光盘：\素材\第18章\ 公司简介1.ppt	光盘：\效果\第18章\ 公司简介1.ppt

01 打开演示文稿，选择"幻灯片放映"→"排练计时"命令，此时幻灯片进入全屏放映状态，并显示出"预演"工具栏。

02 此时可看到工具栏中的当前放映时间和总放映时间都开始计时，表示排练开始，这时操作者应模拟真实演示所要进行的操作需要花费的时间，决定何时单击按钮切换到下一张幻灯片。

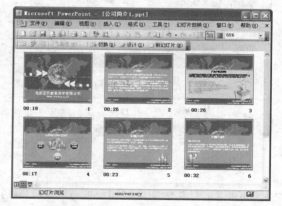

03 切换到下一张幻灯片后，可看到第一项当前幻灯片播放的时间重新开始计时，而第二项演示文稿总的放映时间将继续计时。同样再模拟真实放映过程，确定当前幻灯片的放映时间，在需要时切换到下一张幻灯片。

04 依此类推，当对演示文稿中所有幻灯片都进行了排练计时后，会弹出一个提示对话框，显示排练计时的总时间，并询问是否保留幻灯片的排练时间，单击"是"按钮。此时幻灯片将自动切换到幻灯片浏览视图下，在每张幻灯片的左下角可看到幻灯片播放时需要的时间。

　　完成排练计时后，若在"设置放映方式"对话框中的"换片方式"栏中选中了"如果存在排练时间，则使用它"单选按钮，但在"放映类型"栏中仍然选择的是演讲者放映，则在实际放映幻灯片时，用户既可手动控制幻灯片切换，且排练计时仍然会发挥作用，也就是说两种方式都在控制着幻灯片的放映。

18.1.4　通过人工计时放映

　　除了通过排练确定各幻灯片不同的切换时间外，如果用户对幻灯片的放映有所掌握，知道每张幻灯片的大致放映时间，或者在某种特殊情况下，要求每张幻灯片只能放映多长时间，那么可通过直接人工设置幻灯片的切换时间来达到要求，这就免去了排练时模拟一场演示所花费的时间。

其设置的方法很简单，这在前面介绍设置幻灯片切换动画时就涉及过。

素材
光盘：\素材\第18章\
公司简介2.ppt

01 打开演示文稿，准备从第一张幻灯片开始就设置其放映时间，于是选择"幻灯片放映"→"幻灯片切换"命令，打开"幻灯片切换"任务窗格。

02 在"换片方式"栏中选中"每隔"复选框，然后在后面的数值框中根据当前幻灯片的演示内容，设置幻灯片切换的时间，如这里设置为每隔1分30秒自动切换。

其他幻灯片的切换时间设置方法与之相同，如果想一次性为演示文稿中的所有幻灯片设置统一长度的切换时间，则在设定时间后单击"应用于所有幻灯片"按钮，但后面再增加新的幻灯片时还需单独再进行设置。

18.1.5　为幻灯片录制旁白

前面我们介绍过为幻灯片录制讲解声音的方法，但如果需要为演示文稿中的每张幻灯片都录制讲解，使用那种单独录制或插入的方法显得有些重复，这时可利用 PowerPoint 自带的录制旁白功能，通过在一次放映排练的同时录制旁白声音，且在录制完成后还可选择是否也记录下该次排练时的幻灯片切换时间，因此通过这样一次录制旁白操作，不仅可达到录制声音的效果，也可同时进行排练计时。

录制旁白常用于在 Web 上自动放映演示文稿、展会上自动放映演示文稿以及需要包含某些特定个人解说的演示文稿等情况，下面以一个实例进行操作介绍。

素材
光盘：\素材\第18章\
公司简介3.ppt

效果
光盘：\效果\第18章\
公司简介3.ppt

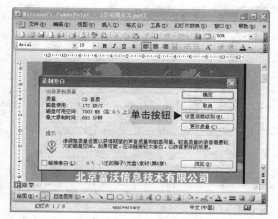

01 确保电脑中安装有声卡和话筒，然后打开演示文稿，切换到要录制旁白的幻灯片，然后选择"幻灯片放映"→"录制旁白"命令，打开"录制旁白"对话框。

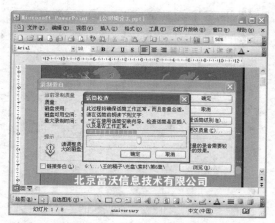

02 在该对话框中单击"设置话筒级别"按钮，打开"话筒检查"对话框，这时打开话筒开关，朗读对话框中提示的内容，系统会自动调整话筒声音大小到合适状态，然后单击"确定"按钮。

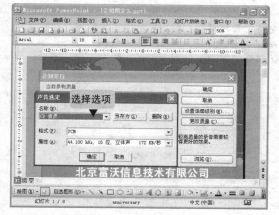

03 回到"录制旁白"对话框，再单击"更改质量"按钮，打开"声音选定"对话框，在这里可设置录制声音的质量，在"名称"下拉列表框中选择"CD音质"选项，然后单击"确定"按钮。

04 再次回到"录制旁白"对话框，完成设置后单击"确定"按钮，这时幻灯片进入到全屏放映状态，演讲者可从此时开始对着话筒读出要在当前幻灯片中录制的旁白内容。

05 一张幻灯片的旁白录制完成后，切换到后面幻灯片继续录制，当录制完所有旁白后按【Esc】键结束，将自动打开一个对话框，提示旁白已保存在幻灯片中，并询问是否保存此次排练计时，这里单击"保存"按钮，结束旁白录制操作。

这里之所以单击"保存"按钮，是希望为读者展示录制旁白的排练计时功能，如果用户在实际操作时通常不通过此方法进行排练计时，那么可以单击"不保存"按钮。

06 此时将显示幻灯片浏览视图，从中可以看到幻灯片记录下了刚才录制旁白时的切换时间，这与排练计时的功能相同。

07 回到普通视图中，可以看到幻灯片右下角出现了一个声音图标，表示旁白声音已经添加到幻灯片中，放映幻灯片时即可听到相应的内容。

读者提问 Q+A

Q: 在"录制旁白"对话框底部有一个"链接旁白"复选框，它有什么作用呢？

A: 如果选中"链接旁白"复选框，可在后面单击"浏览"按钮，并在打开的对话框中选择通过其他方式录制好的旁白声音文件，并将其插入到幻灯片中直接使用。而默认情况下并没选中该复选框，表示通过上面方式录制的旁白声音文件将嵌入到幻灯片中，即不是一个外部文件，因此也不需要在移至其他电脑中放映时，考虑插入声音文件是否与演示文稿在同一文件夹下的问题。

18.1.6 定制放映方案

对于一份要经常进行展示的演示文稿，且可能会因为观众的不同，需要选择放映该演示文稿的不同部分，这时如果针对每一类观众去单独制作一个演示文稿，未免显得太过麻烦。

光盘文件 CD

素材
光盘：\素材第18章\
产品展示1.ppt

而 PowerPoint 为我们考虑到了这一点，它允许用户对于同一演示文稿定制多套放映方案，这样即可根据观众的不同轻松选择放映的内容

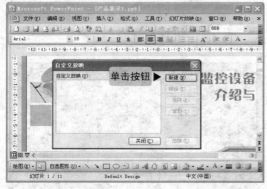

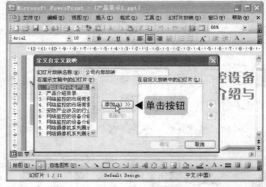

01 打开演示文稿，选择"幻灯片放映"→"自定义放映"命令，打开"自定义放映"对话框，此时可看到其下的列表框中无任何内容，表示还未进行自定义放映的设置，单击"新建"按钮。

02 打开"定义自定义放映"对话框。在"幻灯片放映名称"文本框中为此次放映方案定义一个名称，然后在左侧列表框中选择当前演示文稿中需要放映的幻灯片，单击"添加"按钮将其添加到右侧的列表框中。

03 继续挑选其他需要放映的幻灯片，使用同样方法依次添加到右侧列表框中。通过单击"删除"按钮可对添加的幻灯片进行删除，还可通过右侧的 ⬆、⬇ 按钮调整幻灯片的播放顺序，完成后单击"确定"按钮。

04 回到"自定义放映"对话框，这时在下面的列表框中已显示出刚才创建的自定义放映名称，表示已设置了一个自定义放映方案。用户也可使用此方法再创建几个不同的放映方案。通过其中的"编辑"、"删除"和"复制"按钮，还可对方案进行相应的操作，这里不再介绍。

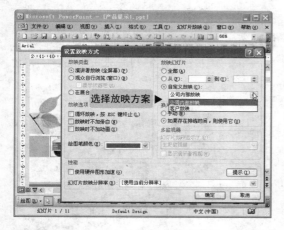

05 方案定义完成后单击"关闭"按钮。在实际放映时选择"幻灯片放映"→"设置放映方式"命令，在打开对话框的"放映幻灯片"栏中选中"自定义放映"单选按钮，然后在其下的下拉列表框中选择需要执行的放映方案，然后单击"确定"按钮。这样在进行放映时，即会按照自定义的放映方案进行幻灯片的展示。

隐藏/显示幻灯片

技巧
Skill

如果只是在某个特殊情况下要隐藏演示文稿中的某些幻灯片，且又不希望将其删除，这时使用"隐藏幻灯片"功能更为方便，即在选择幻灯片后，选择"幻灯片放映"→"隐藏幻灯片"命令，这时在"幻灯片"窗格中可看到该幻灯片序号样式发生了变化，表示该幻灯片设置了隐藏，即在放映时将不会显示出来。要重新将其显示出来，只需再次选择"幻灯片放映"→"隐藏幻灯片"命令即可。

读者提问
Q+A

Q：在"放映幻灯片"栏下不是也可设置从某张幻灯片到某张幻灯片放映吗？它跟自定义有何不同呢？

A：没错，但这里只能定义放映连续的幻灯片，而自定义放映时可在演示文稿中任意挑选需要的幻灯片进行放映。

■设置了隐藏后的"幻灯片"窗格

18.2 | 对放映过程进行控制
在幻灯片放映过程中的控制操作

用户在放映演示文稿的过程中，还可进行一些控制操作，如幻灯片的切换、查看备注信息以及使用笔触勾画重点等。

18.2.1 幻灯片放映控制操作

除了通过单击、按空格键、单击超链接或动作按钮进行幻灯片或对象动画的切换操作外，在放映时还可使用一些针对所有演示文稿均可实现的放映控制操作。

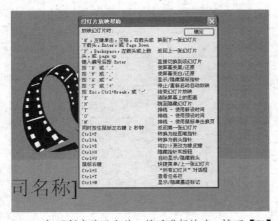

01 打开任意演示文稿，然后进行放映，按下【F1】键，屏幕中会出现一个"幻灯片放映帮助"对话框，其中显示了关于放映幻灯片时的控制快捷键，通过这些按钮可快速实现幻灯片放映的多种控制操作。

◀ 控制按钮

02 单击"确定"按钮关闭对话框，将鼠标指针移向屏幕左下角，可看到一排半透明状的按钮，单击 ▦ 或 ▦ 按钮可切换到上一张或下一张幻灯片放映。

◀ 选择笔触

03 单击 ✎ 按钮，在弹出的菜单中可选择用于勾画重点的笔触样式，由于我们在后面会专门讲解，这里就不详细介绍了。

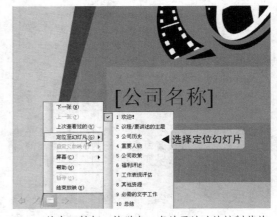

◀ 选择定位幻灯片

04 单击 ▦ 按钮，将弹出一个关于放映的控制菜单，在其中选择"下一张"、"上一张"或"结束放映"命令可实现相应的控制操作，选择"屏幕"命令，在弹出的子菜单中可选择显示黑色或白色屏幕，而选择"定位至幻灯片"命令，在其弹出的子菜单中，用户可选择直接切换到当前演示文稿中的任意幻灯片。

提示
Attention

在放映幻灯片时，在屏幕中右击，在弹出的快捷菜单集合了上面第 03、04 两步出现的命令，其功能也与之相同。

18.2.2　在放映时查看幻灯片备注信息

在制作幻灯片时，在"备注"窗格中输入的相关信息，在放映过程中可进行查看，以达到辅助演示的目的。

素材
光盘：\素材\第18章\
公司介绍1.ppt

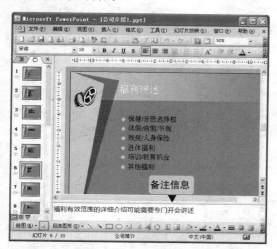

01 打开演示文稿，切换幻灯片，可看到幻灯片中的"备注"窗格中存在着之前输入的相关信息。

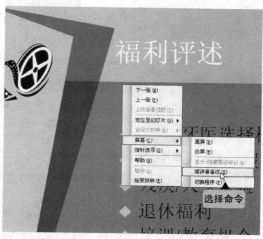

02 选择"幻灯片放映"→"观看放映"命令，进入到幻灯片放映状态。当放映到需要查看备注信息的幻灯片时，在幻灯片中右击，在弹出的快捷菜单中选择"屏幕"→"演讲者备注"命令。

03 这时将在屏幕中打开"演讲者备注"对话框，其中便显示了制作者设置的备注信息，用户还可在该对话框中添加备注内容，查看或添加完成后单击"关闭"按钮即可。

18.2.3　在放映时勾画重点内容

老师在课堂上讲课时，若遇到重要或需要提醒观众注意的内容，常通过圈点或画横线来达到目的。而在展示幻灯片的过程中，演示者同样可自行绘制圈、线来突出重点，而且还可选择不同的笔触类型或线条样式。

素材
光盘：\素材\第18章\
公司介绍2.ppt

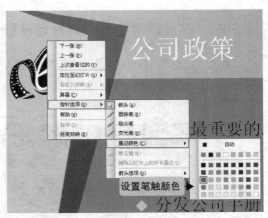

01 放映演示文稿，当需要勾画圈、线时单击屏幕左下角的 ▨ 按钮，或在幻灯片中右击，在弹出的快捷菜单中选择"指针选项"命令，在其弹出的子菜单中选择笔触类型。

02 再在该菜单中选择"墨迹颜色"命令，在其弹出的子菜单中选择不同的笔触颜色效果。

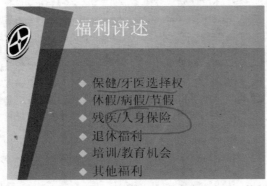

03 此时可看到屏幕中鼠标指针发生了变化，按住鼠标左键，就像握住笔在黑板上绘制一样，标注出需要突出的内容。

04 单在幻灯片中右击，在弹出的快捷菜单中选择其他笔触和颜色效果，再继续勾画。

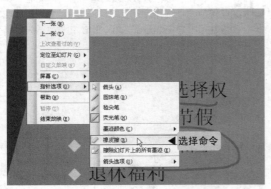

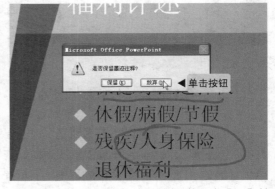

05 在幻灯片中右击，在弹出的快捷菜单中选择"指针选项"命令，在其子菜单中选择"橡皮擦"命令，鼠标指针会变为橡皮擦形状，单击勾画出的线条墨迹可将其擦除。选择"擦除幻灯片上的所有墨迹"命令可一次性进行擦除。

06 要回到鼠标默认指针状态时，按一次【Esc】键即可，继续放映其他幻灯片，当放映结束并准备退出放映状态时，会弹出一个对话框，询问是否在演示文稿中保留刚才绘制出的墨迹。通常不进行保留，于是单击"放弃"按钮。

18.3 在不同电脑上放映演示文稿

介绍在自己或他人电脑中放映演示文稿的方法

放映演示文稿的操作非常简单，在讲解前面知识时已有过介绍，本节将针对在不同电脑中放映的方法进行一个总结。

18.3.1 通过 PowerPoint 软件进行放映

当电脑中安装有 PowerPoint 软件，则对于演示文稿的放映非常简单。

1．在 PowerPoint 中放映

在 PowerPoint 中用户可以选择是从当前幻灯片开始放映还是从头开始放映。

◆ 单击"大纲"→"幻灯片"窗格底部的"幻灯片放映"按钮 🖵 或按【Shift+F5】组合键可从当前幻灯片开始放映。

◆ 选择"幻灯片放映"→"观看放映"命令或按【F5】键，可从第一张幻灯片开始放映。

提示
Attention

应注意的是，在需要将演示文稿复制到其他用户的电脑中放映时，即使对方安装了软件，也应将与该演示文稿链接在一起的外部文件，如声音或视频文件等一并复制过去，并与演示文稿保存在同一文件夹下，否则这些外部链接的内容将在放映时无法正常显示。

2．生成 PPS 直接放映

在安装有 PowerPoint 的电脑中放映演示文稿时，若放映者对于软件的放映操作不太熟悉，这时可将演示文稿保存为 PPS 文件，这样直接双击即可开始放映，免去了先打开 PowerPoint，再执行放映命令的麻烦。但在此状态下不能对演示文稿进行任何编辑操作。

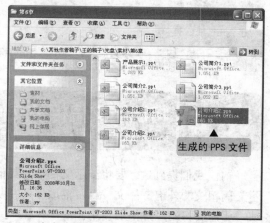

01 确保演示文稿制作完成，且完成了放映设置后，选择"文件"→"另存为"命令，在打开的"另存为"对话框的"保存类型"下拉列表框中选择"PowerPiont放映"选项，单击"保存"按钮。

02 在存放演示文稿的文件夹中可以看到，原PPT文件被保存了一个PPS的副本，从文件图标上也可看到两者的区别。在任何安装有PowerPoint的电脑上双击该PPS文件即可自动全屏放映。

Q：那如果我需要对 PPS 文件进行编辑修改，该怎么操作呢？

A：这时你可以先打开 PowerPoint 软件，然后选择"文件" → "打开"命令，在打开的对话框中选择需要的 PPS 文件，确定后即可将其打开进行各项编辑操作了。

18.3.2　通过其他程序放映

前面介绍的都是在电脑中安装有 PowerPoint 的情况下，那么如果要将某演示文稿传递到其他电脑中，但该电脑没有安装 PowerPoint，也不希望因此而安装一个这么大的软件，这时可借助于 Microsoft 自己开发的 PowerPoint Viewer（PowerPoint 查看器）。该程序非常小巧，但能帮助用户轻松放映 PPT 文件。进入到微软中国的网站（http://www.microsoft.com/zh/cn/default.aspx）可免费下载，下面介绍下载并安装完成后的使用方法。

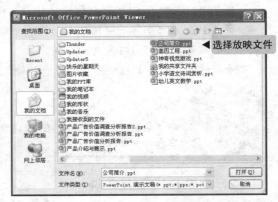

◀ 选择放映文件

选择命令

01 电脑中安装有 PowerPoint Viewer 后，会在"开始"菜单中显示出相应的命令，选择该命令即可启动软件。

02 软件启动后将打开一个对话框，在其中可选择要放映的演示文稿，然后单击"打开"按钮，即可看到演示文稿被打开放映了。

因此，在遇到需要将演示文稿复制到其他电脑中放映时，只要同时将 PowerPoint Viewer 程序一并复制过去即可解决问题。

18.4　将演示文稿相关文件打包
打包演示文稿，确保能在其他电脑中正常放映

前面我们提到过，要将演示文稿移到其他没有安装 PowerPoint 的电脑中放映，需要将与演示文稿相关的外部链接文件以及播放器一并复制过去，有时为了保证演示文稿能完全正常的放映，还需要将幻灯片中所使用到的字体也一并复制过去。这些操作如果由用户自己手动进行，肯定会非常麻烦且会出现疏漏，这时我们就可使用 PowerPoint 自带的打包功能，一次性将与该演示文稿相关的所有文件都收集到一个文件夹中，以后只需复制整个文件夹即可。

01 打开一个演示文稿，选择"文件"→"打包成CD"命令，打开"打包成CD"对话框。从该对话框的名字可以看出在其中还可设置将演示文稿打包后直接记录到光盘上，但该功能并不常用，因此这里不做介绍。

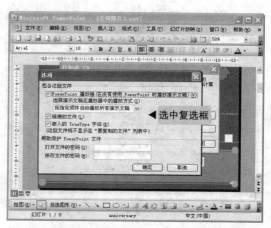

02 单击"添加文件"按钮，在打开的对话框中可选择一起打包的其他演示文稿。单击"选项"按钮，在打开的"选项"对话框中选中"PowerPoint播放器"、"链接的文件"和"嵌入的TrueType字体"3个复选框，表示打包时会将这些文件一并收集。

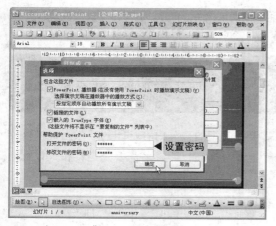

03 在下面的"帮助保护PowerPoint文件"栏中，用户可设置打开或修改演示文稿所需要的密码。设置完成后单击"确定"按钮，在打开的密码确认对话框中分别再输入一次前面设置的密码。

04 确定后回到"打包成CD"对话框，单击其中的"复制到文件夹"按钮。

05 在打开的"复制到文件夹"对话框中的"文件夹名称"文本框中为打包文件夹命名，然后单击"浏览"按钮，在打开的对话框中设置打包演示文稿的文件夹放置的位置，确定后单击"选择"按钮。

06 回到"复制到文件夹"对话框,单击"确定"按钮,此时可看到系统会自动复制相关的文件。

07 稍后打包完成,会回到"打包成CD"对话框中,单击"关闭"按钮即可。找到存放打包文件夹的位置,双击进入文件夹中,可看到其中包含了演示文稿、链接的文件以及播放器等与该演示文稿相关的所有文件。

提示
Attention

双击其中的"play.bat"文件,系统将自动调用相关的程序,并开始全屏放映演示文稿。因此,要在其他电脑中放映此演示文稿时,只需将整个打包文件夹复制过去即可。

18.5 打印输出演示文稿
将演示文稿中的内容打印到纸张上展示

演示文稿主要是用于放映的,但有时我们也需要将其中的部分内容打印到纸张上,供操作者或观众了解或保留。打印的方法与 Word、Excel 类似,即在打印之前需要先进行相关设置,包括页面设置和打印选项设置等。

18.5.1 打印页面设置

默认情况下,演示文稿的尺寸是与投影仪相匹配的,如果要将幻灯片打印到纸张上,则需要根据纸张大小来重新设置幻灯片的页面。但当重新设置了页面尺寸后,演示文稿中的内容会因为幻灯片大小改变而移动位置或被拉伸,因此如果计划好要打印演示文稿,则最好在制作前就为幻灯片确定好页面大小,这样既不影响放映,也不会影响打印效果。

01 打开演示文稿,选择"文件"→"页面设置"命令,打开"页面设置"对话框,从"幻灯片大小"下拉列表框中可看到当前幻灯片页面大小是"在屏幕上显示"的默认大小,下面的两个数值框中显示了其宽度与高度值。

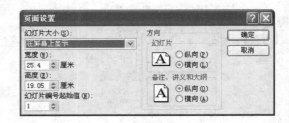

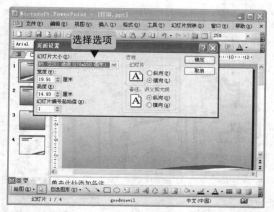

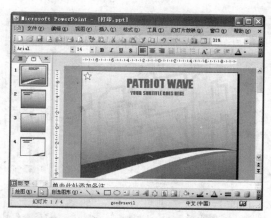

02 在"幻灯片大小"下拉列表框中选择"B5"选项,可看到下面的"宽度"与"高度"数值框中数据发生了变化,用户可通过在这里进行设置来定义各种样式的幻灯片大小。而在"方向"栏中可设置幻灯片、备注、讲义和大纲的页面方向,设置完成后单击"确定"按钮。

03 这时可看到,当前演示文稿中的所有幻灯片页面尺寸都发生了变化,背景图片可能会出现变形的情况。

18.5.2   打印选项设置

确定了幻灯片的打印尺寸后,下面就要根据需要,对打印的选项进行设置,如选择打印机,确定打印的份数、范围、内容以及效果等,这些都是在"打印"对话框中完成的。

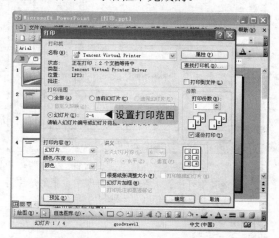

01 打开演示文稿,选择"文件"→"打印"命令,打开"打印"对话框,在"打印机"栏下的"名称"下拉列表框中选择与电脑连接的打印机。

02 在"打印范围"栏中设置要打印幻灯片的范围,如"全部"幻灯片、"当前"幻灯片或上面所设置的"2-4"页幻灯片。选中相应单选按钮并进行设置即可。

03 在"份数"栏下的数值框中设置同样的内容要打印多少份。如果选中"逐份打印"复选框，则会按页码一份打印完后再打印下一份，否则会先将第一页打印多份，再依次将后面的幻灯片分别打印多份。

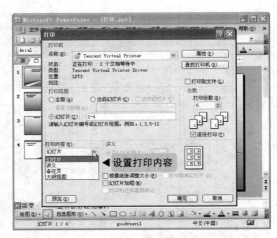

04 在"打印内容"下拉列表框中可选择要打印的对象，默认打印的是幻灯片内容，也可打印讲义、备注或大纲的内容。

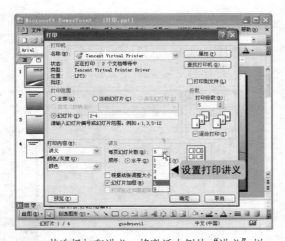

05 若选择打印讲义，将激活右侧的"讲义"栏，在其下可设置一页纸张上打印多少张幻灯片讲义，以及各幻灯片讲义排列的顺序。

06 在"颜色/灰度"下拉列表框中可设置打印出来的颜色效果，包括"颜色"（即彩色）、"灰度"和"纯黑白"3种颜色效果。其他所有设置完成后单击"确定"按钮。

提示
Attention

选择打印机选项后，单击其后的"属性"按钮，在打开的对话框中还可对打印机的选项进行设置，包括打印纸张的布局、打印的页码顺序、每张纸上打印的页数等。不同打印机的属性选项会稍有不同，读者可自行查看，不过通常情况下保持其默认设置即可，通过"打印"对话框的设置即可达到打印的需要。

18.5.3   打印效果预览

虽然进行完了打印前的相关设置，但我们没有看到实际打印出来的效果，也不知道前面的设置是否正确。于是这时就要通过打印预览功能，来查看真实打印的最终效果，若有任何偏差，都可再进行相关设置的修改调整。

预览打印效果是在"打印预览"视图下查看的，而在该视图下通过"打印预览"工具栏还可进行一些打印的相关设置，下面先来认识一下该工具栏中各部分的含义。

■ "打印预览"工具栏

■ 、 "上一页"、"下一页"按钮：单击按钮可切换到上一页或下一页查看打印效果。

■ 打印(P)... "打印"按钮：单击该按钮将打开"打印"对话框。

■ 打印内容: 幻灯片 "打印内容"下拉列表框：在该下拉列表框中可选择打印的内容，如幻灯片、讲义、备注等。

■ 110% "显示比例"下拉列表框：在该下拉列表框中选择打印预览的显示比例。

■ "横向"、"纵向"按钮：单击按钮可切换打印纸张是横向或纵向摆放。

■ 选项(O)▼ "选项"按钮：单击该按钮，在弹出的菜单中可进行一些打印的特殊的设置，如设置页眉页脚、调整打印纸张大小、给幻灯片加框等。

■ 关闭(C) "关闭"按钮：单击该按钮退出打印预览视图。

下面通过一个实例具体介绍打印预览的方法。

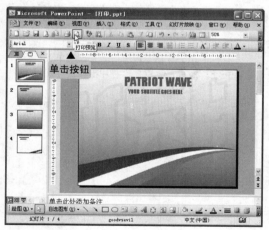

01 打开演示文稿，单击"常用"工具栏中的"打印预览"按钮，切换到打印预览视图下。

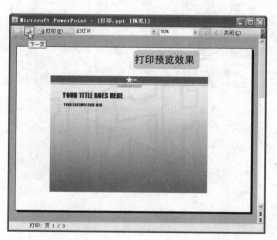

02 此时看到的效果即为演示文稿打印到纸张上的效果，单击"下一页"按钮，切换到后面的幻灯片预览打印时的效果。

提示
Attention

进入到打印预览视图的方法是选择"文件"→"打印预览"命令或单击"常用"工具栏中的"打印预览"按钮。另外在"打印"对话框中进行完设置后，单击其中的"预览"按钮，也可直接进入到打印预览视图。

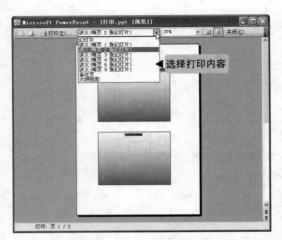

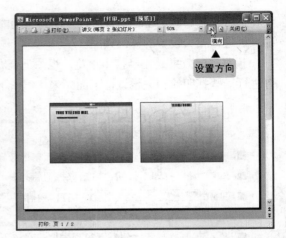

03 单击"打印内容"下拉列表框右侧的▾按钮，在弹出的下拉列表中选择打印的内容，或选择一页打印多少张讲义。

04 在"显示比例"下拉列表框中可选择更大的预览显示比例，或者直接输入比例数值。单击"横向"按钮，可将打印纸张方向变为横向，并可预览到相应的效果。

05 仔细预览，若发现有错误需要修改，则可直接单击工具栏中的"打印"按钮，打开"打印"对话框进行设置；若没有发现错误，则可退出打印预览视图，然后在"常用"工具栏中单击"打印"按钮，即可按设置要求打印出需要的内容来。

第四篇
与Office其他组件协同工作

Office系列是一个庞大的软件组，各组件所具有的不同功能涵盖了现代商务办公的各个方面，除去前面介绍的3个最为常见的应用方向外，数据库管理、邮件收发、出版物制作以及笔记本使用等都各自拥有专门的组件来完成，了解这些组件的功能，并利用各组件进行相互协同工作，可更大限度拓展自己的办公能力。

Chapter 19

Access数据库管理

随着信息技术的发展，人们对"信息"（数据）的需求与日俱增，需要一个"小仓库"（数据库）将它们收集、整理、存放在电脑中以便随时调用。Access 就是一款经典的数据库管理软件，它将我们需要的数据分门别类地存放在电脑中，方便我们对数据进行管理。

本章要点：

了解数据库基本概念
创建数据库、数据表
创建查询
创建窗体、报表和页

知识等级：

Office高级使用者

建议学时：

120分钟

参考图例：

技巧
特别方法，特别介绍

提示
专家提醒注意

问答
读者品评提问，作者实时解答

19.1 了解数据库管理软件

了解数据库管理软件在管理数据时扮演的角色

顾名思义，数据库是一个可存储数据的仓库，而数据库管理软件就是该仓库的管理人员。我们要想支配管理人员做好仓库的管理工作，首先应该知道数据是如何存放在数据库中接受管理人员管理的。

如下图所示，电脑中存储的数据不过是一些字段，依靠某些关系它们组成了记录。许多条记录汇成了数据表（也就是数据库）。而数据库管理软件则是一个同时管理多个数据库的"总管"。

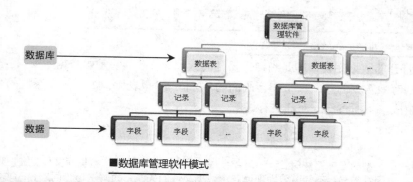

■数据库管理软件模式

19.2 熟悉 Access 操作界面

通过 Access 的操作界面，了解它是如何管理数据库的

随着电脑技术的不断发展，数据库管理软件也层出不穷，但说到操作简单、使用方便，同时又能完全利用 Windows 资源的，只有 Access。

Microsoft 公司先后推出了 Access 2000、Access 2002、Access 2003、Access 2007 等多个版本。其中 Access 2000 作为一个早期的 Access 版本，虽然操作简单，但功能平乏；Access 2007 视图效果丰富，为用户提供了许多模板，但其占用电脑资源过多，影响使用速度，所以，本章将以最为经典的 Access 2003 为例进行讲解。

将 Office 组件中的 Access 安装到电脑中后单击桌面上的"开始"按钮，选择"所有程序"→"Microsoft Office"→"Microsoft Office Access 2003"命令，即可启动 Access 2003。

Access 2003 启动后的操作界面如右图所示。从外观上看，它与 Office 2003 的其他组件并没有什么不同，都拥有标题栏、菜单栏、工具栏和任务窗格，但在 Access 中建立数据库后，它的界面中将会出现一个数据库窗口，如下图所示。

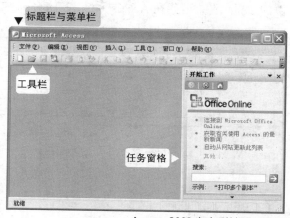

Access 2003 启动后的操作界面■

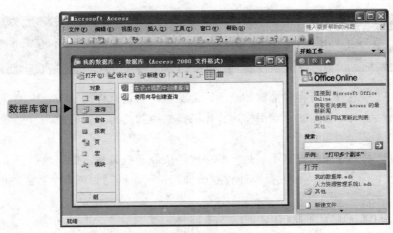

■包含数据库的 Access 2003 操作界面

在 Access 中，打开的数据库窗口即是当前可操作的数据库文件。它是由数据库窗口左侧保存数据的"表"，寻找有效数据的"查询"，丰富画面的"窗体"、"报表"、"页"，开发系统的"宏"及"模块"等对象组成，下面将一一对其进行讲解。

在开发一个大型数据库系统时，我们可能会创建数十、甚至数百个数据库文件，维护起来非常麻烦，更困难的是，不能有效地理清各个数据文件的关系。为解决这个问题，Access 将数据库定义成一个.mdb（在 Access 2007 版本中为.accdb）文件。

Q：Office 的其他组件，如 Word、Excel、PowerPoint 在一个窗口中可以打开多个同类型的文件，Access 可以做到吗？

A：不行，在一个 Access 软件中只能打开一个数据库进行操作，再打开数据库文件则将再运行一个 Access。

19.2.1 表

表是 Access 的基础，它是数据的集合，除了保存数据之外，也可当做查询、窗体、报表、页的数据来源，若想在 Access 系统中创建基础或高级应用系统，第一步操作就是创建表。

字段

左图所示为一份学生信息表，其中直列的部分就是前面提到的字段，包括序号、姓名、性别、学校及年级等；横行的部分是由多个字段组成的记录，记录少则一条，多则数十、数百条，甚至上千、上万条，由记录组成的表与 Excel 中的电子表格十分相似。

■学生信息表

19.2.2　查询

当我们需要在众多的数据中寻找符合条件的数据时，使用查询可将这些数据收集成一个新的集合，并以表的形式显示出来，供用户使用和编辑。查询的根源来自于表或其他查询，因而执行查询命令前应先创建好表。查询根据某种条件，从表中选择所需的数据。

左图所示为根据前面的表中一些符合条件的数据重新收集整理成一个新的集合。

查询只是对表中数据的一种操作方式，它不会影响数据，只客观反映执行查询时表中数据的真实存储情况。

■选择查询

19.2.3　窗体

在表中，我们只可以输入或查看数据，使用起来很方便，但画面总不够美观，而窗体的界面则漂亮许多。如果要实现宏和模块等复杂功能，就只能通过窗体来解决。所以，很多用户更愿意在窗体中对表进行操作。

左图所示为将前面的学生信息表做成了窗体，它是不是看起来比简单的表要漂亮许多呢？

窗体的内容来源可以是表，也可以是查询。窗体和它所依据的表或查询是相互关联的，当更改了表或查询中的数据信息后，窗体中显示的内容也将发生改变，反之亦然。

■窗体

19.2.4　报表

如果用 Access 进行公务处理，常常需要把电脑中的数据以报表的形式打印输出，提供给管理人员。为了减少用户的工作量，Access 提供了报表功能，帮助用户统计数据，最终通过打印机输出。

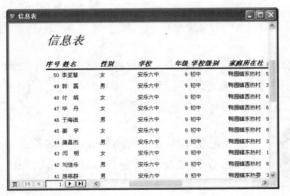

左图所示为将前面的学生信息表做成了一个简单的报表，使用它可以直接打印输出。

报表的数据虽然来源于表，但如果已经生成报表，再对表中的数据进行修改，这时报表中的数据不会随之改变。

■报表

19.2.5 页

Access 中的页是指网页，它主要用于通过 Internet 访问 Access 数据库或其他数据源的数据，是一个特殊的 HTML 文件。用户在页中可以执行记录的添加、删除、保存、撤销更改、排序或筛选等操作。

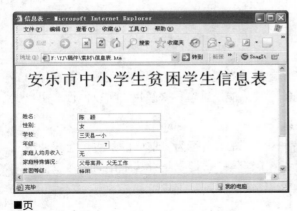

左图所示为将前面的学生信息表做成了一个页。从图中可以看到，它可以使用 IE 浏览器打开，在其中也可以进行添加、删除等操作。

如果浏览器的安全设置过高，在打开页文件时将在窗口中出现一个黄色的提示信息，在该信息上右击，在弹出的快捷菜单中选择"允许阻止的内容"命令，即可显示数据。

■页

19.2.6 宏和模块

宏与模块是 Access 的高级功能，主要的目的是通过 VBA 语言对一些重复性较高的工作达到自动化的境界。

宏是一系列命令组合而成的集合，这些命令可能前后相关，以达到一致性的目标，例如：设置打开 Access 时自动打开某个窗体或表、在 Access 中自动执行某些重复性的工作等，都可视为宏的应用。

模块是 Access 2003 提供的 VBA 编程程序段。模块包括标准模块和类模块，模块可以是查询模块、窗体模块或报表模块等，这些模块其实就是窗体、报表或查询的后台代码，是通过 VBA 编程的一段函数过程或子程序。

由于篇幅有限，将不会详细讲解宏与模块的使用，若读者对这方面感兴趣，可选择 Access 高级应用的书进行深入学习。

19.3 创建数据库

通过 Access 的任务窗格创建各式各样的数据库

在 Access 中，所有的操作都是针对当前数据库进行的。所以我们在认识 Access 后，第一步要学习的操作就是创建数据库。创建数据库可以通过创建空白的数据库和通过模板创建数据库进行，下面分别对这两种方式进行讲解。

19.3.1　创建空白数据库

下面以在桌面上创建一个名为"我的第一个数据库"的空白数据库为例，介绍在 Access 中创建空白数据库的方法。

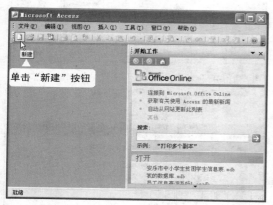

01 启动Access 2003，单击工具栏中的"新建"按钮。

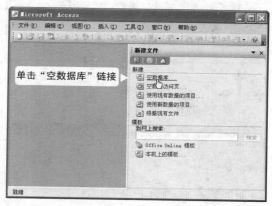

02 打开"新建文件"任务窗格，在"新建"栏中单击"空数据库"超链接。

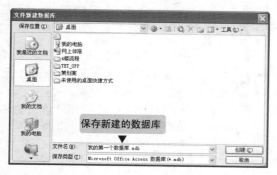

03 打开"文件新建数据库"对话框，选择文件保存的位置"桌面"后，在"文件名"文本框中输入"我的第一个数据库"，然后单击"创建"按钮。

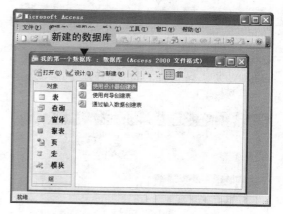

04 这时将新建一个空白的数据库，并打开数据库窗口。

19.3.2　使用模板创建数据库

创建空白数据库后还要创建基本数据，工作比较烦琐。而 Access 为用户提供了工时与账单、库存控制、服务请求管理、讲座管理、订单、联系人管理等多种数据库模板，可帮助用户快速创建表、窗体、报表等对象。

下面以在桌面上创建一个名为"我的联系人管理"的数据库为例，介绍使用模板创建数据库的方法。

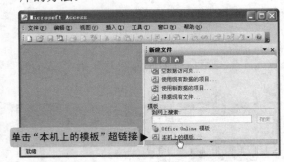

01 启动 Access 2003，单击工具栏中的"新建"按钮，打开"新建文件"任务窗格，单击"本机上的模板"超链接。

02 打开"模板"对话框，选择"数据库"选项卡，选择其中的"联系人管理"选项，然后单击"确定"按钮。

03 打开"文件新建数据库"对话框，选择文件保存的位置"桌面"后，在"文件名"文本框中输入"我的联系人管理"，然后单击"创建"按钮。

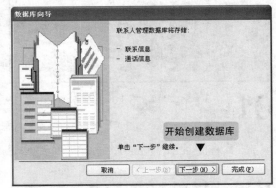

04 打开"数据库向导"对话框，在其中单击"下一步"按钮。

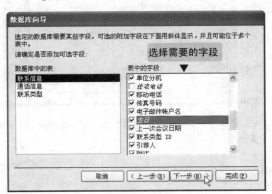

05 在打开的对话框中选择每个表需要添加的字段，本处是为"联系信息"表添加"生日"的字段，具体操作步骤为在"数据库中的表"列表框中选择"联系信息"选项，选中右侧列表框中的"生日"复选框，然后单击"下一步"按钮。

提示
Attention

在"表中的字段"列表框中，系统默认已选中的复选框是必须要添加的字段，用户不能对其进行取消选择操作。

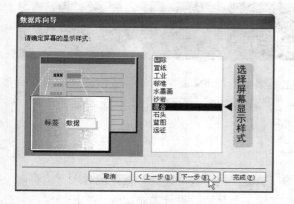

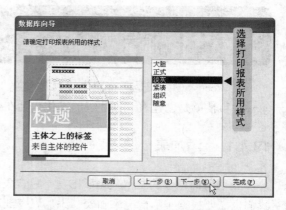

06 在打开的对话框中选择窗体的样式，这里在列表框中选择"混合"选项，然后单击"下一步"按钮。

07 在打开的对话框中选择报表的样式，这里在列表框中选择"淡灰"选项，然后单击"下一步"按钮。

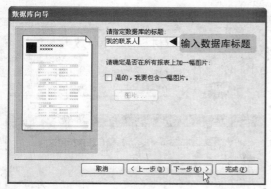

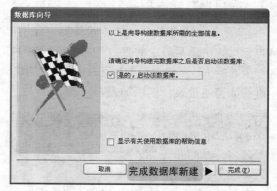

08 在打开的对话框的文本框中输入数据库的名称"我的联系人"，然后单击"下一步"按钮。

09 在打开的对话框中提示完成创建了数据库的向导操作，单击"完成"按钮。

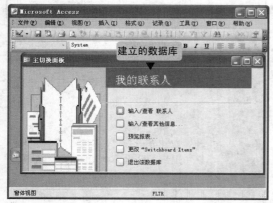

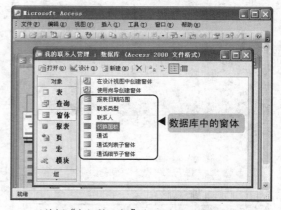

10 系统自动创建数据库后，可看到一个"主切换面板"窗口，在其中可对创建的数据库进行输入、查看、预览等操作。

11 关闭"主切换面板"窗口后，可看见系统已为该数据库创建了多个窗体、查询，以及报表。

19.4 创建表

为我们的数据库创建表，以便输入更多类型的数据

在 Access 中，表是所有操作的数据来源，也是诸多应用的基础。所以，我们创建数据库后第一件事情就是创建表。创建表的操作包括在数据库中添加表、设计字段、设置主键等。

19.4.1 添加表

我们前面创建的空白数据库中是不包含表的，虽然使用模板创建的数据库包含表，但有时我们也需要根据实际情况添加表。添加表有 3 种方法，一是通过设计器添加表；二是通过向导添加表；三是通过输入数据添加表。

1. 通过设计器添加表

在 Access 中提供了一个设计器，让用户自己设计出满足需求的表。下面以在"我的第一个数据库"文件中添加"我的家人"表为例，讲解如何通过设计器添加表。

光盘文件 CD	素材	效果
	光盘：\素材\第 19 章\我的第一个数据库.mdb	光盘：\效果\第 19 章\我的第一个数据库.mdb

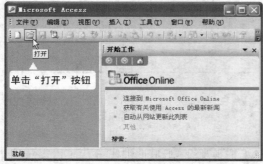

01 启动 Access，单击工具栏中的"打开"按钮 。

选择要打开的数据库文件

02 在打开的"打开"对话框中选择数据库存放的位置，选中"我的第一个数据库"文件，单击"打开"按钮。

03 在打开的警告对话框中再次单击"打开"按钮。

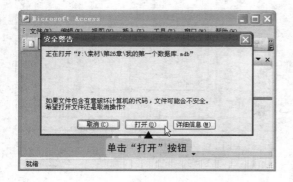

单击"打开"按钮

提示 Attention

在默认的状态下，每次打开数据库都会出现"安全警告"对话框，用户可降低 Access 的安全级别，使其不打开该对话框。

技巧 Skill

降低 Access 的安全级别

启动 Access，选择"工具"→"宏"→"安全性"命令，在打开的对话框中选择"安全级"选项卡，选中"低"单选按钮即可。

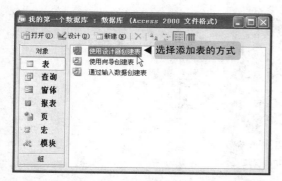

04 在打开的数据库窗口，选择"对象"栏中的"表"选项卡，然后在右侧的列表框中双击"使用设计器创建表"选项。

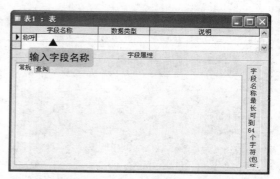

05 打开表的"设计"视图，在"字段名称"栏中输入"称呼"。

06 单击"数据类型"栏下面的单元格，自动出现下拉按钮，单击该下拉按钮，在弹出的列表中选择"文本"选项。

07 用同样的方法在表中添加姓名、电话、E-mail等字段，并设置其数据类型。

提示 Attention

在 Access 中定义了多种数据类型，其中"文本"类型字段主要用来存放文本、字符等内容；"备注"类型的字段主要用于在数据表中存放说明性的文本；"数字"类型的字段主要用来存放数值；"货币"类型的字段主要用于存放与货币有关的数据；"日期/时间"类型的字段主要用于存放有关日期与时间的数据；"是/否"类型主要用于存放逻辑值；"OLE对象"类型的字段主要用于保存如 Word 或 Excel 文档、图片、声音的数据以及在别的应用程序中创建的其它类型的二进制数据等；在数据表中如果设置了自动编号的字段，添加一个记录后，将自动为其添加一个编号。

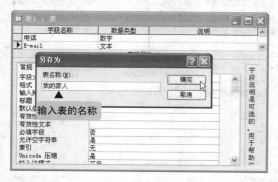

08 单击工具栏上的"保存"按钮，打开"另存为"对话框，在"表名称"文本框中输入"我的家人"，然后单击"确定"按钮。

单击"是"按钮

09 打开"尚未定义主键"对话框，单击"是"按钮，为表定义主键。

提示 Attention

主键也称主关键字，它的作用是保证表中的每条记录具有唯一性。设置主键是为了便于用户查找数据。

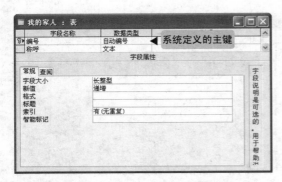

10 回到表中，可以看到系统自动在第一行加入了一个主键字段。

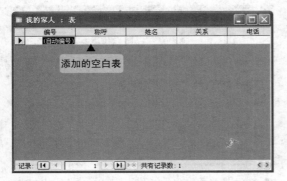

添加的空白表

2. 通过向导添加表

通过向导添加表可以从各种预先定义好的表中选择字段，然后再根据向导提示逐步完成表的创建。下面以在"我的第一个数据库"文件中添加"我的通讯簿"表为例，讲解如何通过向导添加表。

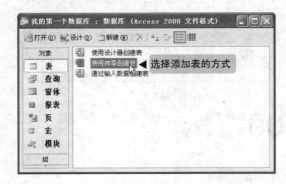

选择添加表的方式

01 打开"我的第一个数据库"文件，选择"对象"栏中的"表"选项，然后双击"使用向导创建表"选项。

打开表

11 关闭表窗口后，回到数据库窗口，可以看到已添加的表，双击"我的家人"表。

12 在打开的窗口中可以看到，前面设计的字段已经添加到表头了。

技巧
Skill

删除表

打开数据库窗口后，选择"对象"栏中的"表"选项，在右侧的列表框中选择需要删除的表，单击"删除"按钮×。

光盘文件
CD

素材	效果
光盘：\素材\第19章\我的第一个数据库.mdb	光盘：\效果\第19章\我的第一个数据库1.mdb

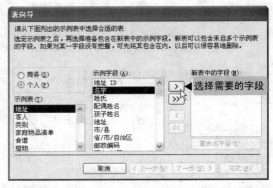

选择需要的字段

02 打开"表向导"对话框，选中"个人"单选按钮，在"示例表"列表框中选择"地址"选项，然后在中间的"示例字段"列表框中出现多个相关字段，这里选择"名字"字段，再单击 > 按钮。

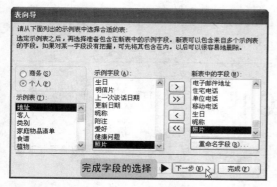

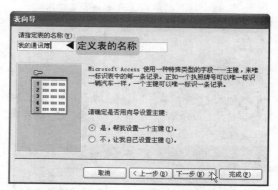

03 此时选择的字段出现在"新表中的字段"列表框中，按相同方法继续选择需要的字段，然后单击"下一步"按钮。

04 在打开的对话框中的"请指定表的名称"文本框中输入表名"我的通讯簿"，然后单击"下一步"按钮。

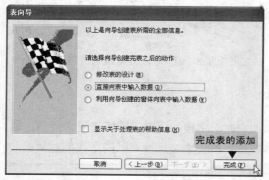

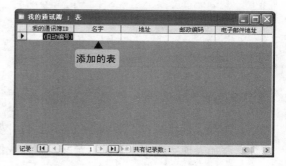

05 在打开的对话框中保持默认设置不变，单击"完成"按钮。

06 "我的通讯簿"表已添加成功，可看到其中包含了多个前面添加的字段。

3.　通过输入数据添加表

在 Access 中，还可以通过输入数据添加表。下面以在"我的第一个数据库"文件中添加"我的通讯簿"表为例，讲解如何通过输入数据添加表。

	素材	效果
光盘文件 CD	光盘：\素材\第19章\我的第一个数据库.mdb	光盘：\效果\第19章\自我的第一个数据库2.mdb

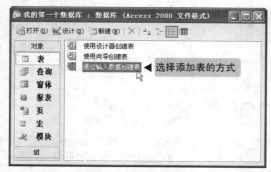

01 打开"我的第一个数据库"文件，选择"对象"栏中的"表"选项，然后双击"通过输入数据创建表"选项。

02 在打开的数据表视图中依次输入各种数据。

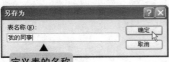

定义表的名称

定义主键

03 输入完数据后单击工具栏上的"保存"按钮，打开"另存为"对话框，在"表名称"文本框中输入"我的同事"，单击"确定"按钮。

04 打开"尚未定义主键"对话框，单击"是"按钮，为表定义主键。

05 回到表窗口，在标题栏中可看到表名已被改变。

添加的表

技巧 Skill

重新定义字段

通过输入数据添加表的字段名默认为"字段 1"、"字段 2"、"字段 3"等，若要对其重新定义，可双击"字段 1"所在的单元格，使"字段 1"成为可编辑状态重新输入。

19.4.2 设计字段

从添加表的操作可以看到，只有通过设计器添加表时对字段的类型进行了设置，而通过输入数据添加表连字段都没有进行定义，所以我们需要对字段类型进行设置以满足我们对数据的要求。

下面以在"我的第一个数据库 1"文件中为"我的同事"表设计字段为例，讲解如何进行操作。

光盘文件 CD

素材	效果
光盘:\素材\第19章\我的第一个数据库1mdb	光盘:\效果\第19章\我的第一个数据库3.mdb

选择要设计字段的表

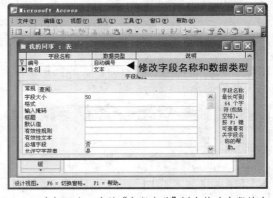

修改字段名称和数据类型

01 在打开的"我的第一个数据库"文件中选择"我的同事"表，单击工具栏中的"设计"按钮。

02 在打开窗口中的"字段名称"栏中修改字段的名称，在"数据类型"栏中修改数据类型。

提示 Attention

通过输入数据添加表制作出的表，系统将自动对所输入的字段类型进行判断。如果输入的是纯数字，数据类型会判断为"数字"；如果输入的是数字和符号或文字，数据类型会判断为"文本"。

提示 Attention

在通过输入数据添加表制作出的表中，如果用户修改数字类型，系统可能将原本输入的数据认为非法而自动删除。

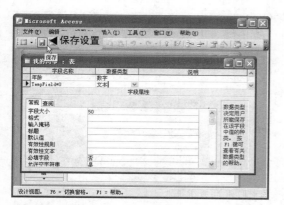

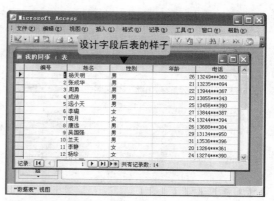

03 按相同方法设置字段, 然后单击工具栏中的"保存"按钮。

04 完成对数据库的操作。

19.4.3　输入、编辑记录

前面添加表的操作中, 除了通过输入数据添加表的操作使添加的表中输入了数据, 其他方法添加的两个表均为空, 我们需要在表中输入记录, 并对记录进行插入或删除操作。

下面以在"我的第一个数据库 2"文件中为"我的通讯簿"表输入记录并进行编辑为例, 讲解如何输入、编辑记录。

光盘文件 CD	素材	效果
	光盘: \素材\第19章\我的第一个数据库2.mdb	光盘: \效果\第19章\我的第一个数据库4.mdb

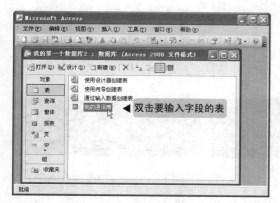

01 打开"我的第一个数据库"文件, 选择"对象"栏中的"表"选项, 然后双击"我的通讯簿"选项。

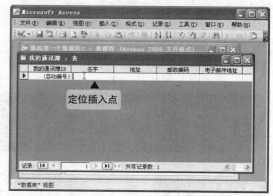

02 将光标移动到打开的窗口"名字"字段下方的单元格中, 单击将插入点定位在该单元格中。

03 输入文本。

04 按相同的方法继续输入文本。

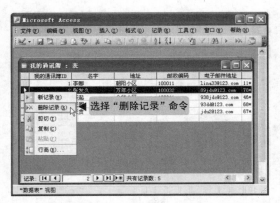

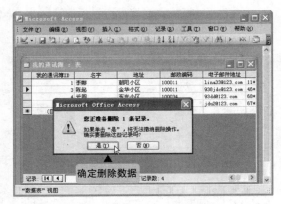

05 将光标移动到第2条记录左侧并右击，在弹出的快捷菜单中选择需要进行编辑的命令，这里选择"删除记录"命令。

06 在打开的对话框中单击"是"按钮。

07 完成编辑操作后，单击工具栏中的"保存"按钮，保存数据，关闭窗口。

编辑记录

在 Access 中对记录的编辑操作与在 Excel 中类似，如果读者对 Access 的操作不熟练，可先在 Excel 中新建一个与 Access 中字段相同的表，在其中输入数据，然后使用复制的方法将其一次性复制到 Access 中。

在 Access 中，默认的日期输入格式为 "**_**_**"，而显示时显示为 "*****_**"。如果直接输入 "*****_*_*" 格式，系统将报错。

19.5 创建查询

将有用的数据从表中挑选出来集合成一个全新的表，它就是"查询"

在数据库中创建了数据表后，我们就可以以它为基础开展工作了。首先是为数据库创建查询。创建查询主要有两种方法，一是在设计视图中创建查询；二是使用向导创建查询。

19.5.1 在设计视图中创建查询

在设计视图中创建查询与通过设计器添加表的操作比较类似，是根据需要选择每一个字段。下面将以在"宁汉企业行业黄页"数据库中创建查询为例讲解在设计视图中创建查询的方法。

光盘文件
CD

素材	效果
光盘:\素材\第19章\宁汉企业行业黄页.mdb	光盘:\效果\第19章\宁汉企业行业黄页.mdb

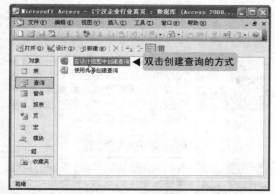

01 打开"宁汉企业行业黄页"文件,选择"对象"栏中的"查询"选项,然后双击"在设计视图中创建查询"选项。

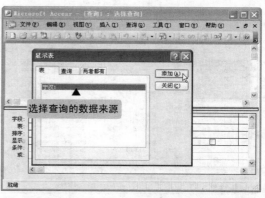

02 在"显示表"对话框中选择"表"选项卡,选择"宁汉1"表,单击"添加"按钮,再单击"关闭"按钮。

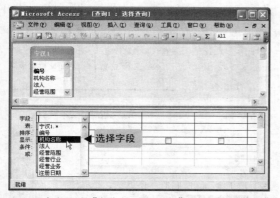

03 在激活的"查询1:选择查询"窗口中的"字段"行第1列中的下拉按钮上单击,在其下拉列表框中选择需要的字段,这里选择"机构名称"字段,其下方的"表"行将自动添加表名称。"显示"行中的复选框也同时被选中。

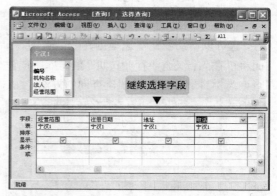

04 按照同样的方法设置其他查询字段。

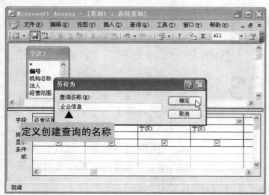

05 设置完成后,单击常用工具栏上的"保存"按钮,在打开的"另存为"对话框中输入"企业信息"文本,然后单击"确定"按钮。返回"查询1:选择查询"窗口,将其关闭。

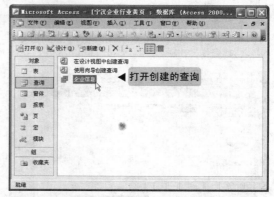

06 在数据库右侧的列表框中即可看见新创建的"企业信息"查询。再双击"企业信息"查询,即可查看查询内容。

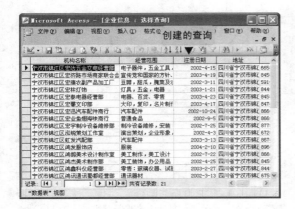

19.5.2　使用向导创建查询

　　向导是帮助初学者实现复杂操作的指引灯，它可以帮助我们快速地创建一个查询。下面将以在"宁汉企业行业黄页"数据库中创建查询为例讲解使用向导创建查询的方法。

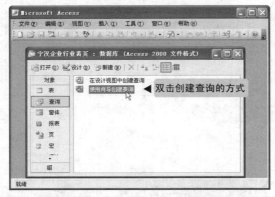

01 打开"宁汉企业行业黄页"文件，选择"对象"栏中的"查询"选项，然后双击"使用向导创建查询"选项。

07 在打开的窗口中即可查看查询结果，在其中还可对查询记录进行修改和添加。

提示
Attention

在 Access 中可以选将某数据库中多个表中的数据挑取到一个查询文件中，其操作是在第 02 步"显示表"对话框选择该数据库中的多个表，依次单击"添加"按钮，再单击"关闭"按钮。

修改查询中的数据

技巧
Skill

每次关闭查询文件后，系统将自动清除查询中的数据，只保留查询数据的方法，所以想要修改查询中的数据可直接修改相应表中的数据，无须对查询文件单独操作。

光盘文件
CD

素材	效果
光盘:\素材\第19章\宁汉企业行业黄页.mdb	光盘:\效果\第19章\宁汉企业行业黄页1.mdb

02 在打开的向导对话框中的"表/查询"下拉列表框中选择"表: 宁汉1"选项，在"可用字段"列表框中选择"机构名称"选项后，单击 > 按钮。

03 在"选定的字段"列表框中显示了"机构名称"字段，依次选择需要的字段，单击 > 按钮，将其选择到"选定的字段"列表框中，然后单击"下一步"按钮。

　　Q: 使用向导创建查询时，可以选择同一个数据库文件下多个表中的数据吗？

读者提问
Q+A

A: 可以的。在第 02 步操作中，可以先在"表/查询"下拉列表框中选择一个表，选择需要的字段；然后再次在该下拉列表框中选择另一个表，继续选择需要的字段。

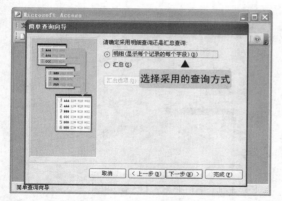

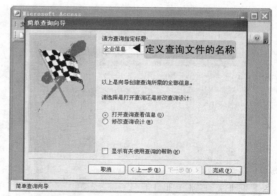

04 在"简单查询向导"对话框中选择需要查询的方式，这里保持默认设置不变，单击"下一步"按钮。

05 在打开对话框中的"请为查询指定标题"文本框中输入"企业信息"，其余设置保持默认不变，单击"完成"按钮。

06 打开创建的查询，在其中显示了创建的查询字段。

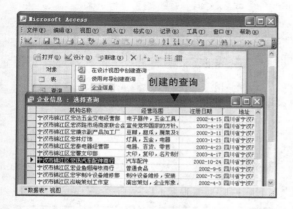

提示
Attention

如在第05步的对话框中选中"修改查询设计"单选按钮，将打开设计视图，对其中的查询项目进行编辑。另外，单击"上一步"按钮可对前面设置过的选项再进行更改。

19.6 创建窗体、报表和页
创建更多的对象更好管理数据库

表是整个数据库的基础，查询则是从表提取一些数据组成新的表。而窗体则是对表和查询的美化和升级；报表和页则是用其他形式将表和查询中的数据表现出来，方便人们打印和上传到互联网中以便阅读或操作。由于篇幅限制，本节讲解创建窗体、报表和页的方法都是使用向导完成的，帮助读者快速掌握 Access 的使用方法。

19.6.1 创建窗体

窗体是最重要的数据维护工具，它提供了一种便捷的维护表中数据的方式。下面将以在"宁汉企业行业黄页"数据库中创建窗体为例讲解使用向导创建窗体的方法。

光盘文件
CD

素材	效果
光盘:\素材\第19章\宁汉企业行业黄页1.mdb	光盘:\效果\第19章\宁汉企业行业黄页2.mdb

01 打开"宁汉企业行业黄页1"文件,选择"对象"栏中的"窗体"选项,然后双击"使用向导创建窗体"选项。

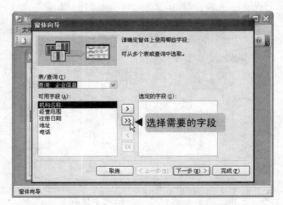

02 在打开的"窗体向导"对话框中的"表/查询"下拉列表框中选择"查询:企业信息"选项,单击 >> 按钮,选择所有的可用字段。

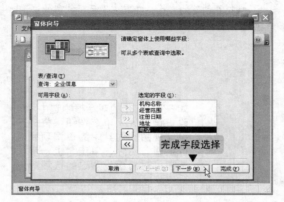

03 选择了字段后,单击"下一步"按钮。

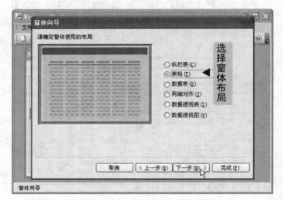

04 在打开的对话框中选中"表格"单选按钮,再单击"下一步"按钮。

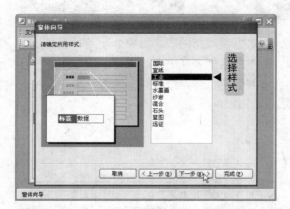

05 在打开的对话框中选择窗体需采用的样式,这里选择"工业"选项,单击"下一步"按钮。

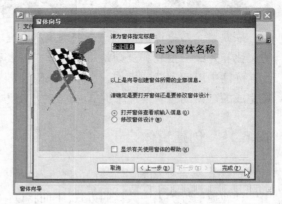

06 在打开对话框的"请为窗体指定标题"文本框中输入"企业信息"文本,其他选项保持默认设置,单击"完成"按钮。

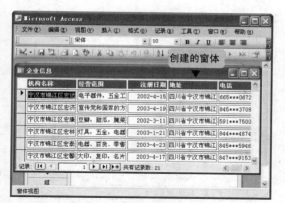

窗体视图

提示
Attention

在窗体中输入数据的速度很快，
但它有一个缺点：不能随时查看
数据录入是否存在错误，而在表
中则可对比查看。

技巧
Skill

在设计视图中创建窗体

如果读者想使用设计视图创建窗
体，建议先对窗体进行规划，安排
好窗体各按钮的布局，再使用"工
具箱"工具栏中的控件使窗体功能
多样化。

07 系统将自动生成我们需要的窗体。

读者提问
Q+A

Q：有没有创建窗体更快的方法？

A：有啊。如果你在选择了需要的字段（第 02 步）后直接单击"完成"按钮，系统即按
照默认的设置完成窗体的创建。

19.6.2   创建报表

报表是一种打印和显示数据的最佳方
式，有了报表，用户就能轻松地获取数据摘要
和数据汇总，控制数据的显示和排序方式。下
面将以在"宁汉企业行业黄页"数据库中创建
报表为例讲解使用向导创建报表的方法。

光盘文件
CD

素材	效果
光盘：\素材\第19章\ 宁汉企业行业黄 页.mdb	光盘：\效果\第19章\ 宁汉企业行业黄页 3.mdb

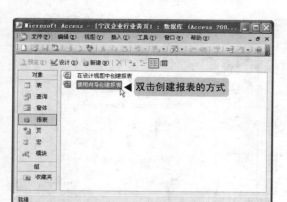

01 打开"宁汉企业行业黄页1"文件，选择"对象"
栏中的"报表"选项，然后双击"使用向导创
建报表"选项。

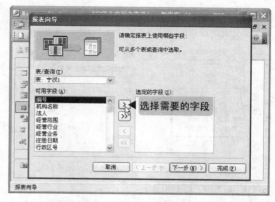

02 在打开的"报表向导"对话框中的"表/查询"
下拉列表框中选择需要的表或查询，这里选择
"表：宁汉1"选项，在"可用字段"列表框中
选择"编号"选项，单击 > 按钮。

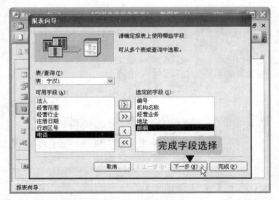

03 继续添加需要的字段，完成后单击"下一步"按钮。

04 在打开的对话框中设置分组级别，这里保持默认设置不变，单击"下一步"按钮。

05 在打开的对话框中选择对记录的排序方式，这里在"1"下拉列表框中选择"编号"选项，单击"下一步"按钮。

06 在打开的对话框中设置报表的布局方式，这里选中"表格"单选按钮，其余设置保持默认不变，单击"下一步"按钮。

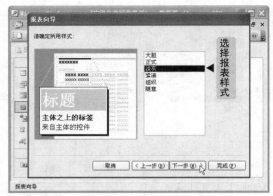

07 在打开的对话框中选择报表所要采用的样式，默认选择为"淡灰"样式，保持默认设置不变，单击"下一步"按钮。

08 在打开的对话框中设置报表的名称，默认的报表名称是报表基于的表的名称，这里在文本框中输入"企业黄页"文本，单击"完成"按钮。

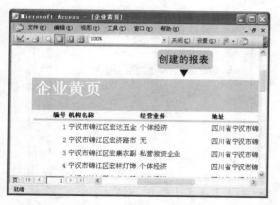

创建的报表

在创建窗体、报表和页中，选择需要的字段是十分重要的步骤，不能越过它而直接进行下一步操作。

对报表进行页面设置

如果对创建后的报表页面不满意，可在报表中右击，在弹出的快捷菜单中选择"页面设置"命令。在打开的"页面设置"对话框中重新设置页面大小。

09 完成设置后的报表外观如上图所示，报表默认使用的是打印预览视图。

读者提问
Q+A

Q：报表只能反应表或查询中的数据吗？通过它能否对数据进行操作？

A：报表的确是反应表或查询中的数据，它除了复制数据外，还可以对数据进行汇总，起到统计的作用。它是用于打印的，不能对数据进行添加、删除等操作。

19.6.3　创建页

Access 并不是简单地将数据库中的"表"或"查询"文件转换成网页文件，还可以让用户在 Web 上与数据库互动，继续对"表"或"查询"文件进行添加或删除数据等操作。

下面将以在"宁汉企业行业黄页 1"数据库中创建一个"企业信息"网页为例讲解使用向导创建页的方法。

素材	效果
光盘：\素材\第19章\宁汉企业行业黄页 1.mdb	光盘：\效果\第19章\宁汉企业行业黄页 4.mdb （企业信息.htm）

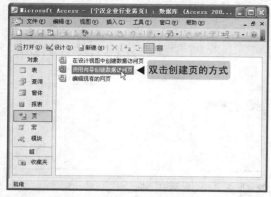

◀ 双击创建页的方式

01 打开"宁汉企业行业黄页1"文件，选择"对象"栏中的"页"选项，然后双击"使用向导创建数据访问页"选项。

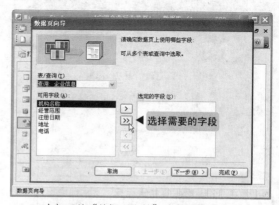

◀ 选择需要的字段

02 在打开的"数据页向导"对话框中的"表/查询"下拉列表框中选择"查询：企业信息"选项，单击 >> 按钮，选择所有的可用字段。

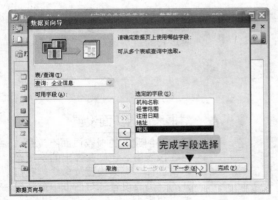

03 完成字段的选择后，单击"下一步"按钮。

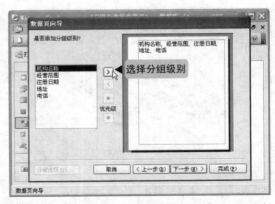

04 在打开的对话框中选择"机构名称"选项，单击 > 按钮。

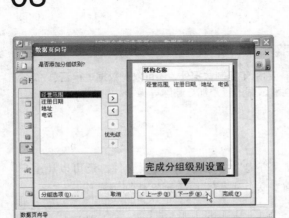

05 将"机构名称"字段设置为最高级别后单击"下一步"按钮。

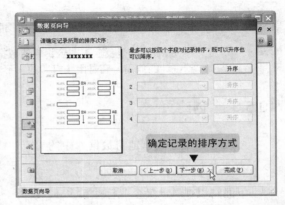

06 不选择记录的排序方式，直接单击"下一步"按钮。

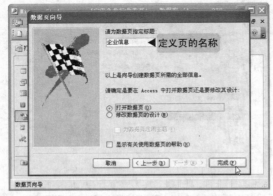

07 在"请为数据页指定标题"文本框中输入"企业信息"文本，选中"打开数据页"单选按钮，再单击"完成"按钮。

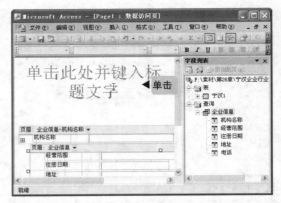

08 在出现的页面中，将鼠标光标移动到"单击此处并键入标题文字"的位置处单击。

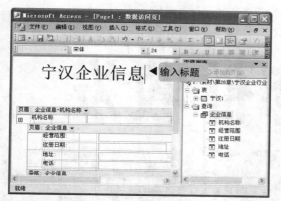

09 输入数据页的标题"宁汉企业信息"文本。

10 单击工具栏中的"保存"按钮，在打开的"另存为数据访问页"对话框中选择页的保存位置，单击"保存"按钮。

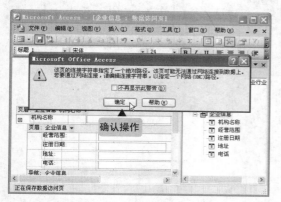

11 在打开的提示对话框中单击"确定"按钮。

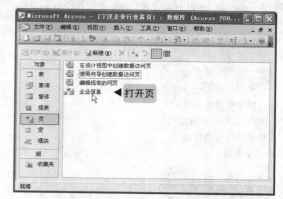

12 关闭页后，回到数据库窗口，可看在数据库中已多了一个"企业信息"数据页，双击打开页。

13 可看到如上图所示的窗口，单击"机构名称"左侧的⊞按钮。

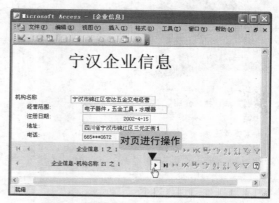

14 即可看到表中的信息，单击▶按钮可看到下一个企业的信息。

Chapter **20**

Outlook邮件收发

在信息飞速发展的今天，互联网的应用也早已溶入到人们生活和工作的方方面面。要想即时掌握瞬息万变的信息数据，就不得不依靠互联网中的电子邮件。利用它可实现异地之间快速、方便、可靠地传送和接收消息。在Office组件中有一个邮件收发工具——Outlook，它是帮助人们实现电子邮件接收、发送和各种管理工作的利器。

本章要点:

电子邮件基础知识
使用Outlook处理邮件
利用日历安排计划
使用便笺

知识等级:

Office高级使用者

建议学时:

80分钟

参考图例:

技巧
特别方法，特别介绍
提示
专家提醒注意
问答
读者品评提问，作者实时解答

20.1 电子邮件基础知识

了解什么是电子邮件

电子邮件，又称伊妹儿（E-mail），它是存在于互联网中的一种信件，它也是通过网络实现异地之间快速传送和接收消息的现代化通信手段。与普通信件相比，电子邮件速度快、使用方便、内容丰富，已成为现在信息交流的首选。

为了能在互联网中准确地进行电子邮件投递，用户需要为自己电子邮箱定义一个专属的名称，以免电子邮件投递失误。电子邮箱名称的格式是：user@mail.server.name。其中 user 是收件人的账号（下图中 jine133 为收件人账号），@（音为 "at"）用于连接前后两部分，mail.server.name 是收件人的电子邮件服务器的域名（下图中 126.com 为收件人的电子邮件服务器域名）。

用户账号 ← **jine133@126.com** → 电子邮件服务器域名

连接符号

20.1.1 获得电子邮箱

用户使用的电子邮箱并不是随意产生的，首先需要到提供电子邮箱服务的网站中申请一个电子邮箱账户。目前网络上有许多提供电子邮箱服务的网站，电子邮箱主要分为免费邮箱和收费邮箱两种，收费邮箱除了具有普通邮箱的邮件收发功能外，一般还会为用户提供在线杀毒、垃圾邮件防范、捆绑手机号码以及新邮件短信通知等服务，用户可根据自身情况进行选择。两种邮箱获得的方法大致相同，下面以申请免费电子邮箱为例讲解获得电子邮箱的方法。

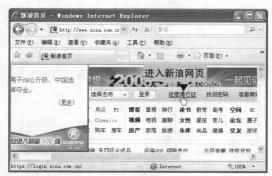

01 在IE浏览器地址栏中输入 "www.sina.com.cn" 后按【Enter】键，打开新浪首页后，单击页面上的 "注册通行证" 超链接。

02 打开注册页面，在 "登录名" 文本框和 "邮箱名" 文本框中输入需要申请的通行证和邮箱名称，并选中 "同时获赠免费邮箱" 复选框。

提示
Attention

随着互联网的发展，现在的网站为用户提供了许多功能，所以用户在第一次进入该网站注册时，不是直接注册电子邮箱账户，而是注册通行证账户，从而获得免费邮箱服务。用户在申请账户时可以随意编写自己需要的账户，但一定要确保该账户名是惟一的，没有被其他用户申请到。很多网站都提供了用户名判断功能，提示用户输入的账户名是否可用。用户应尽量选择英文字母与数字的组合，提高账户名申请成功率。

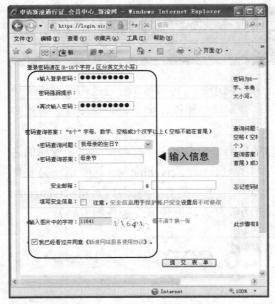

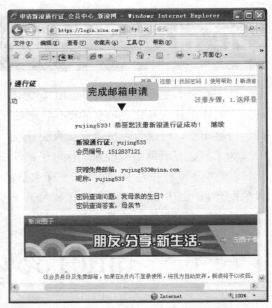

03 在注册页面中继续填写需要的信息，如登录密码、密码查询问题及答案，并按照图片中的字符输入数字，再选中"我已经看过并同意"复选框，单击"提交表单"按钮。

04 在打开的窗口中提示用户已经获得免费邮箱。

提示
Attention

申请账户时，带红色的"*"项目是必填项，其他项目是选填项。用户一定要牢记在注册页面中填写的通行证账户名、邮箱的名称、密码，以及密码查询问题，以免邮箱登录不上。对于选填项，用户也应尽量多地填写，确保遗忘密码时找回密码。

20.1.2 使用 IE 浏览器登录电子邮箱

获得邮箱之后，我们就可以使用 IE 浏览器登录邮箱。

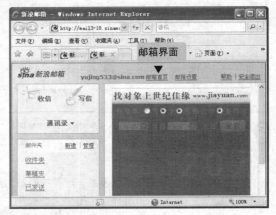

01 启动IE浏览器进入新浪首页后，在"登录名"文本框中输入通行证账户名，在"密码"文本框中输入密码，单击"登录"按钮。

02 即可进入电子邮箱。

20.1.3　查看邮件账号相关参数信息

我们想要在 Outlook 中进行电子邮箱业务的操作，需要知道该电子邮箱的收发邮件服务器名称是什么，是否提供了允许客服端连接服务器的功能。

 提示 Attention

以前网站提供的电子邮箱都允许客户自己通过邮件收发软件连接客服端（outlook），但随着互联网广告事业的蓬勃发展，为了能使更多的用户用 IE 浏览器登录邮箱观看广告，大多数网站关闭了客户连接客服端的功能。所以用户在使用 Outlook 之前一定先要对邮件账号相关参数信息进行查看。

01 登录电子邮箱后，单击"邮箱设置"超链接。

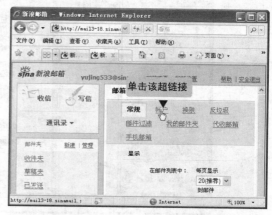

02 在打开的窗口中单击"账户"超链接。

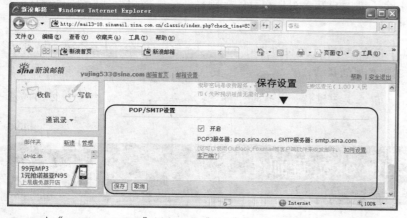

03 在"POP/SMTP设置"栏中选中"开启"复选框，单击"保存"按钮，保存设置。单击窗口右上角的"安全退出"超链接即可退出邮箱。

 提示 Attention

用户可以单击"如何设置客户端"超链接，查看如何设置邮件客户端。

20.2 了解 Outlook
认识 Outlook

Outlook 提供了收件箱、日历、联系人、任务等一系列工具，可以帮助用户管理各种邮件信息，并与他人进行通信，能有效地提高工作效率，让用户在一个程序中管理各种商务信息。

单击"开始"按钮，选择"所有程序"→"Microsoft Office"→"Microsoft Office Outlook"命令即可启动 Outlook。下面我们就以 Outlook 2003 为例看看 Outlook 操作界面有什么特点。

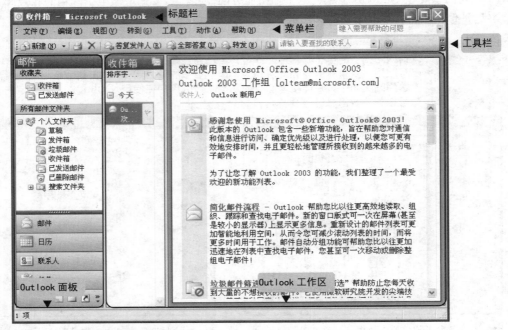

■Outlook 2003 操作界面

在 Outlook 操作界面中除了包含 Office 组件都有的标题栏、菜单栏和工具栏外，还有如下自己特有的 Outlook 面板和工作区：

◆ **Outlook 面板**：其中包含"邮件"、"日历"、"联系人"和"任务"选项，分别对其进行选择可以完成不同类型的操作。

◆ **Outlook 工作区**：可以在其中进行如处理电子邮件、联系人、任务、约会等方面的基本操作。

20.3 使用 Outlook 处理邮件
为 Outlook 添加账户，接收、阅读和回复邮件

Outlook 的主要功能就是对电子邮件进行收发和管理。在实现电子邮件的收发与管理前首先需要创建一个账户。

20.3.1 添加账户

要使用 Outlook 2003 收发邮件，首先需要有一个电子邮件账户。创建邮件账户后，设置好发送邮件服务器和接收邮件服务器，并将电脑连接到 Internet 就可以进行收发邮件。下面在 Outlook 中创建一个邮件地址为"yujing534@sina.com"的账户。

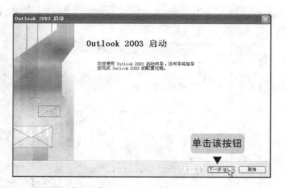

01 单击"开始"按钮,选择"所有程序"→"Microsoft Office"→"Microsoft Office Outlook"命令,启动Outlook 2003,在打开的启动向导对话框中单击"下一步"按钮。

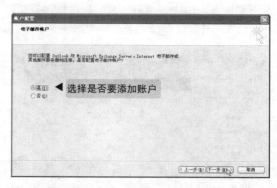

◀ 选择是否要添加账户

02 在打开的"账户配置"对话框中,选中"是"单选按钮,再单击"下一步"按钮。

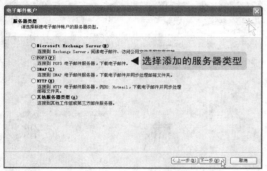

◀ 选择添加的服务器类型

03 在打开的"电子邮件账户"对话框中选中"POP3"单选按钮,再单击"下一步"按钮。

输入邮箱信息

04 打开"Internet电子邮件设置(POP3)"对话框,在"您的姓名"文本框中输入用户的名字,在"电子邮件地址"文本框中输入用户前面在网站中申请的电子邮箱名称,在"用户名"文本框中将自动输入电子邮箱的账户名,在"密码"文本框输入电子邮箱的密码,在"接收邮件服务器"、"发送邮件服务器"文本框中输入前面查看到的电子邮箱接收和发送邮件服务器地址,最后单击"下一步"按钮。

单击该按钮

05 在打开的"祝贺您"对话框中单击"完成"按钮完成用户账户的添加。

20.3.2 接收、阅读邮件

添加电子邮件账户之后就可对Outlook进行操作了。下面我们进行接收、阅读邮件操作。

提示
Attention

书中介绍的为第一次添加账户的方法。一般的用户都不止一个电子邮箱,如果需要继续添加电子邮箱账户,可在启动Outlook后选择"工具"→"电子邮件账户"命令,启动添加电子邮件账户向导进行添加操作。

01 启动Outlook后，单击工具栏中的"发送/接收"按钮。

02 Outlook自动访问电子邮箱的接收和发送邮件服务器，收取邮件。

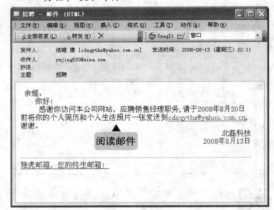

03 在"收件箱"栏中双击需要查看的邮件。

04 在打开的窗口中即可查看邮件的内容。

20.3.3　回复邮件

阅读了朋友的邮件来信后，我们常常需要对邮件进行回复。在 Outlook 中撰写回复的邮件时，可以为邮件添加图片、附件，使信件的内容更加丰富。

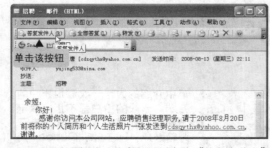

01 阅读完邮件后单击工具栏中的"答复发件人"按钮。

02 在打开的"个人简历-邮件"窗口的"收件人"、"主题"文本框中已自动输入内容，我们只需要在写邮件即可中输入邮件内容。

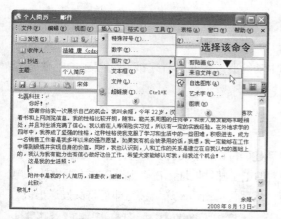

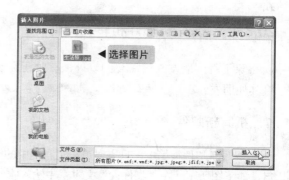

03 将插入点定位在需要插入图片的位置，选择"插入"→"图片"→"来自文件"命令。

04 打开"插入图片"对话框，在图片存放的位置选择需要的图片，单击"插入"按钮，为邮件添加图片。

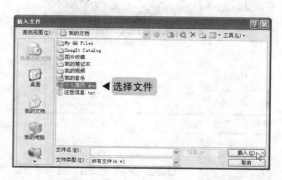

05 单击工具栏的"插入文件"按钮。

06 打开"插入文件"对话框，在文件存放的位置选择需要的文件，单击"插入"按钮为邮件添加附件。

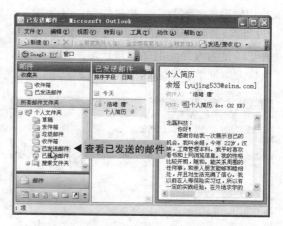

07 完成电子邮件制作后，单击工具栏中的"发送"按钮，邮件自动发送。

08 Outlook发送了邮件后，将会把已发送的邮件存放到"已发送邮件"文件夹中，方便用户查看、调用。

20.3.4 撰写新邮件和转发邮件

除了看到朋友来信需要回复外，有时还需要主动给朋友撰写邮件，或是将收到的邮件转发给其他朋友。

1. 撰写新邮件

撰写新邮件很简单，只需要单击工具栏中的"新建"按钮，即可打开一个"未命名的邮件"窗口，如下图所示，在"收件人"文本框中输入收件人的电子邮件地址，在"主题"文本框中输入电子邮件名称，在"写邮件"文本框中输入邮件内容，最后再单击"发送"按钮即可将其发送出去。

■单击"新建"按钮　　　　　　　　　　　　　　　　　　　　　　　　新邮件■

技巧
Skill

"抄送"文本框的作用

如果用户写的邮件想要发送给多个用户，除了在"收件人"文本框中输入收件人的电子邮箱地址外，还可以在"抄送"文本框中输入多个收件人电子邮箱地址，并用";"将其隔开。

2. 转发邮件

如果想要将收到的邮件转发给其他朋友，只需要在收到的邮件窗口中单击工具栏中的"转发"按钮，即可打开一个"转发：招聘-邮件"窗口，如下图所示，在"收件人"文本框中输入需要转发的收件人电子邮箱地址，在"主题"文本框和"写邮件"文本框中已输入了内容，用户只需根据需要修改即可。

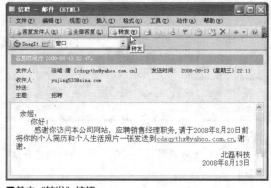

■单击"转发"按钮　　　　　　　　　　　　　　　　　　　　　　　转发邮件窗口■

20.3.5　删除邮件

Outlook 默认状态下将对收取的邮件和已发送的邮件均进行保存，日积月累，邮箱中将存在大量邮件，从而占用电脑过多的资源。因此，对于不需要的邮件可以将其从收件箱中删除，删除邮件的方法有如下两种：

◆ **从邮箱删除**：进入保存邮件的收件箱或发送邮件箱，选择需要删除的邮件，单击工具栏中的 ✕ 按钮，如下左图所示。

◆ **查看邮件后删除**：进入保存邮件的收件箱或发送邮件箱，打开需要删除的邮件，单击工具栏中的"删除"按钮 ✕，如下右图所示。

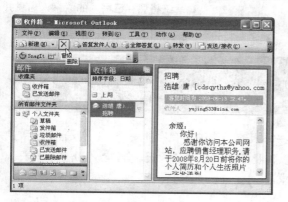 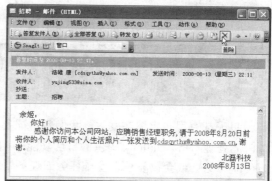

20.3.6　创建个人通讯簿

Outlook 提供的"联系人"功能可以将某个联系人的所有相关信息如姓名、电话号码、联系地址、邮政编码和电子邮件等集中起来。下面将创建一个名为"兰天"的联系人，并编辑具体的相关信息。

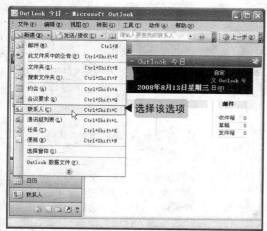 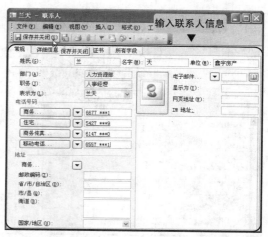

01 启动Outlook后，单击"新建"按钮旁的 ▾ 按钮，在弹出的列表中选择"联系人"选项。

02 在打开的"联系人"窗口中填写联系人的信息，然后单击工具栏中的"保存并关闭"按钮。

03 回到Outlook操作界面，选择Outlook面板中的"联系人"选项，可查看到添加的联系人信息。

◀ 添加的联系人信息

提示
Attention

如果添加完一个联系人信息后想继续添加其他联系人信息，可单击工具栏中的"保存并关闭"按钮🖫，系统将保存已写入的联系人信息并打开一个新的"联系人"窗口。

20.4 利用日历安排计划
Outlook 中的日历功能可以为人们安排约会、会议或任务

每天都有很多事情在发生，我们常常需要将每天的工作进行有序的安排，以便合理利用工作时间处理事务。Outlook 提供的日历功能，可以将我们需要处理的约会、会议或任务进行排序，方便制订约会或会议要求、安排任务或任务要求。

20.4.1 使用日历安排约会或会议

安排约会是指在日历中提醒自己在某一时间做某件事情。制订会议要求是将提醒其他参与会议的朋友在某一时间需要做某件事情。下面我们就来为 Outlook 中制订一个中秋节的约会，练习掌握制订约会的操作方法。

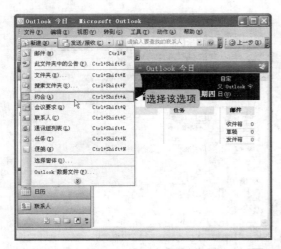

选择该选项

01 启动Outlook后，单击 "新建" 按钮旁的 ▾ 按钮，在弹出的列表中选择"约会"选项。

"新建" 按钮妙用

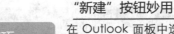

技巧
Skill

在 Outlook 面板中选择某选项卡后单击工具栏中的"新建"按钮即可新建与该选项卡相关的内容，如选择"任务"选项卡，单击"新建"按钮即可打开"任务"窗口。

Q: 如果使用 Outlook 安排会议应该怎么办？

A: 如果使用 Outlook 安排会议，而参与会议的人员联系方式已加入联系人中，则可在"会议"窗口中单击"联系人"按钮，添加联系人，输入会议要求后单击工具栏中的"发送"按钮，将会议要求用电子邮件的形式发送给参与会议的人员。

读者提问
Q+A

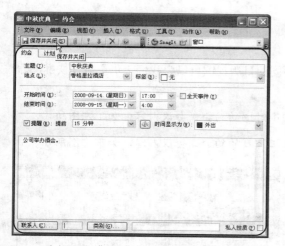

02 在打开的"约会"窗口的"主题"文本框中输入约会名称,在"地点"下拉列表框中选择或输入约会的地点,在"开始时间"、"结束时间"下拉列表框中选择约会的起止时间,在"时间显示为"下拉列表框中选择时间显示类型,在正文列表框中输入约会内容,选中"提醒"复选框,可在其后设置提前多长时间进行提醒,单击"保存并关闭"按钮。

03 回到Outlook操作界面,选择Outlook面板中的"日历"选项,单击工具栏中的"天"按钮,选择日历按天显示,单击Outlook面板日历中的"2008年9月15日",在中间的窗格中查看日历中的信息。

20.4.2　使用日历安排任务

通过 Outlook 中的"任务"选项卡,可以对自己的工作任务进行安排,通过"任务要求"可将任务分配给其他人,并处理跟踪任务,下面在 Outlook 中制订一个准备中秋节的任务,练习掌握制订任务的操作方法。

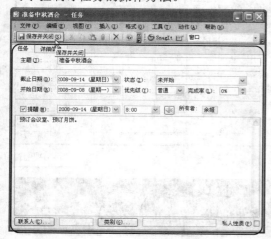

01 启动Outlook后,单击"新建"按钮旁的▼按钮,在弹出的列表中选择"任务"选项。在打开的"任务"窗口中按与安排约会类似的方法输入任务内容,然后单击"保存并关闭"按钮。

02 回到Outlook操作界面,选择Outlook面板中的"任务"选项,即可看到制订的任务。

20.4.3　日历的几种视图

在查看约会时可以看到有多种日历视图，不同的日历视图可以为我们提供更方便快捷的服务。下面我们就来看看各种日历视图的用途。

◆　"天"视图：用于显示某一天的二十四小时中的约会或会议内容，如下左图所示。

◆　"工作周"视图：用于显示周一～周五工作日的约会或会议内容，如下右图所示。

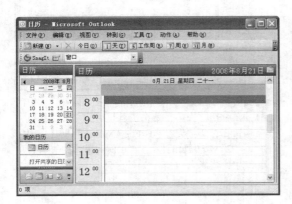

■"天"视图

"工作周"视图■

◆　"周"视图：用于显示一周的约会或会议内容，如下左图所示。

◆　"月"视图：用于显示一月的约会或会议内容，如下右图所示。

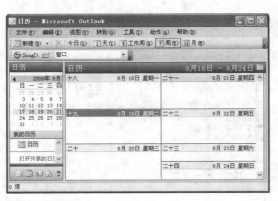
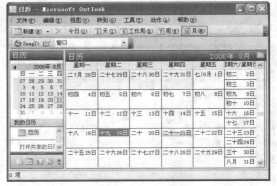

■"周"视图

"月"视图■

20.5 使用便笺
使用便笺记录想法

"便笺"是贴纸便笺的电子替代品。使用"便笺"可记下问题、想法、提醒及任何以前要写在贴纸上的事情。工作时可将"便笺"在屏幕上开着。使用"便笺"来存储以后可能需要的信息（例如要在其他项目或文档中再次使用的指导性内容或文字）时尤其方便。

下面我们就来使用 Outlook 的便笺。

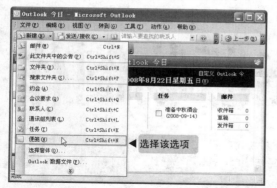

01 启动Outlook后，单击 "新建"按钮旁的 ▾ 按钮，在弹出的列表中选择"便笺"选项。

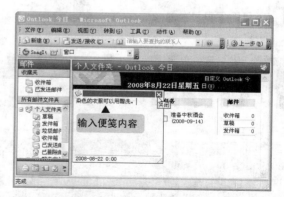

02 在打开的黄色便笺纸上输入内容，完成后单击"关闭"按钮 ☒。

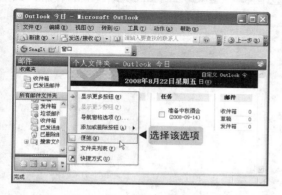

03 在Outlook面板中单击右下角的"配置按钮"按钮，在弹出的列表中选择"便笺"。

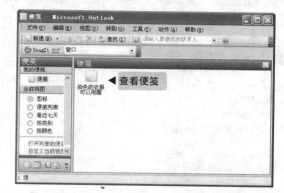

04 在打开的窗格中即可查看到前面创建的便笺。双击该便笺图标可打开该便笺进行编辑。

Chapter 21
Publisher出版物制作

我们在工作中常常涉及一些出版物的制作，如宣传手册、名片、明信片等。如果使用 Word 来制作，我们常常会为页面尺寸和设计样式而担心。而 Publisher 就为我们解决了这一难题，它为我们提供了很多出版时会用到的模板，轻松应对设计和出版问题。

本章要点：

了解Publisher的功能
创建出版物
设计出版物
为出版物添加多彩元素

知识等级：

Office高级使用者

建议学时：

120分钟

参考图例：

技巧
特别方法，特别介绍
提示
专家提醒注意
问答
读者品评提问，作者实时解答

21.1 | 了解 Publisher 的功能
看看 Publisher 能做些什么

Publisher 的中文含义是出版商。使用它可以帮助你创建反映品牌标识或个性化的出版物和营销材料，它的一些高级功能还可以帮助你完成在印刷、网站和电子邮件中创建和分发市场营销材料的过程，以便用户可以完全在内部创立自己的品牌、管理客户列表以及跟踪营销活动。下面我们就来看看 Publisher 的主要功能。

21.1.1　创建反映品牌标识的出版物

Publisher 可以帮助用户有效地创建、自定义和重用根据公司的特定需要而定制的各种市场营销宣传材料。

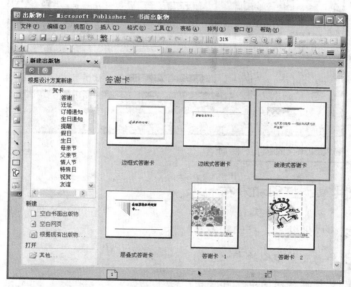

■Publisher 提供了多个设计模板

◆ 在 Publisher 中提供了数百个可自定义的设计模板或空白出版物，其中包括新闻稿、小册子、海报、明信片、网站、电子邮件等。

◆ Publisher 提供了很多的商业和个人需要创建的企业标识，其中包括公司名称、联系信息和徽标。

◆ 如果使用 Publisher 2007，还可使用新增的"搜索"工具在 Microsoft Office Online 上的"Publisher 目录"中快速查找和预览高质量的 Office Publisher 2007 模板。

◆ Publisher 可轻松地将多页新闻稿中的内容放入电子邮件模板或 Web 版式中，以便联机分发。

◆ 为设计人员创建了 70 多种配色方案，方便用户选择。

21.1.2 发送个性化出版物和营销材料

Publisher 提供了直观的设计工具，用户可使用自己的创造力来创建别具一格的出版物和营销材料，而 Publisher 的邮件合并功能可以帮助用户轻松地创建大量信函和邮件以及个性化出版物。

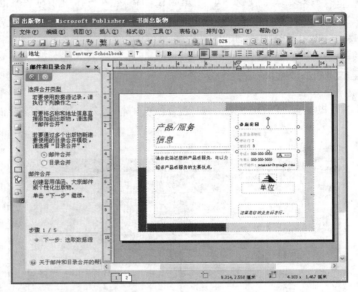

■Publisher 的邮件合并功能

21.1.3 轻松共享、打印和发布

Publisher 可以轻松地共享、打印和发布材料。

◆ 全面支持大量和高质量印刷的专业印刷。

◆ 可以发送外观与预期相同的电子邮件出版物。

◆ 使用 Publisher 可以将出版物进行转换以供在网站中查看，并轻松添加导航、更新、编辑和发布功能。

◆ 使用 "检查设计方案" 确定和更正意外的桌面、专业印刷、网站和电子邮件问题。

21.2 创建出版物
创建出有样式或空白的出版物

了解了 Publisher 这么多强大的功能后，我们就可以开始使用 Publisher 创建出版物了。使用启动 Office 组件的方法即可启动 Publisher，启动后可以看到 Publisher 的操作界面，它与

Word 的操作界面类似，所以不再另做介绍。本章我们将以 Publisher 2003 为例讲解 Publisher 的操作方法。

　　使用 Publisher 创建出版物的方法主要有 3 类：一是根据模板创建；二是创建空白出版物和网页；三是根据现有的出版物创建。

21.2.1　根据模板创建

　　Publisher 为用户提供了上百种书面出版物、网站和电子邮件、设计方案集的模板，使用它们可以快速创建出版物。下面我们就以创建一张明信片为例讲解根据模板创建出版物的方法。

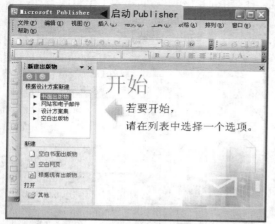

01 单击桌面上的"开始"按钮，选择"所有程序"→"Microsoft Office"→"Microsoft Office Publisher 2003"命令，即可启动Publisher 2003。

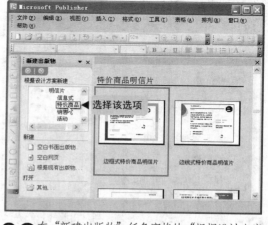

02 在"新建出版物"任务窗格的"根据设计方案新建"列表框中选择"书面出版物"下的"明信片"栏中的"特价商品"选项。

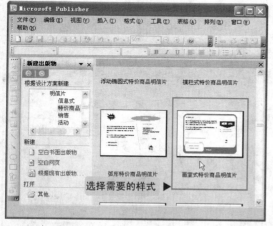

03 在Publisher窗口的右侧选择需要创建的出版物样式，这里选择"画室式特价商品明信片"选项。

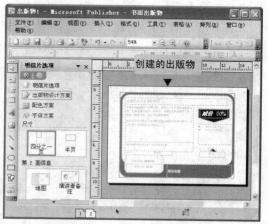

04 系统将自动创建一张明信片。

21.2.2 创建空白出版物和网页

模板是为初级用户准备的，作为高级的设计用户常常不需要依赖模板，可以独立制作出全新的出版物。这时，我们需要先创建出空白的出版物，便于我们设计。在 Publisher 创建空白出版物和网页的方法有两种，一是通过空白模板创建；二是直接新建空白出版物。

1. 通过空白模板创建

通过空白模板创建空白出版物其实就是利用"新建出版物"任务窗格的"根据设计方案新建"列表框中的"空白出版物"选项下的内容进行新建。下面我们就利用它创建一个空白的名片。

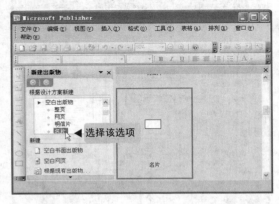 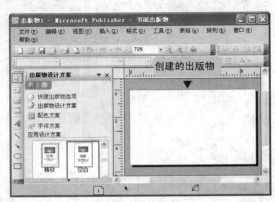

01 启动Publisher 2003后，在"新建出版物"任务窗格的"根据设计方案新建"列表框中的"空白出版物"栏下选择"名片"选项。

02 在Publisher窗口的右侧选择"名片"选项即可新建出一张空白的名片。

2. 直接创建空白出版物

在 Publisher 的"新建出版物"任务窗格中提供了"空白书面出版物"、"空白网页"两个超链接，使用它们可以直接创建空白出版物。下面我们就利用它们创建一个空白的出版物。

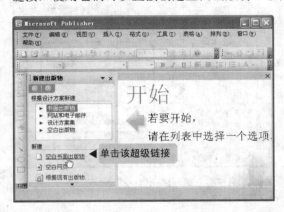 

01 启动Publisher 2003后，在"新建出版物"任务窗格的"新建"栏中单击"空白书面出版物"超链接。

02 即可新建出一个空白的出版物。

21.2.3　根据现有的出版物创建

　　如果只需要在现有的出版物基础上进行一些修改，我们没有必要从零开始创建出版物，完全可以根据现有的出版物进行创建。下面就以用"母亲节贺卡"明信片创建一个新的出版物。

素材

光盘：\素材\第21章\
母亲节贺卡.pub

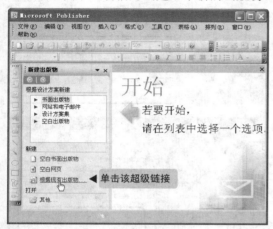

01 启动Publisher 2003后，在"新建出版物"任务窗格的"新建"栏中单击"根据现有出版物"超链接。

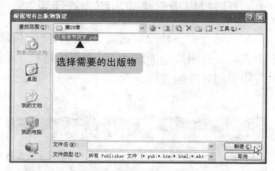

02 打开"根据现有出版物新建"对话框，在"查找范围"下拉列表框中选择出版物保存的位置，在下方的列表框中选择需要的出版物，单击"新建"按钮。

03 系统将自动根据选择的出版物创建出一个新的出版物。

读者提问
Q+A

Q：如果启动 Publisher 后直接单击"常用"工具栏中的"新建"按钮会有什么效果？

A：如果启动 Publisher 后直接单击"常用"工具栏中的"新建"按钮，则将打开一个新的 Publisher 窗口，该窗口中将新建出一个空白的出版物，而当前的 Publisher 窗口也将新建出一个空白的出版物。

21.3 设计出版物
发挥 Publisher 的功能，设计自己的出版物

　　完成了出版物的创建之后，我们就可以按照自己的设想对出版物进行设计了。设计出版物的工作主要包括设计出版物的版式、配色方案以及字体方案等。

21.3.1 设计出版物版式

在创建了出版物之后即可开始设计出版物版式了。根据创建出版物的方法不同将进入不同的任务窗格，在这些任务窗格中都可对出版物的版式进行设计。下面我们就按不同创建出版物方法获得的出版物的分类设计出版物的版式。

1. 为根据模板创建的出版物设计版式

下面我们就将根据前面创建出的"明信片"出版物设计出版物的尺寸、第二页的信息，以及应用"回音"的设计方案。

光盘文件 CD	素材	效果
	光盘：\素材\第21章\ 明信片.pub	光盘：\效果\第21章\ 明信片.pub

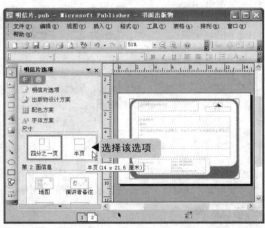

01 打开"明信片.pub"出版物，在"明信片选项"任务窗格的"尺寸"栏中选择页面尺寸，这里选择"半页"选项。

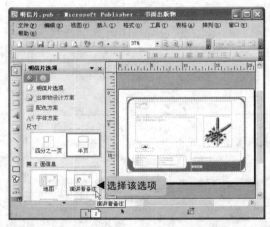

02 在"第2面信息"栏中选择第2页需要添加的信息，这里选择"演讲者备注"选项。

03 单击任务窗格中的"出版物设计方案"超链接。

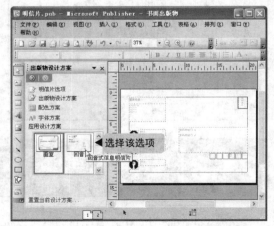

04 在"出版物设计方案"任务窗格的"应用设计方案"栏中选择设计方案，这里选择"回音"选项。

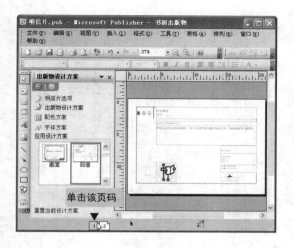

05 单击页面1，可看到设计的"回音"方案。

提示
Attention

不同模板创建的出版物，系统提供的"选项"任务窗格和设计模板版式各不相同，用户可按照 Publisher 提供的说明文字对版式进行设计。

2. 为空白出版物设计版式

创建空白出版物后将默认打开"出版物设计方案"任务窗格，在其中可以选择出版物需要应用的设计方案，在"快捷出版物选项"任务窗格中也可以对版式进行设计。

光盘文件
CD

素材	效果
光盘: \素材\第21章\ 空白出版物.pub	光盘: \效果\第21章\ 空白出版物.pub

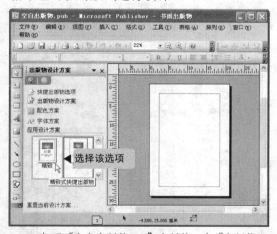

01 打开"空白出版物.pub"出版物，在"出版物设计方案"任务窗格 的"应用设计方案"栏中选择"精致式快捷出版物"选项。

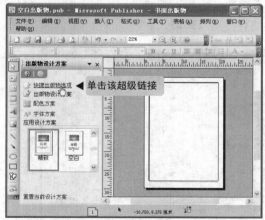

02 单击"快捷出版物选项"超链接。

打开和保存出版物

技巧
Skill

在 Publisher 中对出版物进行打开或保存等基本操作的方法与在 Word 中相同，单击"常用"工具栏中的"打开"按钮▢或"保存"按钮▢即可进行打开或保存操作。

如何获得更多的模板

技巧
Skill

在 Microsoft Office Online 网站上的"模板"中，用户可以找到更多 Publisher 模板。如果用户连接到了 Internet，那么可以直接从 Publisher 链接到"Office Online 模板"。

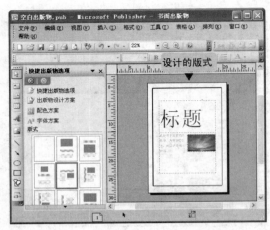

03 在"快捷出版物选项"任务窗格的"版式"栏中选择"中部放置小型图片"选项。

04 此时即可看到空白页面的版式已经改变。

3. 为根据现有出版物创建出的出版物设计版式

为根据现有出版物创建出的出版物设计版式主要是在"快捷出版物选项"任务窗格中进行，系统在其中为出版物设计了多种版式，用户只需要直接选择即可。

光盘文件 CD

素材	效果
光盘: \素材\第21章\母亲节贺卡1.pub	光盘: \效果\第21章\母亲节贺卡1.pub

01 打开"母亲节贺卡1.pub"出版物，在"快捷出版物选项"任务窗格的"版式"栏中选择"提要栏标题，顶部放置图片"选项。

02 即可看到页面的版式已经改变。如果读者看不到页面变化，可将图片叠放层次设置为"置于底层"即可看到页面的变化。

21.3.2 设计出版物配色方案

每个出版物中都会包括标题、正文、图案等对象。初级设计人员常常会为这些对象的颜色搭配犯难。在 Publisher 中系统为用户提供了数十种配色的方案，帮助用户填制出漂亮的出版物。

如果您对这些颜色不满意，还可以自定义出自己喜爱的配色方案。

1．使用 Publisher 为我们提供的配色方案

Publisher 为我们出版物的标题、正文、图片、底纹等设计了成套的颜色，我们可以根据主题的感觉进行选择。下面我们就为"好味饭店菜谱"出版物选择配色方案。

素材	效果
光盘：\素材\第21章\好味饭店菜谱.pub	光盘：\效果\第21章\好味饭店菜谱.pub

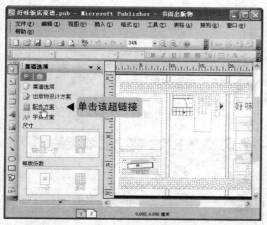

01 打开"好味饭店菜谱.pub"出版物，单击"菜谱选项"任务窗格中的"配色方案"超链接。

02 在"配色方案"任务窗格的"应用配色方案"栏中选择需要的配色方案，这里选择"潮汐"选项，即可看到出版物应用的配色方案效果。

2．自定义配色方案

如果系统提供的配色方案还不能满足用户需要，用户也可以自定义配色方案。下面我们就为"好味饭店菜谱"出版物自定义配色方案。

素材	效果
光盘：\素材\第21章\好味饭店菜谱.pub	光盘：\效果\第21章\好味饭店菜谱1.pub

01 打开"好味饭店菜谱.pub"出版物，单击"菜谱选项"任务窗格中的"配色方案"超链接。

提示
Attention

在 Publisher 中配色方案是针对不同的样式进行设置的，如果将对象粘贴到另一个出版物中，对象将使用另一个出版物的配色方案。如果想保持不变，需要选中该对象，再以一种非方案颜色对其进行填充。

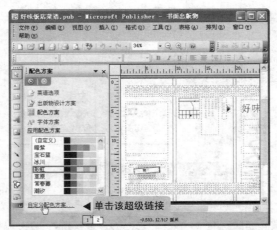

02 在"配色方案"任务窗格中单击"自定义配色方案"超链接。

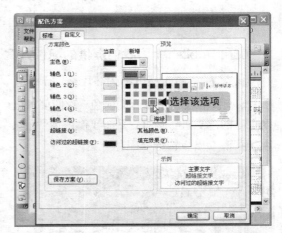

03 打开"配色方案"对话框,选择"自定义"选项卡,在"辅色1"下拉列表框中单击下拉按钮,在弹出的列表中选择"海绿"选项。

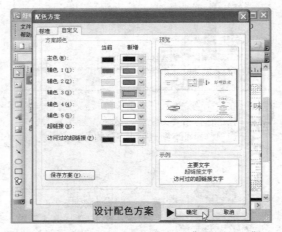

04 按照相同的方法将"辅色2"设置为"粉红",将"辅色3"设置为"鲜绿",单击"确定"按钮。

05 回到Publisher中可以看到出版物的颜色已经发生改变。

21.3.3 设计出版物字体方案

与配色方案类似,在 Publisher 中还提供了出版物字体的设计方案。在 Word 中我们已经了解了样式的使用,这里的字体方案也与之类似,一个方案中包含了字体的多方面格式。直接应用可减少很多工作量。

素材	效果
光盘:\素材\第21章\好味饭店菜谱.pub	光盘:\效果\第21章\好味饭店菜谱2.pub

提示
Attention

如果出版物中包含一些既不在电脑上,也没有在出版物中嵌入的字体(字体嵌入:将字体插入到出版物中。在嵌入字体后,该信息就成为出版物的一部分),Windows 操作系统会为丢失的字体提供默认的替换字体。在 Publisher 中就可以设置选项,使用电脑上的其他字体临时或永久替换出版物中所使用的丢失的字体。

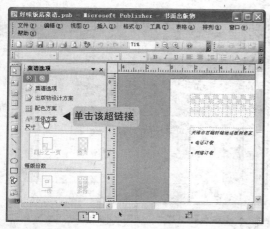

01 在"菜谱选项"任务窗格中单击"字体方案"超链接。

02 在"字体方案"任务窗格的"应用字体方案"栏中选择需要的字体方案,这里选择"基础"选项,即可看到右侧出版物中的字体样式已改变。

21.4 为出版物添加多彩的元素

单一的文字如何满足人们需求,还是为出版物添加些其他的元素吧

　　出版物设计成形后,我们就可以为出版物添加具体的内容,如添加文字、插入图片等,使出版物表达的内容更加丰富多彩。

21.4.1 添加文字

　　在 Publisher 中添加文字的方法与在 Word 中绘制文本框的方法相似,但 Publisher 中的文本框的功能比 Word 更加强大,它可以把两页间的文本框联系起来方便用户操作。

光盘文件
CD

素材	效果
光盘:\素材\第21章\百合花的栽培.pub	光盘:\效果\第21章\百合花的栽培.pub

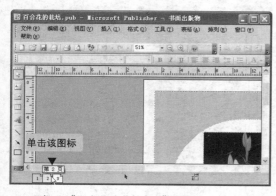

01 打开"百合花的栽培.pub"出版物,单击"第2页"图标。

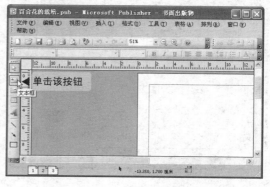

02 在左侧的工具栏中单击"文本框"按钮。

03 将鼠标移动到空白页中拖动出一个与页面大小相同的文本框。

04 在文本框中单击，即可将插入点定位在文本框中。

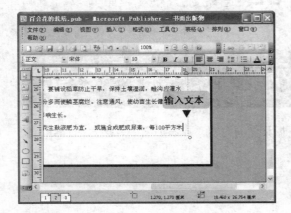

05 按照在Word中输入文字的方法，在插入点位置输入文字。

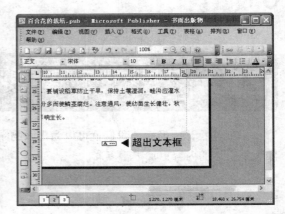

06 当输入到出现 [A ···] 标志时，说明当前文本框已经装不下了，还需要在新的页面建立文本框才行。

07 单击"第3页"图标，在该空白页中绘制一个新的文本框。

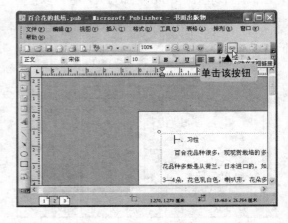

08 切换到第2页，将插入点定位在其中，单击"连接文本框"工具栏中的"创建文本框链接"按钮 [图标] 。

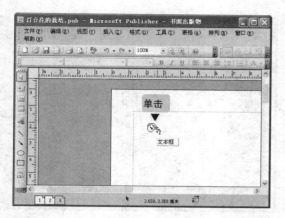

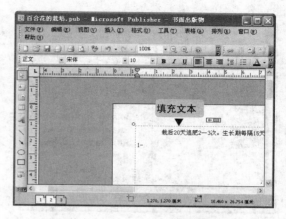

09 此时光标变为🖑，切换到第3页，将光标移动到文本框内，当光标变为🖑后，单击。

10 即可将上个文本框中装不下的文本装入另一个文本框中。

提示
Attention

在使用 Publisher 时，有时在超出文本框范围时将出现提示信息，询问用户是否创建一个包含有链接文本框的空白页面。如果用户第一次选择了"否"，则都需要手动添加页面。

断开文本框之间的链接

技巧
Skill

如果要将两个文本框之间的链接断开，只需要在设置链接的页面（如上例中的第 2 页）中单击"连接文本框"工具栏中的"断开向前链接"按钮即可。

21.4.2　插入图片

在 Publisher 中可以像在 Word 中一样插入 Office 自带的剪贴画，也可插入来自电脑中的图片文件，还可以利用自选图片改变图片的形状。下面我们就为"百合花的栽培 1"出版物插入图片。

光盘文件
CD

素材	效果
光盘：\素材\第21章\百合花的栽培 1.pub	光盘：\效果\第21章\百合花的栽培 1.pub

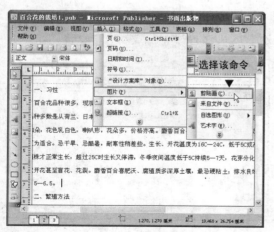

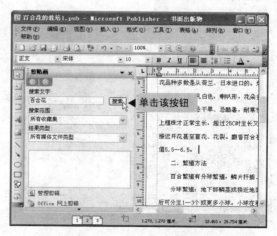

01 打开"百合花的栽培 1.pub"出版物，切换到第 2 页，选择"插入"→"图片"→"剪贴画"命令。

02 在"剪贴画"任务窗格中的"搜索文字"文本框中输入"百合花"文本，单击"搜索"按钮。

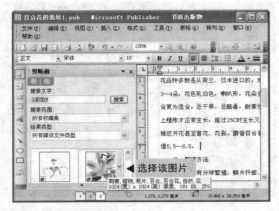

03 在搜索出的图片中选择需要的图片，这里选择"刺青"图片。

04 所选图片即出现在出版物中，将鼠标光标移动到图片的边缘，按住鼠标左键拖动，调整图片的大小。

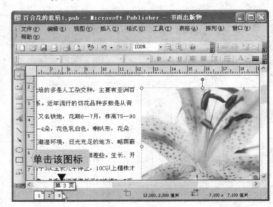

05 将鼠标光标移动到图片上，按住鼠标左键，将图片拖动到需要的位置。

06 单击任务窗格右侧的"关闭"按钮✕，关闭任务窗格，单击"第3页"图标，切换到第3页。

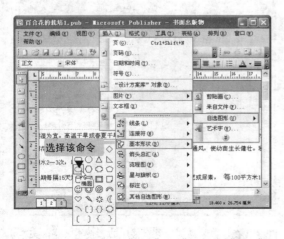

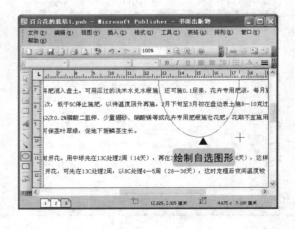

07 选择"插入"→"图片"→"自选图片"→"基本形状"→"椭圆"命令。

08 在第3页的页面上拖动鼠标，绘制出一个椭圆。

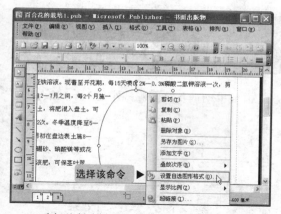

09 选择绘制的椭圆后右击，在弹出的快捷菜单中选择"设置自选图形格式"命令。

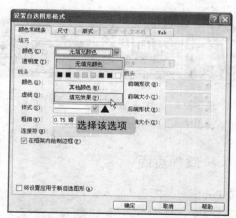

10 打开"设置自选图形格式"对话框，单击"颜色"下拉列表框中的下拉按钮✓，在下拉列表框中选择"填充效果"选项。

11 打开"填充效果"对话框，选择"图片"选项卡，单击"选择图片"按钮。

12 打开"选择图片"对话框，在"查找范围"下拉列表框中选择图片的保存位置，在列表框中选择图片，然后单击"插入"按钮。

13 回到"填充效果"对话框，单击"确定"按钮。

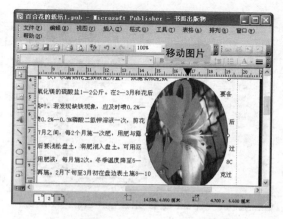

14 在"百合花的栽培1"出版物中即可插入一张椭圆形的图片。

21.5 页面设计
添加页面、页眉和页脚

在 Publisher 中不会像 Word 一样自动添加页面，需要手动插入页面。另外在 Publisher 中也可以像 Word 中一样插入页眉和页脚。

21.5.1 添加页面

在 Publisher 中可以插入空白的页，也可以插入包含文本框的页，还可以插入与当前页拥有相同内容的页。下面我们就为"母新节贺卡"出版物添加一个空白页。

光盘文件 CD

素材	效果
光盘：\素材\第21章\ 母亲节贺卡.pub	光盘：\效果\第21章\ 母亲节贺卡2.pub

01 打开"母亲节贺卡.pub"出版物，选择"插入"→"页"命令。

02 打开"插入页面"对话框，在"新页面的数量"文本框中输入"1"，选中"当前页之后"单选按钮，再选中"插入空白页"单选按钮，然后单击"确定"按钮。

03 此时即可看到一个新的空白页面。

技巧 Skill

插入页

在 Publisher 状态栏中需要在其后方插入页的页码图标上右击，在弹出的快捷菜单中选择"插入页"命令，可打开"插入页面"对话框，选择插入页的类型以插入新的页。

21.5.2　插入页眉和页脚

在 Publisher 中插入页眉和页脚的方法与 Word 类似。下面我们就为"百合花的栽培 2"出版物插入页眉和页脚。

光盘文件
CD

素材	效果
光盘：\素材\第21章\ 百合花的栽培2.pub	光盘：\效果\第21章\ 百合花的栽培2.pub

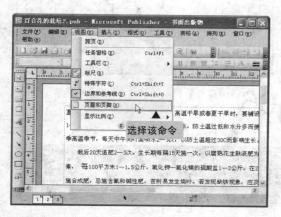

01 打开"百合花的栽培2.pub"出版物，选择"视图"→"页眉和页脚"命令。

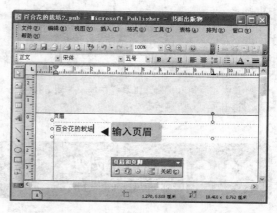

02 进入页眉和页脚视图，在"页眉"文本框中输入"百合花的栽培"文本。

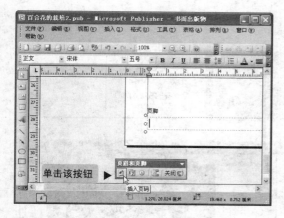

03 将插入点定位在"页脚"文本框中，单击"页眉和页脚"工具栏中的"插入页码"按钮。

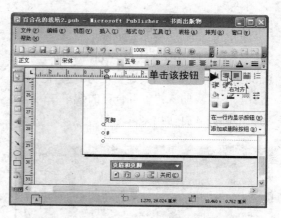

04 单击"格式"工具栏中的"右对齐"按钮，使页码在页面右对齐。

技巧
Skill

插入双页不同的页眉和页脚

在Publisher中选择"视图"→"母版页"命令，再选择"视图"→"页眉和页脚"命令，然后在出现的"页眉和页脚"工具栏中单击"更改单页/双页"按钮。此时母版变为两页，用户即可制作出两页内容不相同的页眉和页脚。制作完成后，单击 "页眉和页脚"工具栏中的"关闭"按钮可退出页眉和页脚状态。单击"关闭母版视图"按钮即可退出母版状态。

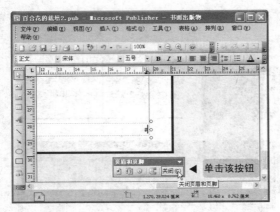

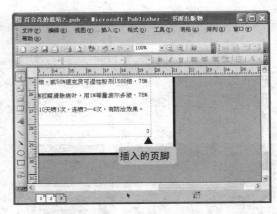

05 单击"页眉和页脚"工具栏中的"关闭"按钮退出页眉和页脚状态。

06 此时即可看到在页眉和页脚添加的内容。

21.6 | 分享出版物
将出版物打印或发送出去分享给大家

制作完成的出版物常常需要拿给其他人分享。我们可以使用打印装订成册的方法，也可使用电子邮件发送的方式发送给其他人。

21.6.1 打印出版物

打印出版物的方法与 Word 相同，不过 Publisher 可以按书两页连打的方式打印，方便装订。下面我们就将"百合花的栽培 3"出版物按书的方式打印出来。

素材
光盘：\素材第21 章\
百合花的栽培 3.pub

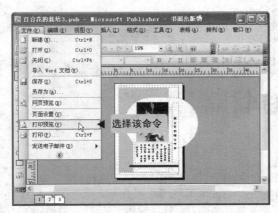

01 打开"百合花的栽培3.pub"出版物，选择"文件"→"打印预览"命令。

02 单击工具栏中的"更改页面顺序"按钮。

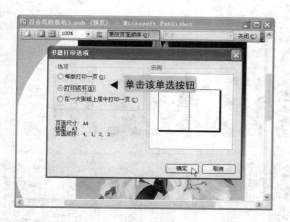

03 打开"书籍打印选项"对话框，选中"打印成书"单选按钮，单击"确定"按钮。

04 单击"打印"工具栏中的"打印"按钮即可将出版物打印出来。

21.6.2　用电子邮件发送出版物

　　在 Office 中很多组件是可以相通的，例如 Publisher 可以利用 Outlook 将制作完成的出版物用邮件或以附件形式发送给用户。下面我们将"百合花的栽培 3"出版物用邮件的形式发送出去。

素材

光盘：\素材\第21章\
百合花的栽培3.pub

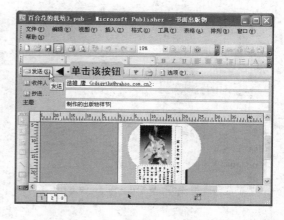

01 打开"百合花的栽培3.pub"出版物，选择"文件"→"发送电子邮件"→"以邮件形式发送此页"命令。

02 在"收件人"文本框中输入收件人的电子邮件地址，在"主题"文本框中输入邮件标题，单击"发送"按钮即可将邮件发送出去。

Chapter 22

OneNote笔记本使用

虽然电脑已经融入了我们的生活，但在工作中常常还需要一个笔记本将自己一些想法记录下来，在开会的时候对一些工作要点进行记录。在 Office 组件中就有一个 OneNote 笔记本组件，有了它，我们就可以抛弃传统的笔记本，真正实现电脑办公。

本章要点：

认识OneNote
设置我的笔记本
记笔记

知识等级：

Office高级使用者

建议学时：

100分钟

参考图例：

技巧
特别方法，特别介绍
提示
专家提醒注意
问答
读者品评提问，作者实时解答

22.1 | 认识 OneNote

了解 OneNote 的特性，熟悉它的操作界面

下图所示为我们常见的三孔活页夹：我们将信息存储在页和子页中，而分区和文件夹则是将页信息进行分类管理，所有的内容装订起来就形成了三孔活页夹。

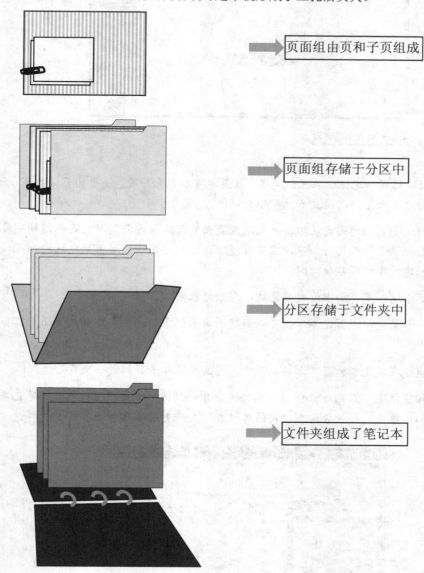

页面组由页和子页组成

页面组存储于分区中

分区存储于文件夹中

文件夹组成了笔记本

Microsoft Office OneNote 是一个方便易用的记笔记的程序，该程序的操作界面如下图所示，使用它就像在纸上记录笔记一样方便。用户可以像使用普通笔记本或三孔活页夹一样使用它记录和组织笔记，还可以使用三孔活页夹中特有的文件夹、分区和页等组织元素。

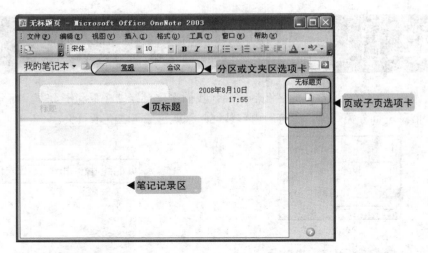

■OneNote 操作界面

◆ **页**: 由页标题和笔记记录区域构成。在页中可以包含子页。通过为页添加多个子页，可以创建页面组，以便更好地整理笔记。

◆ **页标题**: 是页上的固定区域，无须滚动页面即可方便地看到写入页标题的项目。例如，在会议上做笔记时，可以在页标题上记录交办事项。页标题包括标题区域，并包含创建该页的日期和时间。

◆ **笔记记录区**: 是页面中最大的区域，用于记录笔记。

◆ **子页**: 如果笔记一页记不下，可以新建子页来记录。子页是附加的页面，其页选项卡较小。

◆ **页面组**: 在笔记本的页下方插入子页，则该页及其子页构成一个页面组。

◆ **分区和文件夹**: 在 OneNote 中，文档窗口顶部的选项卡表示当前打开的笔记本中的分区和文件夹。每一分区在"我的笔记本"文件夹中保存为一个.one 文件。

■躲藏在电脑中的文件夹和分区

用户可使用 OneNote 的新建功能创建文件夹，但创建的文件夹实际上将作为子文件夹存储于"我的笔记本"文件夹中。新建的文件夹可用于在笔记本中组织分区。例如，用户可以创建一个文件夹来存储笔记中所有已归档的分区，以便与正在使用的分区相区分。文件夹选项卡上会显示一个文件夹图标以便与其他分区选项卡进行区分。

22.2 | OneNote 的设置和操作
设置出具有个性的笔记本，掌握它的基本操作

俗语说，磨刀不误砍柴功。所以我们在认识了 OneNote 之后，我们并不急于立刻使用它来记笔记，而是学习一些 OneNote 的基本操作和设置，以便我们在日后的工作中使用起来更加得心应手。

22.2.1 设置我的个性笔记本

每一个 Office 组件中都有一个"选项"对话框用来方便用户进行设置操作，OneNote 也不例外。通过它，我们可以将 OneNote 设置出自己的个性。下面我们就以设置笔记的保存位置为例讲解如何在"选项"对话框中设置笔记本。

01 选择"开始"→"所有程序"→"Microsoft Office"→"Microsoft Office OnetNote2003"命令，启动 OneNote，选择"工具"→"选项"命令。

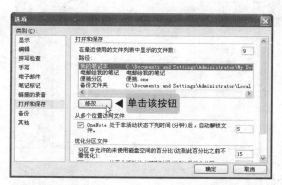

02 打开"选项"对话框，选择"打开和保存"选项，在右侧的"路径"列表框中选择"我的笔记本"选项，单击"修改"按钮。

03 打开"选择文件夹"对话框，选择放笔记本的文件夹，单击"选择"按钮。

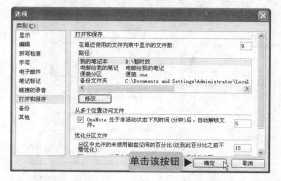

04 回到"选项"对话框，单击"确定"按钮，完成设置。

提示
Attention

为了方便用户操作，用户在 OneNote 中是不需要进行保存操作的，系统将自动将笔记保存到"我的文档"文件夹中，为了减小系统盘的压力，所以我们需要更改默认的笔记本保存位置。

22.2.2　灵活操作分区和文件夹

下面我们就来学习分区和文件夹的新建、打开和关闭等基本操作，这能使我们更加方便地管理笔记。

1．创建分区和文件夹

在 OneNote 中创建的文件夹都是"我的笔记本"文件夹中的子文件夹，在文件夹下还可以创建分区使笔记更好归类。下面我们就在 OneNote 中创建一个"销售"文件夹，并在其中创建一个"9 月"的分区。

01 启动OneNote后，选择"文件"→"新建"命令。

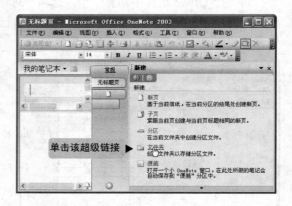

02 打开"新建"任务窗格，单击"文件夹"超链接。

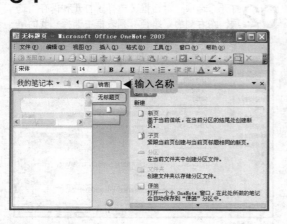

03 在出现的文件夹选项卡中输入文件夹名称"销售"文本。

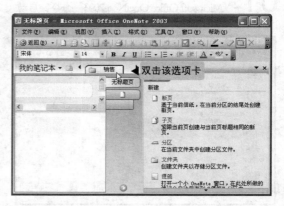

04 双击前面新建的"销售"选项卡。

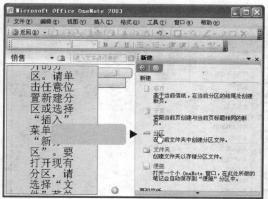

05 在"新建"任务窗格中单击"分区"超链接。

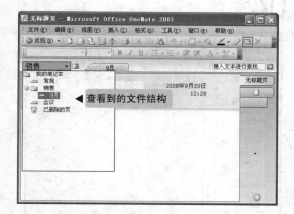

◄ 查看到的文件结构

06 在出现的文件夹选项卡中输入分区名称"9月"文本。

07 完成新建工作后，单击任务窗格的"关闭"按钮✕，关闭任务窗格。单击OneNote操作界面中的"销售"下拉按钮 销售 ▼，在弹出的下拉列表中我们可以看到在"我的笔记本"文件夹下的内容。

提示
Attention

如果没有双击"销售"选项卡就进行新建分区操作，则新建的分区是保存在"我的笔记本"文件夹中的，而不是保存在"销售"文件夹中。

2. 关闭和打开分区或文件夹

为了节省电脑资源，需要关闭不需要的分区或文件夹；为了将笔记分到需要的类中需要打开分区或文件夹。下面我们就关闭前面创建的文件夹和分区，再将文件夹和"常规"分区打开。

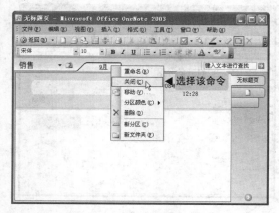

◄ 选择该命令

01 右击"9月"选项卡，在弹出的快捷菜单中选择"关闭"命令，将其关闭。

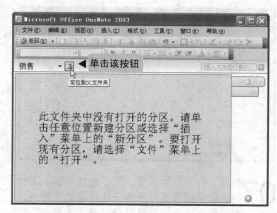

◄ 单击该按钮

此文件夹中没有打开的分区。请单击任意位置新建分区或选择"插入"菜单上的"新分区"。要打开现有分区，请选择"文件"菜单上的"打开"。

02 单击"定位到父文件夹"按钮，回到上一级文件夹。

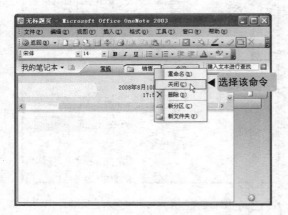

03 右击"销售"选项卡,在弹出的快捷菜单中选择"关闭"命令。

04 选择"文件"→"打开"→"文件夹"命令。

05 打开"打开文件夹"对话框,在"查找范围"下拉列表框中选择要打开的文件夹所在的位置,在列表框中选择需要打开的文件夹,单击"打开"按钮。

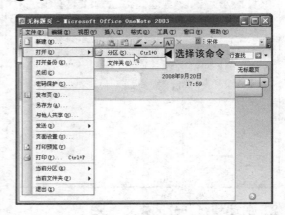

06 选择的文件夹已经被打开。选择"文件"→"打开"→"分区"命令。

07 打开"打开"对话框,在"查找范围"下拉列表框中选择要打开的分区所在的文件夹,在列表框中选择需要打开的分区,单击"打开"按钮。

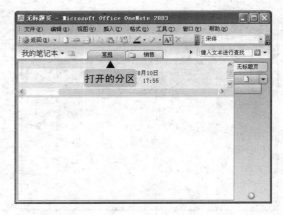

08 即可看到分区已经被打开。

3. 移动分区和文件夹

在整理笔记时，常常需要将一些分区和文件夹进行移动操作。下面我们就将"9月"的分区移动至"天星公司"文件夹中，再将"销售"文件夹移动到"天星公司"文件夹中。

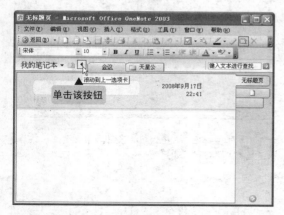

01 启动OneNote后，如果看不到"销售"选项卡，可单击◀按钮滚动显示被隐藏的选项卡。

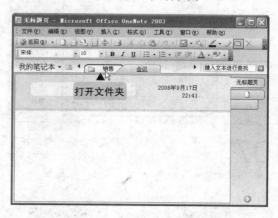

02 选择"销售"选项卡，打开"销售"文件夹。

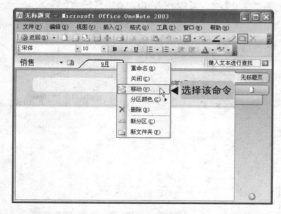

03 在"9月"选项卡上右击，在弹出的快捷菜单中选择"移动"命令。

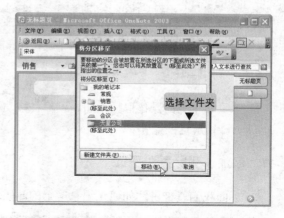

04 打开"将分区移动至"对话框，在"将分区移至"列表框中选择目标文件夹"天星公司"，单击"移动"按钮。

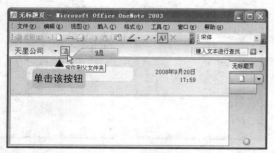

05 可以看到"9月"分区已被移动。单击"定位到父文件夹"按钮，回到上一级文件夹。

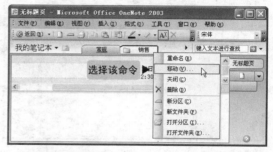

06 在"销售"选项卡上右击，在弹出的快捷菜单中选择"移动"命令。

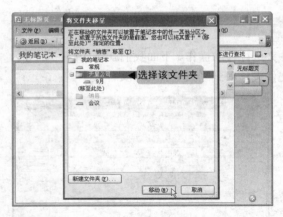

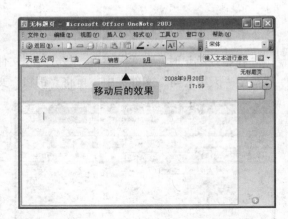

07 打开"将文件夹移至"对话框，在"将文件夹'销售'移至"列表框中选择目标文件夹"天星公司"，单击"移动"按钮。

08 可看到在"天星公司"文件夹下拥有了"销售"文件夹和"9月"分区。

读者提问
Q+A

Q：为什么我的 OneNote 中的"文件"→"打开"命令没有下级菜单，也不能对文件夹进行移动操作？

A：出现 OneNote 功能不全多是安装不完全构成的，可以到 Microsoft 官方网站下载补丁 OneNote2003SP3-KB923633-FullFile-CHS.exe。

22.2.3 轻松操作页和子页

对页和子页的操作包括添加、删除、移动，以及更改页和子页中的日期和时间等。下面我们就一一讲解这些操作。

1. 添加、删除页和子页

下面我们就来讲解如何在记录笔记的时候进行添加或删除页和子页的操作。

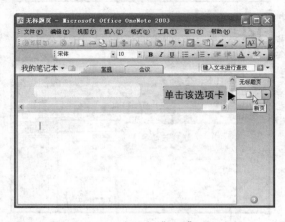

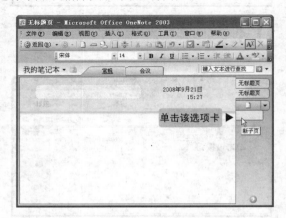

01 在OneNote界面中单击"新页"选项卡。

02 即可添加一个页面。单击"新子页"选项卡。

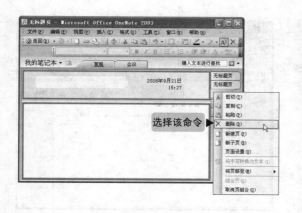

03 即可添加一个子页面。在页的选项卡上右击，在弹出的快捷菜单中选择"删除"命令。

04 即可删除页面。

技巧
Skill

添加有样式的页

打开"新建"任务窗格，单击"基于信纸新建"超链接，在打开的"信纸"任务窗格中选择需要的样式，即可在当前分区中新建出有样式的页。

2. 为页命名

添加的页都是以"无标题页"命名的，这让我们无法分辨它们，所以我们需要为页命名。为页命名的方法很简单，就是在"页标题"栏中输入页的标题就行了。

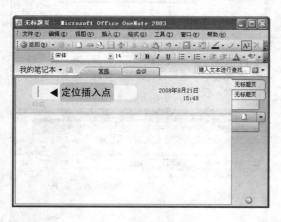

01 将插入点定位在"页标题"栏中。

02 输入页标题，此时可以看见页选项卡上的名称已经改变，标题栏也已经改变。

3. 移动页和子页

将笔记整理归类时常常需要对页或子页进行移动。移动时要注意，因为一个分区是一个.one文件，所以在同一分区和不同分区中的操作方法并不相同。

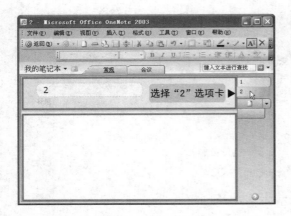

01 在OneNote界面中选择"2"选项卡，可看到页被选中。

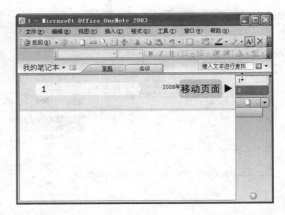

02 按住鼠标左键上下拖动，此时光标变为↕形状，当显示一个表明页所在位置的小三角形已移动到目标位置，释放鼠标左键。

03 即可看见选择的"2"选项卡已被移动到"1"页面之上了。选择"2"选项卡，在"2"选项卡上右击，在弹出的快捷菜单中选择"将页移至"→"其他分区"命令。

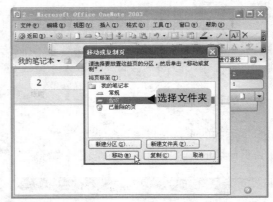

04 打开"移动或复制页"对话框，在"将页移至"列表框中选择目标分区"会议"选项，单击"移动"按钮。

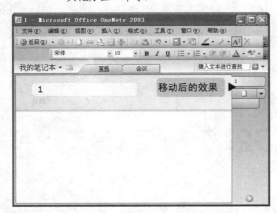

05 即可看到，在"常规"分区中"2"选项卡已经不见了。

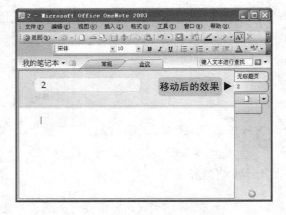

06 在"会议"分区中多了一个"2"选项卡。

在"移动或复制页"对话框中单击"复制"按钮，即可在目标分区中创建一个与选择页相同的页面；单击"新建分区"或"新建文件夹"按钮，则是新建一个分区或文件夹来容纳移动的页。

4. 更改页和子页中的日期和时间

在页的标题栏右侧记录了页的创建日期与时间，它是由创建页的电脑时间自动生成的。如果需要更改，则只需要轻轻单击几下就行了。

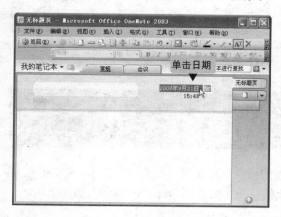

01 将鼠标光标移动到日期中单击，则在日期的右侧出现一个▦按钮。

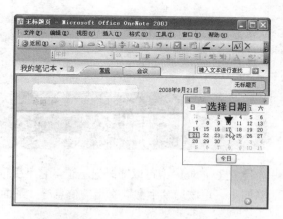

02 单击▦按钮，在弹出的日历中选择需要的日期。

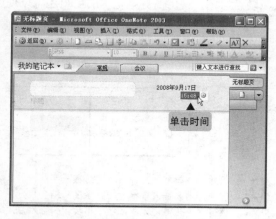

03 将鼠标光标移动到时间中单击，则在日期的右侧出现一个◷按钮。

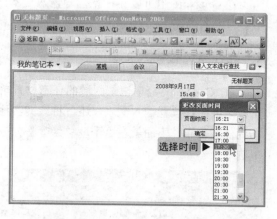

04 打开"更改页面时间"对话框，在"页面时间"下拉列表框中选择需要显示的时间。

快速输入电脑当前时间

单击▦按钮，在弹出的日历中单击"今日"按钮，即可输入电脑当前的日期；打开的"更改页面时间"对话框默认"页面时间"下拉列表框中显示的是电脑当前时间，直接单击"确定"按钮即可输入电脑当前时间。

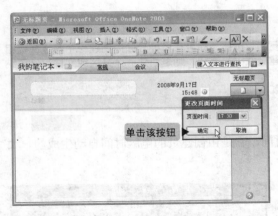

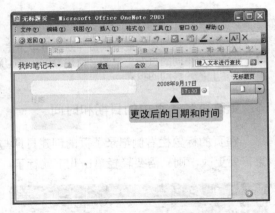

05 单击"确定"按钮。

06 回到页面中可看到已被更改的日期和时间。

22.3 记笔记
使用 OneNote 可以用多种方式记笔记

在 OneNote 中可以随时记笔记，它不受位置的限制，可在页面随意输入文本、绘图；可以从网上、电脑屏幕中截取有用的信息等。下面我们就一一来见识 OneNote 的强大功能吧。

22.3.1 输入信息

在 OneNote 中可以在任意位置输入文本，可以随意绘图，使用商务笔记本的用户还可以使用手写输入功能。

1. 在任意位置输入文本

在 OneNote 笔记记录区域的任意位置单击，即可在该位置输入文本，还可将该文本移动到任意位置。下面就在"季度总结会"分区中输入文本。

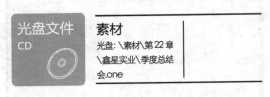

素材
光盘：\素材\第22章
\鑫星实业\季度总结
会.one

01 打开"第22章"文件夹下的"鑫星实业"的文件夹，则文件夹中惟一的"季度总结会"分区被打开。在笔记记录区域中单击，将插入点定位在其中。

提示
Attention

如果用户直接打开非默认位置的分区，则打开的是该分区的快捷方式。如果用户在某处（非默认位置）保存一个分区，OneNote 将新建一个"其他笔记"文件夹来管理该分区。

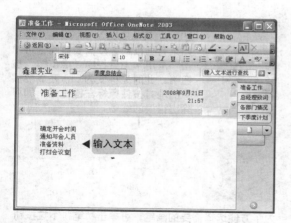

02 输入文本。

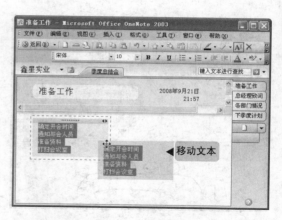

03 将光标移动到文本的上方将出现一个灰色的区域，按住鼠标左键拖动。

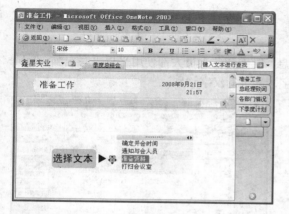

04 文本将被整体移动到其他位置。将鼠标光标移动到文本前方，单击将选中该行。

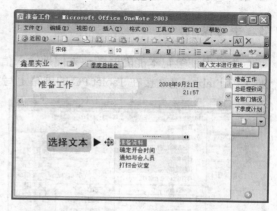

05 按住鼠标左键向上拖动，将移动选中的文本段的位置。

2．绘图

　　用户可以在 OneNote 中使用鼠标绘制出需要的图形、标志等。下面就接着在"季度总结会"分区中绘制会议室布置草图。

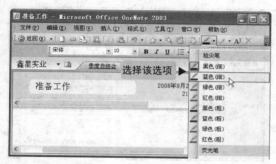

01 单击"常用"工具栏"笔"下拉按钮，在弹出的列表中选择需要的笔。

02 将光标移动到笔记记录区，可看到光标变为了墨迹。

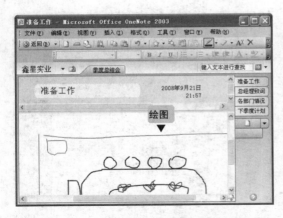

擦除画错的线条

技巧
Skill

如果有画错的线条需要擦除，可单击"常用"工具栏中"橡皮擦"按钮。此时光标变为□，在需要擦除的地方按住鼠标左键拖动，即可除出错误的线条。

提示
Attention

03 按住鼠标左键拖动即可绘制出线条。选择不同的笔绘制出会议室布置草图。

为了方便选择需要的画笔，可单击"笔"下拉按钮，在弹出的列表中选择"显示'笔'工具栏"选项，在 OneNote 界面的左侧将出现"笔"工具栏。

3．手写输入

为了保证笔记本能随时随地方便地输入信息，对于商务人员大都使用平板手写电脑（Table PC），用 tablet 笔直接在 Tablet PC 的屏幕上写字，并进行汉字识别。

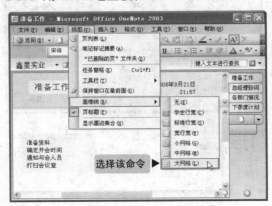

01 将输入法切换到中文，选择"视图"→"基准线"→"大网格"命令。

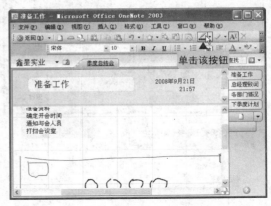

02 单击"常用"工具栏中的"笔"按钮，在弹出的列表中选择需要的笔样式。

03 在网格中输入手写的汉字，再单击"常用"工具栏中的"键入/选择工具"按钮。

04 拖动鼠标框选输入的汉字，选择"工具"→"将所选墨迹视为"→"手写"命令。

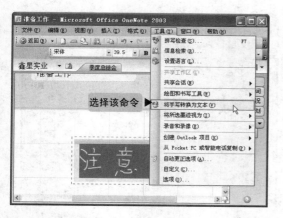

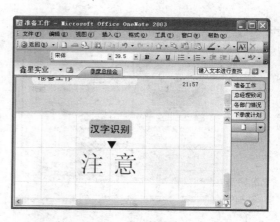

05 单击出现的灰色区域，选择"工具"→"将手写转换为文本"命令。

06 手写的文本即被转换为汉字。

Q：为什么我输入的汉字无法进行识别呢？

A：输入的汉字无法识别的原因很多。第一，确认你使用的是手写平板电脑；第二，确认输入法是中文状态，如果是英文状态，它会识别为英文；第三，需要按照网格提供的格子，一个格子一个字输入，不能跨格；第四，如果上述操作都是正确的，请再次选择一下输入的汉字，确认已经出现灰色区域。

22.3.2　收集信息

使用 OneNote 可以随时随地收集信息，可以从网页中获取图片、文字、链接；可以从屏幕中截取信息；还可以进行录音等。

1．从网页中收集信息

为了方便用户快速收集信息，可以将 OneNote 缩小成一个便笺，将网页中信息拖动到页面中。下面我们就将找到的饮水机维修的信息拖动到页面中。

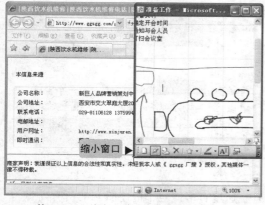

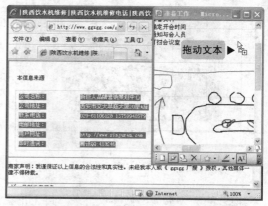

01 将OneNote的窗口缩小，当缩到足够小的时候将变成一个便笺浮在其他窗口上方。

02 选择需要的信息，按住鼠标左键向OneNote拖动。

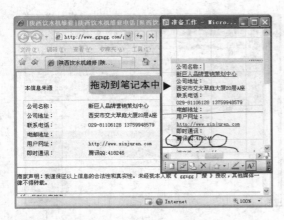
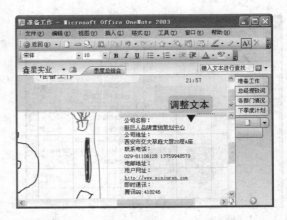

03 释放鼠标左键，选择的文件即被拖动到OneNote中。

04 将OneNote窗口恢复到原来的大小，调整收集的信息。

2. 截取屏幕信息

OneNote 提供了抓屏功能，可以轻松地从屏幕中抓取需要的信息。下面我们就使用截取屏幕信息的方法将会议室的图片插入到页面中。

01 右击任务栏中的 图标，在弹出的快捷菜单中选择"创建屏幕剪辑"命令。

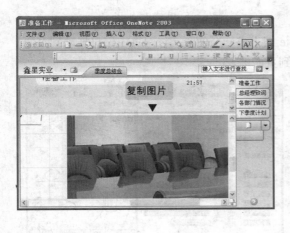

02 此时屏幕出现一层白色，在需要截取信息的位置按住鼠标左键拖动，选中需要截取的区域。

03 释放鼠标后，OneNote将自动新建一个窗口，窗口里面有刚才截取的图片。回到需要插入截取图片的窗口，按【Crtl+V】组合键将图片信息复制到其中。

3. 录音

很多的会议都需要做会议记录，可无论我们的打字速度有多快也不能将听到的所有内容一一记录。OneNote 提供了录音功能，可以很轻松地将内容全部记录下来。

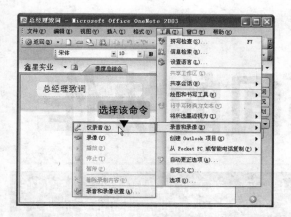

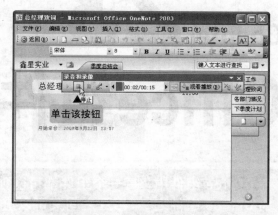

01 选择"工具"→"录音和录像"→"仅录音"命令。

02 即可开始录音，需要停止录音时单击"停止"按钮。

技巧
Skill

播放录音

选择页面中的录音文件，单击"录音和录像"工具栏中的"播放"按钮，或选择"工具"→"录音和录像"→"播放"命令即可播放录音文件。

光盘文件
CD

效果

光盘: \效果\第22章\
鑫星实业\季度总结
会.one

Chapter **23**

Office组件间的协作

在 Office 组件中，每一个组件都可以独挡一面，在工作中发挥奇效。而它们作为 Office 组件之一，相互之间又可以进行资源共享，从而使各自功能更加强大。

本章要点：

Word与其他组件的协作
Excel与其他组件的协作
PowerPoint与其他组件的协作
其他组件之间的协作

知识等级：

Office高级使用者

建议学时：

90分钟

参考图例：

技巧
特别方法，特别介绍
提示
专家提醒注意
问答
读者品评提问，作者实时解答

23.1 Word 与其他组件的协作

Word 与 Excel、PowerPoint 等组件的协作

在 Word 中可以插入 Excel 工作簿、PowerPoint 幻灯片等文件，使文档的内容更加丰富出彩。

23.1.1 Word 与 Excel 协同工作

Excel 是处理数据的高手，可以轻松执行计算、分析并管理等操作，而 Word 则是处理文字的高手，可以轻松创建和编辑信件、报告、网页和电子邮件中的文本和图形，两者联合在一起可使文字和数据的处理更加轻松。

光盘文件 CD	素材	效果
	光盘：\素材\第23章\ 校长述职报告.doc、 三元学校情况.xls	光盘：\效果\第23章\ 校长述职报告.doc

下面我们就在"校长述职报告"文档中插入 Excel 工作簿。

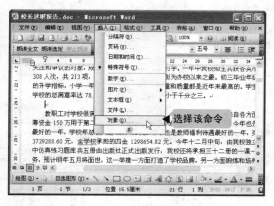

01 打开"校长述职报告"文档，将插入点定位在需要插入工作簿的位置，选择"插入"→"对象"命令。

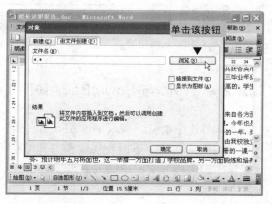

02 打开"对象"对话框，在"由文件创建"选项卡下单击"浏览"按钮。

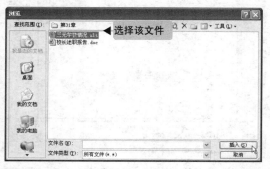

03 打开"浏览"对话框，在"查找范围"下拉列表框中选择工作簿所在的位置，在列表框中选中工作簿，单击"插入"按钮。

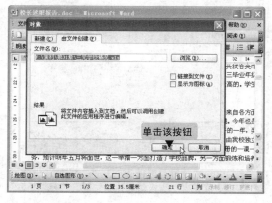

04 回到"对象"对话框，单击"确定"按钮。

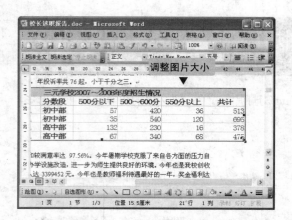

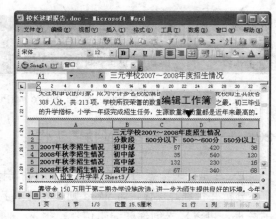

05 即可看到工作簿以图片的形式插入到文档中。使用调整图片的方法调整图片的大小。

06 双击插入的工作簿，即可进入Excel中对工作簿内容进行编辑。

技巧
Skill

在 Word 中插入 Excel 工作表

在编辑 Word 文档时，如果需要插入 Excel 工作表，可单击"常用"工具栏中的"插入 Microsoft Excel 工作表"按钮，在弹出的列表框中选择表格的格数，即可在插入点位置插入 Excel 工作表。双击工作表，即可进入 Excel 工作表中进行编辑。

23.1.2 Word 与 PowerPoint 协同工作

在 Word 中也可以插入 PowerPoint 幻灯片使文档更加丰富。下面我们就在"光能在叶绿体中的转换"文档中插入 PowerPoint 课件。

光盘文件
CD

素材	效果
光盘：\素材\第23章\光能在叶绿体中的转换.doc、课件.ppt	光盘：\效果\第23章\光能在叶绿体中的转换.doc

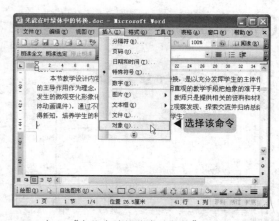

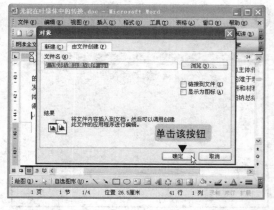

01 打开"光能在叶绿体中的转换"文档，将插入点定位在需要插入幻灯片的位置，选择"插入"→"对象"命令。

02 单击"浏览"按钮，在打开的对话框中选择需要插入的幻灯片文件后，单击"确定"按钮。

03 即可看到幻灯片以图片的形式插入到文档中。使用调整图片的方法调整图片的大小。

04 双击插入的图片，即可进入幻灯片的放映状态进行放映。

23.2 Excel 与其他组件的协作
Excel 与 Word、PowerPoint 的协作

在 Excel 中同样也可以与 Word、PowerPoint 等组件协作，使数据有更多的文本说明和图片内容。

23.2.1 Excel 与 Word 协同工作

在 Excel 中也可以使用"对象"对话框插入 Word 文档。下面我们就在"面试人员名单"工作簿中插入"面试通知"文档。

光盘文件 CD	素材	效果
	光盘：\素材\第23章\面试人员名单.xls、面试通知.doc	光盘：\效果\第23章\面试人员名单.xls

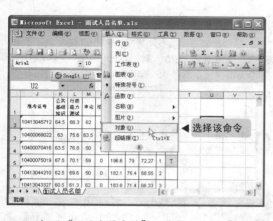

01 打开"面试人员名单"工作簿，选择"插入"→"对象"命令。

02 打开"对象"对话框，选择"由文件创建"选项卡，单击"浏览"按钮。

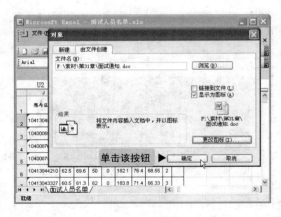

03 打开"浏览"对话框，在"查找范围"下拉列表框中选择文档所在的位置，在列表框中选中文档，单击"插入"按钮。

04 回到"对象"对话框，选中"显示为图标"复选框，单击"确定"按钮。

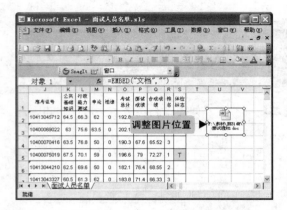

05 即可看到文档以图标的形式插入到文档中。选择图标后拖动鼠标，即可调整图片放置的位置。

06 双击图标即可打开文档。

23.2.2　Excel 与 PowerPoint 协同工作

在 Excel 中还可以使用"对象"对话框插入 PowerPoint 演示文稿。下面我们就在"药品价格调整表"工作簿中插入"部分药物资料图片"演示文稿。

光盘文件
CD

素材	效果
光盘：\素材\第23章\药品价格调整表.xls、部分药物资料图片.ppt	光盘：\效果\第23章\药品价格调整表.xls

01 打开"药品价格调整表"工作簿，选择"插入"→"对象"命令。

提示
Attention

在"对象"对话框中选择"新建"选项卡，在列表框中选择需要新建的文件，即可在工作簿中插入新的 PPT 或 Word 等各种类型文件。

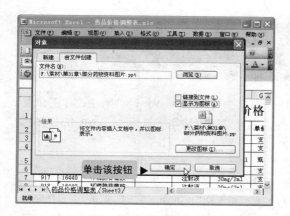

02 单击"浏览"按钮，在打开的对话框中选择需要插入的幻灯片文件后，选中"显示为图标"复选框，单击"确定"按钮。

23.2.3　Excel 与 Access 协同工作

　　Excel 与 Access 同为数据管理软件，只是 Access 精于数据管理分类，Excel 精于数据统计、计算。所以他们两者的数据是可以相互调用的。下面我们就把数据库中的数据引入到工作簿中。

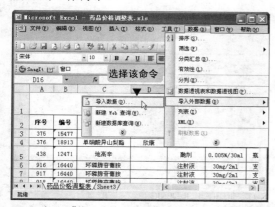

01 打开"药品价格调整表"工作簿，选择"数据"→"导入外部数据"→"导入数据"命令。

03 打开"导入数据"对话框，选择"新建工作表"单选按钮，单击"确定"按钮。

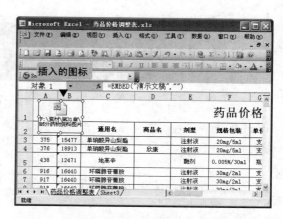

03 即可将演示文稿以图标的形式插入到工作簿中。双击该图标即可放映该演示文稿。

光盘文件 CD	素材	效果
	光盘:\素材\第23章\药品价格调整表.xls、药品信息.mdb	光盘:\素材\第23章\药品价格调整表1.xls

02 打开"选取数据源"对话框，选择"药品信息"数据库，单击"打开"按钮。

04 在工作簿中即可新建一个工作表，其中已经装入了数据库中的数据。

23.3 PowerPoint 与其他组件的协作
PowerPoint 与 Word 协同工作

在 PowerPoint 中也有一个"插入对象"对话框，在其中可以插入 Word 文档、Excel 工作表、Excel 图表等内容，实现与其他组件的协同工作外，还可以通过转换工具将 PowerPoint 演示文稿转换为 Word 文档。

23.3.1 PowerPoint 与 Word 协同工作

在 Excel 中也可以使用"对象"对话框插入 Word 文档、Excel 工作簿等文件。下面我们就以 PowerPoint 在"功"演示文稿中插入"功"文档为例介绍与其他组件协同工作的方法。

光盘文件 CD	素材	效果
	光盘：\素材\第23章\功.ppt、功.doc	光盘：\效果\第23章\功.ppt

01 打开"功"演示文稿，选择"插入"→"对象"命令。

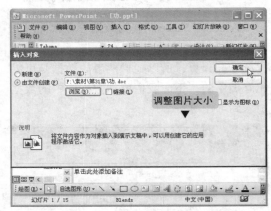

02 选择"由文件创建"单选按钮，单击"浏览"按钮，选择需要插入的文档后，单击"确定"钮。

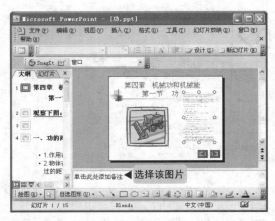

03 即可看到文档以图片的形式插入到PowerPoint文档中。

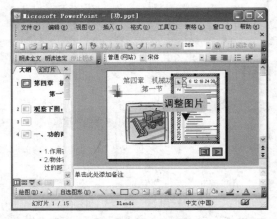

04 双击插入的文档，即可进入Word中对文档内容进行编辑。

23.3.2　将 PowerPoint 转换为 Word 文档

为了方便演讲者演讲,可以将 PowerPoint 演示文稿转换为 Word 文档打印输出。下面我们就将"功"演示文稿转换为 Word 文档。

光盘文件 CD

素材	效果
光盘: \素材\第23章\功.ppt	光盘: \效果\第23章\功.doc

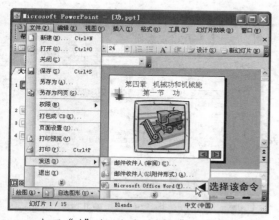

01 打开"功"演示文稿,选择"文件"→"发送"→"Microsoft Office Word"命令。

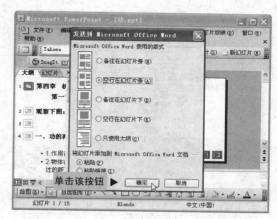

02 打开"发送到Microsoft Office Word"对话框,选择"空行在幻灯片旁"单选按钮,选择Microsoft Office Word使用的版式,再选择"粘贴"单选按钮,最后单击"确定"按钮。

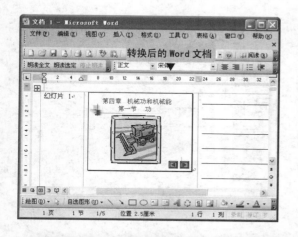

03 即可将PowerPoint演示文稿转换为Word文档。

技巧 Skill

Word 文档转换为 PowerPoint 演示文稿

同样,在 Word 文档中也可选择"文件"→"发送"→"Microsoft Office PowerPoint"命令将文档转换为 PowerPoint 演示文稿。

23.4　Access 与其他组件的协作
Access 与 Word、Excel 协同工作

在 Access 中虽然没有了"插入对象"对话框,无法随心所欲地插入 Word、Excel 和 PowerPoint 文件,但它提供了与 Word 文档发布、与 Excel 调用数据的功能。

23.4.1　Access 与 Word 协同工作

在 Access 中可以将表用 Word 文档的形式发布出来。下面我们就将"药品信息"数据库中的数据发布到 Word 中。

光盘文件 CD	素材 光盘：\素材\第23章\ 药品信息.mdb	效果 光盘：\效果\第23章\ 药品信息.rtf

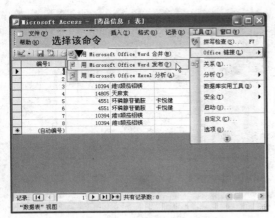

01 打开"药品信息"数据库，选择"工具"→"Office 链接"→"用Microsoft Office Word发布"命令。

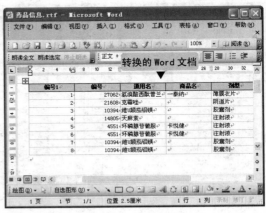

02 即可打开一个Word文档。

读者提问
Q+A

Q：在"工具"→"Office 链接"命令的下级菜单中还有一个"用 Microsoft Office Word 合并"命令，它有什么作用？

A：选择"用 Microsoft Office Word 合并"命令可打开如右图所示的对话框，在其中选择现有的文档或新建文档都可以利用 Access 中的数据与 Word 文档中的邮件合并功能联合在一起，进行邮件合并操作。

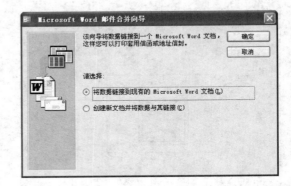

23.4.2　Access 与 Excel 协同工作

前面我们在 Excel 中导入了 Access 中的数据，在 Access 中也可以导入 Excel 中的数据。下面我们就在"人员名单"数据库中导入"面试人员名单"工作簿中的数据。

光盘文件 CD	素材 光盘：\素材\第23章\ 人员名单.mdb、面试 人员名单.xls	效果 光盘：\效果\第23章\ 人员名单.mdb

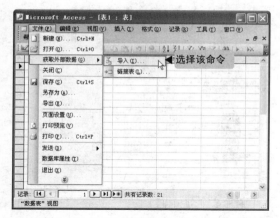

01 打开"人员名单"数据库，双击"通过输入数据创建表"选项，创建一个空白表，选择"文件"→"获取外部数据"→"导入"命令。

02 打开"导入"对话框，在"查找范围"下拉列表框中选择工作簿保存的位置，在列表框中选择"面试人员名单"工作簿，单击"导入"按钮。

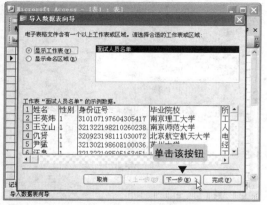

03 打开"导入数据表向导"对话框，选择"显示工作表"单选按钮，再单击"下一步"按钮。

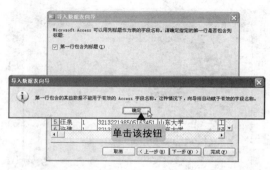

04 在打开的对话框中选中"第一行包含列标题"复选框，在弹出的提示对话框中单击"确定"按钮。

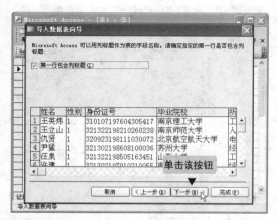

05 回到对话框，单击"下一步"按钮。

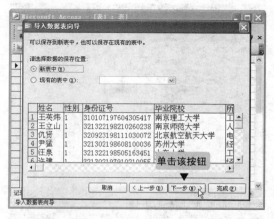

06 在打开的对话框中，选择"新表中"单选按钮，单击"下一步"按钮。

07 在打开的对话框中直接单击"下一步"按钮。

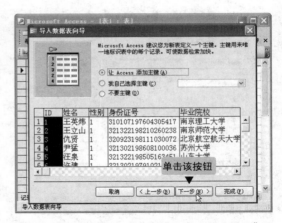

08 在打开的对话框中选择"让Access添加主键"单选按钮，再单击"下一步"按钮。

09 在打开的对话框"导入到表"文本框中输入表的名称"面试人员名单"，单击"完成"按钮。

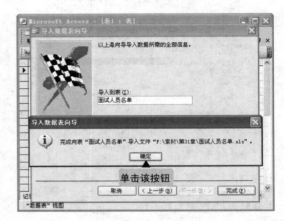

10 在打开的"导入数据表向导"对话框中单击"确定"按钮。

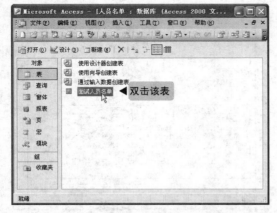

11 在操作界面中即可看到新建了一个"面试人员名单"表，双击表名。

12 即可打开"面试人员名单"表，在其中可以看到工作簿中的数据已经输入到数据库中。

23.5 其他组件之间的协作
了解 OneNote、InfoPath 等组件之间的协作

除了前面所讲的 Word、Excel、PowerPoint 和 Access 常用组件之间联系紧密，其他组件之间的协作也很紧密，在 OneNote 中可以轻松调出 Outlook。

23.5.1 OneNote 与 Outlook 协同工作

在 OneNote 中记笔记的时候就可以轻松地调出 Outlook 的约会、联系人和任务等窗口，对其进行操作，而无须启动 Outlook。

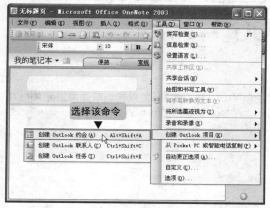

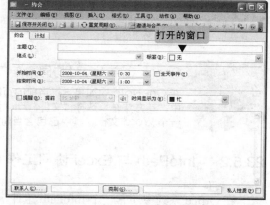

01 启动OneNote后，在记录笔记的过程中如果需要记录会议有关的内容，可选择"工具"→"创建Outlook项目"→"创建Outlook约会"命令。

02 即可打开Outlook的"约会"窗口，在其中可以输入会议的主题、地点、会议内容等。

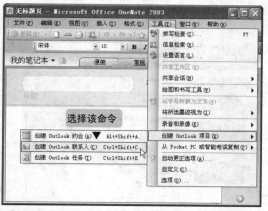

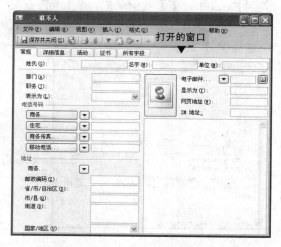

03 在记录笔记的过程中如果需要建立联系人的信息，可选择"工具"→"创建Outlook项目"→"创建Outlook联系人"命令。

04 即可打开Outlook的"联系人"窗口，在其中可以输入联系人姓氏、名字、单位等。

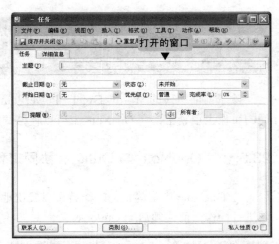

05 在记录笔记的过程中如果需要记录任务有关的内容，可选择"工具"→"创建Outlook项目"→"创建Outlook联系人"命令。

06 即可打开Outlook的"任务"窗口，在其中可以输入任务的主题、时间、任务内容等。

技巧
Skill

OneNote 与 Word 协同工作

在 OneNote 中如果觉得当前的页需要使用 Word 进行编辑，可以把当前页发送到 Word 中，其方法是：选择"文件"→"发送"→"Microsoft Office Word"命令，即可新建一个 Word 文档，其中已包含当前页面中的信息。

23.5.2   InfoPath 与 Excel 协同工作

在 Office 系列中还有一个 InfoPath 组件，使用它可以很容易地创建和使用功能丰富的动态表单，在 InfoPath 中可将其中填写的数据引入到 Excel 中。下面我们就把一个 InfoPath 制作的"考勤表"表单中部分数据导出到 Excel 中。对 InfoPath 感兴趣的读者可另外查看相关图书进行学习。

光盘文件
CD

素材	效果
光盘：\素材\第23章\考勤表.xml	光盘：\效果\第23章\导出的数据.xls

01 打开"考勤表"表单，选择"导出到"→"Microsoft Office Excel"命令。

02 在打开的"导出到Excel向导"对话框中单击"下一步"按钮。

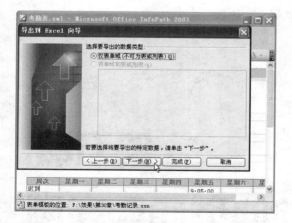

03 在打开的对话框中选择"仅表单域（不可为表或列表）"单选按钮，单击"下一步"按钮。

04 在打开的对话框的列表框中选择需要导出的数据，单击"下一步"按钮。

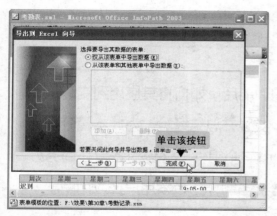

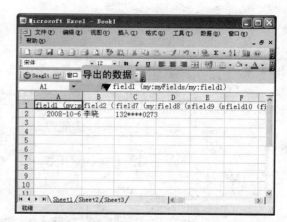

05 在打开的对话框中选择"仅从该表单中导出数据"单选按钮，单击"完成"按钮。

06 即可将选择域的数据导入到Excel中。

第五篇
Office各组件的典型应用案例

在系统掌握了Office各组件的功能后，如何将其应用到实际工作中去，这需要读者更多的动手实践并总结经验。为此本篇分别针对Word、Excel和PowerPoint 3个组件，通过对各自在商务办公领域中的一些实际案例的分析与制作，带领用户在应用中学，进一步巩固对各知识点的掌握。

Chapter 24

Word典型商务应用案例

使用 Word 制作文档已经应用到了各个行业，制作招投标书、公司员工手册、产品说明书等，为现代化办公的人员带来了诸多便利。为了深入体现 Word 在商务领域的重要性，本章将介绍使用 Word 制作公司员工手册、产品说明书的具体方法。

本章要点：

案例一：公司员工手册
案例二：产品说明书

知识等级：

Office所有用户

建议学时：

120分钟

参考图例：

技巧
特别方法，特别介绍
提示
专家提醒注意
问答
读者品评提问，作者实时解答

24.1 | 案例一：公司员工手册
介绍公司员工手册的制作过程

本例主要介绍制作一篇公司员工手册文档，包括公司简介、聘用、安全、出勤薪资、考评以及培训等方面的内容。其中部分文档效果如下图所示。

光盘文件
CD

素材	效果
光盘：\素材\第24章\ 员工手册.doc	光盘：\效果\第24章\ 员工手册.doc

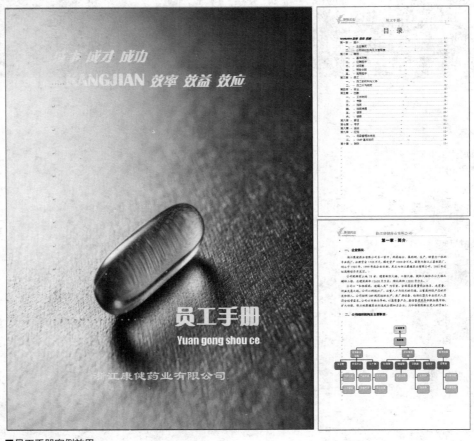

■员工手册案例效果

24.1.1　案例分析

在制作之前，先来对本案例的特点及涉及知识、注意事项等进行分析。

■案例特点

① 本案例是公司员工手册文档，要体现出手册的章节结构和手册的专一性。

② 由于内容是章节结构，因此首先应制作文档的各个章节标题及编号。

■涉及知识

① 页脚和页眉的设置。　　　　　② 字体的设置和图片的插入。

③ 创建样式。　　　　　　　　　④ 项目符号和编号的设置。

⑤ 组织结构图的制作。　　　　　⑥ 目录的制作。

■注意事项

① 页眉和页脚的设置。　　　　　② 文档中各级标题样式和编号的设置。

24.1.2　案例制作

下面全程介绍本案例的制作过程，其间涉及的一些前面介绍过的操作，将只做简单介绍。

1．制作员工手册首页

员工手册制作完成后，需要打印出来供大家浏览，因此完整的员工手册需要制作一个封面，即文档的首页。下面开始制作"员工文档"的首页，其具体操作步骤如下：

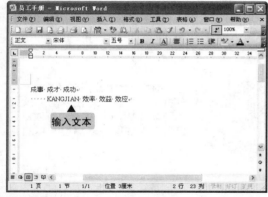

01 新建一篇空白文档，将其保存为"员工手册"，然后在文档编辑区中输入"成事 成才 成功"等文本。

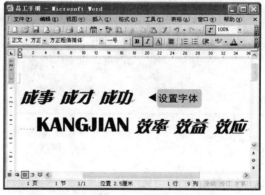

02 选择中文文本，将其字体格式设置为"方正粗倩简体"、"一号"、"加粗"、"斜体"。将英文文本字体格式设置为"Britannic Bold"、"小初"、"加粗"。

03 再将鼠标定位到文档的底部位置，然后在右侧输入"员工手册"

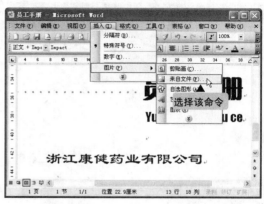

04 在文档中选择"插入"→"图片"→"来自文件"命令。

06 在文档中插入选择图片,在图片上双击,打开"设置图片格式"对话框,单击"版式"按钮,在"环绕

05 在打开的"插入图片"对话框中选择素材文件夹中的"背景"图片,然后单击"插入"按钮。

方式"栏中选择"衬于文字下方"选项,然后单击"确定"按钮。

提示 Attention 图片的环绕方式有几种,这里设置为"衬于文字下方",主要是为了让文档中的文本显示在图片之上,以达到图片与文本同时显示的目的。

提示 Attention 为了衬托在图片上显示的文本,需要将文本的颜色与图片的底纹颜色设置得很明显,读者也可以根据自己设置的图片来调整文本的颜色。

07 返回文档中,将"员工手册"文本设置为"黄色",英文和公司名称文本设置为"白色"。

2. 设置页眉和页脚

为了让文档拥有统一的版式以及体现公司员工手册的专一性,可以对文档的页眉和页脚进行设置。其具体操作步骤如下:

01 将文本插入点定位到第2页,然后选择"视图"→"页眉和页脚"命令。

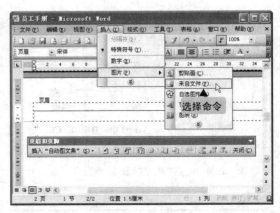

02 进入"页眉和页脚"状态,选择"插入"→"图片"→"来自文本"命令。

03 在打开的对话框中选择素材文件夹中的"标志"图片文件，完成后单击"插入"按钮。

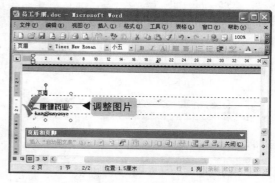

04 在"页眉"中插入图片，双击该图片，将其版式设置为"浮动于文字上方"，并将图片缩小拖动到页眉的左侧位置。

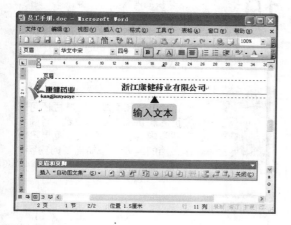

05 在页眉中单击，插入文本插入点，输入公司名称，然后将其字体格式设置为"华文中宋"、"四号"、"加粗"。

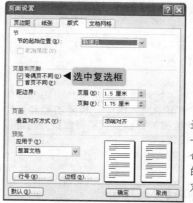

06 选择"文件"→"页面设置"命令，在打开的"页面设置"对话框中选择"版式"选项卡，在"页眉和页脚"栏中选中"奇偶页不同"复选框，然后单击"确定"按钮。

07 将文档切换到下一页，在奇数页页眉中插入相同的图片，并调整相同的大小和位置，然后在页眉中输入"员工手册"文本，并设置格式。

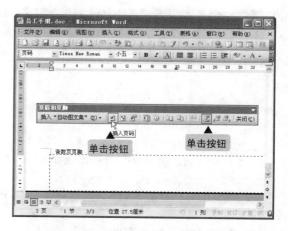

08 在"页眉和页脚"工具栏上单击 按钮，切换到页脚，然后在工具栏上单击 按钮，在页脚左侧插入页码。

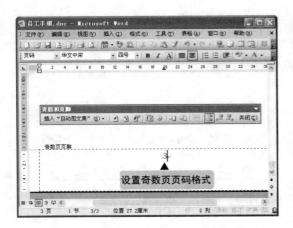

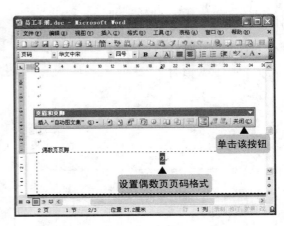

09 选择页脚中插入的页码，然后在"格式"工具栏中设置其格式为"华文中宋"、"四号"，对齐方式为"居中"。

10 用相同的方法切换到偶数页的页脚，插入页码，并将其字体格式设置为和奇数页相同的格式。然后单击"页眉和页脚"工具栏上的"关闭"按钮退出页眉和页脚状态。

 由于文档设置了页眉和页脚的奇偶数页不同，因此在设置页眉和页脚时，需要对偶数页和奇数页分别进行设置。

 通过"页眉和页脚"工具栏还可以在页眉和页脚中插入页数、时间和日期等内容，读者可以根据自己制作文档的需要，添加需要的内容。

3. 设置标题样式和编号

为了文档的排版和各标题格式的统一性，在编辑文档前，可以先设置各级标题的样式及其编号。其具体操作步骤如下：

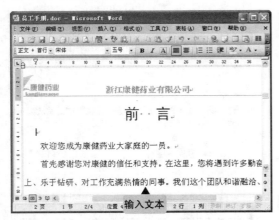

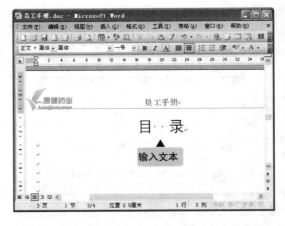

01 在文档的第2页中输入标题"前言"，并将其字体格式设置为"黑体"、"一号"，然后在文档中输入有关前言的文本。

02 在文档的第3页中输入标题"目录"，并将其字体格式设置为"黑体"、"一号"。

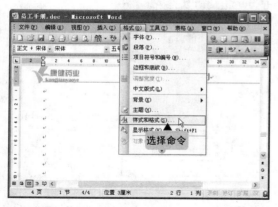

03 将文本插入点定位到文档的第4页，然后选择"格式"→"样式和格式"命令。

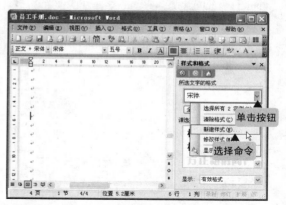

04 打开"样式和格式"任务窗格，单击"所选文字的格式"下拉列表框中 ✓ 按钮，在弹出的下拉列表中选择"新建样式"命令。

05 打开"新建样式"对话框，在"名称"文本框中输入样式名称"标题一"，然后设置"样式类型"、"样式基于"、"后续段落样式"等选项。

06 在"格式"栏中的下拉列表框中设置样式的字体格式，如分别选择"方正大黑简体"和"三号"选项，然后单击 ≡ 按钮，设置样式的对齐方式，完成后单击"确定"按钮。

07 返回文档中，在文档编辑区中输入文本"简介"，然后在"样式和格式"任务窗格中选择"标题一"样式，文本编辑区中的文本即可应用该样式中字体格式。

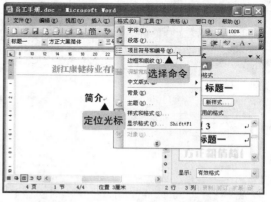

08 将光标插入点定位到"简介"文本的右侧，然后选择"格式"→"项目符号和编号"命令。

10 打开"自定义编号列表"对话框,在"编号格式"中设置编号的格式,在"起始编号"数值框中输入起始编号,在"编号位置"下拉列表框中选择编号的对齐方式,在"制表位位置"数值框中输入制表位的数值和缩进位置,然后单击"确定"按钮。

09 打开"项目符号和编号"对话框,选择"编号"选项卡,在其中选择"第一章"选项,然后单击"自定义"按钮。

11 将返回文档编辑区中,可以看到"简介"文本在左侧自动生成了编号"第一章"效果。

12 用同样的方法,通过"样式和格式"任务窗格创建一个"标题二"的样式,然后创建编号,并在文档中输入"企业情况",应用该样式和编号。

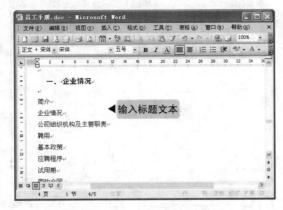

13 在文档中输入员工手册的各级标题文本。

14 将光标插入点定位到"第一章 简介"文本中,然后双击"格式"工具栏上的"格式刷"按钮 ,当鼠标光标变成 形状时,分别在"聘用"等文本上单击,复制文本的格式。

15 将光标插入点定位到"一、企业情况"文本中，然后双击"格式"工具栏上的"格式刷"按钮，当鼠标光标变成 I 形状时，分别在"公司组织结构及主要职责"等文本上单击，复制文本的格式。

提示
Attention

如果单击"格式刷"按钮，只能对文本的格式复制一次，而双击该按钮时，则可以复制多次文本格式。

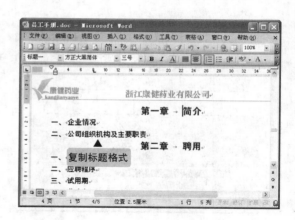

4. 制作公司结构图

　　员工手册中除了介绍公司的各个章程外，还需要显示出公司的组织结构，而使用图形来表示公司组织结构是最佳方式，因此下面将在文档中制作一个公司组织结构图。其具体操作步骤如下：

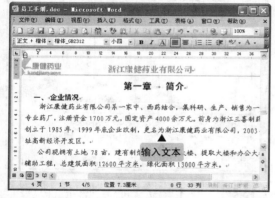

01 将文本插入点定位到标题"一、企业情况"下方，然后输入有关企业介绍的文本，并设置文本的字体格式。

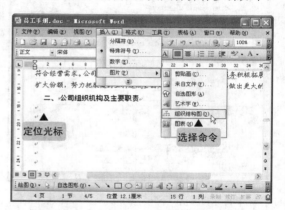

02 将文本插入点定位到标题"二、公司组织结构及主要职责"下方，然后选择"插入"→"图片"→"组织结构图"命令。

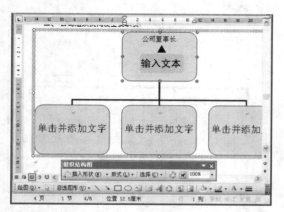

03 在文档中插入一个组织结构图，并打开"组织结构图"工具栏。在最上方的文本框中输入"公司董事长"文本。

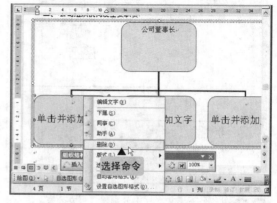

04 在第2排的第1个文本框上右击，在弹出的快捷菜单中选择"删除"命令，将该文本框删除。

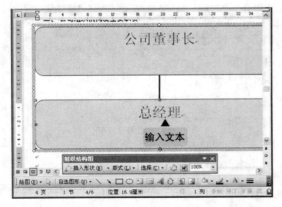

05 用同样的方法将右侧的文本框删除，然后在剩下的文本框中输入"总经理"文本。

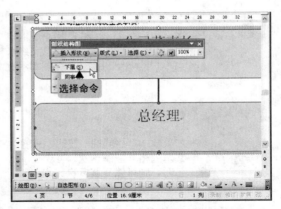

06 选择"总经理"文本框，在"组织结构图"工具栏上单击"插入形状"按钮，在弹出的下拉菜单中选择"下属"命令。

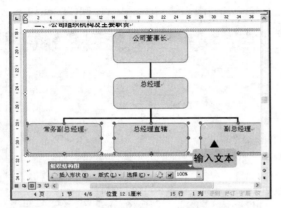

07 再选择两次"下属"命令，添加3个下属文本框，然后分别在文本框中输入"常务副总经理"、"总经理直辖"和"副总经理"文本。

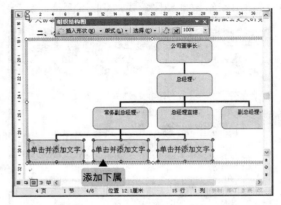

08 选择"常务副总经理"文本框，在"组织结构图"工具栏上单击"插入形状"按钮，在弹出的下拉菜单中选择"下属"命令，为其添加3个下属文本框。

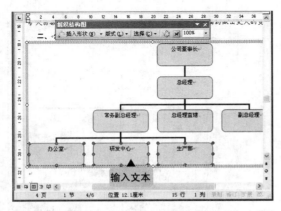

09 在各个下属文本框中分别输入"办公室"、"研发中心"和"生产部"文本。

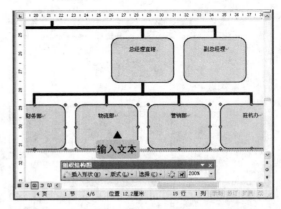

10 用同样的方法为"总经理直辖"文本框添加4个下属文本框，并依次输入"财务部"、"物流部"、"营销部"和"驻杭办"文本。

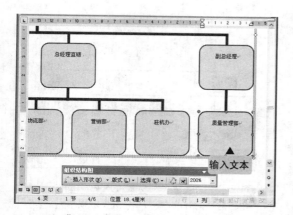

11 为"副总经理"文本框添加一个下属文本框，并在其中输入"质量管理部"文本。

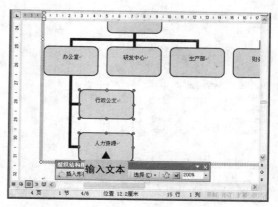

12 选择"办公室"文本框，为其添加 2 个下属文本框，并分别在文本框中输入"行政公文"和"人力资源"文本。

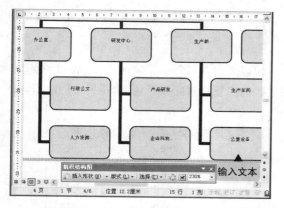

13 用同样的方法分别为"研发中心"和"生产部"文本框添加 2 个文本框，然后分别在其中输入相应的文本。

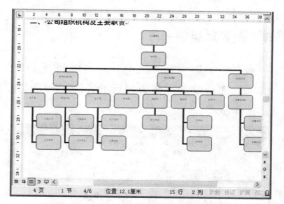

14 用相同的方法为其他各级的文本框添加下属文本框，并在其中输入相应文本，完成的效果如图所示。

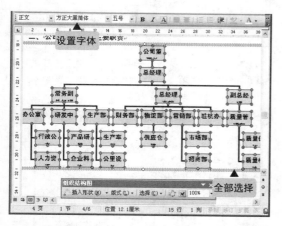

15 按住【Shift】键，分别单击组织结构图中的各个文本框，全部选中它们，然后在"格式"工具栏中设置字体格式为"方正大黑简体"、"五号"。

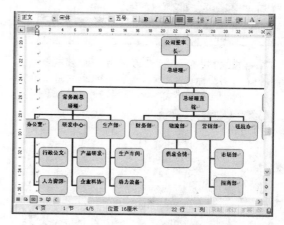

16 由于设置字体后，文本框的大小需要调整，因此将鼠标移动到组织结构图外侧的文本框上，拖动文本框调整大小。

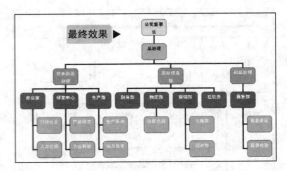

最终效果▶

17 选择"公司董事长"文本框，并在其上双击，打开"设置自选图形格式"文本框，在"颜色与线条"选项卡中的"填充"栏的"颜色"下拉列表框中选择"茶色"选项，然后单击"确定"按钮。

18 为"公司董事长"文本框填充"橙色"背景，然后用同样的方法为第2级文本框填充"橙色"，为第3级文本框填充"红色"，为第4级文本框填充"棕色"，为第5级文本框填充"绿色"，并将第2、3、4、5级文本框中的字体颜色设置为"白色"，完成组织结构图的制作。

5. 设置项目符号

对于员工手册文档中一些类似列表型的文本，可以采用项目符号来表现，在 Word 中通常情况下都是以圆点作为项目的符号，也可以根据文档的需要，重新设置项目符号的样式。其具体操作步骤如下：

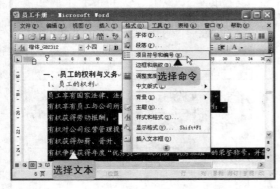

01 在文档中输入"第二章 聘用"和"第三章 员工"中各级标题的文本。选择"员工的权利"中的文本，选择"格式"→"项目符号和编号"命令。

02 打开"项目符号和编号"对话框，选择"项目符号"选项卡，在其中选择一种项目符号，然后单击"自定义"按钮。

03 打开"自定义项目符号列表"对话框，在其中单击"字符"按钮。

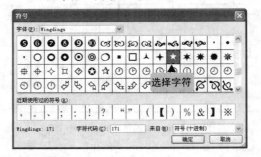

04 打开"符号"对话框，在其中选择一种符号，如"五角星"，然后单击"确定"按钮。

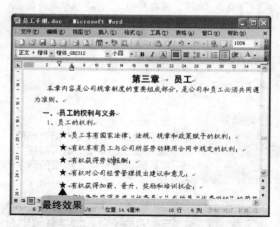

05 返回"自定义项目符号列表"对话框，单击"字体"按钮，在打开的"字体"对话框中的"字号"列表框中设置符号的字号为"小二"，然后单击"确定"按钮。

06 返回文档中可以看到为文本设置的项目符号效果。用同样的方法添加其他文本的项目符号，然后输入各个标题的文本。

6. 插入员工手册目录

整个文档制作完成后，还需要在文档的前面制作一个目录，以让浏览该文档在用户通过目录来了解文档的主要内容以及所在位置。下面在文档的第 3 页中插入文档的目录。其具体操作步骤如下：

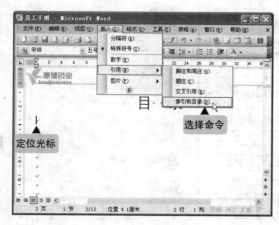

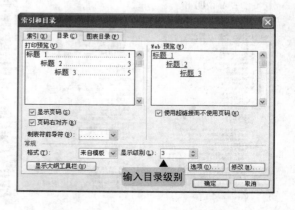

01 将文本插入点定位到第3页中，然后选择"插入/引用"→"索引和目录"命令。

02 打开"索引和目录"对话框，选择"目录"选项卡，在"显示级别"数值框中输入"3"，然后单击"确定"按钮。

提示
Attention

在"索引和目录"对话框中的"目录"选项卡中选中"显示页码"复选框，将在创建的目录中显示目录对应的页码。

提示
Attention

在"索引和目录"对话框中的"目录"选项卡中单击"修改"按钮，在打开的对话框中可以修改目录文本的样式。

03 返回文档中，可以看到插入了各级标题的目录，且每个目录右侧都有对应的页码。

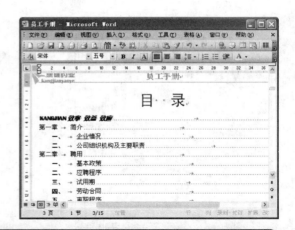

提示
Attention

创建好目录后，如果要根据选择的目录跳转相应的章节，则可以按住【Ctrl】键，然后单击相应的目录名称即可。

24.2 案例二：产品说明书
介绍产品说明书的制作过程

本例是一个产品的说明书文档，共包括 3 页文档，每页文档都采用常见说明书的 3 折页的方式布局，各页文档的效果如下图所示。

光盘文件 CD

素材	效果
光盘：\素材\第24章\产品说明书.doc	光盘：\效果\第24章\产品说明书.doc

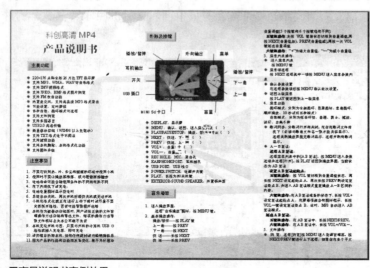

■产品说明书案例效果

24.2.1 案例分析

在制作之前，先来对本案例的特点及涉及知识、注意事项等进行分析。

■案例特点

① 本案例是产品的说明书，因此要体现产品的主要功能介绍，图文并茂。

② 由于文档制作并打印后，可以对折成一个长方形的效果，因此文档采用 3 折页页面布局。

■**涉及知识**

① 基于模板新建文档   ② 设置页眉和页脚   ③ 绘制表格绘制自选图形

④ 设置项目符号和编号   ⑤ 设置文本格式和插入图片   ⑥ 添加标注

⑦ 添加水印

■**注意事项**

① 添加标注时候正确的指向   ② 创建表格后，表格的设置

24.2.2 案例制作

下面全程介绍本案例的制作过程，其间涉及的一些重复性操作将省略。

1. 根据模板创建文档

使用 Word 中现成的模板可以创建本例中制作的说明书的文档。根据模板创建本文档的具体操作步骤如下：

01 启动 Word 2003，打开 Word 的操作界面，然后选择"文件"→"新建"命令。

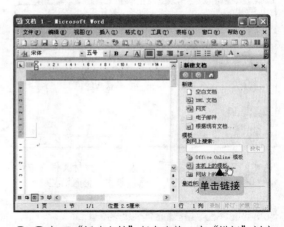

02 打开"新建文档"任务窗格，在"模板"栏中单击"本机上的模板"超链接。

03 打开"模板"对话框，选择"出版物"选项卡，在下面的列表中选择"小册子"选项，然后单击"确定"按钮。

04 在文档中新建一个基于"小册子"模板的文档，选择其中的文本将其删除，然后将文档保存为"产品说明书"。

2. 设置页眉和页脚

本例将在页眉和页脚中分别插入不同的图片，将文档制作成为"蓝天和草地"样式的文档。其具体操作步骤如下：

01 在保存的文档中选择"视图"→"页眉和页脚"命令。

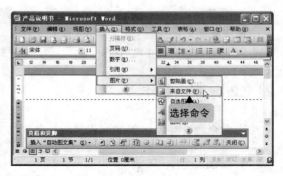

02 进入"页眉和页脚"状态，将光标插入点定位到页眉中，选择"插入"→"图片"→"来自文件"命令。

03 打开"插入图片"对话框，在素材文件夹中选择"背景2"图片，然后单击"插入"按钮。

04 在页眉中插入选择的"背景2"图片，双击该图片。

05 打开"设置图片格式"对话框，选择"版式"选项卡，在"环绕方式"栏中选择"衬于文字下方"选项，然后单击"确定"按钮。

06 将页眉中的图片调整为浮动状态，将图片的宽度调整到与文档的宽度一致，然后将图片移动到页眉的顶部。

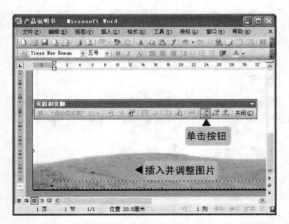

07 单击"页眉和页脚"工具栏上的 按钮，切换到页脚中，然后用同样的方法在其中插入"背景1"图片，并调整其宽度和位置。

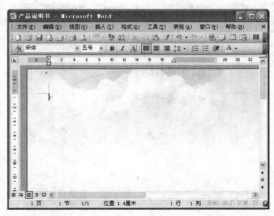

08 单击"页眉和页脚"工具栏上的"关闭"按钮，退出"页眉和页脚"状态，完成页眉和页脚的设置。

3. 设置说明书标题和各级标题

与前面制作"员工手册"文档一样，制作完页眉和页脚后，需要设置各级的标题，不同的是本例中将绘制出自选图形作为各级标题的样式。其具体操作步骤如下：

01 将光标插入点定位到文档的顶部，输入"科创高清MP4"文本，将字体格式设置为"微软雅黑"、"小二"、"红色"，换行输入"产品说明书"文本，将字体格式设置为"方正大标宋简体"、"一号"、"黑色"。

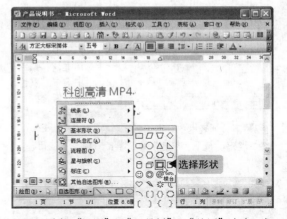

02 选择"视图"→"工具栏"→"绘图"命令，打开"绘图"工具栏，在其上单击"自选图形"按钮，在弹出的菜单中选择"基本形状"中的"棱台"图形。

提示
Attention

在"绘图"工具栏中列出了常用的一些图形，如果要使用这些图形，则可以单击相应的图形按钮，即可在文档中绘制该图形。

提示
Attention

用户可以根据自己的审美观来选择绘制文档中的自选图形，如矩形、棱形以及圆形等。

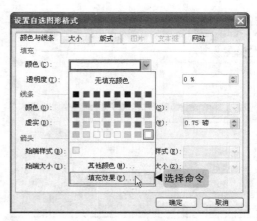

03 将鼠标光标移动到文档中并拖动，绘制出一个棱台图形，然后在该图形上双击。

04 打开"设置自选图形格式"对话框，在"颜色与线条"选项卡中的"填充"栏中的"颜色"下拉列表框中选择"填充效果"选项。

05

打开"填充效果"对话框，在"颜色"栏中选中"双色"单选按钮，然后在"颜色1"、"颜色2"下拉列表框中分别选择"茶色"和"浅橙色"，然后选中"斜下"单选按钮，单击"确定"按钮。

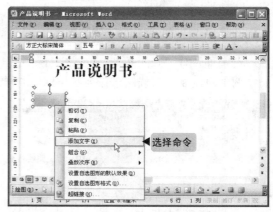

06 返回文档中可以看到为图形填充的颜色，在其上右击，在弹出的快捷菜单中选择"添加文字"命令。

07 将插入点定位到图形中，这时在其中输入"主要功能"文本，然后将其字体格式设置为"黑体"、"五号"、"黑色"。

08 选择绘制的图形，然后按住【Ctrl+Shfit】组合键，向下拖动鼠标复制出多个相同的图形，然后将各个图形中的文本修改为各标题文本。

4. 设置项目符号和编号

对于说明书文档中的各个功能介绍等文本，可以为其添加项目符号或编号，让浏览者更容易查看。其具体操作步骤如下：

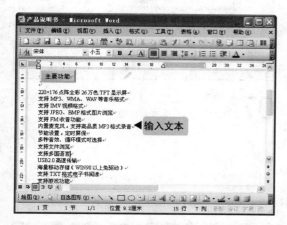

01 在文档中的"主要功能"标题下输入有关介绍MP4功能的文本。

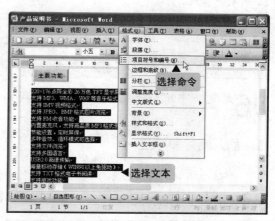

02 选择输入的主要功能文本，然后选择"格式"→"项目符号和编号"命令。

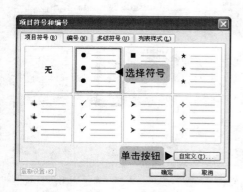

03 打开"项目符号和编号"对话框，选择"项目符号"选项卡，在其中选择一种项目符号，然后单击"自定义"按钮。

04 打开"自定义项目符号列表"对话框，在"项目符号字符"栏中单击"字符"按钮。

05 打开"符号"对话框，在下面的列表框中选择一种符号作为项目符号，然后单击"确定"按钮。在返回的对话框中依次单击"确定"按钮，完成项目符号的设置。

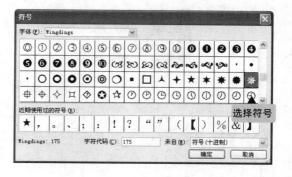

提示 Attention

在"符号"对话框中的"近期使用过的符号"栏中将列出使用过的符号，在其中可以找到常用的符号。在"字体"下拉列表框中选择不同的选项，下面列表框中的字符也会有所不同。

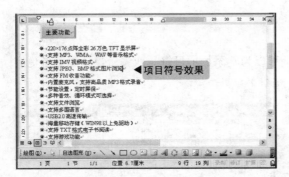

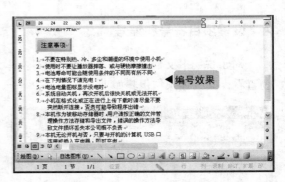

06 返回文档中可以看到文本左侧添加的项目符号效果。

07 用同样的方法在"注意事项"标题下输入相应的文本，然后为文本设置编号。

5. 插入图片和标注

产品说明书中肯定少不了对产品的操作介绍，因此需要在其中插入产品的图片，并对图片中的各个操作项目进行介绍。下面在文档中插入图片，并对图片进行标注。其具体操作步骤如下：

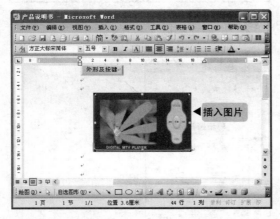

01 用插入图片的方法，在"外形及按键"标题下插入素材中的"MP4.jpg"图片，调整其大小，并设置为居中显示。

02 单击"绘图"工具栏上的"自选图形"按钮，在弹出的菜单中选择"标注"中的"线性标注2（无边框）"选项。

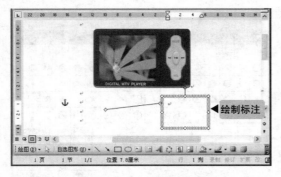

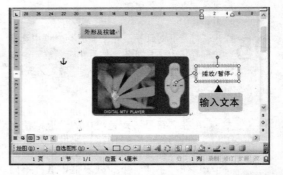

03 将鼠标移动到文档的空白位置并拖动鼠标绘制出一个标注图形。

04 在标注中输入"播放/暂停"文本，然后调整标注文本框的大小，并将其移动到图形的右侧，将标注线指向图形中的相应位置。

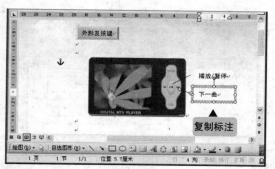

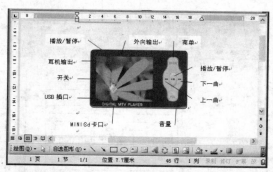

05 选择标注，然后按住【Ctrl+Shfit】组合键，向下拖动鼠标复制一个标注，将文本修改为"下一曲"，并将标注线指向图形中的相应位置。

06 用同样的方法复制多个标注，并修改其中的文本，然后将其位置移动到图片周围的相应位置，并调整标注线的指向。

6. 制作技术规格表格

在说明书文档中有些技术规格的数据需要列出来，使用表格来存放这些数据，浏览者将对各项数据一目了然，下面在文档中插入表格并在其中输入技术规格的数据。其具体操作步骤如下：

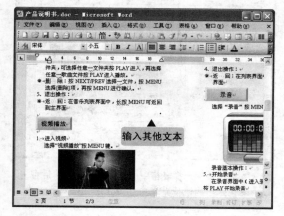

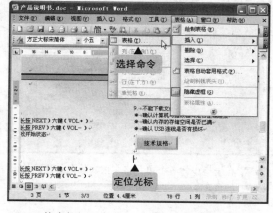

01 在文档中的各个标题下输入相应的文本和插入相应的图片，并设置文本的相应格式。

02 将光标插入点定位到"技术规格"标题下，然后选择"表格"→"插入"→"表格"命令。

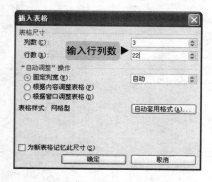

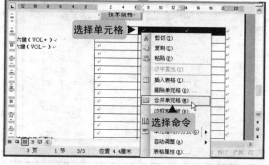

03 打开"插入表格"对话框，在"列数"、"行数"数值框中分别输入"3"和"22"，保持其他设置不变，单击"确定"按钮。

04 在文档中插入一个3列22行的表格，拖动鼠标选择表格中的第1行的第2、3列单元格，然后右击，在弹出的快捷菜单中选择"合并单元格"命令。

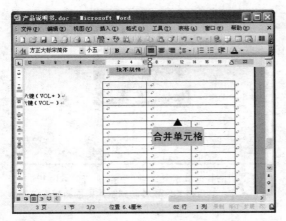

05 将两个单元格合并为一个单元格，用相同的方法将其下面4行单元格进行合并。

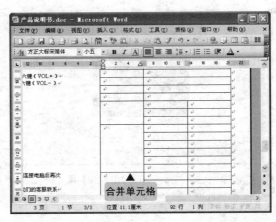

06 用同样的方法，将表格中第1列中的5~8、9~14以及15~18行单元格进行合并。

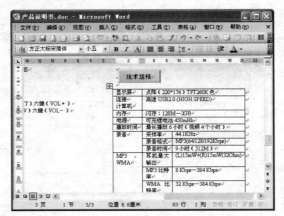

07 在表格中的各个单元格中依次输入相应的技术规格文本。

08 拖动鼠标选择表格中的全部单元格，然后右击，在弹出的快捷菜单中选择"单元格对齐方式"中的选项。

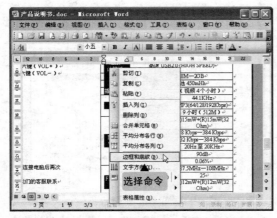

09 拖动鼠标选择表格第1列中的的全部单元格，然后右击，在弹出的快捷菜单中选择"边框和底纹"中的选项。

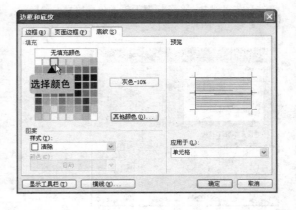

10 打开"边框和底纹"对话框，选择"底纹"选项卡，在"填充"栏中的颜色列表中选择"灰色"选项，然后单击"确定"按钮。

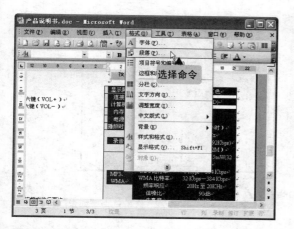

12 打开"段落"对话框,在"缩进和间距"选项卡中的"行距"下拉列表框中选择"固定值"选项,在"设置值"数值框中输入"15磅",单击"确定"按钮。

11 拖动鼠标选择表格中的全部单元格,然后选择"格式"→"段落"命令。

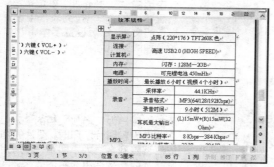

提示 Attention　除了设置表格的底纹外,还可以对表格的边框进行设置,打开"边框和底纹"对话框,在"边框"选项卡中进行设置即可。

13 返回文档中完成表格的制作,可以看到表格的具体效果。

7. 制作文档水印

文档制作完成后,为了提示产品的个性,还可以在文档中插入以产品图片为样式的水印。其具体操作步骤如下:

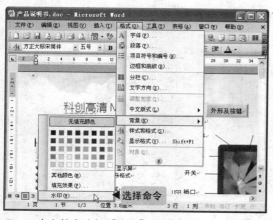

01 在文档中选择"格式"→"背景"→"水印"选项。

02 打开"水印"对话框,选中"图片水印"单选按钮,然后单击"选择图片"按钮。

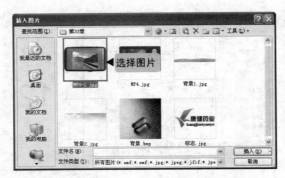

03 打开"插入图片"对话框，在其中选择素材中的"MP4-2"图片，然后单击"插入"按钮。

04 返回"水印"对话框，在"缩放"下拉列表框中输入"300%"，然后单击"确定"按钮。

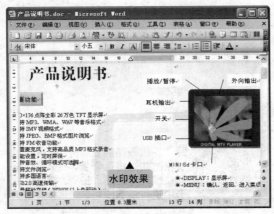

05 返回文档中可以看到文档中的每页都添加了图片水印。至此完成"产品说明书"文档的制作。

提示
Attention

对文档除了设置图片水印外，还可以设置文字水印，在"水印"对话框中选中"文字水印"单选按钮，然后在"文字"下拉列表框中设置显示的文本，然后设置字体、尺寸、颜色和版式即可。

提示
Attention

添加水印是为了增加文档的美观，因此在设置图片水印时，图片的缩放应调整到合适大小即可，否则会影响水印在文档中显示的效果。

Excel典型商务应用案例

在企业日常的办公中常常会使用到各种表格，如工资表、生产计划表等，这些表格可以使用 Excel 来制作，因为 Excel 在表格制作方面体现出了强大的功能，如计算功能、图表功能以及数据整理和分析功能。

本章要点：

案例一：员工档案表
案例二：员工销售业绩表

知识等级：

Office所有用户

建议学时：

100分钟

参考图例：

技巧
特别方法，特别介绍

提示
专家提醒注意

问答
读者品评提问，作者实时解答

25.1 案例一：员工档案表
介绍员工档案表的制作过程

本例主要介绍制作一个公司员工档案表，包括用于记录公司员工的各种个人信息，如学历、户籍、身份证号码等。表格的具体效果如下图所示。

光盘文件 CD	素材	效果
	光盘: \素材\第25章\员工档案表.xls	光盘: \效果\第25章\员工档案表.xls

	A	B	C	D	E	F	G	H	I	J	K
1						员 工 档 案 表					
2	员工编号	姓名	性别	部门	职务	学历	入职时间	户口原籍	身份证号码	联系方式	电子邮
3	0001	尹光明	男	销售部	经理	本科	2001年4月8日	绵阳	511129197702126112	1314456****	guangming@kang
4	0002	刘凯	男	后勤部	主管	专科	2000年8月20日	佛山	101125197812223464	1384451****	kaige@kang.ji
5	0003	卢东	女	销售部	销售代表	专科	2003年4月8日	太远	123486198109182157	1391324****	yanzi@kang.ji
6	0004	张小红	女	财务部	经理	本科	2003年8月20日	西安	410197901256748459	1324465****	xiaohong@kang
7	0005	周燕	女	行政部	主管	本科	2001年8月20日	泸州	412446198203264565	1581512****	yanz@kang.ji
8	0006	蓝天民	男	销售部	销售代表	专科	2003年3月20日	贵阳	513861198105211246	1591212****	tianming@kang
9	0007	李红	女	技术部	主管	硕士	2004年4月8日	昆明	670113198107224631	1531121****	hongli@kang.ji
10	0008	王志	男	销售部	销售代表	本科	2003年11月10日	洛阳	210456198211202454	1361212****	zhi@kang.jia
11	0009	王毅	男	后勤部	送货员	专科	2004年11月10日	郑州	330253198410235472	1371512****	yi@kang.jia
12	0010	李恒	男	技术部	技术员	专科	2004年11月10日	唐山	511785198312132212	1398066****	heng@kang.ji
13	0011	张敏	男	销售部	销售代表	本科	2004年4月8日	天津	610101198103172308	1324578****	min@kang.ji
14	0012	王成	男	销售部	销售代表	专科	2003年8月20日	咸阳	415151398404222156	1334678****	cheng@kang.ji
15	0013	孟江	男	销售部	销售代表	专科	2004年11月10日	沈阳	213254198506231422	1342674****	jiang@kang.ji
16	0014	卢超	男	技术部	技术员	硕士	2004年4月8日	大连	410662198509154266	1359641****	chao@kang.ji
17	0015	张博	男	销售部	销售代表	本科	2003年11月10日	青岛	510158198209158846	1369458****	bo@kang.jia
18	0016	余健	男	技术部	技术员	本科	2003年8月20日	无锡	101547198311266482	1369787****	jiang@kang.ji
19	0017	陈兰	女	行政部	文员	专科	2003年8月20日	杭州	310484198303071121	1304453****	lan@kang.ji
20	0018	任华	女	财务部	会计	专科	2004年8月8日	兰州	211411198505114553	1514545****	hua@kang.ji
21											
22											
23											
24											
25											
26											
27											

各部门员工档案 / Sheet2 / Sheet3 /

■员工档案表格效果

25.1.1 案例分析

在制作之前，先对本案例的特点及涉及知识、注意事项等进行分析。

■案例特点

① 本案例是公司员工档案表格，要记录每个员工的每条信息，因此设计表格时可以以员工为单位，来体现表格内容，如设置颜色。

② 由于员工档案涉及员工的私人信息，因此需要对工作表进行加密。

■涉及知识

① 输入文本。　　　　　　　　　　② 设置单元格文本的格式。

③ 设置边框和底纹。　　　　　　　④ 设置数据类型。

⑤ 身份证号码输入方法。　　　　　⑥ 单元格行高和列宽的设置。

■注意事项

① 身份证号码输入的技巧。　　　　② 数字类型的设置。

25.1.2　案例制作

下面全程介绍本案例的制作过程，其间涉及的一些前面介绍过的操作，将只做简单介绍。

1．创建表格基本结构

一个完整的表格包括表格的标题、表头以及对应的数据。因此下面开始制作"员工档案"表格的基本结构，输入各项数据。其具体操作步骤如下：

01 启动Excel新建一个工作簿，然后将其保存为"员工档案表"，双击"Sheet1"工作表，将其重命名为"各部门员工档案"。

02 选择A1单元格，输入"员工档案表"文本，然后在A2:K2单元格区域中输入"员工编号"、"姓名"、"性别"以及"部门"等文本。

03 选择A3:A20单元格区域，然后选择"格式"→"单元格"命令。

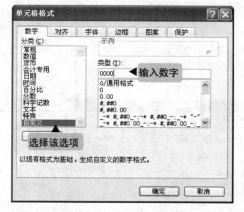

04 打开"单元格格式"对话框，在"数字"选项卡下的"分类"列表框中选择"自定义"选项，然后在右侧的"类型"文本框中输入"0000"，单击"确定"按钮。

05 返回工作表，在A3和A4单元格中分别输入 "0001" 和 "0002"，然后选择这两个单元格，将鼠标移动到A4单元格的控制柄上，向下拖动鼠标。

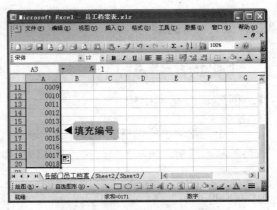

06 将鼠标拖动到A20单元格中，然后释放鼠标，在A3:A20单元格区域中快速填充员工的编号。

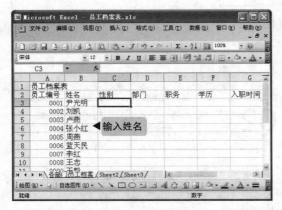

07 在B3:B20单元格区域中依次输入公司所有员工的姓名。

08 按住【Ctrl】键，选择C3、C4、C8、C10:C18单元格，输入 "男"，然后按【Ctrl+Enter】组合键，同时在选择的单元格中输入 "男" 文本。

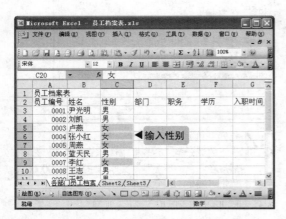

09 用同样的方法选择C5、C6、C7、C9、C19和C20单元格，在其中输入 "女" 文本。

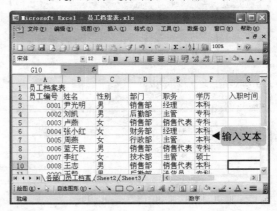

10 在 "部门"、"职务" 和 "学历" 列中依次输入各个员工所属的部门、职务以及拥有的学历文本。

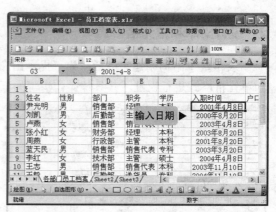

11 选择G3:G20单元格区域，打开"单元格格式"对话框，在"数字"选项卡下的"分类"列表框中选择"日期"选项，在右侧的"类型"列表框中选择"2001年3月14日"，单击"确定"按钮。

12 在G3单元格中输入"1977-2-12"，按【Enter】键，日期将自动应该设置的格式，然后用相同的方法在G4:G20单元格区域中输入其他员工的入职日期。

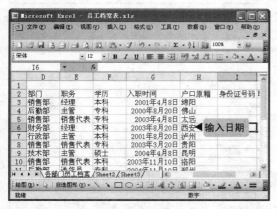

13 在G3:G20单元格区域中依次输入各个员工的"户口原籍"文本。

14 选择I3单元格，在其中输入身份证号码，然后在号码前加上"'"符号。

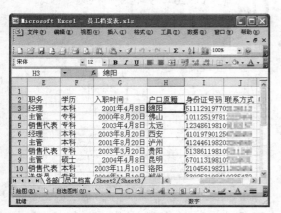

15 按【Enter】键将数字转换成文本格式，用同样的方法在I4:I20单元格区域中输入身份证号码。

16 在"联系方式"和"电子邮件"列中依次输入各个员工的联系方式和电子邮箱地址。

2. 设置文本和单元格格式

表格基本结构创建完成后，为了提示出表格标题、表头的层次结构，可以对表格中的文本和单元格格式进行设置。其具体操作步骤如下：

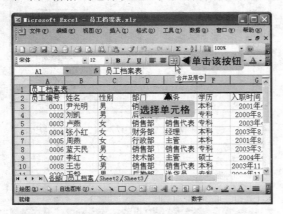

01 在工作表中选择A1:K1单元格区域，然后单击"格式"工具栏中的 ⊞ 按钮，将单元格合并居中。

02 选择合并的单元格，然后在"格式"工具栏中将单元格中的文本字体格式设置为"华文新魏"、"22号"。

03 选择A2:K2单元格区域，然后在"格式"工具栏中将其中文本字体格式设置为"楷体"、"14号"。

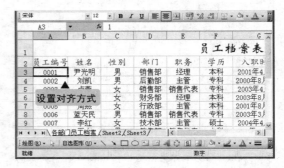

04 选择A3:K20单元格区域，然后在"格式"工具栏中单击 ≡ 按钮，将文本的对齐方式设置为"居中对齐"。

05 选择I列单元格，然后在其上右击，在弹出的快捷菜单中选择"列宽"命令。

06 在打开的"列宽"对话框中的"列宽"文本框中输入"20"，然后单击"确定"按钮。

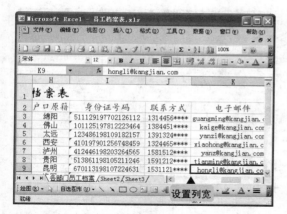

07 用同样的方法选择设置J列和K列的列宽，将其调整到能显示其中的数据为止。

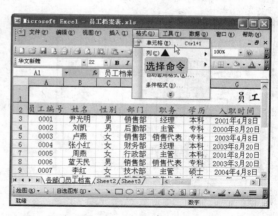

08 选择A1:K2单元格区域，然后选择"格式"→"单元格"命令。

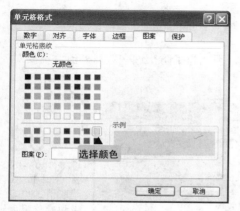

09 在打开的"单元格格式"对话框中选择"图案"选项卡，在"颜色"栏中选择"浅紫色"，然后单击"确定"按钮。

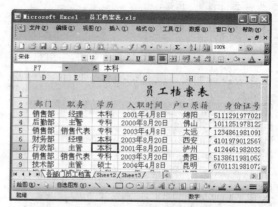

10 返回工作表中可以看到为单元格设置的背景颜色。

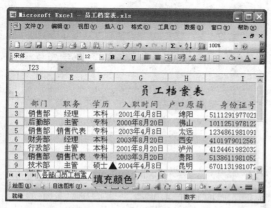

11 用同样的方法选择第4、6、8、10、12、14、16、18和20行单元格，为其填充相同的颜色。

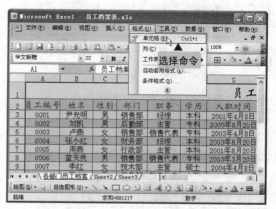

12 选择A1:K20单元格区域，然后选择"格式"→"单元格"命令。

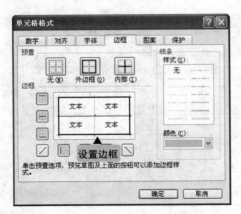

13 在打开的对话框中选择"边框"选项卡，在其中设置单元格的边框效果如上图所示，然后单击"确定"按钮。

14 返回工作表中完成员工档案表格的制作，最终效果如上图所示。

3. 保护工作表

由于员工档案表中都是记录了公司员工的个人信息，因此为了防止这些数据外流，需要对工作表进行加密。其具体操作步骤如下：

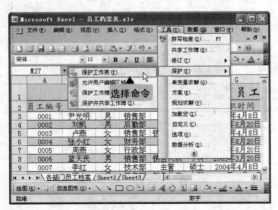

01 在工作表中选择"工具"→"保护"→"保护工作表"命令。

02 打开"保护工作表"对话框，在"取消工作表保护时使用的密码"文本框中输入密码，如"xd126"，然后单击"确定"按钮。

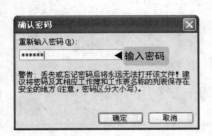

03 打开"确认密码"对话框，在"重新输入密码"文本框中输入相同的密码，然后单击"确定"按钮。

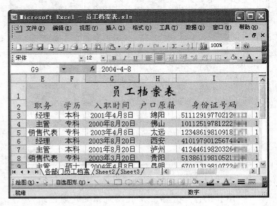

04 返回工作表中完成对工作表的保护，当对工作表标签进行编辑时，系统将弹出提示信息。

25.2 案例二：员工销售业绩表

介绍产品说明书的制作过程

本例是一个员工销售业绩表，主要用于记录员工的各季度的销售数据以及通过创建的图标来分析员工销售数据的变化，表格和图表的具体效果如下图所示。

光盘文件 CD	素材	效果
	光盘：\素材\第25章\员工销售业绩表.xls	光盘：\效果\第25章\员工销售业绩表.xls

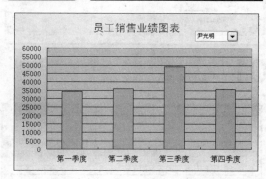

■员工销售业绩表格效果

员工销售业绩图表效果■

25.2.1 案例分析

在制作之前，先来对本案例的特点及涉及知识、注意事项等进行分析。

■案例特点

① 本案例是员工销售业绩表，因此需要创建图表体现员工销售业绩数据的变化。

② 本例表格由于数据量大，因此在图表中创建下拉列表框来调整数据系列的显示。

■涉及知识

① 创建工作簿和工作表。　② 输入文本和数字。　③ 设置文本格式。

④ 设置单元格格式。　　⑤ 设置边框和底纹。　⑥ 计算数据。

⑦ 创建图表。　　　　　⑧ 创建下拉列表框。

■注意事项

① 设置图表格式的操作。　② 创建下拉列表框使用的公式和具体步骤。

25.2.2 案例制作

下面全程介绍本案例的制作过程，其间涉及的一些重复性操作将做省略。

1. 创建员工销售业绩表

员工销售业绩表在企业中是常用的表格，下面详细介绍该表格中的各种内容及其创建方法。

01 打开"员工销售业绩表"工作表，将"Sheet1"工作表重命名为"销售业绩表"。

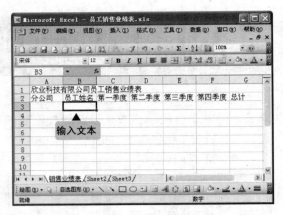

02 在A1单元格中输入表格的标题文本，然后在A2:G2单元格区域中输入表格的表头文本。

03 选择A2:G2单元格区域，然后单击"格式"工具栏中的 按钮，将其合并居中，然后将单元格中的字体格式设置为"华文新魏"、"20号"。

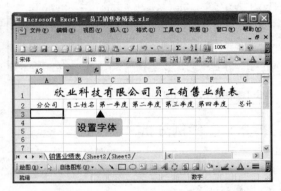

04 选择A2:G2单元格区域，将表头文本的字体格式设置为"华文楷体"、"12号"，并将其对其方式设置为"居中对齐"。

05 在A3:A15单元格区域中依次输入分公司的名称，然后在B3:B15单元格区域中依次输入员工的名称。

06 在C3:F15单元格区域中依次输入各个员工4个季度的销售数据。

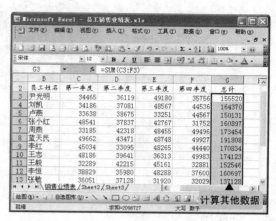

07 选择G3单元格，然后输入公式"=SUM(C3:F3)"，然后按【Ctrl+Enter】组合键。

08 在G3单元格中计算出第一个员工各个季度的总销售额。然后用复制公式的方法，计算出其他员工各个季度的总销售额。

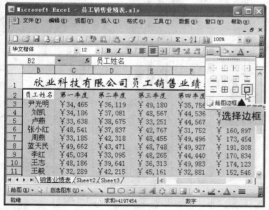

09 选择A3:G15单元格区域，然后单击"格式"工具栏中的"居中"按钮，将数据设置为"居中对齐"。

10 选择C3:G15单元格区域，然后单击"格式"工具栏中的"货币样式"按钮，将数据设置为货币样式的数据。

11 选择A2:G15单元格区域，然后单击"格式"工具栏上的"边框"按钮，在弹出的下拉菜单中选择"粗匣框线"选项。

12 选择A2:G15单元格区域，然后单击"格式"工具栏上的"边框"按钮，在弹出的下拉菜单中选择"所有框线"选项。

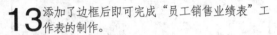

在单元格中将数据设置为货币样式，是为了让读者区分出该数据是销售量还是销售额，一般要涉及金额，都可以为数字设置货币样式的符号。

提示
Attention

13 添加了边框后即可完成"员工销售业绩表"工作表的制作。

2. 创建销售业绩图表

为了具体提示出各员工销售数据的变化，可以通过创建图表，使用图形的边框来反映数据的变化，创建图表的具体操作步骤如下：

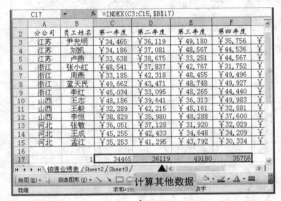

01 在工作表中的B17单元格中输入"1"，然后在C17单元格中输入公式"=INDEX (C3:C15, B17)"。

02 按【Ctrl+Enter】组合键在单元格中计算出第1个员工第一个季度的销售额，用复制公式的方法计算出该员工其他3个季度的销售额。

03 按住【Ctrl】键选择C2:F2和C17:F17单元格区域，然后选择"插入"→"图表"命令。

04 在打开的对话框的"图表类型"列表框中选择"柱形图"选项，然后在右侧列表中选择图表的子类型，单击"下一步"按钮。

05 在打开的对话框中保持默认设置，直接单击"下一步"按钮。

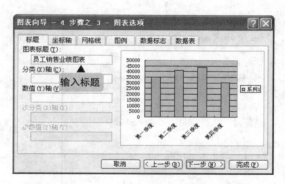

06 在打开的对话框中的"标题"选项卡中的"图表标题"文本框中输入"员工销售业绩图表"，然后单击"下一步"按钮。

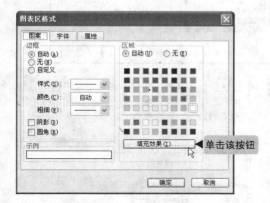

07 在打开的对话框中保持选中"作为其中的对象插入"单选按钮，单击"完成"按钮。

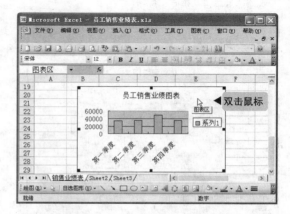

08 在工作表中插入一个图表，在图表的空白位置双击。

09 打开"图表区格式"对话框，选择"图案"选项卡，在下面单击"填充效果"按钮。

提示 Attention

如果要对图表设置自己喜欢的填充颜色，则可以在"填充效果"中选中"单色"单选按钮设置单个颜色或是选中"双色"单选按钮，自己设置一种渐变颜色。

10 打开"填充效果"对话框，在"渐变"选项卡中的"颜色"栏中选中"预设"单选按钮，在"预设颜色"下拉列表框中选择"麦浪滚滚"选项，单击"确定"按钮。

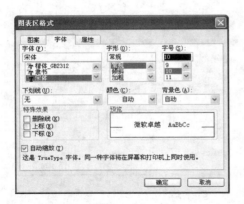

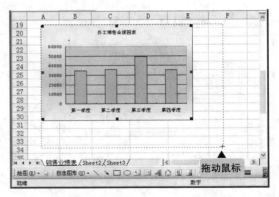

11 返回"图表区格式"对话框，选择"字体"选项卡，在"字号"列表框中选择"10"选项，然后单击"确定"按钮。

12 返回工作表中可以看到填充图表区的效果，将图表中的图例删除，然后将鼠标移动到图表的右下角，拖动该图表，调整其大小。

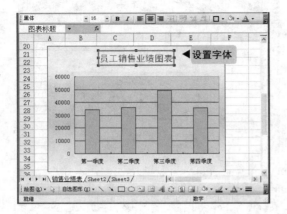

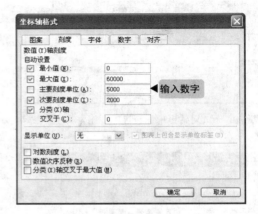

13 选择图表中的标题，然后在"格式"工具栏中将其字体格式设置为"黑体"、"16号"、"红色"。

14 在纵坐标上双击，在打开的对话框中选择"刻度"选项卡，在"主要刻度单位"文本框中输入"5000"，然后单击"确定"按钮。

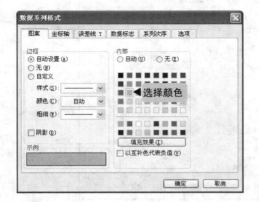

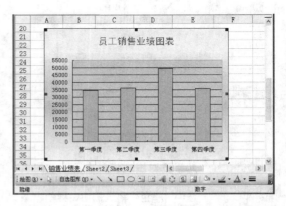

15 在数据系列上双击，在打开的对话框中的"图案"选项卡中的"内部"栏中选择一种颜色，如"橙色"，然后单击"确定"按钮。

16 返回工作表中完成图表的制作，最终效果如图所示。

3. 创建下拉列表框

在前面创建的图表中不清楚每个数据系列代表的含义，因此可以创建一个下拉列表框来选择查看每个员工销售数据的数据系列。其具体操作步骤如下：

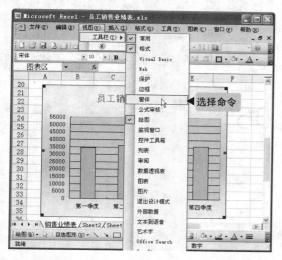

01 选择创建的图表，然后选择"视图"→"工具栏"→"窗体"命令。

02 打开"窗体"工具栏，在工具栏中单击"组合框"按钮，然后将鼠标移动到图表的右上角并拖动鼠标。

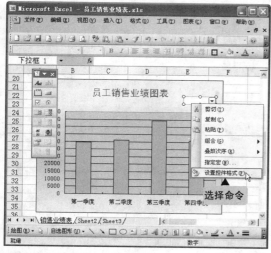

03 到适当的位置后释放鼠标，绘制出一个下拉列表框，在其上右击，在弹出的快捷菜单中选择"设置控件格式"命令。

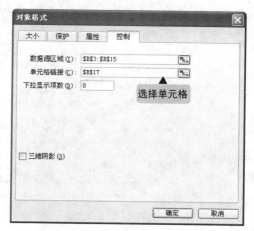

04 在打开的"对象格式"对话框中选择"控制"选项卡，在"数据源区域"参数框中单击按钮，选择工作表中的B3:B15单元格区域，然后在"单元格链接"参数框选择B17单元格，完成后单击"确定"按钮。

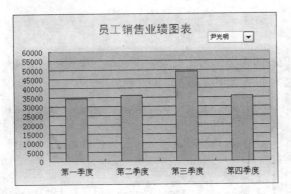

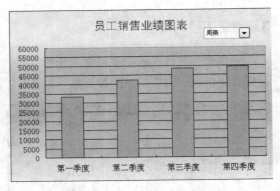

05 返回图表中，在下拉列表框中将显示员工"尹光明"，并且数据系列中将显示该员工各个季度的销售数据系列。

06 在下拉列表框中选择其他员工，如"周燕"，图表将自动显示该员工各个季度销售数据的数据系列。

PowerPoint典型商务应用案例

在商务领域中，PowerPoint 广泛用于制作各类活动的展示，包括产品宣传、公司简介、员工培训等。前面我们学习了该软件的使用方法，本章将以几个案例的制作来进一步应用这些知识，其中还会涉及一个教学课件的制作，对于从事教学或培训工作的用户也是很有用处的。

本章要点：

案例一：产品宣传片
案例二：公司介绍
案例三：课件

知识等级：

Office所有用户

建议学时：

150分钟

参考图例：

技巧
特别方法，特别介绍
提示
专家提醒注意
问答
读者品评提问，作者实时解答

26.1 案例一：产品宣传片
介绍产品宣传片的制作过程

　　本例是一个月饼产品的宣传片，共包括 6 张幻灯片，采用顺序演示的方式，主要由图片与文字内容构成，其中部分幻灯片效果如下图所示。

光盘文件
CD

素材	效果
光盘：\素材\第26章\案例1	光盘：\效果\第26章\产品宣传片.ppt

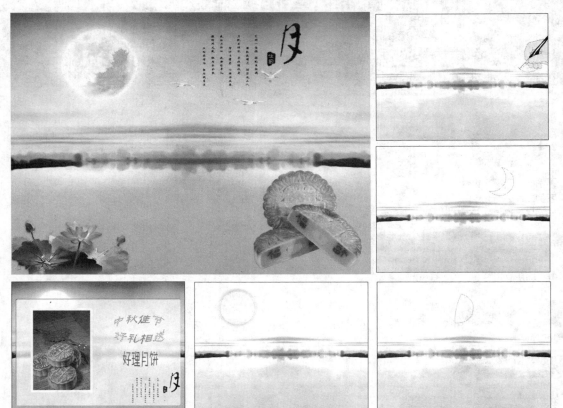

■产品宣传片案例效果

26.1.1　案例分析

　　在制作之前，先来对本案例的特点及涉及知识、注意事项等进行分析。

■案例特点

①本案例是月饼产品的宣传片，要体现中秋月圆的主题。

②由于内容是顺序安排，因此放映过程很简单，不需要制作超链接或导航按钮。

■涉及知识

① 幻灯片背景图片的添加。　　　　　　② 外部图片的插入和使用。

③ 自定义动画的设置。　　　　　　　　④ 动画路径的设置。

⑤ 幻灯片切换设置。

■注意事项

① 注意外部插入图片与背景图片的搭配。　② 多个对象动画之间的搭配。

26.1.2　案例制作

下面全程介绍本案例的制作过程，其间涉及的一些重复性操作将做省略。

1. 制作母版

为了方便快速插入相同的幻灯片，减少工作量，在我们新建了演示文稿之后即可着手制作母版。

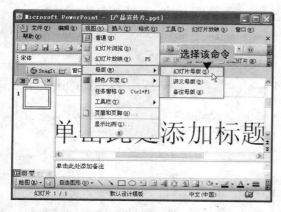

01 启动 PowerPoint 2003，新建一个空白的演示文稿，将其保存为"产品宣传片"演示文稿，选择"视图"→"母版"→"幻灯片母版"命令。

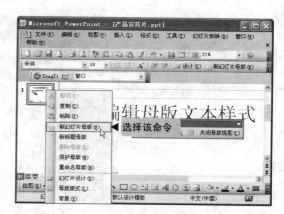

02 在"大纲/幻灯片"窗格中选择幻灯片并右击，在弹出的快捷菜单中选择"新幻灯片母版"命令，添加两张幻灯片。

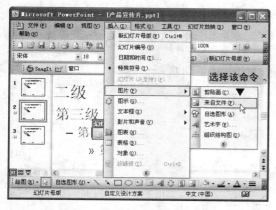

03 在第2张幻灯片中选择"插入"→"图片"→"来自文件"命令，将"背景1"图片插入幻灯片中。

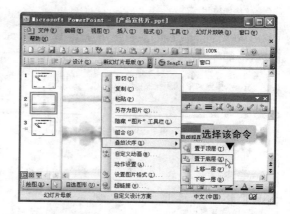

04 在插入的图片上右击，在弹出的快捷菜单中选择"叠放次序"→"置于底层"命令，将图片置于底层。

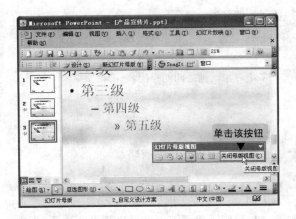

05 用相同的方法在第3张幻灯片中插入"背景2"图片，也将其置于底层。单击"幻灯片母版视图"工具栏中的"关闭母版视图"按钮。

提示
Attention

在 PowerPoint 中通常默认的母版是第 1 张幻灯片，所以在其他幻灯片前有一个 标志，在该标志上右击，在弹出的快捷菜单中选择"保护母版"命令，在弹出的提示对话框中单击"是"按钮，则这张幻灯片母版被删除。

2. 制作第 1 张幻灯片

在完成了母版的制作后，就可以开始幻灯片的制作了，下面就开始制作第 1 张幻灯片。

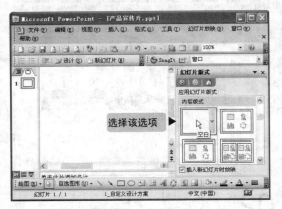

01 切换到第1张幻灯片，打开"幻灯片版式"任务窗格，选择"内容版式"栏中的"空白"选项，对其应用"空白"版式。

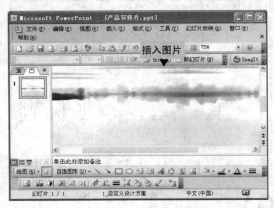

02 使用插入图片的方法，在第 1 张幻灯片中插入"背景1"图片。

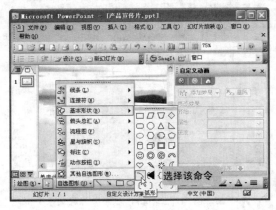

03 单击"绘图"工具栏中的"自选图形"按钮，在弹出的菜单中选择"基本形状"→"弧形"选项。

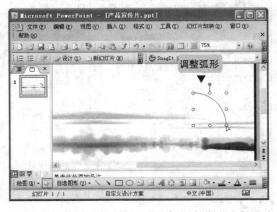

04 在幻灯片的空白位置处单击，即将出现一个弧形线。将鼠标移动到8个白色的控制点或2个黄色的控制点，调整弧形的大小和弧度。

05 双击弧形，打开"设置自选图形格式"对话框，在该对话框中将弧形设置为"灰色-25%"、"2磅"。

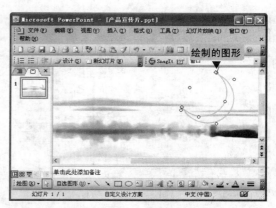

06 按相同方法绘制出另一条弧线，组成一个月亮的图形。

07 使用插入图片的方法将"手"的图片插入到幻灯片中，并将其移动到月亮的上方。

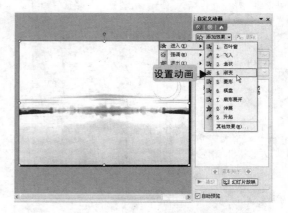

08 选中"背景1"图片，打开"自定义动画"任务窗格，单击"添加效果"按钮，在弹出的菜单中选择"进入"→"渐变"命令，为其设置进入动画。

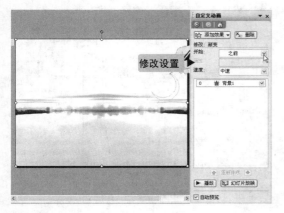

09 在"自定义动画"任务窗格中选择前面设置的动画，在"开始"下拉列表框中选择"之前"选项。

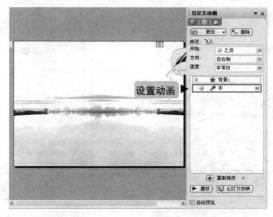

10 选择"手"图片，为其设置进入动画。使其以自右侧飞入的形式进入画面。

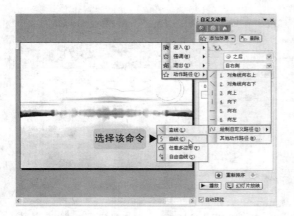

11 选择"手"图片，单击"自定义动画"任务窗格中的"添加效果"按钮，在弹出的菜单中选择"动作路径"→"绘制自定义路径"→"曲线"命令。

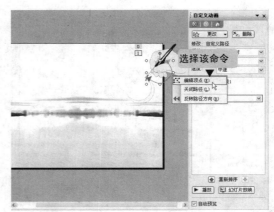

12 在工作区单击即可开始绘制运动曲线，拖动鼠标绘制曲线，双击完成绘制操作。在绘制出的曲线上右击，在弹出快捷的菜单中选择"编辑顶点"命令。

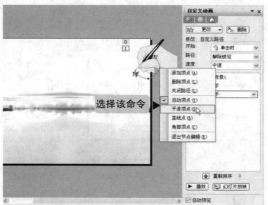

13 将鼠标移动到控制点上，拖动鼠标，可移动控制点位置，在其上右击，在弹出的快捷菜单中选择"平滑顶点"命令。

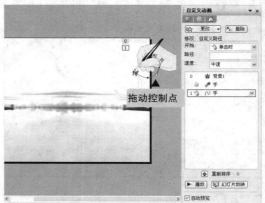

14 用鼠标拖动出现的手柄，可改变控制点两侧的弧度。

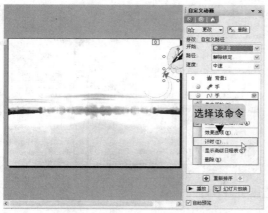

15 在出现的"手"动画上右击，在弹出的快捷菜单中选择"计时"命令。

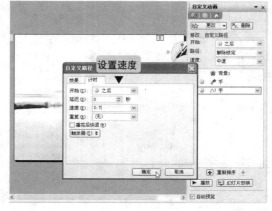

16 打开"自定义路径"对话框，在"速度"下拉列表框中输入"0.7"，单击"确定"按钮。

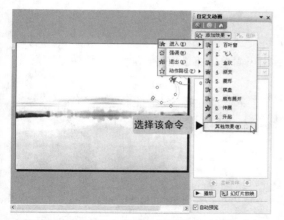

17 选择月亮中的上弧线，单击"添加效果"按钮，在弹出的菜单中选择"进入"→"其他效果"命令。

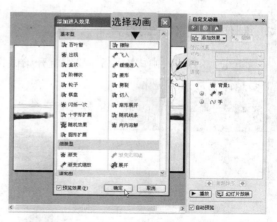

18 打开"添加进入效果"对话框，选择"擦除"选项，单击"确定"按钮。

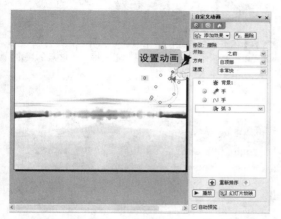

19 选择"弧2"动画，在"开始"下拉列表框中选择"之前"选项，在"方向"下拉列表框中选择"自顶部"选项。

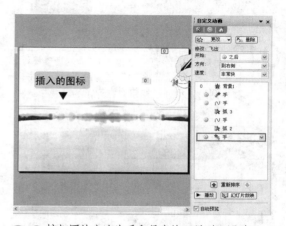

20 按相同的方法为手和月亮的下弧形设置动画，形成手画月亮的动画效果。再设置手的退出动画。

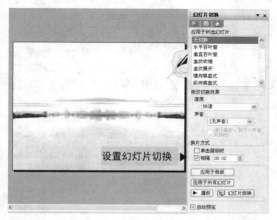

21 打开"幻灯片切换"任务窗格，选中"每隔"复选框，在其后的数值框中输入"00: 02"。

读者提问
Q+A

Q: 我将"背景 1"图片设置在母版中了，为什么在制作这张幻灯片时还需从空白幻灯片中插入呢？

A: 因为我们要对"背景 1"图片设置动画效果，若使用保存于母版中的样式，则无法对其进行操作。

提示
Attention

制作第1张幻灯片主要是制作手绘月亮的动画效果，对于手的运动路径和弧形出现的时间需要多次试验、修改才能获得最佳效果。

3. 制作第 2、3 张幻灯片

第 1 张幻灯片制作完成后，我们就开始做相对比较简单的第 2、3 张幻灯片。这两张幻灯片主要是体现月亮的变化。

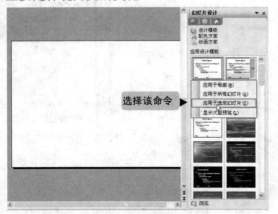

01 添加一张空白的幻灯片，对其应用空白版式，打开"幻灯片设计"任务窗格，在"应用设置模板"栏中选择应用了"背景1"图片的母版，单击选项右侧的下拉列表按钮，在弹出的菜单中选择"应用于选定幻灯片"命令。

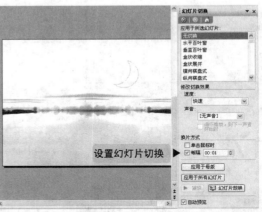

02 在幻灯片中绘制一个月亮。打开"幻灯片切换"任务窗格，选中"每隔"复选框，在其后的数值框中输入"00：01"。

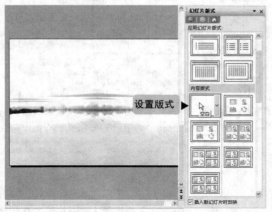

03 再添加一张幻灯片，应用"背景1"图片的样式，并将版式设置为空白。

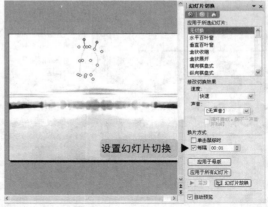

04 在幻灯片中绘制一个半圆月亮。打开"幻灯片切换"任务窗格，选中"每隔"复选框，在其后的数值框中输入"00：01"。

提示
Attention

在第 01 步骤中如果选择"应用于所有幻灯片"命令，或直接单击选择的母版样式，则会将所有的幻灯片的样式改变为选择的样式，包括前面设置的第 1 张幻灯片。这样将会使第 1 张幻灯片中设置的动画达不到预期的效果。

4. 制作第 4 张幻灯片

月亮已经从月牙儿变为了半圆月，在第 4 张幻灯片中，它将变为一个圆月，并隐隐发光。

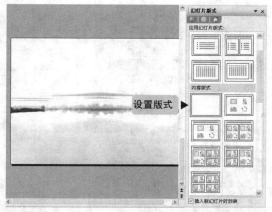

01 添加一张幻灯片，应用"背景1"图片的样式，并将版式设置为空白。

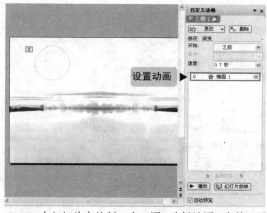

02 在幻灯片中绘制一个正圆，选择该圆，为其设置退出动画。

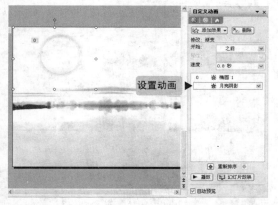

03 插入"月亮阴影"图片，为该图片设置进入画面的动画。

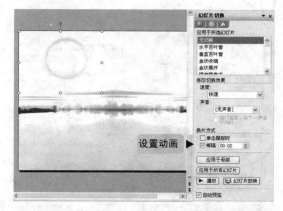

04 打开"幻灯片切换"任务窗格，选中"每隔"复选框，在其后的数值框中输入"00：02"。

5. 制作第 5 张幻灯片

前面的几张幻灯片都是为体现月圆做准备，第 5 张幻灯片则正式进入主题，开始展现我们需要展示的月饼了。

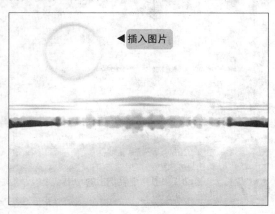

01 添加一张应用"背景1"图片的幻灯片，并将"月亮阴影"图片插入在幻灯片中。

提示 Attention

在第 5 张幻灯片中插入与第四张幻灯片相同的元素是为了将第 4 和第 5 张幻灯片的内容有机地接合起来，使其成为一个整体。

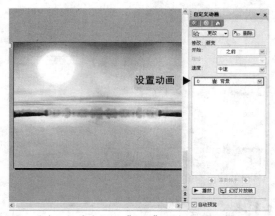

02 在幻灯片中插入"背景"图片，并为其设置出现的动画。

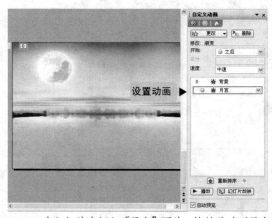

03 在幻灯片中插入"月宫"图片，将其移动到月亮中，再为其设置动画。

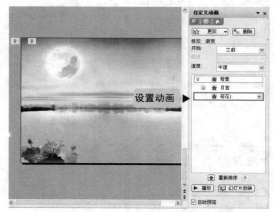

04 在幻灯片中插入"荷花1"图片，并为其设置出现的动画。

05 在幻灯片中插入"荷花"图片，将其移动到与"荷花1"图片相同的位置，并为其设置出现的动画。

06 为"荷花1"图片设置强调动画。

07 再为"荷花1"图片设置退出的动画。

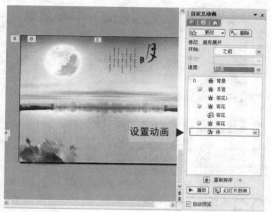

08 在幻灯片中插入"诗"图片，将其移动到合适的位置，并为其设置出现的动画。

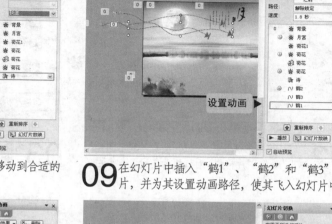

09 在幻灯片中插入"鹤1"、"鹤2"和"鹤3"图片，并为其设置动画路径，使其飞入幻灯片中。

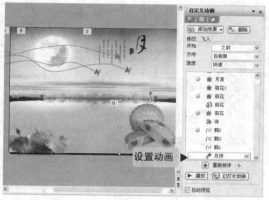

10 在幻灯片中插入"月饼"图片，并为其设置出现的动画。

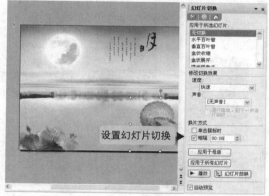

11 切换到"幻灯片切换"任务窗格，设置幻灯片切换方式。

6. 制作第 6 张幻灯片

第 6 张幻灯片是最后一张幻灯片，主要是体现广告语和产品图片。

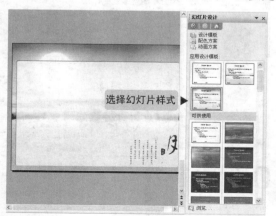

01 添加一张幻灯片，应用"背景2"图片样式。

提示
Attention

产品宣传片不需要有演讲者在一旁解说、操作，所有的幻灯片都是自动播放，所以在设置换片方式时不要选中"单击鼠标时"复选框，而应设置间隔时间，让其自动切换。

02 在幻灯片中中插入"月饼1"图片，双击图片，打开"设置图片格式"对话框为其设置一个白色的10磅边框。

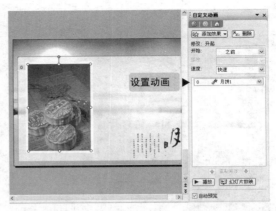

03 选择插入的"月饼1"图片，为其设置图片进入动画。

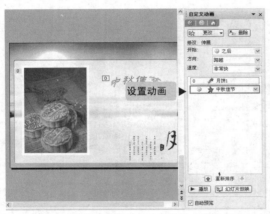

04 插入"中秋佳节"艺术字，将填充色设置为渐变色，并为其设置动画。

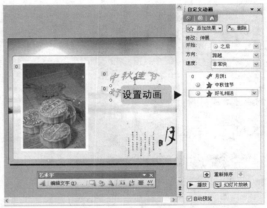

05 插入"好礼相送"艺术字，将填充色设置为渐变色，并为其设置动画。

06 插入"好理月饼"艺术字，并为其设置进入动画。

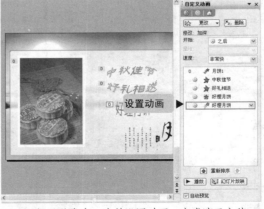

07 插入艺术字，为其设置动画，完成演示文稿。

26.2 案例二：公司介绍

介绍公司简介类演示文稿的制作

公司介绍类演示文稿的作用是向员工或客户介绍公司的情况，常包括公司历史和现状、经营情况、公司理念、发展规划等，当然不同公司的简介都是不同的，下面我们以一个公司介绍为例，为用户介绍这类常用商务演示文稿的制作方法，其中部分幻灯片效果如下图所示。

光盘文件
CD

素材	效果
光盘：\素材\第26章\案例2	光盘：\效果\第26章\公司介绍.ppt

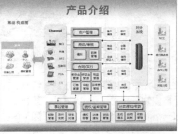

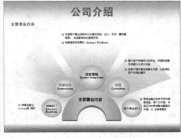

公司介绍案例效果■

26.2.1　案例分析

在制作之前，先来对本案例的特点及涉及知识、注意事项等进行分析。

■案例特点

① 公司介绍又称公司简介，此类演示文稿涉及公司多方面情况的展示，因此根据不同公司的特点会有不同的表现形式，通常会出现较多的图片、图示等。

② 对于一些复杂的组织关系、产品功能等，应尽量采用直观的图示图表等进行表达，而数据则多采用表格，更为直观。

③ 既然只是介绍或简介，则其中文字内容不宜过多，演示者可在放映时口头补充。

■ 涉及知识

① 各种自选图形的绘制。　　　　　　　　　　② 图形的格式设置。

③ 幻灯片对象动画和切换动画设置。

■ 注意事项

① 采取统一的配色方案。　　　　　　　　　　② 整体风格应清新大方。

③ 必要的内容可以添加链接。

26.2.2　案例制作

下面全程介绍本案例的制作过程，其间涉及的一些重复性操作将做省略。

1. 制作标题母版并设置动画

PowerPoint 允许用户对同一演示文稿制作多个母版，如控制标题幻灯片格式的标题母版和控制其他正文幻灯片的幻灯片母版，这在案例一中也同样涉及了。下面就先来制作本案例的标题母版，并对其中添加的各个对象设置动画效果。

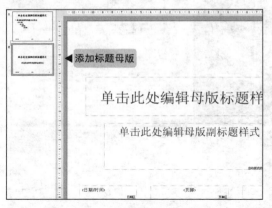

01 在PowerPoint 2003中新建一个空白演示文稿，进入到幻灯片母版视图，在左侧窗格空白处右击，选择"新标题母版"命令，添加一个标题母版。

02 切换到标题母版，为其添加"背景1"作为背景，删除不需要用到的副标题占位符和页脚区3个占位符并调整标题占位符的位置，然后插入"标志1"和"图片1~6图片"，摆放成如上图所示效果。

提示
Attention

当一张幻灯片中包含多张图片时，因注意各图片之间的层次关系，正确的摆放才能产生最佳效果，而要调整各图片间的位置关系，可在图片上右击，在弹出的快捷菜单中"叠放次序"子菜单中的相应命令即可。另外，本例之所以在制作母版时就对这些对象设置动画，是因为在非母版视图中，如幻灯片编辑状态时，这里的对象是无法被选中的，因此对这些对象的编辑操作只能在母版视图状态下进行。

03 计划好各对象的动画顺序及效果，下面先选择第一个动画对象，即幻灯片顶部的矩形半透明图片，准备为其设置一个渐变出现的效果，于是选择"幻灯片放映"→"自定义动画"命令，打开"自定义动画"任务窗格。

04 单击"添加效果"按钮，为其设置"进入"→"渐变"效果，然后在下面设置其开始为"之前"，速度为"中速"。

05 使用同样方法，为标题母版中添加的对象依次设置动画效果，并根据动画播放的顺序设置开始状态为"之前"或"之后"，然后选择不同的动画速度。完成动画设置后最好预览一次放映效果，以判断是否需要修改。

06 最后设置标题占位符的格式，完成本例标题母版的制作和动画设置。

2. 制作幻灯片母版

　　下面继续制作本例控制正文幻灯片格式的幻灯片母版，由于其操作方法与前面类似，于是这里不再详细介绍，只需将图片7、图片8插入到到幻灯片母版中，上下各放置一张，并设置标题占位符的格式即可，完成后的效果如右图所示。

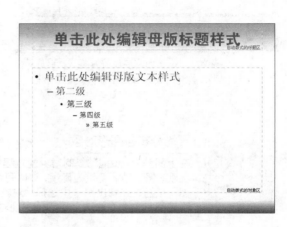

3. 制作"公司现状"幻灯片

在完成母版的制作后退出母版视图，这时第 1 张幻灯片基本已经制作完成，在其中标题占位符中输入内容即可，下面开始制作第 2 张也就是展示公司现况的幻灯片，其中会涉及一些自选图形的制作。

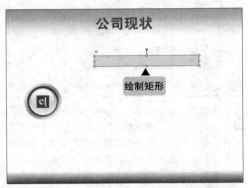

01 在首页幻灯片后插入一张幻灯片，该幻灯片自动应用幻灯片母版的设置。

02 在标题占位符中输入标题文本，然后删除正文占位符。下面将"图片10"和"标志1"插入到幻灯片中并摆放在适当位置，然后在"绘图"工具栏中单击"自选图形"按钮，选择"基本形状"→"圆角矩形"命令，在幻灯片中拖动绘制出一长条圆角矩形。

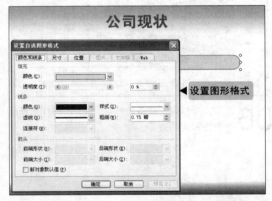

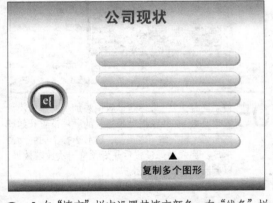

03 圆角矩形的默认效果需要调整，于是先拖动其黄色控制点，调整其圆角弧度，再拖动其白色控制点调整其大小。下面需要设置其格式，于是双击该图形，打开"设置自选图形格式"对话框。

04 在"填充"栏中设置其填充颜色，在"线条"栏中设置其边框线条的样式和颜色，完成后单击"确定"按钮回到幻灯片中，若要为其设置阴影效果，可在"绘图"工具栏中单击"阴影样式"按钮█，在弹出的菜单中选择一种阴影样式。完成所有设置后，再按住【Ctrl+Shift】组合键向下垂直拖动该图形，复制多个相同图形对象。

技巧
Skill

平均分布各图形对象

在上面第 04 步拖动复制对象的过程中，生成的多个对象最好保持相同的间距，这样更为美观，但手动调整较为麻烦，这时可选中所有要调整的对象，单击"绘图"工具栏中的"绘图"按钮，在弹出菜单中选择"对齐或分布"子菜单中的"纵向分布"命令即可，用户也可使用其他命令快速且精确地实现对象的对齐或分布操作。

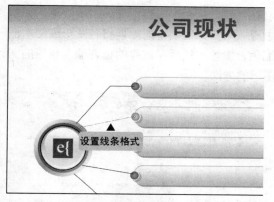 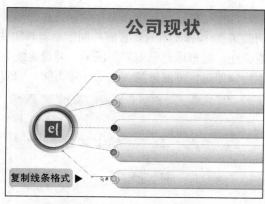

05 插入几个小圆形装饰图片放置于几个长条圆角矩形的左端，用户也可自行绘制其他装饰图形。下面使用"绘图"工具栏中的直线工具，在幻灯片中绘制直线或折线，并设置其中一条直线的格式为虚线效果。

06 选择已设置格式的线条，双击"常用"工具栏中的"格式刷"按钮，然后再依次单击其他线条，快速复制应用已设置的格式。

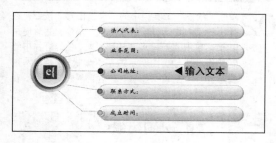

07 完成各图形的制作后，在长条圆角矩形上依次再绘制多个文本框，输入相应文本并设置格式，完成公司现状幻灯片的制作。

4. 自定义图示

　　PowerPoint 中有图示功能，选择"插入"→"图示"命令，在打开的"图示库"对话框中可以选择不同的图示类型，如下左图所示。确定后即可在幻灯片中自动出现图示效果，通过打开的相应工具栏即可对图示的版式、结构等进行调整，而对于图示中的图形可与其他图形一样设置格式，如下右图所示。

■ "图示库"对话框

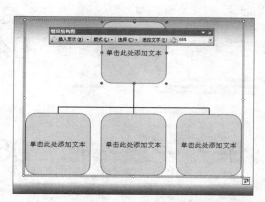

组织结构图图示效果■

除此之外，用户也可自行绘制各种图形并组合在一起，从而形成自定义的图示效果，如本例的第3、4张幻灯片，它们的制作原理其实并不复杂，用户只需要考虑如何将各图形或文本框组合在一起形成自己需要的图示，并设置统一的配色方案等，然后在需要的位置输入相应的文本内容即可。下面以第3张幻灯片为例介绍制作图示的方法。

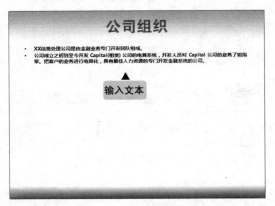

01 在第2张幻灯片后再插入第3张幻灯片，然后分别在标题占位符和正文占位符中输入相应内容并设置格式。

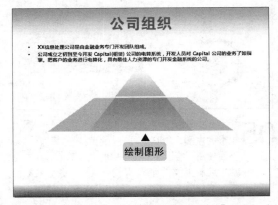

02 单击"绘图"工具栏中的"自选图形"按钮，在弹出的菜单中选择"基本形状"命令，然后使用其子菜单中的三角形和梯形工具，在幻灯片中绘制并组合成如上图所示的基本形状，它是由两个梯形和一个三角形组成，最后再双击各图形，在打开的对话框中设置其填充颜色等效果。

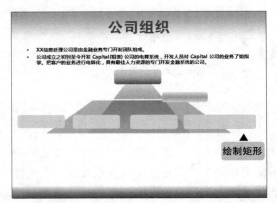

03 再使用同样方法，在已有图形的基础上添加多个圆角矩形，并设置不同的填充效果。

04 分别在各圆角矩形上右击，在弹出的快捷菜单中选择"添加文本"命令，在其中输入相应的文本，并通过"格式"工具栏设置其文本格式。

05 现在公司组织的结构大体表现出来了，下面分别在不同部门的圆角矩形下再绘制需要数量的圆角矩形，用于表示各部门的分支，这些同级的组织图形设置另一种颜色以示区别，然后再绘制几条直线将各部门分支串联起来，最后再在其中输入相应文本即可，完成公司组织结构图的制作。

　　本例后面几张幻灯片同样用到了大量的自选图形，其操作方法与上面相似，大致步骤为先设计好结构，再绘制各种图形，然后进行图形格式设置，最后输入相应的文本或插入图片即可，这里不再详细介绍。

5. 设置幻灯片动画方案

　　当所有幻灯片都制作完成后，下面准备为幻灯片的切换和其中各对象设置动画效果，这时选择系统提供的动画方案会减少很多工作量，对于一般的对动画效果要求不是太高的演示文稿，可使用此方法。

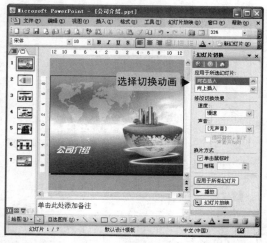

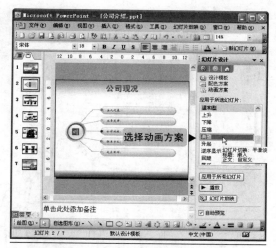

01 由于首页幻灯片已经设置了对象动画，因此只需要对其设置一种切换效果即可，于是定位于第1张幻灯片，选择"幻灯片放映"→"幻灯片切换"命令，打开"幻灯片切换"任务窗格，在其中的"应用于所选幻灯片"列表框中选择一种切换动画，然后再设置速度即可。

02 选择第2张幻灯片，选择"幻灯片放映"→"动画方案"命令，打开"幻灯片设计-动画方案"任务窗格，在其下的列表框中选择一种方案，即可为幻灯片中的对象及幻灯片的切换应用动画效果。

提示
Attention

本案例最后一张为结束幻灯片，制作时直接复制首页幻灯片，并修改相应文本即可，这样可起到首尾呼应的效果。

03 使用同样方法，继续为其他幻灯片指定动画方案，最后选择"幻灯片放映"→"观看放映"命令，查看放映时的效果，若有不满意可再行更改。

26.3 案例三：课件
介绍教学课件的制作过程

本例为《早发白帝城》古诗演示课件，共包括 8 张幻灯片，主要由文字内容与背景图片构成，部分幻灯片效果如下图所示。

光盘文件
CD

素材	效果
光盘：\素材\第26章\案例3	光盘：\效果\第26章\课件.ppt

■课件案例效果

26.3.1 案例分析

在制作之前，先对本案例的特点及涉及知识、注意事项等进行分析。

■案例特点

① 案例的主体演示内容为古代诗词，因此演示文稿的整体风格应该为古色古香、清新典雅，除必要文字外，不应使用过多元素。

② 为配合古诗词的欣赏，字体应选择古体类型，字号应设大，方便学生观看。

③ 案例为教学演示，为方便教师上课时操作，需要制作动作按钮。

■涉及知识

① 演示文稿母版设计。　　　　② 为幻灯片设置背景图片。

③ 目录幻灯片的制作。　　　　④ 动作按钮的设置。

■注意事项

① 统一整体字体风格。　　　　② 统一配色方案。

③ 动作按钮考虑操作者实际需求。

26.3.2　案例制作

下面全程介绍本案例的制作过程，其间涉及的一些重复性操作将做省略。

1.　制作第 1 张幻灯片

第 1 张幻灯片是引入课文的主线，它将重点展示课文的大致内容，引出课题。

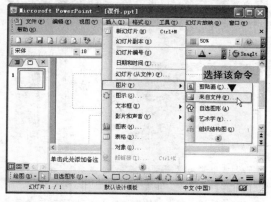

01 新建一个演示文稿，将其保存为"课件"演示文稿，选择"插入"→"图片"→"来自文件"命令。

02 将"山水"和"船"图片插入到幻灯片中，并将"船"图片复制一张，移到幻灯片外侧。

03 为其中一只船设置运动路径，并设置退出的动画。

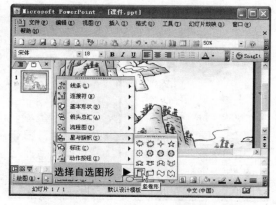

04 单击"绘图"工具栏中的"自选图形"按钮，在弹出的菜单中选择"星与旗帜"→"竖轴形"命令。

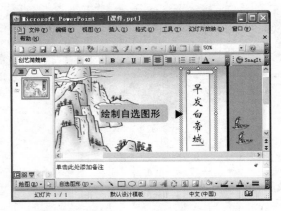

05 绘制一个自选图形，并在其中添加文字，并对文字设置字体格式。

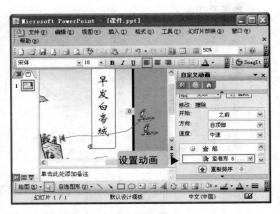

06 对自选图形设置出现的动画。

07 选择第2个"船"图片，为其设置出现动画和运动路径。

08 使用插入艺术字的方法插入作者名，对作者名字体设置为"超世纪粗方篆"体。

09 为艺术字设置动画，完成第1张幻灯片的制作。

提示 Attention

在"山水"图片中有一段水路被山遮住了。为了绘制出小船在山水间漂流的感觉，所以需要插入两张"船"图片。在设置船移动的动画时需要结合运动速度与路径一起调整，否则看起来会不太协调。

提示 Attention

在设置艺术字字体时选择篆体，让其更像印章效果。

2. 制作导航幻灯片

　　作为课件演示文稿应该选择需要讲解的内容，所以我们常常需要制作一张导航幻灯片便于控制。

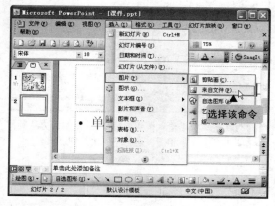

01 添加一张空白幻灯片，选择"插入"→"图片"→"来自文件"命令。

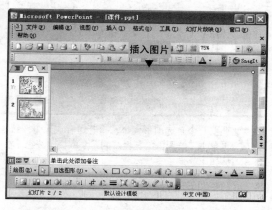

02 插入"背景"图片，将其拖放到幻灯片相同高度，并注意将图片的左侧边缘与幻灯片左侧边缘对齐。

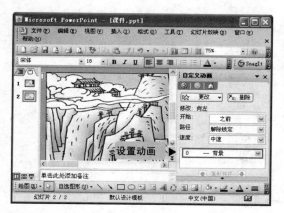

03 为插入的图片设置向左的运动动画。

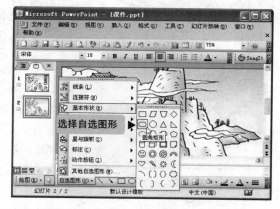

04 单击"绘图"工具栏中的"自选图形"按钮，在弹出的菜单中选择"基本形状"→"圆角矩形"命令。

05 绘制一个圆角矩形，为其设置蓝色边框和蓝白渐变填充色。

06 再绘制一个圆角矩形，为其设置白色填充色，并调整其透明度。

07 调整两个自选图形大小，将其组合成一个按钮。再单击"绘图"工具栏中的"文本框"按钮，在按钮上绘制一个文本框。

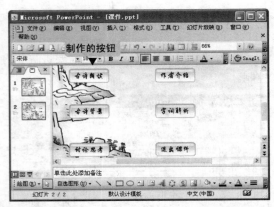

08 在文本框中输入按钮名称。再用复制的方法制作出多个大小相同、名称不同的按钮。

3. 制作内容幻灯片

下面我们就开始制作课件内容幻灯片。

01 添加一张空白幻灯片，插入"背景1"图片。

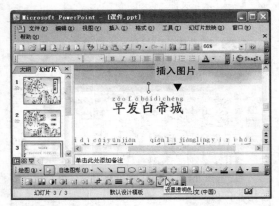

02 插入"诗"图片。

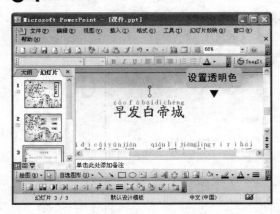

03 单击"图片"工具栏中的"设置透明色"按钮，将"诗"图片中的白色设置为透明色。

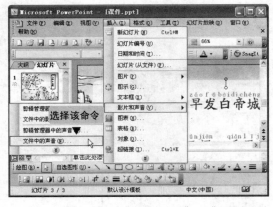

04 选择"插入"→"影片和声音"→"文件中的声音"命令。

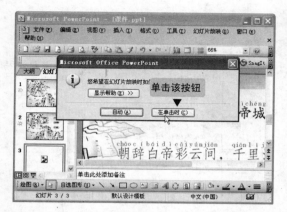

05 在打开的提示对话框中单击"在单击时"按钮。

06 将声音图标移动到图片的左下角。

07 在页面的右下角制作一个"返回"按钮。

08 为幻灯片中的"诗"图片和"返回"按钮设置动画。

09 添加一张幻灯片，为其插入图片、文字和"返回"按钮。

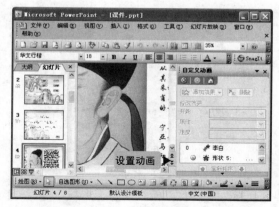

10 为幻灯片中的图片文字和按钮设置动画。

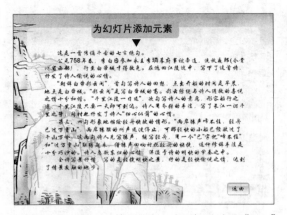

11 添加一张幻灯片，为其插入图片、文字和"返回"按钮。

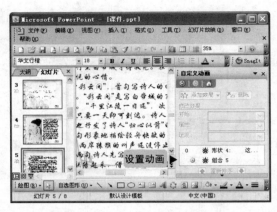

12 为幻灯片中的图片文字和按钮设置动画。

13 添加一张幻灯片，为其插入图片、文字和"返回"按钮。

14 为幻灯片中的图片文字和按钮设置动画。

15 添加一张幻灯片，为其插入图片、文字和"返回"按钮。

16 为幻灯片中的图片文字和按钮设置动画。

4. 制作结束幻灯片

课文内容讲解完成之后就应该进入结束幻灯片，提示讲解已经结束。

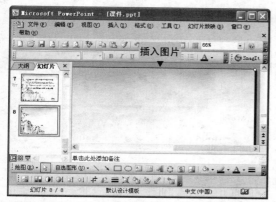

01 添加一张空白幻灯片，插入"背景"图片，将其拖放到幻灯片相同高度，并注意将图片的右侧边缘与幻灯片左侧边缘对齐。

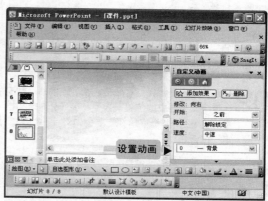

02 为插入的图片设置向左的运动动画。

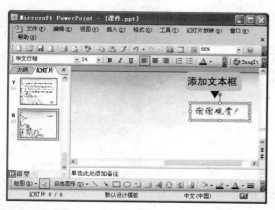

03 绘制一个文本框，并在其中添加"谢谢观赏"文本。

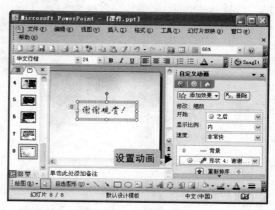

04 为添加的文本框设置动画。

5. 设置超链接

为演示文稿中的按钮设置超链接，将零散的幻灯片组织在一起。

01 回到第2张幻灯片中选择需要设置超链接的按钮并右击，在弹出的快捷菜单中选择"超链接"命令。

提示
Attention

为演示文稿设置超链接是将导航幻灯片中的按钮链接到内容幻灯片中，将内容幻灯片中的按钮链接到导航幻灯片中。

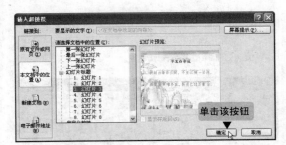

02 打开"插入超链接"对话框,在"链接到"栏中选择"本文档中的位置"选项,在"请选择文档中的位置"列表框中选择需要的幻灯片,单击"确定"按钮。

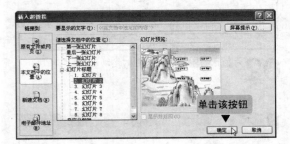

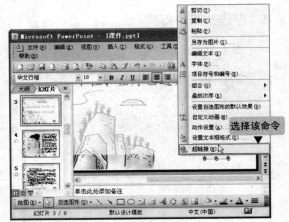

03 在内容幻灯片中的"返回"按钮上右击,在弹出的快捷菜单中选择"超链接"命令。

04 打开"插入超链接"对话框,在"链接到"栏中选择"本文档中的位置"选项,在"请选择文档中的位置"列表框中选择需要的幻灯片,单击"确定"按钮。按相同方法将幻灯片组织起来。

附 录

技 巧 目 录

提取出全书中所有实用的技巧知识点，帮助读者以简易的方式，查询需要掌握的内容。